ハーブの
すべてがわかる
事典

特定非営利活動法人
ジャパンハーブソサエティー［著］

ナツメ社

はじめに

ジャパンハーブソサエティーは1984年にハーブを広く世に伝えたいと思う有志により創設されました。当時はハーブという言葉の認知度はとても低く、関連する書籍もほとんどなく、植物を生活や健康に役立てようという意識もあまりないなかで、日本で最初の「ハーブの普及を行う団体」として活動を開始しました。

本書は、過去三十数年間ジャパンハーブソサエティーが普及活動を行うなかで培ってきた、ハーブを実際に教え・学ぶために必要な知識の集大成となります。

ハーブの特徴や成分・効能、栽培、利用法などとともに、諸説あるなかから参考になると思われる歴史・エピソードも多く収載しております。調べたいときに開く「事典」としてだけでなく、植物と人との関わりが記憶に残る読み物としてもお楽しみいただけるものと思います。

また、古くから日本に定着している「和のハーブ」についても多く取り入れました。すでに日本の気候条件をクリアしている植物の有用性を再発見し、活用していくことは、個人の生活にも地域活性にもつながるテーマだと思います。ぜひ本書を身近に置いていただき、さまざまなハーブに親しみを覚える一助になれば幸いです。

発刊にあたり、ジャパンハーブソサエティーの学術委員会を中心とした方々、また、編集・出版に関わった皆様のご尽力に感謝いたします。

ジャパンハーブソサエティー理事長 坂出智之

ジャパンハーブソサエティーでは全国に支部や認定校を設け、「ともに学ぶ」場を提供しております。人と人とのつながりを大切にするなかで、旅行やイベント、セミナー、料理会などを通じて、北海道から沖縄まで会員間の交流が自然に生まれております。地域活動に力を入れている方々も多くいらっしゃいます。
関心をお持ちの方はお気軽にお問い合わせください。

● 詳細は287ページをご覧ください

CONTENTS
もくじ

ハーブ、自然の恵みを暮らしに生かす............ 4
ハーブを育てやすい環境とは........................ 6
さまざまなアプローチからハーブに親しむ....... 8
図鑑ページの見方・使い方のコツ................. 10

ハーブ図鑑 11

ハーブ名は基本的に五十音順に紹介していますが、一部順不同。図鑑索引を参照ください。

COLUMN
東方の三賢者・聖者フィアクル	44
七草から見えるハーブの世界	63
エディブルフラワーを楽しみたい	89
4人の泥棒の酢	99
古代エジプトの神々に捧げた香り「キフィ」	105
日本で愛されてきたハーブ	154
ハーブの魅力を伝えたハーバリスト	191
王妃の伝説を生んだ「ハンガリーウォーター」	215

スーパーフード....... 231
ベリー類....... 234
有毒植物....... 236
和の香り図鑑....... 238

暮らしを彩るハーブの楽しみ方 239

LESSON ❶ 料理 ハーブ＆スパイスでメニューを広げる ・ハーブの働き........ 240
調理法で変わるハーブの香り 242／保存を兼ねた利用法 244

LESSON ❷ ティー 香りや成分をゆったり味わう........ 246
ハーブティーの楽しみ方 248／〈おすすめブレンド・レシピ〉249

LESSON ❸ 美容と健康 有効成分で心身を整える ・アロマセラピーとは........ 250
アロマセラピーのメカニズム 251／精油を安全に使うために 252
アロマセラピーの楽しみ方 254／アロマクラフトをつくってみよう 256
ハーブの有効成分の抽出法 257／〈基本の精油20選〉258

LESSON ❹ クラフト ハーブクラフトで暮らしを豊かに彩る........ 260

LESSON ❺ 染色 自然の色で染め上げる....... 264

LESSON ❻ 栽培 ハーブを元気に育てる ・土づくり...... 267
日々の手入れ・肥料について 268
ふやし方 269／収穫 270

イラストでわかる「植物のつくり」.......... 271
ハーブの歴史............ 272
用語解説................ 276
脚注.................... 278
作用解説................ 282
図鑑索引................ 283

ハーブ、自然の恵みを暮らしに生かす

ハーブとはなにか

　人は植物たちがつくってくれた環境でしか、生きていけません。草木が生え、水があり、他の動物たちも住んでいる場所を選んで、生活を保ち続けてきたのです。

　数万年の間、そういう場所を選んで人類は移動し続け、地球上で拡散していきました。この間、「この植物は食べられる」「これには毒がある」「この草は病気のときに食べると元気になる」「これを燃やすといい気分になる」「この煙で燻らせると生肉が保存できる」など、人が生きていくために必要な知恵を、経験が豊かで賢い人がリーダーとなり、仲間に伝えていきました。体の調子が悪くなると、人はそういう賢者の知恵にすがります。そのため植物の知識がある人は尊敬され、呪術師や集団の指導者になっていくこともありました。

　古代、男は狩猟に出かけ、残された女たちは子育てをし、住居周辺で草や実を集め食料としました。そして草を調理して食べたり、乾燥して保存するなどし、生活のいろいろな場面で使いました。また原始人類であるネアンデルタール人の遺骨のそばからは、植物の花粉の化石が多数発見されています。このことから古代の人たちは生きているときは植物と共に暮らし、死後には花を手向けた可能性があると考えられます。このようにして太古から人が選別し、知恵と経験の積み重ねとして受け継いでいったものが、ハーブの原点です。

　有史時代になると、古今東西、ハーブと僧院、あるいは王との関係が、歴史上重要な役割を担うようになります。例えばエジプトのファラオは秘薬をつくって庶民を助け、ユダヤの王ソロモンは植物に関して博識でシバの女王から尊敬されます。7世紀にアイルランドからフランスに渡った修道僧の聖フィアクルは、ハーブガーデンの守護神とされています。ヨーロッパの修道院には必ずハーブ園がつくられ、アルコールにハーブを漬けたリキュール類がつくられました。ヨーロッパ最古の医科大学であるサレルノ医学校でも、9世紀ごろからハーブの研究が続けられました。

地域に根差したハーブ

　Herbの語源はラテン語で「草」を意味するherbaです。地中海沿岸の人たちは、有効性があり大事だと思った草をハーブとして認識していたのかもしれません。

　熱帯雨林地帯に定住した人々は、植物環境の中で樹木が優勢であるため、草よりも木の実、枝、種子、根などから生活に役立つものを見つけました。それらは一般的にスパイスと呼ばれますが、同じ発想で見出した植物群なので、本書ではハーブとして取り上げています。

　古代から文明が発展していた中国にもたくさんのハーブがあり、漢方薬の原料として認識されています。また最近では中南米のマテ、アフリカのルイボス、オーストラリアのティートリー、寒冷地でよく使われる

ルバーブなど、それぞれの地域に根差した有用植物の情報もグローバルに広まりつつあります。日本人の間でも、日本において日々の生活を豊かにするために伝統的に使われてきた植物や民間医療に使われてきた植物を再発見する機運が生まれています。本書では地中海文明を中心としたハーブ類を中心に、これらのグローバルな情報も取り上げています。

五感でハーブを知る

　古代ギリシアの第1回オリンピックでは、勝者にオリーブの冠が贈られました。古代ローマでは、凱旋将軍は凱旋式で月桂樹の冠をかぶりました。これは太陽神アポロが月桂樹の冠をかぶっていることに由来しています。いまも、スポーツイベントの勝者の頭上に月桂樹やローズマリーの冠を飾っています。そのすがすがしい香りに古代の英雄たちのような栄光と誇りを感じてもらえることでしょう。

　ラベンダーやハーブを入れたサシェ（香り袋）をポケットやバッグに忍ばせておくと、漂う芳香にふっと心が動くこともあるでしょう。和の匂い袋や、きれいな器に入れたポプリなど、香りのあるハーブはアイデア次第でさまざまな楽しみ方ができます。

　季節の変わり目には、衣類の入れ替えをする方も多いでしょう。そんなとき、樟（クスノキ）の枝やラベンダーなど、防虫効果のある植物を保存箱に入れるのも、長年受け継がれてきた生活の知恵です。次に衣類の入れ替えをする際、箱を開けると残り香が立つのも、心地よい瞬間です。ホップやラベンダー、その他のハーブ類をミックスしたハーブピローを使用するとよい夢を見られるからと、これを習慣にしている人もいます。

　家の中に、宗教的な厳かな雰囲気が必要なときもあります。もちろん線香でもかまいませんが、ときには乳香や没薬（もつやく）を用いてみてはいかがでしょう。

　また、いろいろなハーブをアルコールやオイルに漬けておくと、一年中使うことが可能です。種類によって室内芳香、防虫のほか、虫さされや筋肉痛、消毒殺菌などに役立つものもあり、家庭常備薬としての働きを担ってくれます。古くより疫病が起きた地域ではポマンダー（香り玉）やタッジーマッジー（ハーブの小さな花束）をつくって身につけたり、玄関に置いたりする習慣もあります。最近では、インフルエンザやO157の予防になるとの研究結果も出ています。中には染色に使えるハーブ類もあり、殺菌作用もあり赤ちゃんが舐めても心配ないことから、産着に使われてきたものもあります。

　食卓では、さまざまなハーブやスパイスの出番があります。バジルやタイム、ローズマリーを育てれば肉料理で活躍してくれますし、風味が豊かになることから減塩効果も期待できます。最近はパクチー（＝コリアンダー、香菜（シャンツァイ））がブームですが、以前日本ではこの香りが苦手だった人も多いようです。慣れがやがて好物に変わるのも、面白い現象です。

　ハーブを身近に感じるためには、五感を働かせることが大事です。実際にハーブに触れ、生活に取り入れ、ハーバルライフを楽しんでいただければ幸いです。

ハーブを育てやすい環境とは

原産地の気候を知ろう

いまや日本で世界中のハーブが入手できます。その中には年間平均気温が27.7℃と暑いインド西部に自生するものや、年間降水量521.9mmと乾いた南フランスに分布するものもあります。しかし、年間平均気温が15.4℃、年間降水量は1528.8mmの東京で、これほど違う環境の植物を育てるのはなかなか難しいもの。

そこでハーブの原産地を知り、どのような気候で生まれた植物かを理解することが大切です。原産地に近い環境を整えれば、植物は育てやすくなります。本来ハーブは丈夫なので、日本原産種や似た環境のものなら手間をかけずに育てられます。

本書ではおもなハーブの原産地と気候型を図鑑ページに明記しています。気候型とは雨量や気温などの特徴によって分類された気候のタイプ。ここでは気象学者ケッペン(P279参照)が植生分布に注目して考案した気候区分(図参照)をもとに紹介するので、栽培の参考にしてみませんか。

世界の気候区分とおもなハーブ原産地

アニスヒソップ、エキナセア、モナルダ、ホップ

バニラ、ステビア

ナスタチウム

熱帯気候（A）

赤道を中心におよそ南北両回帰線までの高温地域。最寒月平均気温が18℃以上で、熱帯モンスーン気候、熱帯雨林気候、サバナ気候の3区分がありますが、本書の図鑑ページではまとめて熱帯気候と示しています。この気候のハーブはほとんど耐寒性がないので、冬越し対策が必要です。

乾燥気候（B）

雨が少なくて、地表から蒸発散する水分量が降水量を上回る気候。降水量によりステップ気候と砂漠気候の2区分があります。乾燥に強い植物が多いので、水やりの間隔をあけて乾き気味に管理します。

ステップ気候（BS）：砂漠周辺に分布する気候。アジア内陸部やサハラ砂漠周辺、アルゼンチン、米国西部、オーストラリア内陸部など。年間降水量が250～500mmと少なく、樹木は育たず短草草原が広がります。表層にわずかな腐植を含む程度の土壌で、砂漠化が起きやすい。

砂漠気候（BW）：南アフリカ中央部からナミビアに広がるカラハリ砂漠、北アフリカのリビア砂漠、アメリカ南西部からメキシコ北部にかけてなど。年間降水量が300mm以下で乾燥し、気温が昼は50℃で夜は0℃という日較差が大きい気候で、植物はほとんど生育しません。土壌は腐植質をもたない砂漠土で、地表に岩塩などの層ができることもあります。

温帯気候（C）

最も寒い月でも平均気温が18℃未満～-3℃。温暖で比較的降水量の多い地域。降水量や最暖月の平均気温によって4区分ありますが、ここでは地中海性気候、西岸海洋性気候、大陸東岸気候の3タイプとして

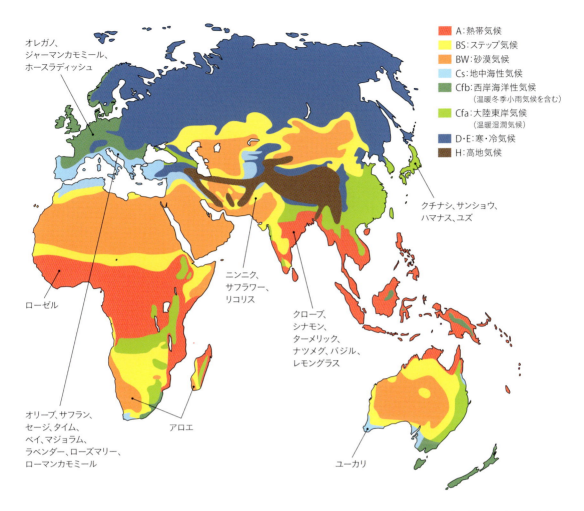

紹介します。

地中海性気候（Cs）：最も多くのハーブが分布する地中海沿岸地方を中心に、南アフリカのケープタウン周辺やオーストラリア南部など。年間降水量が400～600㎜で夏季はとくに乾燥します。平均気温は冬季が6～8℃と比較的温暖で、夏季は23～25℃。土壌は弱アルカリ性を呈します。高温多湿を嫌い、乾燥に強いハーブが多いので、通気性のよい土づくりをし、込みあった枝を剪定して風通しよくします。

西岸海洋性気候（Cfb）：北西ヨーロッパや南米のチリ南部、ニュージーランド、北アメリカ北西海岸など。夏は20℃ほどで冬は4～8℃と、気温の年間差が少ない。降水量も500～1000㎜と年間を通して安定。弱酸性の土壌が多い。日本の高温多湿を嫌う繊細なハーブが多いので、夏は直射日光を避けて風通しよく涼しい環境を整えます。

大陸東岸気候（Cfa）：温暖湿潤気候とも呼ばれ、中緯度の大陸東岸に分布します。北海道を除く日本の大部分と中国の華中、アメリカ東部、アルゼンチンの北東部草原地帯など。夏は太平洋上の高圧帯から、冬は大陸の高圧帯から風が吹き、四季があり気温の年間差が大きく、冬より夏の降水量が多い。日本の土壌は東日本で弱酸性の黒ボク土や赤土、西日本で褐色森林土や沖積土など。最も育てやすいハーブが多い。

寒・冷気候（D・E）

冷帯は最寒月平均気温-3℃未満、最暖月平均気温が10℃以上。寒帯は最暖月平均気温10℃未満という極寒地。冷帯の一部にワイルドストロベリーやノバラ、ジュニパーが自生しています。

高地気候（H）

温帯で標高2000m、熱帯で標高3000m以上の高地。アンデス山脈の高地にあるボリビアのラパス（標高約3600m）、チベット高原（標高3500～5500m）など。同緯度の低地より気温は低いが、日射は強くて紫外線量も多い。耐暑性も耐寒性もなく、育てにくい植物が多い。

さまざまな
アプローチから
ハーブに親しむ

～はじめてでも楽しめるハーブを探す～

暮らしに役立つハーブは楽しみ方もいろいろ。
暮らしのアイテムとして、料理やティー、
美容や健康、栽培などに
どんなハーブを使ったらよいか。
めざす目的によって、ハーブを知るキッカケに！

ハーブでなにができる？

ハーブのことがもっと知りたい

種類が知りたい→図鑑ページ
使い方が知りたい→図鑑ページ+P239〜266
歴史が知りたい→図鑑ページ+P272〜275
育て方が知りたい→図鑑ページ+P267〜270

料理
菓子や料理に使いたい→P240

複数のハーブを組み合わせて使うと、香りに深みが出る。

ティー
ドリンクで楽しみたい→P246

＊心身を整えるためのティーレシピは
P248〜249参照

美容・健康
芳香浴を楽しみたい→P255

＊心身を整えるためのアロマセラピーや
精油について詳しくはP250参照

アロマクラフトをつくりたい→P256

生活
クラフトをつくりたい→P260

染色をしたい→P264

栽培
育てたい→P267

用途	ハーブ
スイーツに使いたい	アニス、オールスパイス、クミン、ゴマ、サフラン、シナモン、ショウガ、ナツメグ、ジャーマンカモミール、バニラ、ミント、レモンバームなど
香りを調味料に移したい	オレガノ、タイム、タラゴン、ディル、バジル、パセリ、フェンネル、マジョラムなど
肉や魚の臭みを消したい	セージ、タイム、ニンニク、ベイ、ローズマリー、フェンネル、ペッパーなど
食材を着色、彩りをつけたい	クチナシ、サフラン、シソ、ターメリックなど
煮込み料理やスープに	ショウガ、スイートマジョラム、スターアニス、セージ、セボリー、タイム、ディル、パセリ、フェンネル、ベイ、ローズマリーなど
ブレンドスパイスに使いたい	カルダモン、クミン、クローブ、ゴマ、コリアンダー、シナモン、ショウガ、トウガラシ、ナツメグなど
サラダなどに使いたい	クレソン、サラダバーネット、ソレル、タラゴン、チャイブ、チャービル、ディル、バジル、パセリ、フェンネル、ミント、ルッコラ、シソ、セリ、ミツバ、ミョウガなど
コールドドリンクに使いたい	シソ、ジャーマンカモミール、ショウガ、ミント、レモングラス、レモンバーム、レモン、ローズヒップ、ローズレッド、ローゼルなど
色を楽しむハーブティー	コモンマロウ、ルイボス、ローズヒップ、ローゼルなど
リラックス&安眠したい	イランイラン、クラリセージ、マジョラム、ラベンダー、ローマンカモミール、スイートオレンジなど
リフレッシュしたい	ペパーミント、ベルガモット、レモン、レモングラス、ローズマリーなど
風邪の予防やひきはじめに	ティートリー、ペパーミント、ユーカリ、ラベンダー、ローマンカモミールなど

せっけん	化粧水	クリームやパック	エアスプレー
ジャーマンカモミール、ラベンダーなど	カレンデュラ、ジャーマンカモミール、コモンマロウ、ローズマリーなど	センテッドゼラニウム、ティートリー、フランキンセンスなど	センテッドゼラニウム、ラベンダーなど

用途	ハーブ
ポプリをつくりたい	ローズ、カレンデュラ、オリスルート（イリスの根）、オレンジ、オールスパイス、ローマンカモミール、クローブ、シナモン、ペパーミント、ラベンダーなど
虫よけや殺菌に使いたい	クローブ、サザンウッド、サントリナ、セージ、タイム、バジル、ペパーミント、ユーカリ、ヨモギ、レモングラス、ローズマリー、ワームウッドなど
ハーブ染めにチャレンジしたい	アイ、クチナシ、シナモン、ジャーマンカモミール、ダイヤーズカモミール、タマネギ、ビワ、ミント、ヨモギ、レモングラスなど
キッチンハーブを育てたい	イタリアンパセリ、オレガノ、コモンセージ、サラダバーネット、シソ、スイートバジル、タイム、チャイブ、パセリ、フェンネル、ローズマリーなど
ティーハーブを育てたい	イングリッシュラベンダー、ステビア、レモンタイム、ミント類、レモングラス、レモンバーベナ、レモンバーム、ジャーマンカモミール、ワイルドストロベリーなど
寒さに強い代表的ハーブ	オレガノ、セージ、タイム、フェンネル、ミント、レモンバーム、ローズマリーなど
暑さに強い代表的ハーブ	キャットミント、セージ、タイム、ボリジ、ローズマリーなど

図鑑ページの見方・使い方のコツ

Ⓐ 植物分類学上の科名
科名はクロンキスト体系に従った。APG(第4版)体系による科名を( )内に記載した。

Ⓑ ハーブ名
一部は一般名(別名)の表記になっている。

Ⓒ 英名
英名のないものや和名が世界的に通用しているものはローマ字表記としている。

Ⓓ 別名、植物分類学上の学名、原産地、原産地の気候型
学名は基本的にはThe Plant Listに従い、一部YListと園芸学用語集に従った。

Ⓔ 学名の語源、意味など

Ⓕ ハーブとしての特徴、植物の外見的特徴など

Ⓖ ハーブの来歴や過去の利用法にまつわるエピソードなど

Ⓗ 育て方のポイントや注意点、繁殖方法
熱帯植物や高木など、家庭での栽培に向かないものは掲載していない場合もある。
※関東地方南部を基準としている。

Ⓘ ハーブとして利用する部位、味と香り

Ⓙ 利用法

 料理：おもな料理法や国内外の郷土料理、菓子などについて。

 ティー：ハーブティーとしての効能など。

 美容・健康：浸剤や煎剤、チンキ剤や生葉などを、内外用やうがいや入浴剤などに利用する方法。

 クラフト・染色・暮らし全般：手工芸やハーブ染めなどについて。

Ⓚ ハーブに含まれるおもな有効成分、その作用と効能、利用にあたっての注意点

Ⓛ 生薬として利用される場合の名称、部位と期待される効果など

Ⓜ 基本的に左右ページに掲載されているハーブ名

学名の見方

学名とはラテン語で書かれた世界共通の植物名。属名に続く種小名までが基本で、イタリック体で表記されます。
　例)アーティチョーク
　Cynara：属名(頭文字が大文字)　*scolymus*：種小名
　キナラ属のスコリムスという種。
　＊キナラ属の和名はチョウセンアザミ属。

続いて以下の記号や略号、植物の発見者や命名者の名前が大文字で続くこともあります。
　cv.=園芸(栽培)品種、f.=品種、sp.=種、ssp. (subsp.) =亜種、var.=変種、L.=リンネ、Makino=牧野富太郎　など

園芸品種の名前は''で示します。
　例)オレガノ'ケント・ビューティー'

・図鑑ページのタイトルにはハーブの一般的な名称を取り上げています。ハーブには別名が多いので、お探しの名称が見当たらない場合はP283の「図鑑索引」をご覧ください。各ページにも代表的な別名を併記してあります。
・図鑑ページの掲載はおおむね50音順ですが、掲載サイズによって順不同となっています。スーパーフード、ベリー類、有毒植物などはP231以降にまとめて掲載しています。

ハーブ図鑑

ハーブを安全に楽しむための注意事項

- 植物は生育環境などによって、成分に個体差があります。ハーブも体への影響は一定ではなく、利用する人の体質や体調によっても反応に差が出るので、使い方に注意しましょう。
- とくに疾患のある方で市販薬や処方された薬、漢方薬などを服用されている場合は、注意が必要です。妊娠や授乳中の方、アレルギー体質の方、乳幼児の場合も医師に相談のうえで利用してください。
- 本書では図鑑ページで、各ハーブについてできるだけ禁忌事項を示しておりますが、すべてを明記できませんので、あくまで参考としてご利用ください。

※万が一、本書の記載内容によって不測の事故などが起こった場合、監修者、著者、出版社はその責を負いかねますことをご了承ください。

キク科

アーティチョーク
artichoke

別　　名	チョウセンアザミ
学　　名	*Cynara scolymus* L.
原 産 地	地中海沿岸　カナリア諸島
気候型	地中海性気候

総苞のトゲが犬の牙に似ているため、属名 *Cynara* は古代ギリシア語 kyon「犬」に由来する。種小名 *scolymus* はアーティチョークのギリシアの古語が転じて「トゲのある」という意味。

特徴・形態
欧米では大きな蕾を丸ごとゆでて食べるのが人気。高さ1.5〜2mと大型になり、晩秋には地上部がロゼット状になって冬越しする半耐寒性多年草。グレーを帯びる葉は深く切れ込んで美しく、初夏〜夏に赤紫色でアザミに似た花を茎先につける。葉裏に軟毛はあるが、葉にトゲのない点が仲間のカルドンとの違い。

歴史・エピソード
ギリシア神話ではアーティチョークの学名と同名の美少女キナーラが、ゼウスにみそめられてオリンポスへ行ったものの逃げ帰り、怒ったゼウスにアーティチョークの姿に変えられたとされている。古代ギリシア人やローマ人が高く評価したハーブ。ローマ帝国の軍医ディオスコリデス（P191参照）は体臭を抑えるため、根をつぶして脇の下などに塗ることを奨励した。日本では江戸中期から観賞目的で栽培された。『草木図説』（P280参照）に「花床を煮て、食塩、油、こしょうで食する」とあり、食べられることは知られていたが、普及はしなかった。

栽　培
4〜5月上旬に種をまき、日当たり、風通しをよくする。肥料を多めに与えないと花芽をつけないので注意。また蕾、新芽、茎などにアブラムシがつきやすく、移植が苦手で夏の多湿に弱いところがある。

蕾のように見える折り重なった一片ずつが肥厚した総苞片。

総花床

↑アザミに似た花。
←ロゼット状で冬越しし、暖かくなると茎葉を立ち上げる。

収穫時期の蕾。開ききると風味が落ちる。

カルドン
cardoon

別　　名：ヤハズアザミ　カールドン
学　　名：*Cynara cardunculus* L.
原産地：地中海沿岸　カナリア諸島

種小名 *cardunculus* は「アザミのような」という意味。

特徴・形態

高さ2m、株は1.5mほどに広がる多年草。茎には鋭いトゲがあり、葉は羽状に深く切れ込んで、表は銀白色の毛、裏は白い毛が密生する。総苞片は厚くならないのでアーティチョークほど食用には向かない。直径6～8cmの赤紫色の花はアザミを大きくしたようである。

歴史・エピソード

地中海沿岸地域に分布し、栽培中に変生したもので、古代ギリシアやローマ時代に栽培されていたアーティチョークの原種と考えられている。南北アメリカ大陸にも伝わり、野生化している。日本には明治時代に野菜として渡来した。

栽　培　アーティチョークに準じる。主として葉柄を食用として軟化栽培する。

～利用法～

利用部位　開花前の花床、蕾、総苞、葉
味と香り　苦くてわずかに塩味がある
　　　　　　ゆでたてのタケノコのような風味

酢またはレモンの輪切り数枚と塩を入れた湯で蕾を15～20分ゆでる。蕾の総苞片をはがし内側の果肉は歯でしごいて、柔らかい根元の部分を塩、コショウ、オリーブ油またはバターソースをつけて食べる。円形の総花床が一番おいしく、蕾の中心が開ききると味が落ちる。日光を遮って軟白栽培させた若葉をゆでたり、炒めて食べる。

 葉を利用するが、苦味が強いのでハチミツなどをくわえて飲みやすくするとよい。

成分………シナリン、ナリルチン、シナロシド、カリウム、ビタミンC
作用………肝細胞再生促進作用、胆汁分泌促進作用、解毒作用、消化促進作用
効能………胆汁の分泌を促進して肝臓の調子を整え、腎臓の代謝をよくする。血中コレステロール値の改善や中性脂肪値を下げるほか、慢性の便秘を改善するとされる。

注意
・母乳を固める作用があるので、授乳中は使用を避ける。
・胆石、胆嚢障害、胆管障害がある場合は使用しない。
・キク科アレルギーのある人は使用しない。

成分………ケイ皮酸、シンナム酸、ρ-クマル酸
作用………肝機能強化作用、脂肪分解作用
効能………脂肪を分解し、便秘やむくみ改善に役立つ。

タデ科

アイ
indigo

別　名：アイタデ　タデアイ
学　名：*Persicaria tinctoria* (Aiton) H.Gross
原産地：東南アジア〜中国南部
気候型：熱帯気候

属名*Persicaria*はラテン語persica「モモ」が語源。この属の植物の葉がモモの葉に似ていることにちなむ。種小名*tinctoria*は「染色用の、染料の」という意味。

特徴・形態
藍色（あいいろ）の染料としてよく知られる高さ50〜70cmの非耐寒性一年草。茎は紫紅色で節が目立ち上部でよく枝分かれする。葉は卵円形〜披針形（ひしんけい）で互生。葉を傷つけると傷口が藍色になる。茎頂に米粒大で鮮紅色から薄紅色の穂状花（すいじょうか）を咲かせる。

歴史・エピソード
古代エジプト時代にもアイは使われていて、ミイラを包んでいた麻の布はアイで染められていたが、どの種類の藍草（あいくさ）かわかっていない（インディゴを含め藍染めに使われる植物はすべて藍草と呼ばれる）。中国では6世紀に書かれた農業技術書『斉民要術（せいみんようじゅつ）』（P279参照）にアイの栽培法や藍澱（らんでん）という染料のつくり方が出ていて、当時すでに化学的な建て染めが行われていたようだ。日本には古墳時代、邪馬台国の女王卑弥呼が魏の国（中国）へ使者を送ったときにアイが伝えられたとされる。聖徳太子の時代に冠の色で位を表すようになり、紫が一番高貴な色で、青はそれに次ぐ位の高い色とされ、アイで染められていた。同じ時代に築かれた高松塚古墳（奈良県）から出土した壁画に、鮮やかな青色、赤色で彩色された衣装をまとった女性が描かれているが、1000年以上たってもアイやベニバナを使った色は変わっていなかった。江戸時代になると、木綿が普及するとともにアイがさかんに使われ、アイを使って藍色に染める染物店が紺屋（こうや）と呼ばれ

染色に使う場合は、花が咲く前に葉を摘んで用いる。

た。アイで染めることにより生地が強くなり、虫よけにもなり、各地でアイの栽培が広まった。とくに阿波の国（徳島県）では良質のアイが栽培された。沖縄ではリュウキュウアイを、北海道ではアイヌ民族がエゾタイセイを使っていたと考えられる。

栽 培
日当たりがよく湿った肥沃な場所。4〜5月に種まき、花期は7〜10月。鉢植えはとくに乾燥に注意。

〜 利用法 〜

利用部位 若葉、葉、花、種子
味と香り 強い辛味

 間引いた葉を汁の実に利用できる。

 切り傷の消毒や虫さされには生葉をもんだ汁を外用。

アイ（藍）は単一の植物をさすのではなく、藍色色素を含む植物の総称。おもなものにタデ科のアイタデ（タデアイ）、マメ科のインドアイ（木藍）、キツネノマゴ科のリュウキュウアイ、アブラナ科のウォードなどがあり、日本ではアイというとおもにアイタデ（タデアイ）をさす。藍色の色素はインディゴであり、葉にインディカンという化合物として存在し、細胞が壊れることで酵素と反応してインドキシル（無色）へと変化する。インドキシルはさらに空気に触れて酸化することでインディゴとなり、藍色になる。アイの生葉染めは、熱を加えるとインディカンを分解する酵素が不活性になるため、火を使わず空気酸化で発色させる方法。日本で藍染めに使われる多くがアイタデ。

成分………インディカン
作用………抗炎症作用、抗菌作用、抗酸化作用、消炎作用、解毒作用、解熱作用、止血作用、収斂作用
効能………風邪の症状、へんとう炎、気管支炎などの症状を緩和するとされる。また、魚毒、毒蛇、キノコの中毒の解毒に有効といわれている。

ヤナギタデ
water pepper

別　　名：ホンタデ　マタデ
学　　名：*Persicaria hydropiper* (L.) Delarbre
原産地：日本

種小名 *hydropiper* は hydro「水」＋piper「ペッパー（コショウ）」で、「タデ食う虫も好きずき」といわれるほど葉が辛くて水辺に生えることから。

特徴・形態
単にタデというと本種をさすことが多い。高さ30〜80cmの一・二年草。茎は無毛、葉の長さ3〜10cmの披針形〜長卵形、縁と中央脈に短毛があるかまたは無毛、葉裏に小さい腺点（せんてん）があるものもある。花序は長さ4〜10cm、わずかに紅色を帯びた白い花をまばらにつけ、先が垂れ下がる。品種としてはベニタデ、アオタデ、ホソバタデなどがある。

ベニタデ

〜 利用法 〜

利用部位 葉　**味と香り** 特有の香りと辛味

香辛料として薬味や刺し身のつまに用いる。野生のベニタデが最も辛く、栽培種のアオタデは辛さが少ない。タデの葉をすりつぶして酢でのばしたものは「タデ酢」と呼ばれ、アユの塩焼きに添えられるなど、食中毒の予防にも役立つ。

成分………タデオナール
精油成分…α-ピネン、β-ピネン
作用………解熱作用、解毒作用、利尿作用、消炎作用
効能………浮腫、発熱、打ち身、捻挫、虫さされ、食中毒の改善目的に利用される。

バラ科

アグリモニー
agrimony

別　　名	セイヨウキンミズヒキ
学　　名	*Agrimonia eupatoria* L.
原産地	アジア中央部〜西アジア　サハラ砂漠周辺
気候型	ステップ気候

属名*Agrimonia*はギリシア語のargemone「トゲの多い植物の名」から。種小名*eupatoria*は小アジアの王国ポントスの王ミトリダテス6世エウパトール（P281参照）に由来し、「よき父」という意味。

特徴・形態
アグリモニーは広義にはキンミズヒキ属の総称で、一般的には本種をさす。高さ30〜60cmになる多年草。細かな毛に覆われ鋸歯（きょし）のある5〜9枚の小葉が奇数羽状複葉になり、白色か黄色を帯びた腺点が全面に多数あって互生する。開花時期は6〜9月。茎先に細長い総状花序（そうじょうかじょ）を出し、花弁と萼片（がくへん）が5枚ずつの小さな黄色い花をつける。花後に実る果実にはかぎ状のトゲがあり、触れた動物の毛について運ばれる。日本には近縁種のキンミズヒキが山野に自生している。

歴史・エピソード
人間との関わりは古く、薬用として重宝されてきた。エジプトでは眼病の治療に使われていたことが、古代から伝わる『エーベルス・パピルス』（P278参照）に記されている。古代ギリシアやローマの人々は、ギリシア語で「目の中の白い傷」という意味をもつアグリモニーを、白内障の治療に用いた。学名の由来になっているエウパトールは医学に詳しかったので、この草を肝機能障害の治療薬として最初に使用。中世初期には傷の治療やヘビに噛まれたときの処置に利用され、悪

鬼、災厄、毒から身を守るとされ、57種のハーブの軟膏に使われたひとつ。中世の聖ヒルデガルト（P279参照）はアグリモニーを熱病と健忘症の特効薬として、腹痛や傷口の開いたけがの治療薬として修道院の庭で栽培した。16世紀末イギリスのジェラード（P279参照）は肝臓の不調によいと述べている。また、17世紀のカルペパー（P278参照）は痛風、打ち身、捻挫への内服や外用を勧めた。

栽　培
日当たりから半日陰で、水はけのよい場所。株分け、こぼれ種でふえる。

〜 利用法 〜

利用部位	地上部
味と香り	苦味、花はアプリコットの香り

花と葉の浸剤を利用する。喉の痛みにうがい薬として、傷の洗い薬、傷の治療薬として古くから使われていた。

成分………カテキン、ケルセチン、ケンフェロール、アピゲニン
作用………血液凝固作用、消化促進作用、利尿作用、収斂（しゅうれん）作用、胆汁分泌促進作用
効能………消化器官の強壮、消化管粘膜を引き締め、胆汁分泌と吸収を促進するとされる。また、潰瘍や大腸炎の治療を助け、下痢の治療薬としても使われた。利尿作用があり多すぎる尿酸を取り除くので、痛風や関節炎などの治療薬として用いられた。
注意
・多量に使用しない。
・抗凝固剤のワルファリンなどとの併用は避ける。

アケビ科

アケビ
chocolate vine

学　名：*Akebia quinata* (Houtt.) Decne.
原産地：日本（北海道を除く）　朝鮮半島　中国
気候型：大陸東岸気候

属名*Akebia*は和名の「アケビ」から。種小名*quinata*は「5つの」という意味で小葉の数を示す。

特徴・形態

甘味を楽しむ果実として身近に親しまれた。現在は山菜や生薬として利用されている。つるの長さ1m以上になる落葉つる性木本で、あたりのものに巻きつき、しだいに木質化する。楕円形をした5枚の小葉による掌状複葉が互生。4〜5月に総状花序が垂れ下がり、先端に花弁のない暗紫色の小さな雄花を数個、基部に大きな雌花をつける。雄花と雌花があって同じ株に咲く雌雄異花・同株。日本の山野、林地の周辺部に広く分布する。日本に自生するアケビの仲間は以下のものがある。小葉が3枚で花が濃紫色のミツバアケビ（*A.trifoliata*）。アケビとミツバアケビの自然交雑種であるゴヨウアケビ（*A.×pentaphylla*）は小葉が5枚で波状の鋸歯があって花は濃い紫色。よく似ているムベ（*Stauntonia hexaphylla*）はアケビ属ではないが近縁、常緑で果実が縦に裂けない点で見分ける。

歴史・エピソード

日本の野山に広く自生するアケビは、お菓子のない時代に秋の果物として果肉の甘さが愛された。近年では果樹園で栽培される。秋に熟して紫色を帯びる果実は、縦に裂けて白い果肉がのぞくことから「開け実」から「アケビ」に転訛したといわれる。また、割れた果実が人間の「あくび」に似ていることからアケビになったという説も。漢字で木通と書く生薬名の由来は、つるの細い孔を吹くと空気が通るからと『本草綱目』（P281参照）にある。民間療法ではアケビの果実は体のむくみに効くとされ、広い地域に伝わっている。長野地方では「アケビの夢を見ると近所に赤ちゃんが生まれる」といわれている。

栽　培

株分けと挿し木でふやす。アケビの仲間は自分の花粉では果実ができない自家不和合性のため、実つきをよくするのに異品種との混植が必要。1〜2月に前年枝を剪定し、誘引する。

〜 利 用 法 〜

利用部位　葉、果実、つる
味と香り　果実は濃厚な甘味

果実はそのまま食用にするが、種子が多い。新芽は山菜として、果皮は詰め物、炒め物、ひき肉を詰めて揚げ物にする。秋田県では種子を油の原料としている。

民間では葉を乾燥させてアケビ茶をつくり飲用するほか、おできなどの患部を浸出液で洗う。

木質化したつるを編んでかごなど、アケビ細工の工芸品に使う。とくにミツバアケビのつるは折れにくいのでよく利用される。

成分‥‥‥‥アケボシド、ヘデラゲニン、オレアノール酸、カリウム
精油成分‥‥トリテルペン
作用‥‥‥‥抗炎症作用、抗潰瘍作用、利尿作用、免疫賦活作用
効能‥‥‥‥膀胱炎、尿道炎、むくみなどの泌尿器系の症状の改善に役立つ。
生薬‥‥‥‥
木通（モクツウ）：木部を輪切りにして天日干ししたもの。利尿や通経に効果的。

セリ科

アシタバ
ashitaba

別　　名：アシタグサ　ハチジョウソウ
学　　名：*Angelica keiskei* (Miq.) Koidz.
原産地：日本
気候型：大陸東岸気候

属名*Angelica*はラテン語のangelus「天使」が語源。種小名*keiskei*は植物学者の伊藤圭介（P278参照）に由来。

特徴・形態
「今日その葉を摘んでも明日には新しい葉が出てくる」ことから「明日葉（アシタバ）」といわれる、生育旺盛な植物。高さ1mになる半耐寒性多年草。地際から出る葉は大きく、長い葉柄があって鋸歯（きょし）のある2回羽状複葉。種まきから2～3年で黄色の散形花序をつけ、花後には楕円形の平たい果実をつける。太い茎を切ると淡い黄色の汁が出て青臭いにおいがする。

歴史・エピソード
中国の明朝時代に編纂（へんさん）された薬学書『本草綱目（ほんぞうこうもく）』（P281参照）に登場。江戸中期、貝原益軒（P191参照）によって完成された『大和本草（やまとほんぞう）』（P281参照）にも、八丈島で栽培されている滋養強壮によい薬草として紹介され、「アシタグサ」「ハチジョウソウ」などと呼ばれ、天然痘の治療に用いられたりした。また、乳牛用の牧草としても栽培され、乳の出をよくして乳質を高めるといわれる。今日でも民間療法として利尿、強壮、催乳などの目的で用いられるのは、これまでの経験や言い伝えによると考えられる。原産地は八丈島とされ、伊豆半島や関東南部に自生。

栽　培
寒さに弱いので敷きわら、腐葉土などで防寒対策をする。梅雨や秋の長雨で根腐れを起こす場合がある。種まきでふやす。

~ 利 用 法 ~

利用部位　若芽、葉、茎
味と香り　独特の香りと苦味

春先に若葉や若芽を摘み、軟らかくなるまでゆでて水にさらし、おひたしやあえ物にする。天ぷらやかき揚げ、汁の実にも利用。

成分………ウンベリフェロン、フラバノン、カルコン、カリウム
作用………血圧降下作用、末梢血管拡張作用、抗潰瘍作用、胃液分泌抑制作用、抗菌作用、抗アレルギー作用、利尿作用
効能………貧血の予防に効果がある。カリウムの働きで塩分のとりすぎを防ぎ、高血圧の予防が期待される。滋養強壮にもよいとされる。

セリ科

アニス
anise

別　名：セイヨウウイキョウ（西洋茴香）
学　名：*Pimpinella anisum* L.
原産地：地中海東部地域
気候型：地中海性気候

属名*Pimpinella*はラテン語の「2つの小さな翼」という意味で、葉が2回切れている特徴による。種小名*anisum*は「アニスの匂いがある」という意味。

花（左）と種子。

特徴・形態
料理やスイーツに人気のアニスシードは種子として扱われるが植物学的には果実で、中に種子がある。切れ込みが深く、光沢のある葉には甘い香りがあり、果実とともに香辛料や薬草として古くから利用されてきた。高さ40〜60cmになる一・二年草。初夏に白色の小花を複散形花序に咲かせ、2つに分果する果実は強い香りをもつ。

歴史・エピソード
紀元前1550年ごろに書かれた古代エジプトの医学書『エーベルス・パピルス』（P278参照）に登場する。紀元前3年ごろ、古代ローマ帝国では貴族の楽しむ食事が多彩なハーブで味つけされた。パンやケーキも土地ごとに栽培されたポピーシード、ベイ、フェンネル、アニスなどで香りづけされた。中世以降はアニスのティーが母乳の出をよくするとされ、授乳期の女性に用いられた。日本には明治初めに渡来。

栽培
日当たりよく風通しのよい場所で、弱アルカリ性の土壌を好む。移植を嫌うため、種子は直まきし、毎年違う場所で栽培する。暑さ、蒸れに弱いので、乾燥気味に育て、連作をしない。アブラムシを寄せつけないとされる。

〜利用法〜

利用部位　種子、葉、根茎
味と香り　わずかに甘い風味

🍴 アニスシードが菓子類、パン類、ソース類、ピクルス、カレーなどの香味に使われる。また、アニス酒としてアニゼット（フランス）、チンチョン（スペイン）などの香りづけに。葉は種子より繊細な香味をもつため、刻んでサラダ、卵料理、チーズに入れる。根茎はスープやシチューに利用される。

 消化不良、月経困難症、膨満感、咳や頭痛には種子の浸出液を飲用する。ハチミツで味つけしたチンキ剤は食後に飲む。煎剤は口の洗浄液やせっけんづくりに利用し、ティーとして飲用すれば母乳の分泌を促進するとされる。種子からは精油をとる。

🏠 種子を保留剤としてポプリに利用する。

成分	粘液質、糖類、コリン
精油成分	アネトール、アニスケトン、メチルチャビコール、α-ピネン、β-ピネン、フェランドレン、アニスアルデヒド、リナロール
作用	エストロゲン様作用、催乳作用、利尿作用、去痰（きたん）作用、消臭作用、鎮痙（ちんけい）作用
効能	女性ホルモンに似た働きがあるので生理不順、月経困難症、更年期障害など、女性特有の症状改善に役立つ。風邪の症状や気管支炎にも効果的。消化を促し食欲を増進し、腸内ガスを排出させる働きがある。
注意	・乳幼児、妊娠中、授乳中の女性は使用注意。 ・乳腺炎患者、乳がん患者は使用しない。

シソ科

アニスヒソップ
anise hyssop

別　　名	アガスターシェ
学　　名	*Agastache foeniculum* (Pursk) Kuntze
原産地	北アメリカ中部
気候型	大陸東岸気候

属名*Agastache*はギリシア語の「穂状の花序をたくさんつける」に由来し、種小名*foeniculum*は「フェンネルに似た」の意味。

特徴・形態
全草にアニスのような芳香がある蜜源ハーブ。高さ60〜80cmになる多年草で、茎はよく分枝する。先の尖った葉の裏面は白く、縁が鋸歯状になって対生する。初夏から秋と花期が長く、藤紫色の花を穂状に次々と咲かせる。日本には近縁植物のカワミドリ(*A.rugosa*)が自生するほか、観賞用の園芸種がアガスターシェの名前で出回る。アニスやヒソップとは別種。

歴史・エピソード
アメリカ先住民は古くから、咳止めの薬として利用してきた。強く爽やかな香りを放ってミツバチを集めるので、ヨーロッパでは養蜂家が重宝する蜜源植物として知られる。アニスヒソップより大型になるジャイアントヒソップもある。

栽　培
日当たりから半日陰までのやや湿り気のある場所を好み、極端な乾燥を嫌う。こぼれ種で育つ。2〜3回摘芯してこんもり育てる。種まきや挿し木でふやせる。

〜 利用法 〜

利用部位 葉、花
味と香り アニスのような香り

🍴 花はサラダの彩りに、飲み物の香りづけに使う。

🏠 乾燥させると花の色が長もちするため、ドライフラワーやポプリの材料として利用。

精油成分…アニスアルデヒド、メチルチャビコール、1,8-シネオール、1-オクテン-3-オール
作用………鎮咳作用、抗菌作用、健胃作用、発汗作用、解熱作用
効能………食欲不振、消化不良、嘔吐などによい働きをし、疲労回復を助ける。浸出液は疥癬に効果があるとされる。

ユキノシタ(アジサイ)科

アマチャ
amacha

学　名：*Hydrangea macrophylla* subsp. *serrata*
　　　　(Thunb.) Makino
原産地：日本
気候型：大陸東岸気候

属名*Hydrangea*はhydor「水」+angeion「容器」で、蒴果の形に由来する。種小名*macrophylla*は「大葉の」、変種名*serrata*は「鋸歯のある」という意味。

特徴・形態
カロリーがほとんどない甘味料として重宝される。高さ70〜100cmになる落葉低木。関東や中部地方などに分布し、山地や谷沿いに生えるヤマアジサイの変種。ガクアジサイに似るが、葉が薄く光沢がない。葉・葉柄・茎が赤紫色を帯びる。5〜6月、枝の先にガクアジサイと同じような散房花序をつけ、両性花の周りを中性花が取り囲む。花弁に見えるのは萼片が変化したもので、淡紫色から淡紅色に変化する。

歴史・エピソード
アマチャの葉は生のままではほとんど甘くなく、乾燥発酵させることで強い甘味が生まれる。それを煮出したティーが甘茶。4月8日の花祭り(灌仏会)に小さな御堂に入った釈迦像に甘茶をかけて釈迦の誕生をお祝いするとともに、その年の無病息災を祈念する行事が古くから行われてきた。

栽培
水はけのよいやや湿った場所を好むものの、丈夫なのでどこでもよく育つ。繁殖は4月中旬〜9月中旬に挿し木をする。今年伸びた新梢の3〜5芽を残して剪定する。

〜 利用法 〜

利用部位　葉

甘味料として煎液を用いる。

疲労回復や夏バテ防止に効果的で、健康茶として使う。ただし、多量に用いない。

カロリーがほとんどないので砂糖の代用品としてダイエットなどに使う。一般には丸剤などの甘味、口腔清涼剤の甘味原料、歯磨きの甘味、しょうゆの味つけなどに使われる。

成分	フィロズルシン、ヒドランゲノール、ルチン、ケンフェロール、ケルセチン
作用	抗菌作用、防虫作用
効能	疲労回復、夏バテ防止に。口臭予防によい。
生薬	甘茶(アマチャ)：葉を発酵させて乾燥したもの。糖尿病、肥満症の予防、疲労回復に。

ユリ（ヒガンバナ）科

アリウム（ネギ）類

アリウムの仲間は大変多く、タマネギやニンニクのように鱗茎（りんけい）を食用にするもの、アサツキやチャイブなどおもに筒状の葉を食用にするもの、ニラなど扁平な葉を食するもの、長ネギやリーキなど肥大した葉鞘（ようしょう）を食べる栽培種がある。このほかノビルやギョウジャニンニクなどは山菜としても人気。いずれもネギ臭さが特徴。

アサツキ
asatsuki

別　名：イトネギ　ヒメエゾネギ　センボンワケギ
学　名：*Allium schoenoprasum* L. var. *foliosum* Regel
原産地：日本　中国
気候型：大陸東岸気候

属名 *Allium* はニンニクの古いラテン名、語源は「臭い」という意味で、種小名 *schoenoprasum* はイグサのようなネギという意味。変種名 *foliosum* は「葉の多い」の意味。

アサツキの鱗茎（球根）

特徴・形態
一般に球根と呼ぶ鱗茎をもつ多年草。鱗茎と葉鞘、葉身を食用とし、ネギより辛い。高さ30～50cm。葉は細い円柱形で2～3枚出す。花は5～7月に咲き、茎先に球状に淡紫色の小花を密につける。本来は冬～早春の野菜で、夏になると地上部の葉は枯れ休眠する。

歴史・エピソード
アサツキが食用にされた歴史は古く、平安時代の『倭名類聚抄（わみょうるいじゅしょう）』（P281参照）や『延喜式（えんぎしき）』（P278参照）にも記録がある。3月3日の節句にはアサツキを飾る地方もあり、アサリのむき身と酢みそあえにするなどアサツキを使った料理をつくる習わしがあったと伝えられる。名前の由来は、葉の色がネギの緑色より薄い（浅い）ことから浅っ葱（あさっき）に転訛し、さらにアサツキ（浅葱）になったとされる。また、葉の形から糸葱（イトネギ）や千本分葱（センボンワケギ）などの別名がある。

栽　培
休眠時期に鱗茎を掘り起こし、分球して植えつける。バラの黒星病や黒斑病を予防。トマトやナスのアブラムシを寄せつけにくくするため混植することがある。

～利用法～

利用部位　鱗茎、葉
味と香り　ネギ特有の香り、独特の甘味

おひたし、あえ物、酢の物、生のまま刻んで薬味にする。鱗茎はみそをつけて生のまま食べたり、甘酢に漬ける。洋風メニューのアクセントにも幅広く活用することができる。

葉や鱗茎をすりつぶして切り傷、擦り傷に塗布する。

成分………カロテン、ビタミンB_2、ビタミンC、ペントース、マンナン、硫化アリル
作用………食欲増進作用、抗菌作用
効能………生活習慣病の予防、血行をよくして疲労を回復する効果がある。
生薬
細香葱（サイコウソウ）：花の咲く前の柔らかい茎や葉を刈り取り、天日干ししたもの。鎮痛、食欲増進、止血に効果的。

チャイブ
chives

別　名：シブレット　セイヨウアサツキ
学　名：*Allium schoenoprasum* L.
原産地：ヨーロッパ　アジア
気候型：西岸海洋性気候

特徴・形態
フランスではシブレットといわれ、フィーヌゼルブ（P242参照）の材料になる。葉は円筒状で細長く、長さ約30cm。晩春に咲かせる紫紅色の花も食べられる。アサツキに似ているが鱗茎が小さく、冬季に地上部が枯れて休眠する多年草。

歴史・エピソード
中国では紀元前から料理や薬用に使われてきた。紀元前1300年に宮廷の料理人による魚やサラダのレシピに登場し、これは現存するレシピでは最古のもの。13世紀に中国を訪れたマルコ・ポーロの紹介で、ヨーロッパに広まったとされる。その後アメリカに渡って大ハーブガーデンを運営したシェーカー教徒（P279参照）たちは、チャイブの花や葉をふんだんに使ったオムレツをつくり、大皿に盛って花で飾った。この「ブルーフラワーオムレツ」は人気が高く、同教団が出した本につくり方が載っている。日本に自生するエゾネギやアサツキはチャイブの変種。

栽　培
保水性のある肥沃な土壌で、種まきや株分けでふやす。乾燥しすぎると生育が鈍る。アブラムシやうどんこ病予防のため混植されることがある。

～ 利用法 ～

利用部位　葉、花
味と香り　ネギ特有の香り、繊細で優しい風味

万能の薬味として古くから使われてきた。香りと味は卵や魚や肉料理など各種料理に幅広く使える。日本料理とも相性のよいハーブ。花はサラダの飾りやサンドイッチなどにも利用する。ハーブバターやハーブチーズに使う。ビネガーに花を漬け込むとほんのりピンク色に染まる。

 花はフラワーアレンジメントなどに利用する。

成分　　　ビタミン類、カルシウム、鉄分、辛味成分、アリイン
作用　　　殺菌作用、解熱作用、抗酸化作用、食欲増進作用、血行促進作用
効能　　　胃腸の働きを促し、食欲を増進させる。また血圧を下げるなどの効用もあるとされる。

ユリ(ヒガンバナ)科

アリウム(ネギ)類

ニンニク
garlic

別　　名：ガーリック
学　　名：*Allium sativum* L.
原産地：中央アジア　西アジア
気候型：ステップ気候

属名*Allium*はニンニクの古いラテン名「臭い」にちなむ。種小名*sativum*は「栽培された」の意味。

特徴・形態

ニンニクは最も古くから栽培されていた植物。高さ30〜60cmになる多年草。葉は灰白色を帯びた緑色で、下部が鞘状になった扁平な葉を直立する茎に互生する。地下で育つ球根、鱗片は扁球状に肥大。白または薄紫色の薄膜に包まれて数個ついている。収穫をしなければ夏季に花茎を伸ばし、先端の花序に花芽とムカゴを混生する。淡紫色の花は鳥のくちばし状に伸びた長い筒葉に包まれる。花は種子を結ばず、花の中にできる子苗が地に落ちて繁殖するユニークなスタイル。しかし、球根だけを大きく栽培するために花を摘むようになった。

歴史・エピソード

エジプト、中国、インドでは有史以前から栽培され、古代エジプト時代から利用されていたことがわかっている。紀元前2500年ごろにピラミッドを建設した労働者たちには、タマネギとニンニクが食料として供給された。当時、ニンニクは神聖視され「ニンニクの名にかけて」という宣誓があったといわれるほど崇拝されており、貴重なものであった。エジプトの神官は神への供物としてニンニクやタマネギを祭壇に供えた。ニンニクは数千年にわたり、魔女や悪霊などの恐ろしい闇の力から守ってくれる魔よけとして使われ、鱗茎を輪にして子どもや家畜の首にかけたり、家につるしてお守りにしていた。ギリシア神話の英雄オデュッセウス(P278参照)が

魔女によって仲間と一緒に豚に変えられたところ、運よく逃れられたのはニンニクのおかげだったという。日本でも無病息災を願い、邪気をはらうため門口に掲げる風習があった。日本には朝鮮半島を経て奈良時代以前にもたらされた。

栽培

日当たりと水はけがよく、肥沃な土壌が適す。秋に黒いビニールフィルムでマルチングをして、鱗片を畑地に浅く植えつけ、翌年の梅雨に入る前に収穫する。乾燥が続くと葉枯病になるので注意。バラなどの病虫害の低減などに効果的。

―― 利用法 ――

利用部位　若葉、花茎、鱗茎
味と香り　独特の強い香りと辛味

🍴 葉や茎は炒め物やスープに、鱗茎は生のまますりおろしたり刻んだりして調味料として使う。また、魚や肉類の生臭みをとり、甘味や深みを出す。

👤 搾り汁を薄めて消毒したリネン布につけ、外用薬として傷口に当てる。鱗片をたたきつぶして、腫れた箇所の湿布薬にする。たむしや水虫には生の搾り汁を患部に塗布。また、ニンニク酒として使う。

成分………アリイン、α-アミノアクリン酸、ビタミンB群、フラボノイド
精油成分…ジアリルジサルファイト、アリルプロプルジサルファイト
作用………発汗作用、殺菌作用、駆虫作用、滋養強壮作用、健胃作用、抗菌作用
効能………食中毒や風邪などの感染症予防に役立ち、疲労回復効果にも優れている。毛細血管を拡張して血液循環を促し、冷え性を改善する。血液中のコレステロール値を下げる効果がある。消化器系の疾患の改善、大腸菌の増殖を抑制するとされる。
注意
・妊娠中、授乳中、幼児は常食または多量摂取はしない。
・ワルファリンなどの抗凝固剤との併用はしない。

ギョウジャニンニク
alpine leek

学　名：*Allium ochotensis* Prokh.
原産地：日本　シベリア東部　朝鮮半島
気候型：大陸東岸気候

種小名 *ochotensis* は「オホーツク海、オホーツク地方（シベリア東岸）の」という意味。

特徴・形態
高さ30～50cmの多年草。長さ20～30cmの葉は地際に生え、扁平で幅3～10cmの下部は細い鞘状となる。初夏に高さ30～50cmの花茎を出し、白か淡い紫色の花を多数集めて球状の散形花序に開花。花後に葉は枯れる。ギョウジャニンニクとよく似ている有毒植物のイヌサフラン、スズランが誤食されることがあるので要注意（P236～237参照）。

歴史・エピソード
名前の由来は行者が山野での荒行に耐えるための強壮薬として行者蒜（ギョウジャニンニク）を食べたという説がある。また、あらゆるつらさや苦しみを耐え忍ぶことを意味する忍辱という仏教の言葉から、行者忍辱（ギョウジャニンニク）となったともされる。

栽培
成長が遅く、種子から芽を出して5～6年は毎年、葉を1枚だけ出し、7～8年でやっと2枚の葉を出し、開花に10年もかかる。栽培には冷涼地で、半日陰の水はけがよく肥沃な土壌が適す。

～利用法～
利用部位　葉、鱗茎

軽くゆでて水にさらし、あえ物、おひたし、天ぷらにする。鱗茎を焼酎につけて薬酒をつくる。鱗茎を天日で乾燥させたものを煎じて服用する。

成分	アリイン、ビタミンB$_1$、チオエーテル類
作用	抗菌作用、抗ウイルス作用、抗血栓作用、強壮作用、高血圧抑制作用、抗酸化作用
効能	血液をサラサラにし、血液中の脂肪を減らす効果があるとされる。疲労回復にも役立つ。
注意	・有毒植物のスズランに芽が、イヌサフランに葉が似ているので注意。
生薬	茖葱（カクソウ）：春から夏にかけて鱗茎ごと掘り取り、外側のシュロ状の皮を取り去って生のまま利用するか天日乾燥して保存したもの。滋養強壮に効果的。

タマネギ
onion

別　名：オニオン
学　名：*Allium cepa* L.
原産地：中央アジア

本来は多年草で高さ50cmになる。食用にする鱗茎は球形または扁球形。その外皮は淡褐色から黄色の薄い膜で、内側は白い多肉の層になり、特有の刺激臭がある。円筒状の葉を4～5枚つける。収穫しないでそのままにしておくと、秋に花茎を葉より長く伸ばして先端に白い小花を密につけ、球状のネギ坊主になる。栽培の歴史は古く、紀元前のエジプト王朝時代にはニンニクとともに労働者に配給されたという。体を温め、新陳代謝を活発にして血行を促す。風邪のひきはじめ、発汗、解熱、不眠や疲労による食欲不振に効果がある。生食で薬用としての成分を摂取できる。加熱すると甘味が出て料理の味をまろやかにする。日本には明治初頭に渡来。

アロエ（ススキノキ）科

アロエ

アフリカ大陸南部からアラビア半島までに約500種以上ある。おもに薬用に使うキダチアロエと食用に向くアロエ・ベラを紹介する。

キダチアロエ
candelabra aloe

別　　名：キダチロカイ（木立蘆薈）
学　　名：*Aloe arborescens* Mill.
原 産 地：南アフリカ　マダガスカル
気候型：砂漠気候

葉に苦い汁液があり、属名 *Aloe* はアラビア語のalloeh「苦味のある」に由来。種小名 *arborescens* は「亜高木の、小樹木状の」という意味。

→アロエは茎葉に多汁のゼリー質を内包している。

特徴・形態
多肉質の茎葉が多汁のゼリー質を内包し、美容や薬用に重宝され「医者いらず」といわれている。キダチ（木立）アロエという名前のとおり円柱状の茎が伸び、高さ1m以上になる非耐寒性常緑多年草。先端の尖った剣状の葉には鋭いトゲがあり、独特の草姿。伊豆半島などの暖地では地植えでも越冬し、早春に朱赤色の花を紡錘状（ぼうすいじょう）に咲かせる。アロエの種類は多いものの、薬効があるのは本種のほか、アロエ・ベラ、ケープアロエ（*A.ferox* Mill）、ソコトラアロエ（*A.perryi* Baker）など数種。

歴史・エピソード
紀元前300年代、マケドニア帝国のアレキサンダー大王（P278参照）は家庭教師であった古代ギリシアの哲学者アリストテレスの勧めでエジプト遠征にアロエを持参。戦士たちの傷を治して戦果を挙げたといわれる。クレオパトラもアロエのゼリー質を肌に塗り、日焼けを防いで美しい肌を保った。ローマ皇帝ネロの軍医ディオスコリデス（P191参照）の著書『薬物誌』にも、アロエを使ったという記録が残っている。16世紀には西インド諸島に伝えられ広く栽培された。日本には江戸時代以前に中国から伝えられ、貝原益軒著『大和本草』（やまとほんぞう）（P281参照）に薬草として使われたと記述されている。1886（明治19）年に制定された「日本薬局方」（P280

←まだ寒さの残るころに咲く花が目立つ。成長するにつれ葉の下の茎が伸びて枝分かれする。

参照)にも、瀉下剤として薬効が認められている。

栽 培
地植えなら日当たりと水はけがよく、霜の降りない場所に。寒冷地の場合、冬は室内に入れる。株分けは4～9月、挿し木は4～10月にする。

～ 利 用 法 ～

| 利用部位 | 葉 | 味と香り | 苦味 |

苦味は強いが葉のゼリー質を刺し身のように食べたり、ヨーグルトに入れたり、ハチミツをかけて食べる。

美容にも役立ち、ニキビや吹き出物、保湿や美白にも優れアンチエイジング効果がある。チンキ剤としてクリームやローションに、またシャンプーなどのヘアケアに用いると傷んだ髪の修復などに効果的。

＊成分など種によって差が大きい。
- 成分………バルバロイン、アロエエモジン、アロイノシドA、B、アロエシン、マンノース、ペクチン
- 作用………健胃作用、緩下作用、抗菌作用、殺菌作用、抗腫瘍作用、抗ウイルス作用、消炎作用、保湿作用、血糖値降下作用、収斂作用、創傷治療促進作用
- 効能………胃腸の働きをよくし便秘を改善する。殺菌力が風邪の予防に役立つ。やけど、日焼け、乾燥肌、水虫などの症状を抑え、胃酸の分泌をふやすとされる。
- 注意
  ・妊娠中、授乳中、子どもの使用に注意。
  ・長期間、多量摂取はしない。

アロエ・ベラ
barbados aloe

別　名：バルバドスアロエ
学　名：*Aloe vera* (L.) Burm.f.
原産地：アラビア半島南部　北アフリカ　カナリア諸島

種小名*vera*は「真の、本物の」という意味。

特徴・形態
キダチアロエと比べて苦味成分が少ない。高さ60～100cmの非耐寒性常緑多年草。ロゼット状で緑色から灰緑色の葉には白い斑点が入るものなど、種類が豊富。夏、高さ90cmほどの花茎に2～3cmで黄色からオレンジ色の管状の花冠を穂状に咲かせる。

歴史・エピソード
ミイラの腐食を防ぐのに利用された。イエス・キリストは没薬(P238参照)とアロエに浸したリネンでくるまれ、葬られたという。アリストテレスはアロエ・ベラを珍重し、当時知られていた唯一の原産地アラビア半島沖のソコトラ島を征服してほしいとアレキサンダー大王に願い出たほど。

栽　培
キダチアロエに比べ、アロエ・ベラは寒さに弱く、ゼリー質を多く含むため、気温が低いと凍ってしまう。日当たりがよく霜の降りない場所で、水はけのよい土で育てる。株分けや切り取った葉を2日間乾かして植える。寒冷地では温室栽培する。

～ 利 用 法 ～

キダチアロエと同様に利用できる。キダチアロエよりも苦味が少なく食べやすい。

- 成分………サポニン、ムコ多糖体、バルバロイン、アロエシン、アロエエモジン、マンノース、ペクチン
- 作用………健胃作用、緩下作用
- 効能………便秘改善、老化予防、胃酸過多が原因の胃炎に効果があるとされる。

セリ科

アンジェリカ
angelica

別　　名：セイヨウトウキ（西洋当帰）ヨロイグサ
学　　名：*Angelica archangelica* L.
原産地：北ヨーロッパ　シベリア
気候型：ステップ気候

属名*Angelica*はラテン語のangelus「天使」に由来。病気を治してくれる天使のような草を意味する。種小名*archangelica*は「大天使ミカエルの」の意味。

特徴・形態
葉から根まで全草が、砂糖漬けから薬用まで幅広く利用できる。アシタバの仲間で、高さ1〜2m、株張りが1mほどになる一・二年草。太い茎は中空で、大きく羽状に切れ込みのある複葉は明るい緑色、葉柄は50cmほどになる。2年目の初夏に黄緑を帯びた白の小花を複散形花序に咲かせる。

歴史・エピソード
かつては最もよく効く薬草のひとつとして有名だった。古代の本草学者には「精霊の根」として知られ、万能薬と信じられていた。ヨーロッパでペストが流行したとき、ある修道士の夢の中に天使が現れ、この植物の根を薬として使うように伝えたという伝説が学名の由来とされている。大天使ミカエルの保護の下、邪悪な存在や魔法に対する確かなお守りと信じられ、天使の力をもつ薬草として、ヨーロッパの修道院や教会の庭先にアンジェリカが植えられた。日本ではほぼ全国に自生するトウキ（当帰）がジャパニーズ・アンジェリカとして、昔から薬効の高い女性用の生薬として使われてきた。中国には唐当帰（*A.sinensis*）があり、生薬としてさかんに利用されている。

栽　培
日当たりから半日陰で、水はけがよく保水性のある肥沃な場所で育て、冷涼な気候が適す。春に種をまくと翌年に花をつける。

〜 利用法 〜

利用部位　葉、茎、種子、根、花
味と香り　強い芳香がある

🍴 緑色の茎の砂糖漬けは、ケーキや菓子類の飾りに使われる。新芽、花、緑の茎はサラダに、種子は軽くいってパン、ビスケットに入れたり、飲料の風味づけやシャルトリューズ酒などの薬用リキュールやジンの材料に使われる。独特の風味のアンジェリカワインは強壮・消化促進に効果的。

☕ 乾燥葉のティーは香りがよく、強壮や消化を助け、風邪や咳の症状を緩和する。

👩 全身浴や手浴、足浴に用いるとリウマチに効果的。また、精油は香水やオードトワレ、オーデコロンに利用されている。

🏠 葉や種子はポプリに使い、種子は部屋の芳香剤にもなる。

成分	アサマンチン、クマリン、ビタミンB群
精油成分	リモネン、ピネン、アンゲリカラクトン、アンゲリカ酸
作用	鎮痙(ちんけい)作用、鎮静作用、駆風(くふう)作用、発汗作用、利尿作用、消化促進作用
効能	咳止め、胃腸の不調に用いられ、胃液や胆汁の分泌を促し、消化不良や食欲不振を改善。女性ホルモンの分泌を整え、生理痛などの症状を和らげる。自律神経を調整する効用があるとされる。

注意
・多量の服用は避ける。・糖尿病、妊娠中は使用しない。
・葉の汁によって皮膚がかぶれることもあるので、切り口に触れない。

トウキ
Japanese angelica

学　名：*Angelica acutiloba* (Sieb. & Zucc.) Kitag.
原産地：日本（本州中部地方以北）
気候型：大陸東岸気候

種小名*acutiloba*は「尖った裂片のある」という意味。

特徴・形態
古くから生薬として利用され、いまも薬用や入浴剤に用いられる。高さ20〜80cmの多年草。よく分枝する茎と葉柄は赤紫色を帯びて滑らか。互生する葉は2〜3回羽状複葉で3列、光沢があって濃緑色の小葉は縁が鋸歯(きょし)になっている。初夏から夏に極小の白い5弁花を複散形花序につけ、秋に長楕円形の果実を結ぶ。本州中部以北の山地などに生えている。

歴史・エピソード
江戸時代、全国の藩には製薬材料などの栽培が奨励され、各地に特産品種が誕生。徳川幕府八代将軍徳川吉宗は、薬種業の振興政策により本草学者の植村佐平次(P278参照)らを全国に派遣して、大和当帰(ヤマトトウキ)などの優れた品種を探させた。トウキは病人に与えると回復し健康になって帰る「当(まさ)に帰る」との意味から名づけられたといい、とくに婦人病の重要な薬草とされた。

〜 利用法 〜

利用部位 葉、茎、根

🍴 2012(平成24)年の薬事法改正により食用が認められ、葉もサラダ、スープ、天ぷら、炒め物やカレー、菓子や調味料などさまざまな活用が研究されている。根を乾燥したものは、スープや酒に漬け込んで利用する。

☕ 血行をよくし更年期障害、女性の諸症状の緩和に用いられる。冷え性や肩こり、むくみ、美肌などにも役立つといわれ、女性の疾患には欠かせない日本のハーブ。

成分	パルミチン酸、リノール酸、スコポレチン
精油成分	リグスチリド、ブチリデンフタリド、サフロール
作用	子宮の機能調整作用、鎮静作用、鎮痛作用、利尿作用、抗菌作用、血液循環促進作用、抗炎症作用
効能	生理痛、生理不順などに効果があるとされる。冷え性、動悸、不眠、精神不安などにも用いる。

注意
・食欲不振、胃のもたれなどの胃腸障害を起こすことがある。
・子宮の収縮と弛緩を引き起こすことがある。

生薬
当帰(トウキ)：11〜12月に根を掘り上げ、土を落として数株ずつ天日干ししたもの。補血、鎮静、強壮に効果的。

クワ科

イチジク
fig tree

別　　名	トウガキ　ナンバンガキ
学　　名	*Ficus carica* L.
原産地	アラビア半島
気候型	ステップ気候

属名Ficusは「イチジク」を意味するラテン語。種小名caricaは、かつて原産地とされた地名。

特徴・形態
酵素に富む果実で、古くから暮らしに利用されてきた。高さ約5mの落葉小高木。葉柄をもつ大きな葉はおもに3〜5裂の掌状。茎葉を傷つけると白い乳液が出て、かぶれることがある。葉のつけ根に花を入れた袋（花嚢（かのう））が形成され、後に肥大化して果実になる。そのため花は果実の内部にあって外側から見えず、無花果と書く。雌雄異株（しゆういしゆ）と同株（どうしゆ）があるが、栽培品種は1本だけでもほぼ結実する。

歴史・エピソード
旧約聖書に記される人類の始祖アダムとイブの物語に登場し、人との関わりが深い果物。エデンの園でアダムが食した知恵の木の実はリンゴといわれているが、かつてはイチジクとされていた。アダムとイブはイチジクの葉を衣装にしたとの記述もある。地中海東側で、古くから栽培されていたことがエジプトの記録に見られる。第12王朝時代（紀元前1991〜1782年ごろ）の墓に刻まれていた絵で最も多く登場する果物はブドウとイチジク。イチジクは成熟が遅いので、中東ではガシュイング（ガシュとは「深手を負わせる」の意味）といって、未熟な果実を裂いたり刺すなどして傷をつけ、成熟を早める方法が使われていた。紀元前4世紀ごろに、テオフラストス（P280参照）は、「イチジクは鉄の爪でひっかくと4日で成熟する」と述べている。しかし、長い年月の間に品種の選抜がなされ、傷をつけなくても早く成熟する系統が生まれた。一説には、1カ月で熟すから「一熟」ともいわれたとか。日本には江戸時代に中国から長崎に入ったのが始まりと伝えられている。

栽　培
カミキリムシの被害が多いので、木屑を取り除き防除する。冬には肥料を与え、剪定は1〜2月に。

〜 利用法 〜

利用部位 葉、果実

🍴 果実はジャム、コンポートなどに使う。

☕ 乾燥葉を煎じて飲むと血圧の上昇を抑える働きがあるとされ、乾燥果実を煎じて便秘にも。

💆 乾燥した葉を浴槽に入れると体が温まり神経痛、腰痛、冷え性、痔の症状の改善が期待できる。葉や果実をとるときに出る白い乳液は、皮膚のイボに塗ると効果があるとされる。

成分	果実：リンゴ酸、クエン酸、シアニジン配糖体、カリウム、カルシウム 葉：タンニン、プソラレン、ルチン、フィシン
作用	果実：緩下（かんげ）作用、消化促進作用、血圧降下作用 葉：抗炎症作用
効能	果実：腸内活動を活性化し、高血圧の症状を改善。 葉：神経痛、腰痛、冷え性、痔の症状を改善。

注意
・葉や果実の乳液に触れると皮膚炎を起こす場合がある。

生薬
無花果（ムカカ）：花実を乾燥したもの。緩下作用があり、痔疾の改善、滋養に役立つ。無花葉（ムカヨウ）：真夏に洗った葉を天日干し。血圧降下、神経痛に効果的。

イチョウ科

イチョウ
ginkgo

学　名：*Ginkgo biloba* L.
原産地：中国
気候型：大陸東岸気候

属名*Ginkgo*は銀杏（ギンナン）の音読み（ギンキョウ）に基づく。種小名*biloba*はラテン語による造語で「2つの裂片」の意味、葉が大きく2裂することをさしたもの。

秋に美しい黄葉となるが、落下した果実の外種皮は悪臭を放つ。

特徴・形態

種子を食用にするほか、葉にはさまざまな薬効がある。高さ約30m、幹の直径は5mほどになる落葉高木。灰色がかった樹皮は縦に深い溝が刻まれる。4～5月、新芽が伸びるのと同時に開花。雄花が穂状で、雌花は花柄の先端に2つずつ咲く。雄花と雌花はそれぞれ咲く木が異なる雌雄異株。花粉から精子を生じて受精するなど古代植物の形質が見られる風媒花で、1kmほど離れている雄花と雌花で受粉可能とされる。果実状の外種皮を除いた種子の部分が、食用の銀杏（ギンナン）。

歴史・エピソード

中国から日本にいつ渡来したかは不明だが、室町時代には栽培されていた。イチョウの名前は葉の形が鴨の足に似ているところから、鴨足の中国名ヤーチャオ、イーチャオがイチョウになったとされる説と、一葉（いちよう）の転訛という説などがある。ギンナンの名前の由来は、「ぎんあん」（白い種子が銀色に見え、形がアンズの果実に似ている）から転訛したといわれる。裸子植物であるイチョウの受粉が精子によって行われることを、世界で初めて1896（明治29）年に発見したのは日本人の平瀬作五郎博士。

～利用法～

利用部位　葉、種子、木部
味と香り　種子は独特の香ばしさ

🍴 滋養強壮、咳、痰などに効果的として、種子をゆでたり、いるなどして炒め物、茶わん蒸し、酒のさかななど、日本料理や中国料理に使う。

☕ 葉をティーとして用いる。乾燥した種子を煎じて咳や痰、頻尿、滋養強壮に役立つ。
注意：ギンコール酸の副作用が起こるので、自分でつくった茶葉は使用しない。

短い穂状になる雄花。

成分………種子：ヒスチジン、カロテン、ケルセチン
　　　　　葉：ケンフェロール、ギンコライド、ギンクゴリド、ビロバライド、アピゲニン配糖体
作用………種子：鎮咳作用、去痰作用
　　　　　葉：老化防止作用、抗炎症作用、コレステロール値低下作用、抗酸化作用
効能………種子：頭痛、下痢、吐き気、筋弛緩、発疹、口内炎、高血圧症状の改善。
　　　　　葉：耳鳴り、記憶力・思考能力の低下の改善、末梢循環障害、高血圧、高コレステロール症状の改善。
注意………
・ワルファリンなどの抗凝固剤とは併用しない。子どもも大人も食べ過ぎに注意する。
生薬………
白果（ハクカ）：外果皮を腐らせ、洗って残った内果皮を天日干ししたもの。鎮咳、去痰、夜尿症に効果的。白果仁（ハクカニン）：内果皮を取り除いたもの。鎮咳、去痰、夜尿症に効果的。

アカバナ科

イブニングプリムローズ
common evening primrose

別　名：メマツヨイグサ（雌待宵草）
学　名：*Oenothera biennis* L.
原産地：北アメリカ
気候型：大陸東岸気候

属名 *Oenothera* はギリシア語の oenos「ワイン」＋ ther「野獣」に由来。根にワインのような香りがあり、野獣が好んで食べたとして、テオフラストス（P280参照）がつけた名前。種小名 *biennis* は「二年草の」の意味。

アメリカ先住民ブラックフット族（P281参照）は葉や茎をゆでて食べ、根は乾燥させて保存食として利用。葉や根をハチミツで煮るシロップは打ち身用の湿布として、使われ続けている。また、ドイツでは夕方に咲く花がナハトケルツェ（ロウソクバナ）と呼ばれる。日本には明治の中期〜後期に観賞用として渡来し、繁殖力が強いため日当たりの荒れ地や野原で野生化している。

栽培
春か秋に種まきする。日当たり、水はけのよい所に直まきでもよい。アレチマツヨイグサとは別種。

～利用法～

| 利用部位 | 若葉、花、種子 |
| 味と香り | 甘い香り |

🍴 花と若葉は生で食べられ、若葉はゆでてあえ物や炒めてもよい。

☕ 花を乾燥させてティーとして利用。

👩 葉は皮膚の組織を収斂させ、肌を整えるアストリンゼント作用があるとされる。また多量の粘液を含み、浸出液は咳を抑える。種子を搾ったオイルは外用として打ち身の湿布やスキンケアとしても使われる。

🏠 ミョウバンの媒染で薄茶色、鉄媒染で灰紫色に、銅媒染で緑色に染まる。

特徴・形態
皮膚疾患や炎症の改善、女性特有の不調に効果的なハーブ。高さ50〜150cmになる一・二年草で、茎は下部からよく分枝する。葉は先端の尖る長楕円状披針形（しんけい）で、縁に浅い波状の鋸歯（きょし）がある。6〜9月の夕刻に咲く花は黄色で直径5〜6cm。開いているときだけ香る。蒴果（さくか）は2〜4cmの円柱形で、たくさんの種子を内包する。

歴史・エピソード
空き地や土手に生える帰化植物のオオマツヨイグサやツキミソウの仲間。初夏から秋の夕方、芳香のある黄花を咲かせるので「夕方のさくら草」とも呼ばれる。

成分………葉：α-リノレン酸
　　　　　種子：リノール酸、γ-リノレン酸
作用………抗炎症作用、抗酸化作用、湿疹緩和作用
効能………女性ホルモンのバランスを整え、月経前症候群（PMS）、生理痛、関節リウマチに効果があるとされる。また、アトピー性皮膚炎など、アレルギー性のかゆみを伴う皮膚疾患の改善、血圧の正常化に役立つ。

注意
・てんかんや片頭痛の症状がある人は使用しない。

アヤメ科

イリス
orris

別　名	オリス　ニオイアヤメ
学　名	*Iris florentina* L.
原産地	南ヨーロッパ
気候型	地中海性気候

属名*Iris*は「虹」という意味で、ギリシア神話の「虹の女神イーリス」にちなむ。すべてのアイリス属の古名であり、多彩な花色にも由来する。種小名*florentina*はイタリアのフィレンツェ（英名：フローレンス）にちなみ、採取家の名（フロレント）でもある。

特徴・形態
香料の原料として重要なハーブ。根茎は乾燥させるとスイートバイオレットのような香りがして、鎮静作用がある。高さ60〜100cmになる多年草。葉は長さ50cmほどの剣形。初夏に高さ約60cmの花茎を伸ばし、茎頂に香りのよい大きな花を3〜4個つける。薄紫色と白色の花は美しく、橙黄色のヒゲ模様がある。

歴史・エピソード
古代ギリシアやローマ時代以来、根茎が主として香料

花も甘い香りをもつが、ハーブとしては利用されない。

に用いられたり、根を乾燥させた粉末を洗濯のすすぎ水に混ぜ、麻布の香りづけなどに用いられた。中世のフィレンツェで栽培されたことから市の紋章となっている。日本には1867（慶応3）年ごろ、香料用として伝来した。

栽培
日当たりがよく肥えて水はけのよい乾燥した中性の土を好む。晩秋か初春に収穫を兼ねて根茎を掘り上げ、分けて植えつける。軟腐病（なんぷびょう）が出やすいので、根茎の半分は地表に出して植えるのがポイント。乾燥気味に管理する。

〜 利用法 〜

利用部位	根茎
味と香り	生の花の香りもよいが、根茎は乾燥するとスミレのような甘い香り

乾燥した根茎は香りを固定する作用があるので、すりおろすか細かく砕いてポプリの保留剤として用いる。3年間成長して大きくなった根茎を秋に収穫するが、収穫直後の根茎は青臭くジャガイモのような香り。洗浄して表皮を剥ぎ、2〜3年乾燥させることによって甘い香りを何年も保つ。

成分	高級脂肪酸、イソフラボン
精油成分	イロン、ゲラニオール、リナロール、メチルエステル類、ベンジルアルコール
作用	鎮静作用
効能	ストレスによる情緒不安定などの気分を落ち着かせるのに役立つ。
注意	・皮膚にアレルギー反応を起こすことがある。

アブラナ科

ウォード
dyer's-woad

別　名：ホソバタイセイ
学　名：*Isatis tinctoria* L.
原産地：ヨーロッパ南部
気候型：西岸海洋性気候

属名*Isatis*は暗色の染料になる植物のギリシア名、種小名*tinctoria*は「染料の」の意味。

特徴・形態
葉から青や藍色の染料がとれ、インディゴのなかったヨーロッパで重宝された。高さ1mの一・二年草で、種をまいて最初の1年は高さ50cmほどに株を充実させ、開花は翌年になる場合もある。2年目に高く伸びる茎は青緑色で粉を帯びる。互生する葉は青みを帯びた緑色の披針形。春〜夏、小さな黄色い花は総状花序になって花壇で映え、果実のサヤはドライフラワーに適す。

歴史・エピソード
有史以前から栽培され染料植物として各国に広がり、中国では菘藍(シュウラン)と呼ばれた。葉を乾燥して発酵させたものをウォード玉といい、日本のアイタデの製法に似ていたが、やがて世界中でアイ玉を利用するようになった。日本には江戸時代中期に染料植物として中国から渡来。日本への伝来は同属の草大青(*I. indigotica*)が先で和名をタイセイとしたので、葉の細い本種をホソバタイセイと名づけて区別したらしい。

栽　培
日当たりと水はけがよく、肥沃な場所。春か秋に直まきする。こぼれ種でもふえる。

〜 利 用 法 〜

利用部位 葉、茎

葉を乾燥して粉砕し、水分をくわえて発酵させたものを藍色の染料とする(ウォード玉)。退色しやすいが、生葉染めもできる。

成分………グルコブラシシン、インジカン、イサタン
作用………抗菌作用、抗ウイルス作用、抗炎症作用、抗白癬菌作用
効能………解熱や解毒の効果があるとされ、風邪のひきはじめやインフルエンザ、水虫などの感染症に用いられる。
生薬………
葉＝大青葉(タイセイヨウ)：解毒など　根＝板藍根(バンランコン)：風邪の初期症状(消炎・解熱)、解毒などに効果的。

シソ科

ウツボグサ
utsubogusa

別　　名	カコソウ（夏枯草）
学　　名	*Prunella vulgaris* L. subsp. *asiatica* (Nakai) H.Hara
原産地	東アジア
気候型	大陸東岸気候

属名*Prunella*はへんとう炎治療に用いられたことにちなんでドイツ人が命名した。種小名*vulgaris*は「ふつうの」という意味。亜種名*asiatica*は「アジア」の意味。

特徴・形態
高さ10〜30cmの多年草。角ばった茎は春に匍匐して横に伸び、直立して披針形の葉を対生させ、茎葉ともに細毛に覆われる。5〜7月、茎先に紫色の花を穂状に密集して咲かせ、夏に乾燥した花穂の萼筒から種子がとれる。

歴史・エピソード
日本に自生するウツボグサは全国の野山で見られる。花穂の形が武士の矢を入れる靫に似ていることから名づけられたといわれ、花穂は夏に枯れて黒くなっても、そのまま立っていることから夏枯草とも呼ばれる。山村では軒先につるして民間薬として利用した。

栽培
日当たりと水はけ、風通しのよい場所で。寒さに強く、ランナーで広がる。株分け、種子、挿し木でふやす。

成分	プルネリン、タンニン、ウルソール酸、ルチン、ビタミンB、C、K、脂肪酸、苦味質、塩化カリウム
作用	利尿作用、止血作用、収斂作用、消炎作用、抗菌作用
効能	乾燥した花穂の煎じ液は、口内炎、喉の痛み、へんとう炎のうがい薬として用いる。

セルフヒール
self heal

別　　名	セイヨウウツボグサ
学　　名	*Prunella vulgaris* L.
原産地	ユーラシア大陸の温帯地方　北アメリカ

セルフヒール（自然治癒力）という名をもつこのハーブは、古くから傷薬や止血薬としてヨーロッパで使われてきた。高さ5〜30cmの多年草。全体が細毛に覆われ、四角い  匍匐性の茎に披針形から長楕円形の葉を対生する。6〜9月、茎頂に穂状花序をつけてピンクや紫色の唇形花を咲かせるが、花はウツボグサとよく似ていて区別がつきにくい。ミツバチに非常に好まれ、ヨーロッパ全域の牧草地に見られる。農村部や労働者の間では、傷の手当てによく用いられ、家庭で使用するために育てられている。

～ 利 用 法 ～

利用部位 地上部

成分	ルチン、β-カロテン、ビタミンB、C、K
作用	止血作用、収斂作用、抗菌作用、利尿作用
効能	傷の応急手当てとして、また、止血薬として用いられた。

ウコギ科

ウド
udo

学　名：*Aralia cordata* Thunb.
原産地：東アジア
気候型：大陸東岸気候

属名*Aralia*はカナダのフランス語名aralieから。カナダのケベックの医師サラザン（P279参照）からフランスの植物学者トゥルヌフォール（P280参照）にもたらされた標本についていた名。種小名cordataは「ハート形」の意味。

特徴・形態
春を味わう山菜のひとつで、全草を食すことができる。高さ約1〜1.5mになるが、木ではなくて多年草。秋に地上部が枯れて冬越しする宿根草で、春にまた芽を出す。太い円柱形の茎や葉は細かい毛に覆われ、2回羽状複葉が互生。8〜9月、茎上部に小さな白い花を球状の散形花序に咲かせる。秋には直径3mmほどの液果を結び、黒色に熟す。日本各地の林縁や山野に自生し、香りの強い山菜として好まれて栽培されるようになった。

歴史・エピソード
風もないのに動いているように見えることから独活、または動くが訛ってウドと名づけられたという。野山に生える野生種だが、貝原益軒の『大和本草』(P281参照)には「うどの実を畠にうえてよし、長じて後、冬より根の上にわらを深く掩えば白菜長く食すべし」と記してあり、軟白栽培が江戸時代に実用化されていたと思われる。現在では野菜とされるが、もともとは晩春から初夏の山菜。野生のウドは高さが3mにも育つものの、大きくなると食用にも木材にも適さないことから、「図体はでかいが中身が伴わず、役に立たないもの」の例えで「ウドの大木」の慣用句がある。しかし、江戸時代に書かれた『本朝食鑑』(P281参照)には、薬用は大木のほうがよいと記されている。アイヌ民族はウドを「チマ、キナ（かさぶたの草）」と呼び、根の煎剤で傷を洗い、ほぐして傷に貼りつけた。

焼いた葉も傷に貼付。新芽は汁物で食べた。中国や朝鮮では救荒植物（P278参照）として、また、薬用として古くから利用してきた。食用とするのは日本だけだったが、最近ではアメリカでも知られるようになり、ウド・サラダ・プラントと名づけられている。

栽　培
日当たりのよい場所で栽培する。軟白栽培は、地上部が枯れたら根株を掘り取って地下の室に植え、日光を当てずに栽培する。

〜 利用法 〜

利用部位　全草

🍴 全草を食することができる。若い葉は天ぷら、茎はぬたやあえ物、薄くスライスして香り豊かなサラダに利用でき、皮はキンピラに。

👩 地上部の茎葉を根際から刈り取り、陰干しして煎じて服用する。根や茎葉に体を温める作用がある。

成分………カリウム、食物繊維、ビタミンE、K、ミネラル、タンニン、クロロゲン酸
精油成分…ジテルペンアルデヒド
作用………発汗作用、解熱作用、鎮痛作用、利尿作用
効能………血液環境をよくし、冷え性を改善する。また新陳代謝を高め疲労回復効果があり、関節炎、リウマチ痛、めまい、頭痛などの症状を和らげるとされる。
注意
・多食をしない。目が赤く腫れて痛むとき、生傷があるときは食さない。かゆみが増すことがあるので、皮膚病のある人は避けたほうがよい。
生薬
独活（ドッカツ）：秋に野生のウドの根（老根）を掘り、3〜4日、日干しにした後、陰干しにして乾燥したもの。発汗、鎮静、解毒に効果的。

バラ科

ウメ
Japanese apricot

学　名：*Prunus mume* (Sieb.) Sieb. & Zucc.
原産地：中国南西部
気候型：大陸東岸気候

属名 *Prunus* は plum「スモモ」に対するラテン語の古名。種小名 *mume* は和名のウメにちなむ。

特徴・形態
健康食の代表格で、スモモ属に分類され、アンズと近縁種。高さ3〜5mの落葉高木。2〜4月、葉に先立って5弁の花を咲かせる。果実は6月ごろに黄色く熟し、核と果肉が離れにくい。

歴史・エピソード
中国では紀元前から果実が酸味料として用いられ、塩とともに最古の調味料とされる。日本には奈良時代以前に樹木より先に、果実を黒焼きにした梅「烏梅（ウバイ）」が漢方薬として入り、その中国読み「ウメイ」から「ムメ」になったという説がある。花が好まれ、奈良時代の『万葉集』ではウメについて百首以上の和歌が詠まれている。江戸時代には非常食用に各藩が梅干しづくりを奨励したため、梅林が多くつくられた。

〜 利用法 〜
利用部位　果実

 梅干し、梅酒、梅酢、ジャム、デザートなどに利用。梅干しは日本固有の健康食品。

 梅酒は滋養、強壮、暑気あたりに。また梅肉エキスにして薄めて飲む。

成分………アスパラギン酸、リンゴ酸、クエン酸、コハク酸、シュウ酸、ソルビトール、アミグダリン
作用………疲労回復作用、鎮痛作用、抗菌作用
効能………クエン酸は疲労回復、健康保持に優れ、風邪や食中毒予防に用いる。
生薬………
烏梅（ウバイ）：未熟な青梅をわらで燻製にしたもの。健胃、整腸、駆虫、止血、強心に効果的。

アンズ *apricot*

学　名：*Prunus armeniaca* L.
原産地：中国北部〜ネパール　ヒマラヤ西北部

高さ5〜8mになる落葉高木、別名アプリコット。春、葉の出る前に桃色の花を開花。初夏に直径4〜5cmの果実をつけ、橙黄色に熟すと甘味が出る。中国では古くから栽培され、仁を薬として利用した。その後、ヨーロッパなどを経て18世紀にはアメリカに伝わり、現在はカリフォルニアが世界的な栽培地。日本に伝えられた時代ははっきりしないが、平安時代の『本草和名（ほんぞうわみょう）』(P281参照)などに記載がある。

〜 利用法 〜
利用部位　果実、種子

ケーキ、ジャム、シロップ漬け、コンポート、杏仁豆腐、果実酒、ドライフルーツ。

成分………果実：β-カロテン、カリウム、リンゴ酸、クエン酸
　　　　　杏仁：アミグダリン
作用………果実：鎮痛作用、解熱作用、利尿作用、疲労回復作用
　　　　　杏仁：健胃作用、去痰（きょたん）作用、抗酸化作用
効能………果実：老化防止、視力強化作用が期待される。
　　　　　杏仁：咳止めや心筋梗塞、高血圧の予防に用いる。
生薬………
杏仁（キョウニン）：種子の殻内にある核（仁）のこと。6月ごろ収穫して天日干しにしたもの。鎮痛、鎮咳、呼吸困難、利尿に効果的。

キク科

エキナセア・プルプレア
coneflower

別　名	ムラサキバレンギク（紫馬簾菊）
	パープルコーンフラワー
学　名	*Echinacea purpurea* (L.) Moench
原産地	北アメリカ東部
気候型	大陸東岸気候

属名*Echinacea*はギリシア語のechinos「ウニ、ハリネズミ」が語源。花後に円錐形の頭部が針のように突き出す形からつけられた。種小名*purpurea*は「紫色の」の意味。

特徴・形態

近年、急速に薬効が注目されてきた、高さ60cmほどの多年草。葉は細長い卵形。夏から秋にかけて1茎に1輪ずつ咲く花は頭状花。中央部は円錐状の筒状花がハリネズミのような形で、赤紫色や白色の舌状花からなる。暑さに強く花もちがよいので人気があり、園芸品種も多彩。

歴史・エピソード

アメリカ先住民は古代より風邪から重い病気まで幅広い症状に利用してきた。ほかにも歯痛、やけど、喉の痛み、伝染病などの治療に用いられたという。しかし、処方の研究は19世紀末までほとんどなく、1870年ごろにネブラスカ州の医師(自然療法師)H.C.Fメイヤーによって、ホップやヨモギとともにエキナセアを使った血液浄化剤がつくられ、販売されたのが最初とされる。日本には大正末年ごろに渡来した。

栽　培

日当たりと水はけのよい肥沃な土壌を好む。春に種まきまたは、こぼれ種でふえる。ガーデニングで観賞用として利用される。

～ 利用法 ～

利用部位	葉、茎、根
味と香り	かすかな甘味、わずかな芳香がある

 乾燥させた葉、茎、根をティーとして利用する。風邪やインフルエンザの回復促進に役立つ。

 免疫力を高めるのでチンキ剤は感染症、傷、喉の痛みに効果的。

成分………粘性多糖、エキナコシド、サイナリン、チコリ酸
精油成分……フレメン、カリオフィレン
作用………免疫機能活性化作用、抗ウイルス作用、肝機能促進作用、抗炎症作用、抗菌作用、健胃作用、解毒作用、抗酸化作用
効能………免疫細胞を活性化し、ウイルスやバクテリアによる感染症に効果があり、病原体の拡散を抑制すると考えられている。化膿性炎症、痔、湿疹、ヘルペスなどに、強力な抗菌力を発揮するほか、ハチや毒蛇などの解毒、痛みや腫れを取り除き、さまざまな炎症を防ぐとされる。

注意
・キク科アレルギーのある人は使用しない。
・多量に飲むと、目まいや吐き気を生じることがある。妊娠中は避ける。

エキナセア・アングスティフォリア

学名:*Echinacea angustifolia* DC.

種小名の*angustifolia*は「細葉の」という意味で、ホソバエキナセアとも呼ばれる。高さ約60cm。抗炎症、保湿などの作用があるとされる。

エキナセア・パリダ

学名:*Echinacea pallida* Nutt.

種小名の*pallida*は「色の淡い」という意味。ほかの2種ほど薬効は強くないが、大きく細長いピンク色の花弁が垂れ下がる花が魅力。

スイカズラ（レンプクソウ）科

エルダー
elder

別　名：セイヨウニワトコ
学　名：*Sambucus nigra* L.
原産地：地中海沿岸　ヨーロッパ　アジア西部　アフリカ北部
気候型：西岸海洋性気候

属名*Sambucus*はギリシア語のsambuce（古代の楽器）に由来したとされる。多くの茎が林立する様子がこの楽器に似るところから。種小名*nigra*は熟した果実の色「黒の」という意味。

特徴・形態

ヨーロッパでは「田舎の薬箱」と呼ばれ、木を丸ごと活用してきた。高さ2〜10mになる落葉小高木〜低木。基部からよく分枝して成長し、幹はコルク質が発達して深いひび割れが入る。葉は小葉が1〜3対の奇数羽状複葉で対生する。6〜7月に星形の薄黄色い小花を複散房花序につける。秋に光沢ある果実が黒紫色に熟す。

歴史・エピソード

古代ローマではエルダーの果実で髪を染めたり、乾燥させて食べた。葉や枝や花は古くから消炎や止血、鎮痛などに効果があるとされてきた。また、魔女が好む木とされ、魔女信仰ともゆかりが深く、魔よけとして軒下など家の近くに植える習慣があった。木を切るのは縁起が悪いとされ、古い家にはエルダーの大木がよく見られる。

栽　培

日当たりから半日陰で、水はけと保水性のよい土壌でやや湿り気のある場所に植える。大きく育つので、落葉期の萌芽前に剪定して通風と採光を図る。繁殖は挿し木による。

〜 利用法 〜

利用部位　葉、花、果実
味と香り　花はマスカットに似た香り、木部と葉はジャコウの香りがする

🍴 熟した果実はジャムやソース、シロップに利用。果物の煮込み、ビネガーやワインに漬け込む。花はフリッターにしたり、飲料のエルダーフラワー・コーディアル（P278参照）をつくる。果実はハチミツやレモンを加えてジュースにする。

☕ 果実や花を利用。発汗作用や抗炎症作用がある花は、風邪のひきはじめなどに。

👩 葉の煎剤を外用薬として炎症、打撲傷、捻挫、湿疹、やけどに使用する。湿布は疲れ目や目の充血、しもやけや皮膚炎に。花の抽出液は化粧水としてニキビや吹き出物を改善したり、うがい薬として用いる。

🏠 葉の毒性を生かし、濃く煮出した液は殺虫用散布剤に。魔よけやお守りとも密接に関係。

成分	タンニン、ルチン、ケルセチン、イソケルセチン、カフェ酸誘導体、クロロゲン酸、ペクチン、ビタミンC、β-カロテン、カリウム、コリン、ウルソール酸
作用	発汗作用、解熱作用、抗アレルギー作用、去痰(きょたん)作用、利尿作用、緩下(かんげ)作用、鎮痛作用、抗炎症作用、抗ウイルス作用、収斂作用、消炎作用
効能	体の痛み、喉の痛み、関節リウマチ、座骨神経痛、上気道カタル、風邪や花粉症の症状を改善する。神経を鎮め不安を和らげ憂うつを解消するとされる。

注意
・花と熟した果実以外は有毒な青酸配糖体（P279参照）を含むので内服しない。

ニワトコ *Japanese red elder*

学名：*S.sieboldiana* var. *pinnatisecta*

日本を含む東アジアに自生。名前の由来は庭床からといわれ、骨折の湿布剤として用いられ接骨木の名前もある。古くより現在でも幹を薄く削って削り花（P279参照）を祭儀に供え、小正月などに飾る風習がある。果実は果実酒にもなる。

フトモモ科

オールスパイス
allspice

別　名：ピメント　ヒャクミコショウ　ジャマイカペッパー
学　名：*Pimenta dioica* (L.) Merr.
原産地：中南米　西インド諸島　ジャマイカ
気候型：熱帯気候

ペッパーの一種であると思われて、スペイン語でペッパーを意味する*Pimenta*（ピメンタ）という属名がついた。種小名*dioica*は「雌雄異株の」という意味。

特徴・形態
シナモン、ナツメグ、クローブという三大スパイスの香りを併せ持つ。高さ9mにもなる非耐寒性常緑高木で、葉は厚く光沢がある。白い小花を咲かせた後、直径5～8mmの緑色の果実をつけて暗褐色に熟す。房状になる果実を未熟なうちに収穫し、乾燥させたものをスパイスとして利用する。

歴史・エピソード
アジア原産のシナモン、ナツメグ、クローブなどのスパイスは、昔ヨーロッパでは栽培が難しかったため、アラビア商人などによってシルクロードを経て運ばれた高級品だった。一方、中米ではオールスパイスがマヤ文明の時代から数世紀にわたって王の死体を保存するための防腐剤や、調味料として利用されていた。コロンブスによる新大陸発見後の16世紀、スペインの探検家フランシスコ・フェルナンデスはメキシコで新種のスパイスを発見。それがシナモン、クローブ、ナツメグなどをミックスした香りだったので、オールスパイス

と名づけられた。果実がペッパーによく似ていたためジャマイカペッパーとも呼び、ヨーロッパにもたらされた。17～19世紀になるとオールスパイスの果実は、航海中の肉や魚の保存に使用され、現在でも樽に入れて魚の保存に使われている。ほかの熱帯地方ではうまく生育しないため、中南米のみで栽培されている。日本では百味胡椒、中国では三香子と呼ばれる。

～ 利用法 ～

利用部位　未熟な緑色の果実
（濃い紫色に完熟した果実は芳香を失う）
味と香り　独特の甘味とほろ苦さ

 甘い菓子、塩味の料理どちらにも使える。多様な食材と相性がよく、肉や魚やワインの風味づけにも。ホールはスープ、ソース、シチューなどの煮込み料理や、マリネ、ピクルスに加える。粉末はハンバーグやミートローフ、ケーキやドーナツ、和菓子などの菓子生地に練り込む。

 温かい料理に入れて風邪予防に利用。精油は香料、化粧品、整髪料などに用いられる。

ポプリには保留剤として加える。

精油成分…オイゲノール、チモール、フェランドレン、メチルオイゲノール、カリオフィレン
作用………抗菌作用、殺菌作用、抗酸化作用、消化促進作用、鼓腸抑制作用
効能………神経痛やリウマチ痛などの治療に用いられる。体を温めるので風邪予防に有効とされる。

キンポウゲ科

オウレン
ouren

学　名：*Coptis japonica* (Thunb.) Makino
原産地：日本　中国
気候型：大陸東岸気候

属名*Coptis*はギリシア語のcoptein「切る、切り刻む」から派生。種小名*japonica*は「日本の」の意味。

オウレンの根茎

セリバオウレンの花

ミツバオウレン

特徴・形態

高さ15〜40cmの常緑多年草。生薬として利用される根茎は、短くて黄色いヒゲ根を多数出す。根出状に出る葉はつやがあってセリに似ている。粗い鋸歯のある小葉が3出状に裂け、複葉になる。3〜4月に10〜20cmほどの花茎を伸ばし、上部で3つに枝分かれしして直径1cmほどの小さな白花を咲かせる。雄しべと雌しべのある両性花と雄しべのみの雄花の2種類がある雌雄異株。果実は両性花の車輪状の軸先につく。葉が異なるキクバオウレン、セリバオウレン、ミツバオウレンがある。セリバオウレンは日本特産で、本州と四国の山地の木陰に自生する。

歴史・エピソード

中国では、太い根茎を黄色いハスと見立てて「黄蓮（オウレン）」と呼ぶ。2000年以上も前から重要な漢方薬に使われてきた。『本草和名』(P281参照)や『倭名類聚抄』(930年代／P281参照)、『延喜式』(P278参照)には、国内各地からオウレンが献上されたことが記録されている。中国からまだ漢字が入っていなかった時代の日本名は「ヤマクサ」「カクマクサ(加久末久佐)」といい、カクマは「堅い根」を意味し、クサは「草」のこと。日本産も中国産も薬効は同じ。

栽　培

種まきでふやす。根を収穫するまでには最低5〜6年かかる。半日陰で育てる。

〜利用法〜

利用部位　根茎

 根茎を煎剤にして、へんとう炎、口内炎、歯茎の痛み、喉の痛みに利用する。

成分	ベルベリン、コプチシン、パルマチン、オーレニン、マグノフロリン
作用	健胃作用、抗菌作用、鎮静作用、鎮痙作用、抗炎症作用、利胆作用、中枢神経抑制作用、血圧降下作用
効能	胃の活動をさかんにし、腸内の細菌を抑え、腸内のガスの発生を防ぐ働きがあるとされる。胃のつかえや吐き気、胸苦しさ、精神不安、動脈硬化予防、下痢止めなどに用いられる。

注意
・健胃剤として長く服用しないこと。虚弱体質、重病人、妊婦には使わない。

生薬
黄連（オウレン）：根茎を乾燥し細根を焼いて根茎だけにしたもの。健胃や抗菌などに効果的。

ユリ（キジカクシ）科

オオバギボウシ
urui

別　　名：ウルイ　ギボウシ　ウリッパ
学　　名：*Hosta sieboldiana* (Lodd.) Engl.
原 産 地：日本
気候型：大陸東岸気候

属名*Hosta*はオーストリアの医者で植物学者のニコラス・トーマス・ホストにちなむ。種小名*sieboldiana*はドイツの医学者・博物学者シーボルト（P279参照）にちなむ。

特徴・形態
日陰でもよく育つリーフプランツとして庭に用いられるが、もとは山菜として親しまれてきた。高さ50～100cmの多年草。長さ30～40cm、幅10～15cmの卵状長楕円形の葉が根生する。初夏～夏に咲く白や薄紫色の花は漏斗型、一日花を穂状につける。花軸につく蕾は下から上へと咲き上がる。北海道、本州北部・中部の山地や丘陵・草原などの湿り気のある所に自生。冬は地上部が枯れるものの、春に再び芽を出す。芽生えの段階で毒草バイケイソウと似ているので注意。

歴史・エピソード
蕾の形が橋や寺社の欄干に設けられる「擬宝珠」（ぎぼうしゅ・ぎぼし）に似ることから「ギボウシ」と呼ばれた。江戸時代の『本草綱目啓蒙』（P281参照）に記されているが、一般的に詩歌や文芸などにその名は現れない。古くから山菜として若葉が利用され「ウルイ」の名で呼ばれてきた。また長い葉柄をゆでて干したものは「やまかんぴょう」と呼ばれ、保存食にされてきた。江戸時代より観賞用に栽培され、葉に白い斑が入るものなど多くの園芸品種が作出された。19世紀後半には欧米にも輸出され、世界中で多くの園芸品種が誕生している。

栽　培
半日陰から明るい日陰で水はけのよい場所。種まき、株分けでふやす。野菜としてウルイを育てるには遮光して軟化させるか、全体もしくは基部より半分をもみ殻などで覆って軟白栽培する。

軟白栽培したウルイ

～ 利用法 ～

利用部位　地上部

🍴 おひたし、煮びたし、グラタン、バター炒め、天ぷらなどに使う。

👩 乾燥させた葉の煎液で腫れ物を洗うと、治りが早いといわれる。また、古くから利尿作用があるとされ、民間薬として使われていた。

成分………食物繊維、ビタミンC、ギトニン、スピロスタン配糖体
精油成分…32-ヘキセノール、リナロール
作用………利尿作用
効能………免疫向上や便秘解消に役立ち、血行促進、疲労回復効果があるとされる。

オオバコ科

オオバコ
Asiatic plantain

別　　名	シャゼンソウ
学　　名	*Plantago asiatica* L.
原産地	東南アジア〜シベリア東部
気候型	大陸東岸気候

属名*Plantago*は大きな葉からplanta「足跡」に由来するラテン名。種小名*asiatica*は「アジアの」の意味。

特徴・形態
雑草のように扱われるが、漢方に用いられる価値の高い薬草。高さ20〜60cmの多年草。地際からロゼット状に多数の葉が出る。春から秋に長さ10〜30cmの花茎を出し、先端に白い小花を穂状に開花。花後に実る楕円形の果実は、熟すと黒褐色の扁平な種子をこぼす。花期に葉もよく成長した頃合いに全草を収穫する。オオバコ属は150種以上が明らかになっている。

歴史・エピソード
効能の多い薬草として古くから世界各地で用いられてきた。中世ヨーロッパでは魔よけの行事としてオオバコが使われていたという。後漢時代の中国では、本草(薬物)書『神農本草経』(P279参照)にオオバコの記載があり、日本では津田玄仙の『療治経験筆記』(P281参照)にむくみを取る治療法が記されている。名前の由来は『本草和名』(P281参照)や『倭名類聚抄』(P281参照)に漢名は「車前」、和名を「於保波古」と記載されている。葉が広くて大きいところから「大葉子」の名前がつけられた。人に踏まれると種子がはじけ、水分を含む粘液を出して靴や車輪などについて伝播する。

栽培
こぼれ種で育ち、荒れ地でもよく育つ。直まきがよい。

〜利用法〜

利用部位　地上部

若葉をゆでて、ゴマあえ、白あえ、炒め物に、葉を天ぷらに利用できる。

虫さされややけどに用いる。腫れ物には生の葉を火であぶり、軟らかくしたものを患部に貼る。煎剤は腸を整え、便秘解消に役立つ。入浴剤は疲労回復、関節痛、冷え性、安眠などに効果がある。

成分	全草：プランタギニン、ホモプランタギニン、アウクビン、ウルソール酸　種子：プランタゴ-ムチラゲA、アウクビン、コリン、ゲニポシジン酸
作用	全草：去痰作用、鎮咳作用、利尿作用、消炎作用　種子：血糖値降下作用、抗酸化作用、緩下作用
効能	全草：乾燥させて煮出し、咳や痰のからみ、むくみなどの症状を改善するとされ、民間薬として利用。種子：咳、むくみ、敏感性消化器系疾患や動脈硬化などの症状を改善するとされる。
生薬	

車前子(シャゼンシ)：9〜10月に花穂を採取し種子を乾燥する。鎮咳、利尿、消炎、抗菌に効果的。
車前草(シャゼンソウ)：夏に全草を引き抜き水洗いして乾燥したもの。鎮咳に効果的。

ヘラオオバコ *ribwort plantain*

学　名	*Plantago lanceolata* L.
原産地	ヨーロッパ

ヨーロッパでは食用や薬用、家畜飼料にされている。高さ20〜70cmほどの一・二年草。葉は地際から出て幅1.5〜3cmのヘラ形で細長く、裏面脈上や葉柄には淡褐色の長い毛が生える。江戸時代に渡来した帰化植物で、日本各地の道端や荒れ地に自生する。

キク科

オケラ
jutsu

学　名：*Atractylodes japonica* Koidz. ex Kitam.
原産地：日本(北海道を除く)　中国
気候型：大陸東岸気候

属名*Atractylodes*は堅い総苞の形から「紡錘」の意味をもつatraktonに由来する。種小名*japonica*は「日本の」の意。

特徴・形態
お屠蘇の材料や神事に使われてきた高さ30〜100cmの多年草。葉は互生、雌雄異株で、両性の株と雌しべだけの雌株がある。9〜10月、茎先に多数の白い小花とそれを取り巻く緑色の総苞からなる頭花をつけ、針状に羽裂する苞葉に包まれる。横に走る太い根茎がおもに利用される。

歴史・エピソード
江戸時代には邪気をはらうとされ、オケラ売りがいた。京都の八坂神社で大晦日に行われる「をけら祭」では、ご神火とともにオケラの根茎が焚かれる。この火縄を回しながら持ち帰って新年の雑煮をつくったり、台所に供えて無病息災を祈る風習がある。

栽　培
本州〜九州の日当たり、水はけのよい場所に自生するので、乾燥ぎみに育てる。種まきでふやす。

〜 利用法 〜

利用部位　若芽、根茎

若い芽をさっとゆで、水にさらしてアクを抜いてから、あえ物、油炒め、天ぷらにする。

精油成分…アトラクチロン、アトラクチレノリド
作用………健胃作用、発汗作用、利尿作用、血糖値降下作用、胆汁分泌促進作用
効能………体内の水分の代謝を正常に調節する働きがあり、胃液の分泌を促進する。神経痛、リウマチの痛みの改善に役立つ。
生薬………
白朮(ビャクジュツ)：秋から冬にかけて掘り出した根茎を加熱または2〜3日天日干しした後、日陰で完全に乾燥したもの。健胃、発汗、利尿の効果。

COLUMN

東方の三賢者

ハーブに関するエピソードはキリスト教にまつわるものが多い。イエス・キリストの誕生に際して、最初に祝福に駆けつけた東方の三賢者(占星術の学者ともいわれる)が携えた贈り物は黄金、乳香、没薬だった。乳香と没薬はともに中東オマーン、イエメン、アフリカなどに自生する樹木の樹脂で、当時は黄金に並ぶ価値をもつハーブ(精油／P258参照)とみなされたことがわかる。乳香や没薬は神聖なる薫香として寺院や儀式で焚かれ、没薬はミイラの防腐処理にも用いられた。いまでもクリスマスに飾られる馬小屋の模型には、贈り物を捧げる三賢者の人形が添えられる。

聖者フィアクル

キリスト教の守護聖人の中でハーブとの関わりが深いのが、7世紀アイルランドに生まれた聖フィアクル。フランスに渡って庭園を開き、香草や薬草を栽培して病人を奇跡的に治したといわれている。死後も癒やしの力は続き、多くの巡礼者が彼の修道院を訪れたという。とくに痔や不妊に悩む人たちに頼りにされる存在だった。鋤をもった聖人の肖像画はいまもフランスなどの教会に飾られ、庭師を守護する聖人とあがめられている。

聖フィアクルの石像

オミナエシ(スイカズラ)科

オミナエシ
golden lace

学　名：*Patrinia scabiosifolia* Fisch. ex Trevir.
原産地：日本（沖縄を除く）　中国　東アジア
気候型：大陸東岸気候

属名*Patrinia*は18世紀のフランスの植物学者パトランの名前にちなむ。種小名*scabiosifolia*は「マツムシソウ属に似た葉をもつ」という意味。

いるのは、乾燥した根茎がしょうゆの腐った臭いがするため。を(お)みなえしの"をみな"は"女"、"えし"は古語の"圧し"で、他を圧する美しさから名づけられたという説がある。漢字で「女郎花」と書くようになったのは平安時代の半ばからといわれる。粟花(アワバナ)やオミナメシという名前は、室町時代以降に使われている。栽培の歴史も古く、平安時代には庭に好んで植えられた。いまでも庭、盆栽、切り花、そして旧盆の盆花として用いられる。秋の七草のひとつで、『万葉集』の中では山上憶良(やまのうえのおくら)によって歌われたほかに14首以上が詠まれ、また平安時代前期の『古今和歌集』には17首が詠まれている。

栽　培

日当たり、水はけのよい所で育てる。荒れ地でも育つが、日陰では花つきが悪くなる。

特徴・形態

古くから愛されてきた花で、解熱や解毒の生薬として使われてきた。高さ60～100cmの多年草。葉は対生で株元から出る葉は細長い楕円形、茎につく葉は深い切れ込みの入った羽状。夏までは根出葉だけを伸ばし、6～10月に花茎を立て茎の上部で枝分かれし、15～20cmほどの大きな散房花序に黄色い小さな花が咲き、悪臭がする。花の後にできる果実は痩果。ほぼ全国の日当たりのよい草地や林縁に見られる。

歴史・エピソード

オミナエシやチメグサと呼ばれ古くより愛されたが、『本草和名(ほんぞうわみょう)』(P281参照)に敗醤(ハイショウ)の名が記載されて

~ 利用法 ~

利用部位　全草

若芽や若菜を軽くゆでて水にさらし、おひたし、あえ物に使用する。お酒に漬け込むと有効成分を体内に吸収しやすくなる。

成分………オミナエシサポニン、ステロール
精油成分…パトリネン、イソパトリネン、α-ピネン、β-ピネン、カジネン
作用………消炎作用、排膿作用、解熱作用、浄血作用、解毒作用、血行促進作用、溶血作用
効能………産後の肥立ちをよくし、生理不順、子宮出血、こしけなどに効能があるとされる。化膿や腫れ物にも使われる。
注意
・強度の貧血、脾臓の弱い場合は使用しない。連用は避ける。
生薬
敗醤(ハイショウ)：夏から秋の開花期に全草を、天日干しにしたもの。利尿、解毒、鎮痛の効果。黄屈花(オウクツカ)：花枝のみを集めたもの。

モクセイ科

オリーブ
olive

学　名：*Olea europaea* L.
原産地：地中海沿岸
気候型：地中海性気候

属名*Olea*は「油のある」、種小名*europaea*は「ヨーロッパの」という意味。

特徴・形態
果実からはオレイン酸豊富なオイルがとれ、葉は血糖値を下げるティーとして利用する。高さ3〜10mになる半耐寒性常緑高木。長さ3〜6cmの細長い葉は表が緑色でつやを帯び、裏は銀白色を帯びる。初夏にクリーム色の小花を円錐花序につけ、8〜9月に果実をつけ、黒紫色に完熟する冬までに採果する。

歴史・エピソード
ギリシア神話では、アテネの支配権を巡る女神アテネと海神ポセイドンの争いで、市民に役立つオリーブの木を丘に芽生えさせた女神が勝利。『旧約聖書』のノアの箱舟では、箱舟から放ったハトがオリーブの若枝をくわえて戻ったことから洪水の終息を知るなど、オリーブは人類の希望と繁栄、平和のシンボルとされてきた。実際に資源のない国々へ恩恵ももたらした。紀元前2〜3世紀から栽培されていたとみられ、スペインのマジョルカ島では樹齢1000年を超える老木が多数あり、いまなお果実をつけている。日本では1761（宝暦11）年に長崎の崇福寺でオリーブが結実したという記録が一番古い。明治時代には各地で栽培が試みられ、1910年ごろにアメリカからの苗木が小豆島で栽培に成功。日本での栽培が始まり、オリーブは香川県の県花、県木となっている。現在では生育北限は岩手県まで延び、多くの地域で栽培されている。

栽　培
日当たりと水はけのよい場所が適すが、やや乾燥気味の環境を好む。挿し木でふやす。多くの品種は自家受粉できないので、異なる品種2本を植えるとよい。前年伸びた枝に翌年花をつける。剪定は冬にする。オリーブアナアキゾウムシ、カミキリムシの被害が出やすいので注意。

〜 利 用 法 〜

利用部位　葉、花、果実
味と香り　生の果実は渋味と苦味

🍴 果実は渋抜きをして塩漬けに加工する。果肉から一番搾りしたものをエキストラ・バージンオイルと呼ぶ。緑がかった色でナッツのようなフルーティーな芳香とコクがあり、生で使用するのに向く優れたオイル。一番搾り以外のオイルは普通に調理油として用いたり、アンチョビやオイルサーディンに使われる。

☕ 乾燥させた葉をティーにする。

👩 外用としてオイルを虫さされに塗ると、かゆみが緩和する。また頭皮や髪の乾燥に使用し、日焼けむらを防ぐ。便秘には食用オイルを少量飲むと効果的。

成分………種子：オレイン酸　葉：ルチン、ルテオリン配糖体、バルバスコシド、オレウロペイン
作用………抗菌作用、抗炎症作用、血圧降下作用、血糖値降下作用、胆汁分泌促進作用、鎮静作用、利尿作用、収斂作用
効能………インフルエンザやヘルペスなどの症状の改善。血液中のコレステロール値、血糖値を下げるとされる。血管を拡張して血圧を下げる働きをする。

シソ科

オレガノ／マジョラム

ハナハッカ属には形態の異なる3タイプがある。ひとつは一般にオレガノと呼ぶワイルドマジョラムやグリークオレガノなどであり、2つめは一般にマジョラムと呼ぶスイートマジョラムやポットマジョラム、また苞が美しい観賞用の花オレガノである。

オレガノ
oregano

別　　名	ワイルドマジョラム　ハナハッカ（花薄荷）　ウインターマジョラム
学　　名	*Origanum vulgare* L.
原産地	ヨーロッパ　アジア東部
気候型	西岸海洋性気候

ギリシア語のoros「山」+gnos「美しさ、喜び」から属名Origanumは「山の喜び」を意味し、種小名vulgareは一般種をさす「普通の」という意味。

特徴・形態
肉の臭みを消す、料理に欠かせないハーブ。高さ60〜100cmの多年草。葉は切れ込みのない広卵形で濃い緑色。5〜7月にかけて白、ピンク、赤紫色の花を穂状(じょう)に咲かせる。花は2年目から咲く。茎は毛が生えて木質化し、根茎が横によく伸びる、育てやすいハーブ。

歴史・エピソード
紀元前4世紀、王や高官などのミイラをつくる際に使われたスパイスがオレガノ、クミン、アニスなどといわれている。古代ローマ時代のギリシアでは、婚礼で新郎新婦が冠にしてかぶったり、エリザベス1世はこの香りの枕を好んで使用したという。ストローイングハーブ（P279参照）の一種にも用いられた。日本には江戸時代末期に観賞用として渡来している。

栽　培
水はけのよい日当たりで、養分が豊富な土に植える。繁殖は春か秋に株分けか、挿し木。蒸れに弱いので、梅雨や秋の長雨の前に切り戻しをする。

―― 利用法 ――

利用部位 地上部
味と香り タイムに似るが、より強い香りと苦味

乾燥させると青臭さが抜け、甘味と香りが際立つ。イタリアでは調味用として最も普及しているハーブ。トマト料理や豆料理、チーズやバジルとの相性がよく、スープ、シチュー、ソース、ドレッシングなどに使う。地中海料理やメキシコ料理でもよく用いる。味や臭いを抑えたり引き立てる矯臭効果があるので、ラム肉や青魚の料理に適す。エール酒（P278参照）の風味づけや保存料にも使われる。

ティーはほのかな苦味がすっきりした後味。胃腸の調子を整え、つわりの吐き気を抑える。葉を噛むと一時的な歯痛止めにも。浸出液はヘアコンディショナーにも利用されてきた。

濃い浸出液は消毒用に使う。

成分	苦味質、タンニン
精油成分	カルバクロール、チモール、ρ-シメン、ボルネオール
作用	抗菌作用、抗真菌作用、鎮痛作用、鎮静作用、抗酸化作用、殺菌作用、抗ウイルス作用、消化促進作用、発汗作用
効能	神経の疲れを和らげ、神経性の頭痛、咳などの風邪の症状を軽減する。胃もたれや食べ過ぎにも効果があるとされ、リウマチ痛、筋肉痛などを緩和。老化防止、生活習慣病予防にも役立つ。

注意
・妊娠中の薬効利用は避ける。・精油は子どもの皮膚に炎症を起こすことも。・粘膜を避けて使用する。

シソ科

オレガノ／マジョラム

マジョラム
sweet marjoram

別　名	スイートマジョラム　マヨラナ
学　名	*Origanum majorana* L.
原産地	地中海東部沿岸
気候型	地中海性気候

種小名 *majorana* は「大きい」という意味の major から。

特徴・形態
オレガノより繊細な風味で、バラやラベンダー、ローズマリーに次いで貴ばれてきた。高さ20〜50cmで灌木状になる多年草。一般的なオレガノより寒さに弱い半耐寒性。卵形をした淡い緑色の葉は、細かいビロード状の毛がある。初夏に小さな唇形（しんけい）の花が密集して咲く。花茎（かけい）の先端につく円錐花序（えんすいかじょ）がこぶ状に見え、種はノット（結び目）状をしているので、ノッテッドマジョラムの名前も。

歴史・エピソード
古代エジプトではミイラづくりの香料として利用。古代ギリシア時代から薬用、料理と広く使われた。ギリシア神話では愛の女神アフロディーテにより誕生したとされ、名誉と愛と多産のシンボルに。古代ギリシアやローマでは新郎新婦の幸運と長寿を願い、冠に編み込む習わしがあった。一方、古代ギリシアでは遺族を慰め、死者が安らかに眠れるよう墓地に植えられ、勢いよく育つと死者が来世で幸せに暮らしていると信じられたという。中世の修道院では、育てたマジョラムを性欲抑制や精神的な治療に用いた。船乗りたちは渡航時に万能薬草として必ず携帯したといわれている。日本には明治初めに渡来。

栽　培
日当たりと水はけのよい場所で育て、寒さと多湿に弱い。繁殖は、挿し木でふやす。風通しをよくするため、収穫を兼ねて切り戻す。

〜 利 用 法 〜

利用部位　葉、花
味と香り　ほろ苦くて上品な甘い香り

香りの強い葉は臭い消しとして、魚料理、ラムなどの肉料理、内臓料理、フォアグラの風味づけ、豆料理や卵料理に使う。ドイツではソーセージハーブと呼ばれ、肉の加工や調味に欠かせない。香りを生かすためには調理の仕上げ10分ほど前に加え、あまり長く加熱しないようにする。

 喉の痛み、口内炎などのうがい液として使える。

ドライにしてポプリ、匂い袋、ピローに入れて香りを楽しむ。濃いめの浸出液は家具を磨くのに利用。

成分	粘液物質、苦味質、タンニン
精油成分	テルピネン-4-オール、サビネン、ρ-シメン、γ-テルピネン、リナロール、カンファー
作用	抗菌作用、抗ウイルス作用、抗炎症（しょう）作用、鎮痛作用、鎮静作用、弛緩作用、酸化防止作用
効能	頭痛や不眠症、リウマチ痛や関節痛の症状を緩和し、風邪や消化器系疾患、老化防止などに有効とされる。
注意	・妊娠中は精油を使用しない。 ・使用すると眠気を催すことがある。

グリークオレガノ
gureek oregano

学　名：*Origanum vulgare* L.
　　　　subsp. *hirtum* (Link) Ietsw.

野生種から選抜された品種。亜種名*hirtum*は「短い剛毛のある、毛深い」という意味。香りと風味が強いので、生のまま使用することが多い。

ポットマジョラム
pot marjoram

学　名：*Origanum onites* L.

オレガノとマジョラムの中間の香り。株はコンパクトで、夏に白～ピンクの花を咲かせる。グリークオレガノ同様に育て、地中海料理の香りづけに適す。

花オレガノ

オレガノは花を観賞する種類も人気。'ケント・ビューティー'などの園芸品種が多い。暑過ぎない乾燥気味の環境を好み、霜が降りると地上部は枯れるものの、土が凍らなければ戸外で越冬する。

オレガノ・プルケルム
showy marjoram

学　名：*Origanum × hybridum* Mill.

花はピンクの小花で葉も小さい観賞用オレガノ。日当たりのよい所で育てる。高温多湿を嫌い、霜にあわなければ戸外で越冬する。葉が傷むので夏は日陰、肥料も控えめで育てる。

オレガノ'ケント・ビューティー'
oregano 'kent beauty'

学　名：*Origanum* 'Kent Beauty'

ピンクに色づく苞（ほう）が美しい観賞用のオレガノ。日当たりのよい所が適し、高温多湿を避ける。霜にあわなければ、戸外で越冬。

カキノキ科

カキ
persimmon

別　名：カキノキ
学　名：*Diospyros kaki* Thunb.
原産地：中国
気候型：大陸東岸気候

属名*Diospyros*はdios「神、ジュピター」＋pyros「穀物」で、「神の食べ物」の意味から美味な果実をたたえたもの。種小名*kaki*は和名のカキによる。

特徴・形態
甘い果実はもとより、渋柿の未熟果は柿渋（タンニン）の原料となり、ヘタまで利用できる。高さ5〜12mになる落葉高木。若木の樹皮は灰褐色でしだいに黒みを帯び、縦に割れ目が生じる。厚みのある葉は楕円形で光沢のある濃緑色。雌雄同株で、クリーム色の雌花は緑色の萼が目立ち、それより小さな釣り鐘状の雄花は集まってつく。花期は5〜6月で、果実は秋に熟す。渋柿は完熟しても果肉の硬いうちは渋が残り、甘柿は完熟すれば渋が抜けて甘味が強くなる。甘柿は渋柿の突然変異種と考えられ、熟せば常に甘味をもつ完全甘柿と、種子の有無や多少により成熟時に渋の残る不完全甘柿がある。

歴史・エピソード
もともとは東アジア（中国大陸）原産で、朝鮮半島を経て日本に入り、日本で改良された品種が江戸時代に欧州やアメリカに伝わったので、日本原産ともいわれる。『古事記』や『日本書紀』に登場し、奈良時代には食されていたが、当時は渋柿がほとんどだった。平安時代の『延喜式』(P278参照)には、天皇の食事をつかさどった役所、内膳司（うちのかしわでのつかさ）で、干し柿を料理に用いていたことが書かれている。江戸時代の『日本釈名』(P280参照)には「あかき也、その実も葉もあかき故也」と記され、木の中心部が赤いので赤木がカキとなったとされるが、名前の由来は諸説ある。青柿を搾りとった柿渋は、防腐、防水効果があり、和傘や漁網、建材に塗られるほか、漆器の下塗りなどに伝統的に用いられる。英語でカキを意味するパーシモンは、アメリカ先住民の言語で「干した果物」をさし、原産種を干して利用したことがわかる。

栽　培
ほぼ全国で栽培・出荷されているが、甘柿は関東以西の温暖な地域でないと甘くならない。落葉病、カキノヘタムシ、カイガラムシがつきやすい。剪定は1〜2月。接ぎ木でふやす。

〜 利用法 〜

利用部位 若葉、果実　　**味と香り** 渋味や甘味

🍴 なます、サラダ、柿の葉寿司などに使う。渋柿を干し柿にしたり、アルコールを吹きつけて密封すると甘く食べられる。

☕ 乾燥させた葉をティーにする。乾燥させた葉には豊富なビタミンCが含まれるので、風邪や動脈硬化の予防、高血圧などによいとされる。

 果実にはアルコールの分解を促す成分があるので二日酔いに効果的。

🏠 木材は割れやすいので加工が難しく、建築用には使われないが、木質は緻密で堅く、家具や茶道具、桶の材料として利用される。染色では柿渋染めに用いられる。

成分………果実：タンニン、カリウム、ビタミンC
　　　　　葉：ルチン、クエルセチン、ビタミンC
　　　　　ヘタ：ウルソール酸、オレアノール酸
作用………果実：利尿作用
　　　　　葉：血圧降下作用、利尿作用
効能………果実：二日酔いに効果があるといわれる。
　　　　　ヘタ：ゲップやシャックリ、吐き気止めに利用され、百日咳や夜尿症の症状の改善に役立つ。

シソ科

カキドオシ
ground-ivy

別　　名：カントリソウ（癇取草）　レンセンソウ
学　　名：*Glechoma hederacea* L. subsp. *grandis*（A.Gray）H.Hara
原産地：日本　中国
気候型：大陸東岸気候

属名*Glechoma*はハッカの一種につけられた古代ギリシア名glechonに由来する。種小名*hederacea*は「キヅタ属に似た」、亜種名*grandis*は「大型の、偉大な」という意味。

特徴・形態

ティーや酒で楽しむほか、民間薬として親しまれてきた。角ばった茎が匍匐（ほふく）して横に広がり、長さ2〜4mにも伸びる多年草。垣根を通り抜けるほど生育するためカキドオシの名がついた。円形の葉は柔らかく、もむと強く香る。4〜5月には茎を立ち上げて唇形の花を咲かせ、紫色の斑点は昆虫を呼び寄せる蜜標。葉が銭のように丸く、茎に連なるのでレンセンソウ（連銭草）の別名もある。

歴史・エピソード

ゲンノショウコなどと並び、古くから民間薬として使われてきた有名な植物。子どもの夜泣き、ひきつけに用いられて癇取草（カントリソウ）の別名がある。漢方の生薬では連銭草（レンセンソウ）の名前で呼ばれ、利尿や消炎薬として用いられてきた。黄茶色などの染料にも利用された。ヨーロッパ原産のセイヨウカキドオシも古くから民間薬として重要な位置を占め、8〜9世紀のフランク王国（P281参照）を支配したカロリング朝時代には熱病や咳などの薬として利用されていた。お茶も広く飲まれ、イギリスではホップが登場する16世紀ごろまでビールづくりに使われた。ヨーロッパ原産種は花や葉が小さいが、斑入り葉の園芸種としてグラウンドカバーなどに使われている。

栽　培

日本全域の道端などに自生。

匍匐する茎を旺盛に伸ばして広がり、唇形の花にある斑点が昆虫を呼び寄せる。

～利用法～

利用部位 地上部

- 天ぷらや、若芽をゆでて水でアク抜きしておひたしなどに利用する。
- 地上部を細かく刻んで完全に乾燥するまで陰干ししてティーにする。
- 乾燥葉を使いカキドオシ酒にする。

成分………タンニン、苦味質、アミノ酸類、ウルソール酸
精油成分…ゲルマクレン、エレマン、β-オシメン、フィトール
作用………強壮作用、利尿作用、去痰作用、胆汁分泌促進作用、血糖値降下作用
効能………気管支炎や肺の疾患に広く用いられる。体内の脂肪や結石を溶解する働きがあるとされる。民間では子どもの疳（かん）の虫の薬として利用。糖尿病の治療にも利用されている。
注意
・腎疾患、肝疾患のある人は使用しない。
・多量に服用すると腹痛や下痢を起こすことがある。

ユリ科

カタクリ
dogtooth violet

学　名：*Erythronium japonicum* Decne.
原産地：南千島　カラフト　朝鮮半島　中国北部
気候型：大陸東岸気候

属名*Erythronium*はギリシア語の「赤い」を意味し、ヨーロッパ原産種の花色にちなむ。種小名*japonicum*は「日本の」の意味。

特徴・形態
かつては貴重な片栗粉の原料で、薬用としても利用されてきた。早春に長い葉柄のある葉を1対展開し、20〜25cmの花茎の先に可憐な花をつける。葉が出てから1カ月ほどで花も地上部も枯れてしまうため「スプリング・エフェメラル（春の妖精）」とも呼ばれる。

歴史・エピソード
名前の由来は、果実がクリの子葉の1片に似ていることによる。古名を「堅香子（カタカゴ）」という。『花壇地錦抄（かだんじきんしょう）』（P278参照）には庭園に植えて観賞されていたこと、また、『本草図譜（ほんぞうずふ）』（P281参照）などには図説が記載されている。カタクリの根（鱗茎（りんけい））からとれる良質な片栗粉はデンプンの最高級品とされる。

栽　培
落葉樹の下など、半日陰で水はけのよい腐植質の多い場所が適す。

〜 利用法 〜

利用部位　全草

 葉を酢の物、あえ物、天ぷらに使う。

 湿疹、切り傷、擦り傷には5〜6月に採取した根から皮を除き、すりつぶしたものを塗布する。

成分………根：デンプン
作用………強壮作用、緩和作用、健胃作用
効能………嘔吐、下痢、胃腸の不調の改善によいとされる。また、疲労回復や滋養などに効果が期待される。

アブラナ科

カブ
turnip

別　名：スズナ　カブラ
学　名：*Brassica rapa* L.（Turnip）
原産地：アフガニスタン〜地中海沿岸
気候型：地中海性気候

属名*Brassica*はキャベツの古いラテン名。種小名*rapa*はカブのラテン名。

特徴・形態
一・二年草。食用などにする球形の部分は胚軸（はいじく）といい、下にヒゲ状の根が生える。葉は長さ約60cmの長楕円形で柔らかい。茎は高さ約60cmになり、3〜4月に黄色い花をつけ、種子は褐色に熟す。

歴史・エピソード
原産地では紀元前から栽培され、『日本書紀』に「蕪菁（ぶせい）」と記載され、持統天皇により栽培が奨励されたという。『倭名類聚抄（わみょうるいじゅしょう）』（P281参照）に和名は加布良（かぶら）、漢名は蔓菁根（マンセイコン）とある。日本各地に80以上の品種があり、漬物で知られる。

栽　培
発芽適温は20〜25℃。移植を嫌うので直まきする。

〜 利用法 〜

利用部位　葉、種子、胚軸

 漬物、煮物のほか、和・洋・中国料理など利用範囲は広い。

 胚軸をすりおろしたものを、しもやけの手当てに利用。

成分………葉：ビタミンC、B₁、B₂、β-カロテン、カルシウム、鉄分、食物繊維
　　　　　　胚軸：繊維質、グルコシノレート、アミラーゼ
作用………解毒作用、抗酸化作用、健胃作用
効能………骨粗しょう症予防、生活習慣病予防、便秘の改善に役立つ。消化酵素を多く含むので胃もたれ、胸やけを解消し内臓の働きをよくするとされる。

キク科

カレープラント
curry plant

別　名：イモーテル　エバーラスティング
学　名：*Helichrysum italicum* (Roth) G.Don
原産地：ヨーロッパ南部　地中海沿岸
気候型：地中海性気候

属名*Helichrysum*はギリシア語の「太陽」と「金色の」という意味で、種小名*italicum*は「イタリアの」の意。

特徴・形態
茎葉からカレースパイスのような芳香を放つ。高さ40〜60cm。よく分枝する茎に灰白色で短い針状の葉が密生し、茎とともに銀灰色の産毛に覆われる。夏に乾いた感じの黄色い花を咲かせる。草本に見えるが、基部は木質化する半耐寒性常緑低木。

歴史・エピソード
イギリスでは古くからハーブガーデンに利用されてきた。束にして物置小屋などにつるしておくと、ほこりっぽい臭いを消し、虫よけにもなる。

栽　培　日当たりと水はけがよく、風通しのよい乾燥した場所が適す。挿し木でふやす。高温多湿に弱い。

~ 利 用 法 ~

利用部位 葉、花　**味と香り** カレーの香り、苦味

 スープやサラダなどの仕上がりに、カレーの香りをつける。ラム肉などの肉料理や青魚を煮込むときの臭み消しや、野菜料理などの風味づけに。

花は乾燥しても色あせしにくいので、ドライフラワーにしてポプリやリースの材料に使う。

精油成分…ネリルアセテート、α-ピネン、ユーデスモール
作用………消臭作用、抗菌作用、抗炎症作用、血行促進作用、鎮痛作用、鎮静作用、抗うつ作用
効能………血流の改善に役立つといわれる。不安やイライラする感情を落ち着かせたり、傷の治癒力を高める働きがあるとされる。

注意
・多量摂取は胃腸障害を起こすことがある。

マメ科

カワラケツメイ
kawaraketsumei

別　名：ネムチャ
学　名：*Chamaecrista nomame* (Siebold) H.Ohashi
原産地：本州　四国　九州
気候型：大陸東岸気候

属名*Chamaecrista*はギリシア語のchamai「小さい」＋cresta「トサカのような突起」という意味。種小名*nomame*は野豆という別名のままシーボルトにより命名された。

特徴・形態
葉や果実をティーにして楽しみ、民間薬として用いられる。高さ30〜60cmになる一・二年草。披針形(ひしんけい)の小葉が長さ3〜7cmの羽状複葉になり、昼は開いて夜は閉じる睡眠運動をする。7〜10月、黄色の5弁花が咲いて花後に長さ3〜5cmの果実が実る。

歴史・エピソード
エビスグサ(中国名：決明)の仲間で、河原に多いところから「河原決明(カワラケツメイ)」という。弘法大師がお茶として飲み方を伝えたことに由来して弘法茶、葉がネムノキに似ていることから合歓茶(ネム)、海岸の砂浜に群生することから浜茶などとも呼ばれ、古くから薬用植物として利用されたことを物語る。

栽　培　日当たりのよい河原や土手、道端などに自生する。

~ 利 用 法 ~

利用部位 全草

 あえ物、天ぷら、炒め物、汁の実、おひたし、薬用酒にする。

 乾燥させた葉を煎じたり、種子をいってティーとして飲用する。

成分………アントラキノン誘導体、ルテオリン、*cis*-ステロール、タンニン
作用………健胃作用、利尿作用、弛緩作用、滋養強壮作用、整腸作用、消臭作用
効能………かっけ、黄疸、片頭痛、インポテンツ、便秘、疲れ目、むくみ症状の改善に役立つ。

注意
・多量に服用すると腹痛や下痢を起こすことがある。

キク科

カモミール類

"マザーハーブ"とも呼ばれるカモミールは、属の異なる数種類を総称している。ここではマトリカリア属で一年草のジャーマンカモミールとローマカミツレ属で多年草のローマカモミール、カミツレモドキ属の多年草ダイヤーズカモミールを紹介する。

ジャーマンカモミール
German chamomile

別　名：カミツレ　カモマイル
学　名：*Matricaria chamomilla* L.
原産地：ヨーロッパ全域〜アジア西部
気候型：西岸海洋性気候

属名*Matricaria*はmatrix「子宮」+mather「母」から派生。種小名*chamomilla*は「丈の低いリンゴ」から。

特徴・形態
リンゴのような香りが古くから人々の心身を癒やし、愛されてきた。高さ約60cmの一・二年草。芳香のある黄色い花芯は咲き進むと円錐形に盛り上がり、白い花弁が反り返る。花床は中空で、葉に香りはない。

歴史・エピソード
古代バビロニアでは薬として用いられ、負傷した兵士が傷を癒やすために使った。古代エジプトのクレオパトラが、美肌やリラックス効果のため入浴剤に用いたという。日本には江戸時代に伝来し、『草木図説』(P280参照)に記されている。

栽　培
日当たりのよい乾燥気味の場所で育てる。3〜4月か9〜10月に種まき。こぼれ種でもふえるほど強健。弱った植物の近くに植えれば、元気を取り戻すとされ「植物の医者」ともいわれる。植物の連作障害の対策や害虫防除に混植したり、刈り取って敷きわら(マルチング)として利用できる。また、アブラムシがつくこともあるが、虫を自株につかせて周囲の植物を守る、おとりの役目も果たしている(ナナホシテントウムシが害虫を食べに現れる)。欧州の古い文献には、センチュウ類の繁殖を抑制し、土壌の地力を高めるとあり、タマネギと混植された。

〜利用法〜

利用部位　花
味と香り　フルーティーなリンゴの香り

🍴 パンやクッキー、ケーキに焼き込んだり、浸出液にしてゼリーやアイスクリームなど、デザートに。

☕ ティーは気分を穏やかにして、眠れないときや風邪の初期症状に使う。

👩 ハーバルバスで使うとリラックスできて、多様な炎症にも有効。フェイシャルサウナや、ローション、シャンプー、リンスなどに使う。浸出液にして傷、日焼け、ものもらいなどに外用、打ち身などの湿布剤としても用いる。

🏠 ブレンドして安眠枕などに使う。

成分………アピゲニン、クエルセチン、タンニン、粘液質
精油成分…α-ビサボロール、ビサボロールオキサイド、カマズレン、ファルネセン
作用………抗炎症作用、上皮形成作用、抗アレルギー作用、鎮静作用、抗菌作用、抗真菌作用、抗酸化作用、抗潰瘍作用、抗ヒスタミン作用、ホルモン様作用
効能………気分のいら立ちを鎮め、不眠の解消に役立つ。風邪の症状や寒気、頭痛を緩和し、消化器障害や月経前症候群(PMS)に有効とされる。粘膜の保護にも効果的。

注意
・妊娠中のティーの飲用は控えめがよい。・乳幼児の精油使用は控える。・キク科アレルギーの場合は使用しない。

ローマンカモミール
Roman chamomile

別　名：ローマンカミツレ
学　名：*Chamaemelum nobile* (L.) All.
原産地：ヨーロッパ
気候型：地中海性気候

属名*Chamaemelum*は「葉を強く踏むとリンゴの香りがする」というギリシア語に由来。種小名*nobile*は「高貴な、気品のある」の意味。

特徴・形態
ジャーマンカモミールとの違いは葉に香りがあり、花床が中空になっていない点で見分ける。防虫から美容まで幅広く利用されてきた。匍匐茎（ほふく）が四方に広がり、初夏に高さ20～50cmに立ち上がり、茎頂に香りのある半球形の頭花をつける。舌状花は白色。

歴史・エピソード
1300年代に出されたイングランドのエドワード2世の衣服経費の中にカモミールが防虫剤として記されている。アングロサクソンの9種類のお守り（P278参照）、21種のストローイングハーブ（P279参照）にもカモミールの名がある。日本では1818年、徳川幕府がオランダから取り寄せた60種の薬草の中に含まれていた。当時は伝来したオランダ名のカミルレと呼んでいた。人間だけでなく周囲の植物に対する影響から、ジャーマンカモミールと同様に「植物の医者」と呼ばれる。

栽　培
多年草で、日本の暑さや蒸れに弱いので梅雨前に切り戻す。

～利用法～

利用部位　地上部
味と香り　苦味とリンゴの香り

🍴 料理にはほとんど使われないが、フレーバーとしてリキュールの香りづけに用いる。よく知られているリキュールはベネディクティン酒やマンザニラ酒。スペインでは花の苦味をシェリー酒の風味づけに用いる。

☕ 苦味が出るので、70℃くらいに冷ました湯を用いる。カモミールティーは落ち着きのない子どもに作用して状態を改善すると報告されている。

👩 肌を整えるので、浸剤や煎剤にして化粧水に使われる。

成分………カマメロサイド、ルテオリン配糖体
精油成分…アンジェリカ酸イソブチル、アンジェリカ酸イソアミル、アンジェリカ酸2-メチルブチル
作用………鎮静作用、中枢神経抑制作用、鎮痙作用（ちんけい）、抗炎症作用、抗アレルギー作用、鎮痛作用、駆虫作用、消化促進作用
効能………月経困難症を緩和するとされる。気分を穏やかにし、睡眠を助ける働きも期待される。
注意
・妊娠中のティーの飲用は控えめがよい。・キク科アレルギーの場合は使用しない。・乳幼児は精油使用を控える。

ダイヤーズカモミール
dyer's chamomile

学名：*Cota tinctoria* (L.) J.Gay

花から黄色の染料がとれる。高さは約60cmで地際から多数枝分かれする多年草。6～7月に咲く頭花は直径3cmほどで、葉は互生し、羽状に深く裂ける。日当たりと水はけのよい場所で育てる。種まき、株分け、挿し木でふやす。

バラ科

カリン
Chinese quince

学　名	*Chaenomeles sinensis* (Dum. Cours.) Koehne
原産地	中国
気候型	大陸東岸気候

属名*Chaenomeles*は熟した果実が裂けることから、ギリシア語chaino「開ける」＋ melon「リンゴ」で裂けたリンゴ。種小名*sinensis*は「中国産の」の意味。

特徴・形態
堅く渋い果実だが香りがよく、ホワイトリカーなどに漬けることでスイーツや咳止め薬などに。高さ6～10mになる落葉高木。樹皮は緑色を帯びた褐色で、しだいにうろこ状の模様になる。葉は長さ5～10cmの卵状楕円形。3～5月に花径3cmほどで薄紅色の花を咲かせ、秋に熟す黄色い楕円形の果実は芳香を放つ。

歴史・エピソード
中国では2000年以上前から薬用や芳香剤として利用してきた。日本には元禄時代に中国から渡来。古くから果実を室内に置いて姿、香りを楽しんだ。カリンの木目がタイなどに自生するマメ科の広葉樹カリンに似ているのでこの名がつけられたといわれるが、まったく別種。同じバラ科で果実も似ているマルメロとも混同しやすいが別属で、長野県などでカリンと称しているものはマルメロ。

かわいい花は葉が出るのとほぼ同時に咲く。

栽培
種から育てると実がなるまでに7～8年かかるので、挿し木か接ぎ木でふやす。剪定は12～2月。果実にシンクイムシがつきやすい。

～ 利用法 ～

利用部位 果実　**味と香り** 芳醇な香り

🍴 実は堅く、渋味が強いので生では食べられないが、カリン酒、砂糖漬け、ゼリー、飴、ジャムなどに使う。カリン酒は滋養、強壮、咳止め、疲労回復に効果的。漬け込みから3カ月後に果実を取り除き、1年置くと完全に熟成して飲みやすくなる。

👩 咳や喉の痛みに、乾燥した果実にハチミツや砂糖を加えて煎じる。

成分	リンゴ酸、クエン酸、酒石酸、サポニン、タンニン、ショ糖、果糖
作用	止瀉作用、整腸作用、利尿作用、鎮咳作用、鎮痛作用
効能	疲労回復や咳の症状の改善に効果が期待される。

MINI COLUMN

バラ科
マルメロ *marmelo*

別　名	セイヨウカリン
学　名	*Cydonia oblonga* Mill.
原産地	中央アジア

高さ1.5～8mでカリンよりやや小型の落葉高木。長さ7～12cmの葉は楕円形で互生する。春、葉が出たあとに白またはピンクの花が咲く。果実は偽果で、熟すと色も形もカリンに似るが、表面に綿毛が生える点で見分けられる。芳香があるものの強い酸味があり、硬い繊維質と石細胞のため生食はできない。果実酒、ハチミツや砂糖漬け、ジャム、ジュレ、飴などに利用し、咳や痰を鎮める効果があるとされる。

ショウガ科

カルダモン
cardamon

別　名	ショウズク（小豆蔲）
学　名	*Elettaria cardamomum* (L.) Maton
原産地	インド南西部　インドシナ半島
気候型	熱帯気候

属名*Elettaria*はこの植物のマレー語名elettariに由来、インド・マラバル地方の土地名から。種小名*cardamomum*はcardia「心臓の形をした」+amomum「香料として」から。

特徴・形態
インドでは「スパイスの女王」と呼ばれ、マサラティーなどの幅広い楽しみ方がある。高さ1〜2mになる非耐寒性多年草。根茎から数本茎を出し、葉は長さ50cm、幅5cmほどの披針形で、ちぎると強く香る。赤紫の筋の入った白い花を地面近くにつけ、卵形か長楕円形の果実を結ぶ。果実の中にはスパイシーな香りのよい黒い種子が多数入っている。

歴史・エピソード
紀元前8世紀末、チグリス川とユーフラテス川に挟まれたバビロニア王国のバラダン2世（P280参照）の宮殿の庭園に植えられ、香料として利用されていた。紀元前4〜5世紀、インドでは泌尿器系疾患の治療や脂肪を取り除く生薬として使用されていたという。消化吸収がよくなり口臭が清められるとして食後に噛む習慣は、いまでも残っている。古代エジプトでは、神殿での祈祷の香材のひとつとされた。カルダモンはサフランに次いで高価なスパイスで、日本ではカレー粉やウスターソースの原料に使われている。

栽　培
高温多湿で水はけのよい肥沃な土壌を好み、8℃以上必要。冬は室内に取り込む。株分けでふやす。

〜 利用法 〜

利用部位	果実（果皮を除いた黒い種子に香味成分が含まれる）
味と香り	スパイシーな芳香、温かみのある清涼感　甘味と合う

香りが飛びやすいのでホールのまま保存する。インド料理、とくにカレーに欠かせない。料理のベースになるスパイスミックスのガラムマサラに入れる。また、肉の臭みを消すのに効果的で、ハンバーグやミートローフなどのひき肉料理、ドレッシング、ピクルス、菓子、リキュールの香りづけに使用。

ティーを飲んだあとに清涼感、ほのかな甘味があり、食後にぴったり。紅茶とミルクを加えたマサラティー、カルダモンコーヒーも楽しめる。

成分	ビタミンC、B₁、B₂、ミネラル類
精油成分	テルピニルアセテート、1,8-シネオール、α-テルピネオール、α-ピネン、リモネン、リナロール、ボルネオール
作用	鎮痛作用、抗炎症作用、健胃作用、駆風作用、消化促進作用、去痰作用、抗菌作用、利尿作用、消臭作用、胆汁分泌促進作用
効能	皮膚や粘膜の炎症を抑える働きがあるとされる。口臭防止、胆汁の分泌を促し、腸内のガスを排出し、消化器系に働き、消化不良、吐き気の緩和に役立つ。脳の働きを活性化させ気分を落ち着かせる作用がある。

注意
・胆石、胆嚢疾患、胆管疾患のある場合は使用しない。
・種子は子どもの消化促進を阻害することがあるので使い過ぎに注意。
・敏感肌の人はアレルギーを起こす場合がある。

キク科

カレンデュラ
pot marigold

別　名：キンセンカ　ポットマリーゴールド　マリーゴールド
学　名：*Calendula officinalis* L.
原産地：ヨーロッパ南部
気候型：地中海性気候

属名*Calendula*はギリシア語で「月の最初の日」のことをいい、種小名*officinalis*は「薬用の、薬効のある」という意味。

特徴・形態
日本では花壇や仏花として親しまれてきたが、ヨーロッパでは鮮やかな色の花弁をティーやエディブルフラワーなどに利用してきた。ヨーロッパでは、単に「マリーゴールド」と呼ぶことが多いので、「フレンチマリーゴールド」と間違えないように注意が必要。高さ50cmほどの一・二年草で、寒さに強い品種や一重咲きや八重咲きなどの観賞用の園芸品種も多くある。

歴史・エピソード
古代からインド、アラビア、ギリシア、ローマで薬用に、または布地や食品や化粧品の着色料として利用。古代ギリシア人は「家に幸せを運ぶ花」として婚礼の席に飾ったという。明るい黄金色の花には守護の力があると信じられ、古代からインド人はカレンデュラをあがめ、寺院の祭壇や神殿に飾った。16～17世紀のフランス国王アンリ4世の妃マリー・ド・メディシスはこの花を好み、自分の紋章としたともされる。キンセンカという和名は黄色の花の形が盞（キンセンカ）に似ているため金盞花とされた。渡来したのは江戸時代で観賞用として栽培されてきた。

栽　培　風通しが悪いとうどんこ病になるので注意。種まきでふやす。

～利用法～

利用部位 花　**味と香り** 苦甘く、少し酸味がある

 生の花弁はサラダ、チーズ、スープに。サフランの代用として米や料理の色づけとして使用。

 乾燥花のティーは風邪の症状を緩和する。

切り傷の痛みを和らげる塗り薬などに薬用として広く使われた。スチームフェイシャルや入浴剤として利用すると新陳代謝をよくして美容に役立つ。

成分………カレンデュリン、カロテン、フラボノイド、苦味質、粘液質、サポニン、ステロール類
作用………発汗作用、消化促進作用、収斂（しゅうれん）作用、利尿作用、消炎作用、創傷治癒促進作用、抗菌作用、抗真菌作用、抗ウイルス作用
効能………切り傷、湿疹、風邪に用いる。皮膚と粘膜を保護し、修復する働きがあるとされる。
注意………
・妊娠中はティーの飲用を避ける。
・キク科アレルギーの場合は使用しない。

MINI COLUMN

キク科
フレンチマリーゴールド
french marigold

学　名：*Tagetes patula* L.
原産地：メキシコ

鮮やかな花が長く楽しめる、高さ20～30cmの一・二年草。フレンチマリーゴールドという名は、原産地からフランスを経て世界に広がったことに由来。ほかに大型のアフリカン種やメキシカン種があって多彩な園芸種が誕生している。根からの分泌液により土中のネキリムシやセンチュウの抑制効果があるので、野菜と一緒に畑に植える。花弁は乾燥させてポプリなどに。

ミカン科

カンキツ（柑橘）類

古代から日本に自生するカンキツは、タチバナ（橘）、琉球諸島のシークヮーサーである。
果実を果物として食用以外に、果皮や果汁、葉、花などを香りづけのために料理やクラフト、薬用などにも用いる。また、精油などにも利用する。ここではシトラス属以外にも近縁種のキンカン属などを紹介。

ユズ
yuzu

学　名	*Citrus junos* (Makino) Siebold ex Tanaka
原産地	中国揚子江上流
気候型	大陸東岸気候

属名 *Citrus* はギリシア名 kitron（箱）からきたラテン名でレモンに対する古い呼び名から。種小名 *junos* はユズの古名のユノス（柚之酸）から。

特徴・形態
香りがよいので日本料理の香味料として人気。高さ10m未満の常緑小高木。成長が遅く実生栽培では、結実まで10数年かかるため、カラタチへの接ぎ木により、数年で収穫可能になる。ユズは自家結実性があり、1本の木で実をつけることができる。

歴史・エピソード
飛鳥～奈良時代に中国から朝鮮半島を経て渡来したという。実がなるまで長くかかり、俗に「桃栗3年柿8年、柚子の大馬鹿18年」といわれるほどだ。江戸中期の『本朝食鑑』(P281参照)に果実酢として用いられていたと記され、柿酢に対して「由須」の文字を当てている。また新年を迎えるため邪気をはらう禊ぎとして冬至の日（12月21日前後）にカボチャを食べてユズ湯に入る習慣がある。

栽培
木の内側に日が当たるように2～3月に込み入った枝を剪定する。5月ごろに花が咲き、6～7月に結実し、秋に黄色く熟す。

〜 利用法 〜

利用部位 果実、種子

🍴 ミカンの3倍ものビタミンCをもつユズの果実は日本料理の香味料として欠かせない。果汁はポン酢、果皮は吸い口に。和菓子、柚餅子（ゆべし）、ジャム、柚コショウ、薬味などに利用。

👩 風邪や風邪予防に果汁にハチミツなどを加えて飲む。熟す前の緑色が残るユズでつくるユズ酒は疲労回復に。熟した果実は入浴剤に使う。種子には精油成分があるためチンキ剤にして、ローションやハンドケア、湿布に利用。

成分	クエン酸、ビタミンC、E、β-カロテン、ヘスペリジン、β-クリプトキサチン
精油成分	リモネン、α-ピネン、ミルセン、γ-テルピネン、ρ-シメン、リナロール、シトラール
作用	血行促進作用、健胃作用、血圧降下作用、コレステロール値降下作用、抗アレルギー作用、抗菌作用、消炎作用
効能	疲労回復、血行促進、冷え性、肩こり、腰痛、関節の痛みなどの症状を和らげる。
生薬	橙子皮（トウシヒ）：ユズの皮を乾燥させたもの。鎮痛、消炎、血行促進、鎮静に効果的。

ミカン科

カンキツ（柑橘）類

ウンシュウミカン
satsuma mandarin

別　名	ミカン
学　名	*Citrus unshiu* (Swingle) Marcow.
原産地	日本

種小名*unshiu*はミカンの名産地であった中国浙江省の温州が由来。

特徴・形態
高さ3mほどの常緑低木。5月上旬〜中旬に3cmほどの白い花を咲かせ、果実の成熟期は9〜12月。扁球形の果実は熟すにしたがって緑色から橙黄色に変色する。一般的に花粉は少ないが単為結果性のため受粉がなくても結実する。

歴史・エピソード
江戸時代初期に鹿児島県で偶然つくり出された渡来種の優良品種で単為結果するために種子がない。種子がないのは不吉だとの迷信から長い間普及しなかったが、明治中期以後には日本を代表する果物になった。基本的には種子はないが、まれに他種の花粉を受粉すると種子ができる。

栽　培
日本では通常は接ぎ木によって繁殖を行う。台木としてカラタチが用いられる。関東以西の暖地で栽培される。剪定は3月。

〜利用法〜

利用部位 果皮、果実

 果皮を干し、煎じて飲む。ショウガやハチミツを加えて飲むと風邪などの症状を和らげる。

 皮を入浴剤にすると、血行がよくなり湯冷めしにくい。

成分	ヘスペリジン、ナリンギン、ビタミンC、ペクチン、シネフィリン、アクリドン、クエン酸、β-クリプトキサンチン
精油成分	α-ピネン、ミルセン、リモネン、リナロール、γ-テルピネン、シトラール
作用	血行促進作用、鎮咳作用、去痰作用、発汗作用、健胃作用、血圧降下作用、抗アレルギー作用、消炎作用、鎮静作用
効能	胃もたれ、消化促進のほか、肩こり、腰痛の緩和に役立つ。
生薬	陳皮（チンピ）：皮を集め陰干ししたもの。健胃、鎮咳、去痰の効果。

キンカン
marumi kumquat

学　名	*Fortunella japonica* (Thunb.) Swingle
原産地	中国の長江中流域

属名*Fortunella*は19世紀の植物学者フォーチュン（P281参照）への献名。

特徴・形態
キンカン属の常緑低木、高さ1〜2m。葉は楕円形で光沢のある濃い緑色をしている。夏〜秋に2〜3cmほどの白い花を咲かせ、結実し、黄色い果実がつく。

歴史・エピソード
日本への渡来はマルキンカンが最も早く14世紀ごろで、ナガキンカンは『大和本草』(P281参照)によると、江戸時代に渡来したとされる。また、ネイハキンカンは江戸時代後期に中国寧波の商船が暴風に遭い静岡

県の清水に漂着したとき、積まれていた果実をもらい種をまいて育てたものが、根をおろしたという逸話がある。名前の由来は中国で黄金色の小果実がつくミカンの意味で金橘（キンキツ）、日本では葉が柑に似ていることから金柑（キンカン）と名づけられた。古い時代にはミカンの一種として考えられていた。

栽培

日当たりと水はけのよい、風が強く当たらない場所で育て、剪定は3月。植えつけから3年くらいで結実。カイガラムシがつきやすいので注意。

～ 利用法 ～

利用部位　果実

ほろ苦さはあるが香りがよいので、砂糖煮や果実酒に使われる。

成分………ビタミンC、ガラクタン、ペントザン、ヘスペリジン、β-クリプトキサンチン、ナリンギン
精油成分…リナロール、β-カリオフィレン、リモネン
作用………去痰作用、健胃作用
効能………風邪の初期、咳止め、疲労回復によいとされる。
生薬
金橘（キンキツ）：果実を刻んで乾燥したもの。解熱、鎮咳、疲労回復の効果。

レモン

学名：*Citrus limon* (L.) Burm.f.／原産地：インドのヒマラヤ山麓

11世紀ごろにヨーロッパに伝えられ、スペインやイタリアで栽培された。日本での栽培は、1873（明治6）年に静岡県で初めて栽培され、1898（明治31）年ごろから広島県で栽培され、現在は広島県が主産地。おもな成分はビタミンC、クエン酸、エリオシトリン、ヘスペリジン、リモネンなど。調味料、飲み物、菓子の香りづけなどに利用される。

関東以西では5～6月に咲いた花から実をならせ、10～12月に収穫する。

スイートオレンジ

学名：*Citrus sinensis* (L.) Osbeck
原産地：インドのアッサム地方

フレッシュな香りは、心の緊張を和らげ、不安を取り除いてくれる。世界的に最も多く栽培されているのはバレンシアオレンジだが、日本の気温には適さないため、ネーブルオレンジが広島県、和歌山県、静岡県などで栽培されている。豊富に含まれているビタミンCは風邪予防に効果がある。調味料、飲み物、香りづけなどに利用され、オレンジピールは菓子の材料になる。

シークヮーサー

学名：*Citrus depressa* Hayata
原産地：沖縄　台湾

琉球列島および台湾に自生する。ウンシュウミカンを小型にしたような形をしている。果実には多くの種が含まれ、未熟な状態（青切りと呼ぶ）で収穫されて、酸味を生かした料理やジュースに利用される。黄色く完熟すると、糖度が増し、甘酸っぱい果物として楽しめる。また近年では、果皮にも有効成分が含まれていることが認められ、研究が進んでいる。

ダイダイ（ビターオレンジ）

学名：*Citrus aurantium* L.／原産地：インド　ヒマラヤ　中国

花からネロリ、葉からプチグレン、皮からビターオレンジと呼ばれる精油がとれる。日本へは中国から渡来したといわれ、静岡県や愛媛県が主産地となっている。日本では、正月の飾りとして果実を使うが、これは「ダイダイ（橙）」という日本名が「代々（栄える）」に通じることから、縁起のよい果物とされている。

ベルガモット

学名：*Citrus* × *bergamia* Risso & Poit.／原産地：イタリア

イタリアのベルガモで初めて栽培されたことからこの名前がついたといわれる。紅茶のアールグレイティーの香りづけや香水に使われることで有名。

キキョウ科

キキョウ
balloon flower

別　　名：オカトトキ
学　　名：*Platycodon grandiflorum* (Jacq.) A.DC.
原産地：日本　朝鮮半島　中国
気候型：大陸東岸気候

属名*Platycodon*は花の形に由来して、ギリシア語のplatys「広い」＋ codon「鐘」が語源。種小名*grandiflorum*は「大きい花の」という意味。

から。"乎加止止岐"とは、丘に生えるトトキ(ツリガネニンジン)のこと。キキョウの名前は漢名の「桔梗」を音読したもので、『神農本草経』の下品(P279参照)に記載されている。根を胃腸薬や去痰薬などの薬として用いることを中国から学んだため、キキョウの名前も用いられるようになった。山上憶良が詠んだ「秋の七草」の"朝貌の花"は、キキョウだといわれている。家紋としても用いられ、美濃の国の土岐氏の家紋として有名。江戸城には桔梗の間、桔梗門という名があり、武士に好まれたらしい。一方、関東地方を中心に惨事のあった古戦場や刑場跡などに、「桔梗塚」や「桔梗ヶ原」といった地名がついているのは、平将門の愛妾ながら将門を裏切った桔梗御前にちなむという。重要な救荒植物(P278参照)だが、根には有毒なプラチコジンなどのサポニンが含まれているので細かく裂き、ゆでて水にさらして使用する。

栽　培

日当たりのよい所から明るい半日陰で風通しよく水はけのよい場所が適す。種まき、株分け、挿し木でふやす。花が咲き終わったら切り戻すと、次々咲く。

特徴・形態

高さ40～100cmの多年草。直立した茎の先端近くに、紙風船のような形の蕾を1～十数輪つけ、6～9月に青紫色をした星形の花を咲かせる。根は太くまっすぐに伸び、黄白色で小ぶりのニンジンのような形。かつては日当たりのよい山野に自生したが、現在は絶滅危惧種になっていて栽培品種が流通する。

歴史・エピソード

平安時代の『倭名類聚抄』(P281参照)や『本草和名』(P281参照)に、キキョウの古名と推定される"阿佐加保""阿利乃比布岐""乎加止止岐"の名が記述されている。"阿利乃比布岐"は「蟻の火吹き」の意味で、アリがキキョウの花びらを噛むと、口から出る蟻酸によってキキョウの花の色素アントシアンが赤く変わる

～利用法～

利用部位 根

乾燥させた根を煎じて、うがいやティーに利用。

成分	イヌリン、ベツリン、プラチコジンA、C、D、ポリガラシンD
作用	鎮咳作用、去痰作用、排膿作用、鎮静作用、鎮痛作用、解熱作用、抗炎症作用
効能	気管支炎や肺炎など呼吸器系の炎症、化膿性疾患などに有効とされる。

注意
・多量服用すると悪心、嘔吐をもたらすことがある。
生薬
桔梗根(キキョウコン)：3～4年目のものの根を秋冬に採取し乾燥する。鎮咳、去痰、鎮痛に効果的。

COLUMN

七草から見えるハーブの世界

キキョウ

　七草といってまず思い浮かぶのは1月7日「人日の節句」に食べる春の七草粥だろう。緑の少ない時期に貴重な若菜（野菜）を食べて邪気をはらい、新年の無病息災を祈る気持ちの込められた行事である。この習慣は東南アジア、中国から農耕とともに伝来したと思われ、朝廷では10世紀ごろから儀式化され、時代や地域によってさまざまな形で伝承。七草粥に用いる植物は、「セリ　ナズナ　ゴギョウ　ハコベラ　ホトケノザ　スズナ　スズシロ　これぞ七草」と、歌のようになって広まった。

　「君がため　春の野に出でて　若菜摘む　わが衣手に　雪は降りつつ」　光孝天皇

　百人一首にある短歌からは、まだ浅い春に淡い雪をかき分けながら芽生えた若菜を探し求める風情を想像できる。ここでの若菜は「春の七草」と解釈されている。

　現代は温室栽培などによって季節感なく青い野菜を入手できるが、雪の中に芽生える春の七草を愛する気持ち、日本ならではの情緒を宿しつつ貴重なビタミンを補給する理にかなった風習なので、長きにわたって続いてきたのだろう。

　一方、春の七草より古く、『万葉集』（7世紀後半～8世紀後半に編纂）に登場する山上憶良の短歌2首が秋の七草の由来とされる。

　「秋の野に咲きたる花を指折り　かき数ふれば七種の花」

　「萩の花尾花葛花なでしこの花　女郎花また藤袴　朝貌が花」

ハギ、オバナ（ススキ）、クズ、ナデシコ、オミナエシ、フジバカマときて、最後の朝貌はキキョウの古名「阿佐加保」と推定されている。秋の七草は、秋の野に咲く花を愛で楽しむもので、短歌や俳句、文学作品によく使われる。食用にされる春の七草とは違うところだ。

　けれども、秋の七草にはそれぞれ薬効成分が含まれ、昔の日本人にとっては実用的で生活に密着した植物、いわゆるハーブでもあった。春の七草もほぼ本書に登場するハーブか近縁の植物。七草をキーワードに、万葉のころから親しまれた日本のハーブの世界に触れられるのも楽しい。

春の七草

①セリ（芹）→P116　②ナズナ（薺）→P142
③ゴギョウ（御形）→P159（ハハコグサ）
④ハコベラ（繁萋）→P148（ハコベ）
⑤ホトケノザ（仏の座）キク科 別名：コオニタビラコ
　Lapsana apogonoides
⑥スズナ（菘）／カブ→P52
⑦スズシロ（蘿蔔）／ダイコン→P123

秋の七草

①ハギ（萩）マメ科 *Lespedeza* sp.
②オバナ（尾花）イネ科
　別名：ススキ *Miscanthus sinensis*
③クズ（葛）→P68
④ナデシコ（撫子）ナデシコ科
　別名：カワラナデシコ　*Dianthus superbus*
　L. var. *longicalycinus* (Maxim.) Williams
⑤オミナエシ（女郎花）→P45
⑥フジバカマ（藤袴）→P168
⑦キキョウ（桔梗）→P62

シソ科

キャットニップ
catmint

別　名	：イヌハッカ　チクマハッカ
学　名	：*Nepeta cataria* L.
原産地	：ヨーロッパ　中国　朝鮮半島　西アジア
気候型	：西岸海洋性気候

属名*Nepeta*はかつてイタリア南部にあった都市国家エトルリアの町*Nepeti*から、イヌハッカのラテン古名に由来する。種小名*cataria*は「ネコの」という意味。

〜 利用法 〜

利用部位　地上部
味と香り　ペニーロイヤルミントやタイムに似た香り
　　　　　　葉はティーにするとミントの香りに似る

 葉を打ち身の湿布剤や虫さされなどに使うことがある。

 ネコが好む香りなので、乾燥した葉をネズミのぬいぐるみの中に入れてネコのおもちゃにする。

特徴・形態
ネコの好む植物として知られ、紅茶が普及する前からティーとして親しまれた。高さは40〜60cmの多年草。葉は卵形鋸歯状で葉先がやや尖って対生。基部からよく枝分かれする。6〜9月、白地に赤紫色の斑点がある小花を穂状に咲かせる。

成分	………	タンニン、苦味質
精油成分	…	ネペタラクトン、カルバクロール、チモール、シトロネオール、ゲラニオール
作用	………	解熱作用、発汗促進作用、催眠作用、鎮痙作用、鎮静作用、健胃作用、駆風作用、通経作用、弛緩作用
効能	………	不安を和らげ、不眠の解消や胃の不調軽減に役立つ。腹痛、頭痛などにも効果的で、生理痛や生理前の緊張やストレスを和らげるとされる。

注意
・妊娠中、授乳中、子どもは使用しない。

歴史・エピソード
古代エトルリアの町の特産品として知られ、調味料や医薬品としてさかんに使われたハーブ。ネコが大好きな植物で、ネコの媚薬にもなる。英名ではこちらがキャットミントだが、日本ではネペタ・ファーセニーをその名で呼ぶ。古くから日本でも長野県筑摩（現在の松本市あたり）などに多く見られるのでチクマハッカと呼ばれるが、これは帰化したものと考えられている。

栽培
日当たりのよい所が向く。繁殖力が強く、こぼれ種で育つ。挿し木や株分けでふやし、こまめに摘芯する。

MINI COLUMN

シソ科
キャットミント

|学　名|：*Nepeta* × *faassenii* Bergmans ex Stearn|
|原産地|：ヨーロッパ　中国　朝鮮半島　西アジア|

高さ30〜45cmの多年草。葉と花はミントのような香りはするが観賞用。紫色で穂状の花を長期間咲かせて丈夫。栽培は日当たりと風通しがよく、水はけのよい場所で。挿し木、株分けでふやす。ミツバチを呼ぶ蜜源植物。キャットニップと同様にネコが好む。

セリ科

キャラウェイ
caraway

別　　名：ヒメウイキョウ
学　　名：*Carum carvi* L.
原産地：地中海沿岸　ヨーロッパ　西アジア
気候型：地中海性気候

属名*Carum*はキャラウェイの古代ラテン名careumの変形、語源はkaron「頭」とされるが理由は不詳。種小名*carvi*は古代小アジアのcarviaと呼ばれる地方に由来するという説もある。

特徴・形態
初夏に白い小さな花を散形花序に咲かせ、花後に結ぶ果実がキャラウェイシード（種子と呼ばれるが植物学的には果実）として利用されている。高さ40〜60cmの一・二年草。直立して途中から中空になる茎に、深く細かく切れ込んだニンジンのような葉がつく。根は黄ばんだ色で指ほどの太さ、味も形もニンジンによく似ている。

歴史・エピソード
エジプトの医薬書『エーベルス・パピルス』（P278参照）にアニス、コリアンダー、ニンニクとともに記載があり、古代ギリシアでは香油が病気治療に使用された。古代ローマでは、ヨーロッパ各地を征服していたローマ軍の兵隊食として根を利用し、ジュリアス・シーザーは「カラ（chara）」と呼んで珍重したという。世界に広がりはじめたのは紀元前3000年ごろからで、海運で栄えていたフェニキア人の商船によってヨーロッパ諸国に運ばれた。また、人や物を引き留める力があるという言い伝えがあり、家畜にキャラウェイシードを食べさせると行方不明にならないとか、夫婦や恋人同士で食べれば長く添い遂げられる、大切なものの中にシードを入れておくと紛失せず、盗まれそうになっても盗人は持ち主が現れるまで動けずにとどめられるなどとされた。日本には明治初期に渡来し、明治・大正時代に流行したカルルスせんべいにはキャラウェイシードが入っていた。

栽培
日当たり、水はけのよい場所で育てる。繁殖は春か秋の種まきによるが、幼苗は寒さに弱いので寒冷地では春まき。

〜利用法〜

利用部位　全草
味と香り　種子はツーンとする爽やかな香りと穏やかな甘味、苦味、葉と茎にはマイルドな風味がある

こってりした食べ物と一緒に食べるとよい。ドイツやスカンジナビアなどの料理の特色となっていて、ザワークラウトやハンガリーのグラーシュ、ピクルスにも欠かせない。パンやクッキーの風味づけにも利用。若葉はスープやサラダに用い、やや苦味のある根は野菜として使われる。リキュールの香りづけ、キュンメル酒やキャラウェイブランデーにも欠かせない。

成分‥‥‥‥果実：苦味質、タンパク質
精油成分　ℓ-カルボン、*d*-リモネン、ジヒドロカルボン、カルベオール、アセトアルデヒド、フルフラール
作用‥‥‥‥消化促進作用、浄化促進作用、催乳作用、収斂作用、口腔清涼作用、抗菌作用、去痰作用、利尿作用
効能‥‥‥‥胸やけ、鼓腸、嘔吐など胃腸障害に効果があるとされる。口臭除去に使われ、子どもの疝痛にも効果があるといわれている。

注意
・過剰に摂取しないこと。

モクセイ科

キンモクセイ
kinmokusei

別　名：ケイカ
学　名：*Osmanthus fragrans* Lour. var. *aurantiacus* Makino
原産地：中国

属名*Osmanthus*はギリシア語osme「香り」+anthos「花」に由来する。種小名*fragrans*は「芳香のある」という意味。変種名*aurantiacus*は「橙黄色の」の意味。

特徴・形態

高さ3〜6mの常緑小高木。オレンジ色の花を秋にたくさん咲かせ、この季節のシンボルとされている。庭や公園に植えられており、東北南部以南で栽培され、白花のギンモクセイより香気は強い。雌雄異株だが、日本には雄株のみ伝わったので結実しない。また、大気が汚れると開花しない傾向があり、大気汚染の指標植物とされる。

〜 利用法 〜

利用部位　花

 花をジャムや砂糖漬けにして、お菓子や紅茶の香りづけに。

 花を桂花酒に利用する。

 ポプリなどのクラフトにも利用できる。

精油成分…リナロール、β-オシメン、β-イオノン
作用………鎮静作用、抗炎症作用、整腸作用、健胃作用
効能………精神を安定させる働きがあり、不眠の改善に役立つ。

クスノキ科

クスノキ
camphor tree

学　名：*Cinnamomum camphora* (L.) J.Presl
原産地：台湾　中国

属名*Cinnamomum*はギリシア語cinein「巻く」+ amomos「申し分ない」が語源で、巻曲する樹皮と芳香を称えた。種小名*camphora*は「樟脳」のこと。

特徴・形態

高さ15〜30mの常緑高木。幹は直立し、直径2mの巨樹になるものもあり、天然記念物に最も多く指定されている。5〜6月に小さな目立たない黄白色の花を円錐花序につけ、球状の液果は暗紫色になる。新芽が吹いてから旧葉は落葉する。寒冷地には不向き。

歴史・エピソード

『古事記』、『日本書紀』にも記述があり、大阪からクスノキでつくられた古墳時代の船が多く出土している。庭木や、防風林に使われ、用材（建築、造船、楽器、仏像などの細工物）にも使われている。薬の木（くすのき）、臭し（くすし）などが語源と考えられる。樟脳をとるのに有用な樹木のため、『大和本草』（P281参照）『和漢三才図会』（P281参照）など、多くの古い書物に取り上げられている。種子には脂肪油があり、そこからロウがとれる。

〜 利用法 〜

利用部位　葉、木部

 乾燥させた枝葉のチンキ剤をやけど、捻挫のケアに利用する。また葉や枝を入浴剤にもする。

 人形や衣服の防虫に使う。

精油成分…リモネン、α-ピネン、β-ピネン、リナロール、カンファー
作用………抗菌作用、抗炎症作用、抗うつ作用、鎮静作用、鎮痛作用、強心作用
効能………リウマチや筋肉痛、肩こりなどの緩和に用いる。また、ニキビや吹き出物の予防に有効。

ナス科

クコ
Chinese matrimony vine

別　名	ゴジベリー
学　名	*Lycium chinense* Mill.
原産地	東アジア（中国〜日本）
気候型	大陸東岸気候

属名 *Lycium* は小アジアのリュキア（地名）に生えていたトゲの多い灌木 lykion のギリシア古名を転用したもの。種小名 *chinense* は「中国の」の意味。

特徴・形態
栄養素を豊富に含むクコは、美容に役立つスーパーフードのひとつとして、ゴジベリーとも呼ばれ注目されている。生薬として知られ、果実や葉を食用にしてきた。高さ1〜2mの落葉低木。多数の枝を出し、長さ2〜4cmの葉とトゲ状の小枝を互生する。7〜9月に小さな紫色の花を咲かせ、楕円形で長さ1cmほどの果実をつけて赤く熟す。

歴史・エピソード
中国では古代から薬用植物として知られ、果実を枸杞子（クコシ）、根皮を地骨皮（ジコッピ）、葉を枸杞葉（クコヨウ）として用いてきた。日本に伝えられたのは平安時代といわれ、当時から葉を健康茶として飲用したらしい。同時代の『延喜式（えんぎしき）』（P278参照）、『本草和名（ほんぞうわみょう）』（P281参照）などにも記載されていて、文徳天皇がクコを栽培する庭園をもっていたという逸話がある。若葉は食用になり、江戸時代中期の『大和本草（やまとほんぞう）』（P281参照）には「生も、ゆでて干したものも食べられ、お茶の代用にもなる…」とある。また、葉を2〜3枚口に入れて噛むと、気分が爽快になるともいわれた。中国原産の低木で、薬用として日本に移入されたが、葉の大きな品種は日本固有種といわれている。中国の古書に「枸（カラタチ）のようなトゲがあり、杞（コリヤナギ）のように枝がしなやかであることから枸杞と名づけた」とあり、この漢名の音読みからついた和名とされる。

栽　培
日本各地の海岸や河原などに自生する。ある程度湿り気のある日当たりのよい所に。うどんこ病に弱い。2月に剪定して風通しをよくする。

〜 利用法 〜

利用部位	若葉、果実、根皮
味と香り	甘く、やや苦い

果実は生食やドライフルーツで食し、ホワイトリカーなどに漬けて果実酒や、薬膳料理にも利用される。若葉はゆでて水にさらしてあえ物やおひたしに、生葉は天ぷら、果実は汁の実やクコ飯にする。

 果実酒は不眠や疲労時に飲むとよい。

成分	シトステロール、ゼアキサンチン、ルチン、カロテン、ビタミンB_1、B_{12}、ビタミンC、ベタイン
作用	抗酸化作用、血行促進作用、疲労回復作用、老化防止作用、強肝作用
効能	動脈硬化、糖尿病の症状改善やコレステロール値低下、便秘、美肌、眼精疲労の改善に役立つ。
生薬	枸杞子（クコシ）：乾燥させた実を低血圧や不眠に。枸杞葉（クコヨウ）：柔らかい葉や茎を乾燥させる。滋養、強壮、動脈硬化に。地骨皮（ジコッピ）：乾燥させた根皮を抗炎症、解熱に。

マメ科

クズ
kudzu

学　名：*Pueraria lobata* (Willd.) Ohwi
原産地：東アジア
気候型：大陸東岸気候

属名*Pueraria*はスイスの植物学者M.N.プエラリ（1765〜1845年）の名にちなむ。種小名*lobata*は葉に「浅裂下裂片のある」の意味。

特徴・形態
生薬の葛根（カッコン）でなじみ深く、つるはカゴ編みなどに利用される。長さ10m以上になる落葉つる性多年草。初め緑色のつるは細毛に覆われ、しだいに太く茶色になる。根は長さ1m以上、径20cmほどの塊根。複葉の大きな葉で、8〜9月に総状花序（そうじょうかじょ）で咲き出す花は赤紫色で美しく、甘く香る。花後には細長い楕円形の果実を結ぶ。つるが伸びた先でも根を下ろし、さかんに繁茂するので近年は有害植物とみなす向きもある。

歴史・エピソード
名前の由来は、大和国（現在の奈良県）吉野の国栖（くず）の人が根からとったデンプンを里に売りに行ったという説と、「崩れ」そうな崖などを好んで生えるのでクズに転じたという説がある。日本各地に自生してクズは古くから生活に結びつき、広く利用されてきた。秋の七草のひとつとして『万葉集』をはじめとする多くの和歌や文学作品に登場し、俳句では秋の季語になっている。クズのつるから葛カゴ（つづら）と呼ばれる生活用品をつくり利用した。つるの繊維で織った布は葛布（くずふ）と呼ばれ、古墳時代からつくられていたとされる。江戸時代には武士の袴や甚平などに使われていたと、『和漢三才図会（わかんさんさいずえ）』（P281参照）に記されている。

栽　培
日本各地の山野に自生する。繁殖力が強いので、栽培した株が外部へ広がらないように気をつける。

―― 利用法 ――

利用部位　全草

 若芽と若葉はあえ物などに、花は酢の物、天ぷらに向く。根のデンプンは葛粉として、料理や葛餅や葛きりなどの菓子の材料に用いる。

 二日酔いには、8〜9月に採取した花を乾燥して煎じて服用する。

つるでカゴを編んだりリースなどのクラフトに利用する。発酵させたつるから糸をつむげる。

成分………根：デンプン、ダイゼイン、ダイジン、プエラリン、ソヤサポゲノール配糖体
作用………血行促進作用、発汗作用、解熱作用、鎮痙（ちんけい）作用、鎮痛作用、整腸作用
効能………根は風邪初期の肩や首すじのこりなどに用いる。老廃物の排泄を促す。血行をよくし体を温めるとされる。食欲がないときは葛湯が役立つ。
注意
・胃の弱い虚弱体質者は根を用いないほうがよい。
生薬
葛根（カッコン）：根の皮を剥ぎ、細かくして天日干しにしたもの。発汗、解熱、鎮痙に効果的。

アカネ科

クチナシ
gardenia

別　名：サンシシ
学　名：*Gardenia jasminoides* Ellis
原産地：日本　中国　韓国
気候型：大陸東岸気候

属名*Gardenia*はイギリス出身のアメリカの博物学者アレキサンダー・ガーデン（P278参照）の名にちなむ。種小名*jasminoides*は花の香りがジャスミンに似ているため。

特徴・形態

よく枝分かれして高さ1〜2mになる常緑低木で花木として親しまれ、果実は食品の着色や香りづけに利用される。葉は光沢のある濃緑色で長い楕円形、対生か輪生する。6〜7月、葉腋に白い花をひとつずつ咲かせる。花は一重と八重咲きの品種があり、白色で芳香をあたりに漂わせる。果実は晩秋に橙黄色に熟す。

歴史・エピソード

クチナシ属はアジアとアフリカの熱帯を中心に約250種が知られ、日本では海岸近くの山地に自生している。平安時代の『本草和名』（P281参照）には漢名の「梔子」に対し和名は「久地名子」として登場。梔とは「盃」の意味で高杯形の花から名づけられているのに対し、和名は熟しても果実が開かないことから「口無し」に由来している。また、果実を梨に見立て上部に残っている萼片を口として「口をもつ梨」からついたとの説もある。木の材質がツゲに似ているため、細工物や将棋の駒などに利用される。将棋盤や碁盤の脚にクチナシの実がかたどられているのは「他人の勝負に口出し無用」という意味が込められているという。「口無し」という名前から「就職口がない」とか、「庭に植えると出入り口がなくなる」などとされ、縁起が悪いと嫌ったもの。東洋では肝機能を改善し、情緒を安定させるといわれ、幸せのハーブと呼ばれる。乾燥させた果実は飛鳥、奈良時代から布を黄色に染めるのに用いられ、媒染剤には酢や木灰を用いた。

熟しても開かない、鳥のくちばしのような実。

栽　培

日当たりのよい場所を好むが、日陰にも耐える。挿し木でふやすが、ガの幼虫、カイガラムシ、アブラムシなどの害虫がつきやすいので注意。

〜 利 用 法 〜

利用部位　花、果実
味と香り　苦味とわずかな甘味
　　　　　　ジャスミンに似た強い香り

乾燥した果実には黄色に染める色素があり、きんとん、たくあん、ゼリー、キャンディー、麺類などの食品の着色に使われる。果実酒の香りづけにも利用。

 打撲、切り傷、腰痛に、乾燥した果実をすりつぶし、酢と小麦粉で練って湿布として利用する。

 精油は香水の原料にする。切り花はブーケ、コサージュ、フラワーアレンジメントに利用する。果実を染色に使う。

成分………ゲニポシド、ガルデノシド、クロシン、シャンジシド
精油成分…リナロール、酢酸リナリル、インドール
作用………鎮静作用、解熱作用、消炎作用、止血作用、健胃作用、胆汁分泌促進作用、整腸作用、緩下作用
効能………目の疲労回復に効果的。発熱性疾患の症状を和らげる。精神不安や不眠症、黄疸、尿道炎などの症状に用いる。
注意
・下痢のときは使用しない。
生薬
山梔子（サンシシ）：果実を乾燥させたもの。鎮静、消炎、解熱などに用いる。

イネ科

クマザサ
kumazasa

学　名：*Sasa veitchii* (Carrière) Rehder
原産地：日本　朝鮮半島　千島　カムチャツカ
気候型：大陸東岸気候

属名*Sasa*は和名のササ(笹)に由来する。種小名*veitchii*はイギリスの園芸家ビーチ(J.G.Veitch)の名前から。

特徴・形態
古くから葉がちまきや笹だんごなどに利用されている。高さ1〜2mになる多年草。地下茎で広がり、長楕円形の葉を茂らせる。国内の林床にはチシマザサやミヤコザサなど、多くの種類がある。

歴史・エピソード
名前の由来は、冬になると葉の縁が白くなって隈どりされるので「隈笹」、またクマが出没しそうな山中に生えるから「熊笹」などの説がある。

栽　培　本州の山地の明るい半日陰に自生する。3月と6月に刈り込む。

――― 〜 利用法 〜 ―――

利用部位　葉

 抗菌性のある葉は笹だんご、ちまき、笹寿司などに使われ、心地よい香気成分も好まれる。

 葉をティーとして飲む。消臭効果があり、口臭予防などに使われる。

 入浴剤として、乾燥させた葉を細かく刻んで布袋に入れ、水から沸かす。

成分………葉緑素、ビタミンB₁、B₂、K、カルシウム、マグネシウム、カリウム、安息香酸
作用………抗菌作用、消臭作用
生薬………
淡竹葉(タンチクヨウ)：葉を乾燥したもの。止血、利尿、抗菌、抗炎症、解毒、整腸に効果的とされる。

ナデシコ科

クローブピンク
clove pink

別　名：ジャコウナデシコ　カーネーション
学　名：*Dianthus caryophyllus* L.
原産地：ヨーロッパ南部　インド
気候型：地中海性気候

属名*Dianthus*はギリシア語のdios「神」+anthos「花」で「神の花」の意味。種小名*caryophyllus*は「クローブのような、ナデシコのような」の意。

特徴・形態
カーネーションの原種で高さ40〜50cmの多年草。クローブの香りをもつ花が愛され、さまざまな香りづけに利用されてきた。細い銀青色の葉を対生させる。

歴史・エピソード
栽培の起源は古く2000年以上前ともいわれ、最も古い園芸植物のひとつ。古代ローマでも栽培し、恋人たちの心と身が結ばれる印として、婚約の花冠や首飾りに用いた。香り高い花が人々に愛されたことは、多くの古代の絵画や焼き物が物語っている。クローブの香りがある花びらを浮かべたワインは「ソップス・イン・ワイン」と呼ばれ神経強壮剤として親しまれ、無限の力の源と信じられた。日本には江戸時代後期に渡来し、オランダセキチクと呼ばれた。カーネーションという呼称が使われ出したのは明治末から大正初め以降。

栽　培　日当たりから半日陰で水はけと風通しのよい場所。種まき、挿し木、株分けでふやす。

――― 〜 利用法 〜 ―――

利用部位　花

 エディブルフラワーや料理の飾りに使い、花弁は砂糖漬けにもする。

精油成分…オイゲノール、フェニルエチルアルコール
効能………温めるとスパイシーな芳香を発することから、気分を明るくする効果があると考えられている。

セリ科

クミン
cumin

別　名	ウマゼリ（馬芹）
学　名	*Cuminum cyminum* L.
原産地	地中海沿岸
気候型	地中海性気候

属名*Cuminum*はキャラウェイに似た植物についたギリシア語を語源とする。芳香のある草本につけられたギリシア古名。種小名*cyminum*は「集散花序の」という意味。

特徴・形態
インド料理には欠かせない。高さ20cmほどの一・二年草。2回羽状で全裂する葉は細い針のよう。4月ごろに白色かピンクの花を咲かせ、5月に果実がなる。果実は三日月形の実が2つ合わさった卵形で、キャラウェイと間違えやすいが、刺激的な芳香が独特（種子として扱われるが、植物学的には果実）。

歴史・エピソード
クミンシードはアニスなどとともに最も歴史の古いスパイス。古代エジプトでは食用以外にミイラの防腐剤としても、マジョラムやアニスなどと用いられたという。エジプトで紀元前16世紀に書かれた医学書『エーベルス・パピルス』（P278参照）に登場する。紀元前15世紀のエーゲ海、ペロポネソス半島で栄えたミケーネ文明でも利用されていたという。現在の主要産地であるインドでも紀元前に使われていた。中世ヨーロッパでは料理や薬用にくわえ、貞節や多産などのシンボルとして迷信やまじないと深く結びつく。クミンシードが恋人の心変わりを防ぐと信じられ、浮気を防ぐお守りにしたり、新郎新婦のポケットに忍ばせる風習があったという。日本に伝来したのは19世紀前半。国内では栽培されず、種子を輸入している。

栽　培
種まきから3〜4カ月で果実を収穫できる。夏の暑さと乾燥を嫌う。

〜 利 用 法 〜

利用部位	種子、葉
味と香り	刺激性のあるはっきりした香り かすかな苦味と辛味がある カレーの香りはクミンが中心

食欲のシンボルとされるスパイス。単独で使うと薬臭くなるので、ほかのスパイスとブレンドして使うことでエキゾチックな風味づけに。インドではカレー料理に欠かせない代表的なスパイス。中東では羊肉、鶏肉、ヨーグルト、ナスを用いた料理に。メキシコ料理のチリコンカン、北欧のクミン入りチーズなど、個性の強い料理の風味づけとして使われる。カレーパウダー、ガラムマサラ、チリパウダー、ピクリングスパイス（ピクルスの防腐効果を高めるために加える）など、ミックスパウダーの主要材料であり、さまざまな料理に用いられる。ベトナム料理には香りづけに葉を用いる。ヨーロッパではリキュール、コーディアルの香りづけに。

成分	粘液質、タンニン、デンプン
精油成分	クミンアルデヒド、α-ピネン、β-ピネン、テルピネン、ρ-シメン、テルピネオール、β-フェランドレン、リモネン
作用	健胃作用、消化促進作用、駆風作用、鎮痛作用、肝機能促進作用、催乳作用
効能	腸内にたまったガスを排出させ、消化を助け食欲を増す。肝機能を高めるとされる。

ブナ科

クリ
Japanese chestnut

別　名	チェスナッツ
学　名	*Castanea crenata* Siebold et Zucc.
原産地	日本　朝鮮半島中南部
気候型	大陸東岸気候

属名*Castanea*はヨーロッパグリのラテン古名より。種小名*crenata*は「葉の縁がギザギザの」という意味。

クリの果実（堅果）はブナ科の植物にみられる殻斗（イガ）の中にあり、殻斗果とも呼ばれる。

特徴・形態
高さ10～20mになる落葉高木。樹皮は灰黒色から灰色で浅く長い割れ目がある。長さ10～20cmの葉は縁に鋭い鋸歯と芒がある。花期は6～7月、雌雄同株で雄花が集まった尾状の花序基部に雌花が1～2個つき、強く香る。果実は秋に熟し、長さ1cmほどのトゲが密生する殻斗（イガ）が裂開、堅い果実（堅果）が現れる。食べる部分は種子。

歴史・エピソード
縄文時代前期～中期の集落跡といわれる青森県の三内丸山遺跡からクリの柱や遺存体が大量に発掘され、集落周辺ではクリの木を整然と育てていた跡が発見されている。縄文時代後期にイネが大陸から入ってくるまで、日本人にとっては大切な食糧であったと思われる。飛鳥時代に大陸から接ぎ木技術が伝わり、京都の丹波地方で栽培が始まり広まった。奈良時代の『古事記』や『日本書紀』にも記載されていて、『延喜式』（P278参照）には乾燥させて皮をむいた搗栗子や蒸して粉にした平栗子なども記されている。名前の由来は、「黒い実」「黒実」からクリに転訛したという説がある。

栽　培
日当たりのよい場所で育てる。日陰では害虫がつきやすい。ほぼ日本全国の山地丘陵に自生している。果実が大きく収量の多い品種が改良されている。

～ 利用法 ～

利用部位 果実、葉、イガ

🍴 焼き栗、炊き込みご飯、きんとん、渋皮煮、和洋菓子など幅広く利用できる。

 うるしかぶれ、やけどには、よく乾いた葉を煎じた液で患部を洗う。

 イガで染色をする。

成分……… 果実：カリウム、葉酸、食物繊維、ビタミンB_1、B_2、B_6、C
　　　　　　葉、イガ：タンニン、アクチシミン、カスタリン
作用……… 果実：消炎作用、収斂作用、血行促進作用
効能……… 果実：高血圧、貧血、便秘の症状の改善、疲労回復、老化防止に役立つ。
　　　　　　葉、イガ：やけど、湿疹の改善に役立つ。

アブラナ科

クレソン
watercress

別　名：ウォータークレス　オランダミズガラシ
学　名：*Nasturtium officinale* R.Br.
原産地：ヨーロッパ　アジアの温帯地域
気候型：西岸海洋性気候

属名*Nasturtium*はnasus「大鼻」+torus「ねじる、ひねる」で、刺激性の辛味があることを示したもの。種小名*officinale*は「薬用の」の意。

特徴・形態
欧米ではアブラナ科特有の辛味をもつ緑黄色野菜として料理の付け合わせに。高さ50〜60cmになる水生の多年草。花茎は中空、葉は奇数羽状複葉で互生する。4〜5月に直径4〜5mmの白い花を咲かせる。

歴史・エピソード
起源の古い野菜で、古代ギリシアやローマ時代にさかのぼる。紀元前4世紀ごろヒポクラテスはエーゲ海にあるコス島の天然の泉で野生のクレソンを育て、血液疾患の患者の治療に利用していた。14世紀にフランスで栽培開始。仏名cresson de fontaine「噴水（泉）の辛子」が略されてクレソンと呼ばれる。英名のウォータークレスは春先に出る新芽の呼び名で、一般的な名称。イギリスではヴィクトリア朝時代、冬の間はとりわけ栄養のある野菜がほかになく、ロンドンの川岸に自生するクレソンが頼れる野菜だった。日本には明治初めに渡来し、外国人の料理用に栽培されていたものが各地に広がったといわれている。

栽培
家庭で育てるのはなかなか難しい。湿り気の多い乾燥しない場所、冷涼な環境で育てる。挿し芽、株分けでふやす。水挿しで簡単に発根する。春に開花したら、早めに花芽を摘み取る。

〜利用法〜

利用部位　葉、茎、花
味と香り　ピリッとした辛味があるものの、マスタードほど辛くない

辛味は肉料理によく合い、ステーキやカツレツなどの付け合わせに使われる。辛味成分に動物性脂肪の消化を助ける働きがあるとされる。サラダ、スープ、ソース、おひたしなどにも向く。

葉をペースト状にしてパック剤、湿布剤として患部に貼ると、歯の痛み、痛風、リウマチ、筋肉痛、皮膚病、しみ、そばかすに効果があるといわれている。また、ニコチンの毒を消す作用があるとされ、クレソンの汁液でうがいをすると歯茎が強化され、口臭を消すのに役立つ。

精油成分…ミリスティシン、α-テルピノレン、リモネン
作用………疲労回復作用、消化促進作用、利尿作用、抗酸化作用
効能………貧血を予防し、体内の毒素を排出するのを助ける。動脈硬化や高脂血症などの生活習慣病を予防する。
注意
・野生のクレソンには肝臓に寄生する極めて有害な吸虫（肝臓ジストマ）が付着することがあるので、食用として栽培されたものを使う。

フトモモ科

クローブ
clove

別　　名	チョウジ
学　　名	*Syzygium aromaticum* (L.) Merr.&L.M.Perry
原 産 地	インドネシア（モルッカ諸島）
気 候 型	熱帯気候

属名*Syzygium*はギリシア語のsyzygos「結合したもの」を語源とする。種小名*aromaticum*は「香気のある」という意味。

特徴・形態
最も香り高いスパイスとされる。高さ10〜15mになる非耐寒性常緑高木。葉は長卵形で、黄色い花弁と多数の雄しべがある花を咲かせる。ハーブとしてのクローブは開花前の花蕾を乾燥させたもの。原産地のインドネシアを含む熱帯地方では夏と冬に蕾をつけるので、年2回収穫できる。苗木を植えて7〜8年目から収穫。

歴史・エピソード
原産地モルッカ諸島は古くから香料の産地として知られる。クローブは紀元前から中国やインド、イランなどに伝わり、殺菌や消毒剤として利用された。ヨーロッパには絹などとともに伝わり、6〜7世紀には貴族にもてはやされたという。また、中世にはペストを予防する力があると信じられていた。長く中国が独占したクローブ交易は、大航海時代にポルトガルやオランダが原産地ごと争奪。1770年にフランス領へ苗木が移植されて独占支配が終わった。別名を「百里香」といい、遠く離れた所からでもその香気が感じられたと伝えられている。クローブという名は乾燥した花蕾が「釘（フランス語のclou）」に似ていることに由来し、和名の「丁子（チョウジ）」も中国語の釘を意味する「丁」から。インドネシアやインドでは丁子油で香りをつけたタバコがある。日本にも5〜6世紀には紹介され、正倉院に納められ、丁子油は日本刀のさび止めにも用いられた。

〜利用法〜

利用部位 蕾

味と香り 刺激的な風味と独特のスパイシーな香りと温かみのある香り

🍴 香りが強いので、スープや煮込み、オーブン料理などには控えめに使う。ハムなどをつくる際は乾燥したホールを肉にさして臭みを消す。また、粉末はバニラ風味の甘い香りをもつため、ケーキや菓子などの風味づけに用いる。

🏠 ポプリやフルーツポマンダー（P263参照）に使われる。特徴的な香気成分のオイゲノールをゴキブリが嫌うので、ゴキブリよけとして使用されることもある。

成分	リモニン、コニフェリルアルデヒド
精油成分	オイゲノール、β-カリオフィレン、オイゲニルアセテート、α-フムレン
作用	鎮痛作用、神経麻痺作用、抗炎症作用、殺菌作用、抗菌作用、抗ウイルス作用、消化促進作用、抗酸化作用
効能	喉や口腔内の粘膜の炎症、虫歯の痛みを和らげるとされる。消化不良、胃もたれ、胃痛、腹痛の改善や体を温める効果など、風邪予防にも効果的。

注意
・妊娠中には使用しない。
・子どもは皮膚炎や口内炎を生じることがあるので濃度に注意。

クスノキ科

クロモジ
kuromoji

| 学　名：*Lindera umbellata* Thunb. |
| 原産地：日本 |
| 気候型：大陸東岸気候 |

属名*Lindera*はスウェーデンの植物学者ヨハン・リンデルにちなむ。種小名*umbellata*は「散形花序の」の意。

特徴・形態
樹皮に芳香があり、クロモジ油という精油が利用される。高さ2〜3mになる落葉低木で雌雄異株。春に葉が出ると同時に葉腋（ようえき）から散形花序（しゅうけいかじょ）が生じ、黄緑色の花が咲く。果実は9〜11月に黒く熟する。葉や枝はよい香りがする。

歴史・エピソード
若枝の樹皮に出る斑紋や幹につく藻類などが文字に見えることから、「黒文字（クロモジ）」の名がついたといわれる。歯ブラシのように利用されたクロモジの楊枝づくりは、江戸時代の下級武士の内職だった。香料としても化粧品などにさかんに利用されてきた。もともと関東以西の山地に自生。伊豆高原の天城山では、明治の中ごろから戦後にかけて精油を抽出していて、大手化粧品会社に販売するほか輸出もしていた。抽出段階でとれる芳香蒸留水は入浴剤に利用。昔、クロモジの枝葉を天城の抽出釜まで運んでいた人々は、そこで芳香蒸留水入りの風呂に入ったという。隠岐では「ふくぎ」と呼ばれ、ふくぎ茶が生産される。

栽　培
本州、四国、九州の山地や丘陵に広く生息する。木漏れ日の当たる半日陰で水はけのよい肥沃な土地を好む。冬に剪定で樹形を整える。

〜 利 用 法 〜

利用部位 枝、樹皮、根
味と香り 樹皮はとくに森の香りがする

 水虫、いんきん、たむしや寄生性皮膚疾患には、根皮を煎じて患部を洗う。また、胃腸炎、咳、痰に、煎じたものを薄めて飲む。関節炎やリウマチなどには枝葉を入浴剤として利用する。

樹皮に芳香があるので、皮のついたまま削って爪楊枝に。

精油成分…テルピネオール、リモネン、リナロール、1,8-シネオール、ゲラニオール、α-ピネン、カルボン、カンフェン、ネロリドール
作用………鎮静作用、抗菌作用、消炎作用、去痰（きたん）作用
効能………むくみ、湿疹、冷え性、関節痛を改善する。
生　薬
釣樟（チョウショウ）：8〜10月に枝、葉を採取し陰干ししたもの。鎮痛、鎮咳（ちんがい）に効果的。
釣樟根皮（チョウショウコンピ）：根を掘り起こし、刻んで陰干ししたもの。鎮咳、抗菌に効果的。

クワ科

クワ
mulberry

別　名：マルベリー　マグワ
学　名：*Morus alba* L.
原産地：中国
気候型：大陸東岸気候

属名*Morus*は熟した実の色からケルト語のmor「黒」が語源といわれる。種小名*alba*は「白い」という意味。

特徴・形態
カイコの食餌として知られるが、若葉や果実はティーや果実酒にも。高さ6～15mの落葉高木。樹皮は灰色を帯び、つやのある葉は黄緑色で、縁に鋸歯がある。雌雄異株ないしは同株（どうしゅ）で、春に葉腋（ようえき）から出る花序に房状の雄花や小さな雌花をつける。楕円形で長さ1cmほどの果実は、初夏から夏にかけて赤黒く熟す。

歴史・エピソード
クワの葉を唯一の食餌とするカイコとともに、中国から朝鮮半島を経て日本に渡来したとされている。カイコの繭から紡ぎ出される絹は、シルクロードを通ってはるかヨーロッパへと運ばれ、中国に莫大な富をもたらした。そのため中国ではカイコが食べるクワを「聖なる木」と呼んだほど。クワという和名はカイコが「食う葉」から転じて名づけられたといわれる。クワでつくった箸を使うと長生きするとされ、植物の大部分が薬にもなる。江戸時代にはチャノキ、ウルシ、コウゾとともに、産業に役立つ四木として栽培された。日本には数種のクワがあり、栽培品種は100種を超すが、ほとんどはヤマグワ（山桑）とカラグワ（唐桑）およびロソウ（魯桑）の3種を原種として作出されている。

栽培
各地の山地に自生するが、東北南部以南で栽培する。接ぎ木、株分け、挿し木でふやす。アメリカシロヒトリなどの害虫や菌核病に注意する。

～ 利用法 ～

利用部位 葉、果実、根皮

🍴 果実をジャムや果実酒にする。

☕ 乾燥した若葉は便秘や高血圧の予防にティーとして。

👤 熟した果実は果実酒にして疲労回復や強壮に用いる。乾燥した根皮をホワイトリカーにつけたクワ酒は高血圧の予防に、煎じて消炎、利尿、咳にも飲用する。

成分	アミリン、モルシン、クワノン、脂肪酸、ペクチン、リンゴ酸、コハク酸
作用	消炎作用、利尿作用、鎮咳（ちんがい）作用、去痰（きょたん）作用、血圧降下作用、発汗作用、コレステロール値低下作用
効能	体力回復や貧血、高血圧の症状改善に役立つ。生活習慣病の予防にも。
生薬	

桑白皮（ソウハクヒ）：生のうちに根の皮を薄く剥ぎ、コルク層を削り取って天日干ししたもの。消炎、利尿、鎮咳に効果的。
桑葉（ソウヨウ）：夏に厚く充実した葉を採取し1枚ずつ陰干ししたもの。消炎、鎮咳、利尿、補血、強壮、発汗に効果的。

ショウガ科

ゲットウ
shell ginger

別　　名：サンニン　シェルジンジャー
学　　名：*Alpinia zerumbet* (Pers.) B.L.Burtt & R.M. Smith
原産地：インド南部　東南アジア　南西諸島を含む亜熱帯
気候型：熱帯気候

属名*Alpinia*はイタリアの植物学者アルピーニ（P278参照）の名にちなむ。種小名*zerumbet*は「ハナミョウガ」の意。

らされるとモモの果実に見えるという説もある。沖縄では自生するものをサンニン、サニ、サネンなどと呼び、「神秘の命薬（ぬちぐすい）」ともいわれて大切にされた。旧暦の12月8日は、沖縄の人々にとってなじみ深い行事、鬼餅（ムーチー）を食べる日。ムーチーとはゲットウの葉に餅を包んで蒸した餅菓子で、これを食べて厄をはらい、健康を祈願する風習がある。

栽　培
最低温度が3〜5℃で、日当たりのよい所から明るい日陰で育てる。株分け、種まきでふやす。

〜 利用法 〜

利用部位　葉
味と香り　すっきりとした爽やかな味と香り

香りづけのために肉や魚を葉で包んで蒸す。ゲットウを練り込んだソバなどもあり、菓子の香りづけにも使用する。

乾燥させた葉をサンニン茶として利用する。

葉から抽出される精油は美容効果が高いとされ、さまざまな化粧品に利用されている。

乾燥させた葉を枕に入れるとリラックス効果でよく眠れるとされる。また、衣類ダンスに乾燥したゲットウの葉を入れて防虫、防カビ剤として利用する。食器棚や台所の隅に置いてゴキブリよけにする。

特徴・形態
香りのよい葉を広く利用する。高さ2〜3mの半耐寒性常緑多年草。地下茎を伸ばし、地表に偽茎を立てる。葉は互生し、5〜6月に長い穂状(すいじょう)の花序を出し、赤い斑点の入る白花を咲かせる。初秋には赤茶色の果実がなる。近縁種のハナソウカやクマタケランなども、沖縄ではゲットウと同様に利用される。

歴史・エピソード
ゲットウ（月桃）の由来は台湾で「ゲイタオゥ」と呼ぶのに当て字をしたもの。初夏に咲く花の蕾(きょたん)が、月光に照

成分	ポリフェノール、亜鉛、カワイン
精油成分	1,8-シネオール、α-ピネン、カンフェン、カンファー、リモネン
作用	鎮静作用、刺激作用、抗酸化作用、抗アレルギー作用、去痰作用、抗菌作用
効能	リラックス効果があり集中力向上、疲労回復、不眠、冷え性の改善に効果的。血液をサラサラにし、血圧を下げる効果、利尿効果が期待される。

フウチョウボク科

ケッパー
caper

別　　名：ケイパー　フウチョウボク
学　　名：*Capparis spinosa* L.
原産地：地中海沿岸
気候型：地中海性気候

属名*Capparis*はギリシア古名のkapparisともアラビア名kaperともいわれる。種小名*spinosa*は「トゲの多い」という意味。

蕾
果実

歴史・エピソード

花の蕾をワインビネガーに漬け込む方法は2000年以上前から行われていた。蕾は酢漬けにするとカプリン酸特有のピリッとしたスパイシーな風味が出るので、収穫するとすぐ酢漬けや塩漬けにされる。ケッパーは数千年にわたって薬味のひとつとしても使用されてきた。地中海沿岸の各地には野生化して、密生している。さかんに利用しているキプロス共和国では蕾のピクルスや、キュウリのような形をした小さな果実、また枝ごと葉をピクルスにしたものが供される。日本には明治初期に渡来したが、一般には栽培されていない。

栽　培

温暖で乾燥する場所が適す。越冬には0℃以上必要。挿し木、接ぎ木でふやす。

特徴・形態

高さ1mほどの非耐寒性落葉低木だが、温室のように温暖であれば常緑で周年開花。夕方に開く花は翌朝には萎れてしまう短い命で、その蕾がもつ風味や果実が珍重されてきた。枝をつるのように長く伸ばし、卵形で青緑色の葉を互生し、葉柄に1対のトゲがある。白い花弁の濃い紫のシベが美しい花はおもに7～8月に開花。和名の風蝶木(フウチョウボク)は長い雄しべをもつ花の様子を、風に舞う蝶に見立てたもの。

―― 利用法 ――

利用部位　蕾、若い果実
味と香り　ピリッとしたスパイシーな風味とわずかな辛味

カプリン酸の風味が肉や魚の臭みを消す。ただし、乾燥すると風味が損なわれるので、蕾や果実は塩漬けや酢漬けにする。蕾に比べて収量の少ない果実は価値が高い。ピクルスや肉、魚の料理に香料として加える。

成分………カプリン酸、グルコカパリン、ルチン
作用………解熱作用、解毒作用、殺菌作用、健胃作用
効能………体を強壮にして食欲を高め、消化を助けるとされる。

リンドウ科

ゲンチアナ
great yellow gentian

別　　名：セイヨウハルリンドウ
学　　名：*Gentiana lutea* L.
原産地：ヨーロッパ　小アジアの高山帯
気候型：高地気候

属名*Gentiana*はアドリア海沿岸のイリュリア王国の王ゲンティウス（P278参照）に由来。種小名*lutea*は「黄色の」の意。

初めにフランスの植物学者トゥルヌフォール（P280参照）が、そのイリュリア王国の王ゲンティウスの名前を記念して学名をゲンチアナにしたとされる。しかし、ヒポクラテスなどの古い時代の文献にもこの名が見られ、薬用として栽培され、生け垣などに使われていたと書かれている。中国や日本で用いられるリンドウ属やセンブリ属の植物の多くは根と根茎に類似の成分をもち、古くから消炎に使われ、現在も同様に使われている。近年は北海道や本州の山岳地帯で栽培。現在、日本には医薬品原料としてスペインやドイツ産のゲンチアナの根が輸入されている。

特徴・形態
花や葉、根茎が幅広く薬用に利用される。高さ50〜200cmの多年草。根出葉は有柄で葉身は長さ30cmになる広卵形、茎につく葉は対生し、根出葉より小さく卵形状。7〜8月に葉の基部に輪生状につく花は、鮮やかな黄色で花冠が深く切れ込み、多数咲いて目をひく。

歴史・エピソード
ディオスコリデス（P191参照）の『薬物誌』に、紀元前2世紀ごろイリュリア王国の王ゲンティウス（P278参照）により薬効が発見されたと記されている。18世紀

~ 利 用 法 ~

利用部位　花、葉、根茎
味と香り　強い苦味

根茎がリキュールなどに使われる。ゲンチアナのリキュールとしてフランスの「スーズ」が有名。

花と根は、浸剤や煎剤として用いられた。

生の葉をよくもんで外傷、腫れ物などの患部に当てると熱をとり消毒にもなるとされる。濃い煎剤は消化器系を強壮にするので腹部に湿布すると効果的。

成分………ゲンチオピクリン、ゲンチシン、アマロゲンチン
作用………健胃作用、抗炎症作用、解熱作用、消毒作用
効能………慢性胃炎、胃もたれ、胃痛、乗り物酔いによる吐き気などを緩和するとされる。
注意………
・胃潰瘍、十二指腸潰瘍、胆石などの疾患のある人は使用しない。
・子どもには使用しない。
・妊娠中または授乳中は注意。

フウロソウ科

ゲンノショウコ
gennosyoko

別　名：ミコシグサ
学　名：*Geranium thunbergii* Siebold
　　　　ex Lindl. & Paxton
原産地：日本　中国北部　台湾
気候型：大陸東岸気候

属名 *Geranium* はギリシア語 geranos「（鳥の）ツル」からきた古名 geranion に由来、細長い果実をツルのくちばしに例えたもの。種小名 *thunbergii* はスウェーデンの植物学者ツンベルグ（P280参照）の名前から。

特徴・形態
日本の代表的な民間薬として利用されている。高さ50cmになる多年草。茎は地表を這うようにして広がり、全体に毛が生えている。葉は対生で長柄をもち、掌状に3～5深裂して縁に鋸歯がある。夏に枝先と葉の脇から花茎を葉より高く出し、紅紫色または白紫色の花を2～3個つける。花後にできる花柱は、種子が熟すと裂けて種子を飛ばす。

歴史・エピソード
15世紀の中国で書かれた『救荒本草』（P278参照）に掲載されている、飢饉のときに食べられる植物一覧にゲンノショウコによく似た植物があるという。江戸時代の『本草綱目啓蒙』（P281参照）には茎葉を煎剤にして飲むとすぐに下痢が治ったので、その速効性から「現の証拠」といわれたと書かれている。ゲンノショウコの煎剤はすぐれた整腸・健胃作用があるので「医者いらず」とも呼ばれる。家庭で味わうなら夏至前の土用ごろに採取した葉がよいとされ、水洗いして日陰干ししたものを煎じて飲む。左の写真のように、種子が弾けて外側に巻き上がった花柱の殻が神輿の屋根に見えるので「神輿草」という別名もある。かつては巻き上がった花柱を耳飾りにして子どもたちが遊んだという。

栽　培
山野や道端に自生する。こぼれ種でふえる。

〜 利用法 〜

利用部位　地上部

料理には使わない。煎じて飲用する。

成分	ゲラニイン、クエルセチン、ケンフェロール、カルシウム
作用	止瀉作用、整腸作用、健胃作用、利尿作用、緩下作用、消炎作用、抗菌作用
効能	腹痛、下痢、便秘、高血圧、食中毒などに民間薬として利用。
注意	・若葉のころの毒草ウマノアシガタ、キツネノボタン、トリカブトと似ているので採取に注意。
生薬	玄草（ゲンソウ）：開花直前に、地上部を刈り取り、天日干ししたもの。利尿、消炎、抗菌、緩下、整腸に効果的。

キク科

コーンフラワー
cornflower

別　　名：ヤグルマギク
学　　名：*Centaurea cyanus* L.
原産地：ヨーロッパ　小アジア
気候型：西岸海洋性気候

属名 *Centaurea* はギリシア神話に出てくる半人半馬ケンタウロス（Kentauros）の賢人で、ヤグルマギク属の薬効を発見したといわれるケイローンにちなむ。種小名 *cyanus* はギリシア古名の kyanos「藍色」という意味。

特徴・形態
庭で美しく、料理などに幅広く使える。高さ30〜100cmの一・二年草。直立してよく分枝すると茎と葉ともに

綿毛に覆われ、葉は線状披針形（ひしんけい）で互生。紫やピンク、白色の筒状花を枝先の頭状花に単生する。

歴史・エピソード
1922年、エジプトの王家の谷を発掘していた考古学者H.カーターは、3000年以上前の少年王ツタンカーメンの墓を発見。黄金の棺の中には枯れたこの花などのリースがあったとされる。プロイセン王国だった現在のドイツにナポレオンが侵攻したときは、首都ベルリンを逃げ出したルイーゼ王妃が麦畑に隠れ、手近に生えていたコーンフラワーで冠をつくって王子たちを慰めた。このことからドイツの紋章になり、国花とされたといわれる。日本には明治中期に観賞用として渡来。ヤグルマソウとは別種。

栽　培
日当たりのよい場所に、秋に直まきして間引いて栽培する。冷涼地では春まき。こぼれ種でふえる。

〜 利 用 法 〜

利用部位　花、葉
味と香り　わずかに苦味のある香味
花はとくに苦味感が強いが、乾燥すると弱まる

🍴 花を細かく分け、エディブルフラワーとしてサラダの彩り、フルーツゼリーやアイスクリームに入れる。

👤 花は、スキンローションやヘアトニックなどに使われる。目の炎症に葉を煎じ、冷やして湿布する。

🏠 花は咲いた日のうちに乾燥させポプリにすると、色があせにくくきれいな色に。

成分………アントシアニン、フラボノイド
作用………消化促進作用、消炎作用、収斂作用
効能………眼精疲労やリウマチ痛などの緩和に役立つ。
注意
・キク科アレルギーの場合は使用しない。

キク科

ゴボウ
burdock

別　名	バードック
学　名	*Arctium lappa* L.
原産地	欧州　シベリア　中国東北部　ユーラシア大陸
気候型	大陸東岸〜亜寒帯気候

属名 *Arctium* は総苞片の形からギリシア語 arktos「熊」に由来するという。種小名 lappa はゴボウのラテン名。

特徴・形態

料理やティーで親しまれる植物。高さ2mほどの多年草で、茎は直立して分枝する。葉はフキのように大きく、裏側には灰色の蜜毛(ようえき)がある。アザミに似た球形の頭花を枝先や葉腋につける。栽培品種の根は直径約3cm、長さ1mほどになる。

歴史・エピソード

ゴボウの根や果実は日本のほか、朝鮮半島、台湾、中国東北部で薬用に使われるが、根を食べるのは日本などわずかで、ヨーロッパなどでは若葉をサラダとして食べる。日本には中国から薬草として伝わったとされ、縄文時代初めの貝塚から植物遺存体が確認されている。平安時代に編纂された『倭名類聚抄(わみょうるいじゅしょう)』(P281参照)にゴボウの名が見られる。そのころ、日本では「岐多岐須(きたきす)」や「宇末布々岐(うまふぶき)」と書いていたが、中国では「悪実(アクジツ)」や「牛蒡子(ゴボウシ)」と呼んでいた。その後、日本でも従来の和名ではなく、「牛蒡(ゴボウ)」が使われるようになった。

栽培

直根性なので耕土を深く耕して直まきをする。

〜利用法〜

利用部位　種子、根

🍴 根は煮物、キンピラ、天ぷら、スープなどに用いる。デトックス作用があり、ダイエットに役立つとして注目されている。

☕ 根を乾燥させた「バードックルート」のハーブティーに含まれる水溶性食物繊維などの働きが、腸を正常に整えるとされる。

成分	食物繊維、イヌリン、リン、カリウム、アルギニン、アスパラギン酸
作用	解毒作用、利尿作用、去痰(きょたん)作用
効能	腸を刺激し有害物質を排泄する働きがあるとされる。動脈硬化、湿疹、あせも、便秘、高血圧、風邪の予防など、多くの効能が期待される。
注意	・キク科アレルギーの人は注意。
生薬	牛蒡根(ゴボウコン)：2年以上の根を掘り、洗って天日干ししたもの。発汗、胆汁分泌促進、解毒に効果的。 牛蒡子(ゴボウシ)：秋に成熟した果実を乾燥し、種子を取り乾燥したもの。浮腫、化膿止め、解毒に効果的。

ヒノキ科

コニファー類

一般的には針葉樹の総称だが、ハーブとしては香りのよいヒノキ科に属するものが多く、精油を利用する。ここでは建材などにも多用されるヒノキやスギやアスナロ、球果をリキュールなどの風味づけに利用するジュニパー、ヨーロッパで玄関ドアなどの建具として人気のサイプレスなどを紹介する。

ヒノキ
hinoki cypress

学　名：*Chamaecyparis obtusa* (Siebold & Zucc.) Endl.
原産地：日本
気候型：大陸東岸気候

属名*Chamaecyparis*はギリシア語chamai「小さい」＋kyparissos「イトスギ」から。種小名*obtusa*は「鈍形の、丸みを帯びた」の意。

特徴・形態
建材から入浴剤まで利用される。高さ10～30mの常緑針葉高木で、雌雄同株。鱗片状の葉は枝に密着して枝全体が扁平。サワラなどに似るが、葉の裏にある気孔帯がY字状になり、先端が鈍形なのが特徴。小さくて目立たない雄花は枝先にひとつつき、春に花粉を飛ばす。雌花は球形で枝先につき、熟すと直径約1cmの球果になる。赤褐色の樹皮は帯状に剥がれやすい。材（木部）は淡黄色、緻密で芳香がある。

歴史・エピソード
日本特産の優れた建材として、古くから寺院や神社などの重要な建築用材として栽培されていた。大阪の池上曽根遺跡で発掘された弥生時代の神殿跡からヒノキが見いだされた。世界最古の木造建築物である法隆寺が今日まで現存するのも、ヒノキの優秀な品質を証明するもの。名前の由来は、古代人がこの木をこすり合わせて火をおこしたことから「火をおこす木」といわれ、転じて火の木（ヒノキ）になったといわれる。香り成分に殺虫効果が強いので、ヒノキ林では鳥の食べる虫が生息しにくく、バードウオッチングができないという。また、ヒノキ造りの家には蚊が寄りつきにくく、ダニの発生と増殖がないなどといわれる。

～利用法～

利用部位 葉、木部、果実

 精油をとり、入浴剤や化粧品に用いられる。

リラックス、安眠効果があるので枕、サシェなどをつくる。ダニや虫よけに絨毯の下やクローゼットの中に入れる。日本の建材として最高品質のものとされる。

精油成分… α-ピネン、γ-カジネン、ヒノキニン
作用……… 殺菌作用、抗菌作用、大脳刺激作用、鎮静作用
効能……… 口内炎、虫歯の痛みを和らげるとされる。精神を安定させ、体の不調改善に役立つ。

ヒノキ科

コニファー類

ジュニパー
common juniper

別　　名	セイヨウネズ
学　　名	*Juniperus communis* L. var. *communis*
原産地	ヨーロッパ　アフリカ北部　アジア北部　北米
気候型	ステップ気候

属名*Juniperus*はジュニパーのラテン語古名。種小名*communis*は「普通の」の意。

特徴・形態
ジンなどの香りづけに使うジュニパーベリーで知られる。高さ10〜15mの常緑高木。葉は線状で灰緑色。晩春から初夏にかけて花を咲かせ、雌雄異株（しゆういしゆ）で雄花は黄色、雌花は緑色をしている。果実は球果。

歴史・エピソード
紀元前1550年ごろ、古代エジプトの医学書の『エーベルス・パピルス』（P278参照）に薬としての処方が書き残されている。さまざまな病気に効く万能薬として使われた。ヨーロッパでは魔よけの力を秘めた木として、ジュニパーの小枝を焚くと邪悪な疫病から守ってくれると信じられ、寺院などで儀式のために使われていた。フランスでは、病院内の空気を浄化するために焚いた。聖書にも保護の象徴として描かれ、聖母マリアは幼いイエスをこの木の後ろに隠し、ヘロデ王の追っ手からエジプトへ逃れることができたと記されている。

アメリカ先住民は球果を煮立てて、風邪の治療薬に用い、葉をお香として焚いていた。また、果実を食べるノウサギの肉にジュニパーベリー特有の芳香が感じられるとして、いまでもウサギ料理にはジュニパーベリーをスパイスとして使っている。ジュニパーからつくった木炭を粉にして火薬の材料にする。球果であるジュニパーベリーはイタリアの手摘みのものが最高といわれている。日本で栽培されている種はネズミサシといい、関東以西、四国、九州などに自生している。この果実は昔から和漢薬として利用され、スパイスとしてもジャパニーズ・ジュニパーベリーとして同様に用いられている。球果の成熟には2〜3年かかる。

〜 利用法 〜

利用部位　葉、球果（じゅうぶん熟してから収穫）、枝
味と香り　松ヤニに似た甘い独特の香り
　　　　　　かすかな苦味と辛味

🍴 球果はジュニパーベリーと呼ばれ、ジン、シャルトリューズ、ベネディクティンなどのリキュールの風味づけに使用されている。つぶした球果をシカ肉やウサギ肉など、ジビエ料理に用いるほか魚料理やマリネ、パイなどにも使われる。

 ジュニパーベリー酒を飲むと催淫、強精効果が得られ、ティーとしては食欲不振、むくみ、代謝がよくなるとされる。

🏠 枝は燻蒸剤として使われる。

成分………ヒポラエチン、樹脂
精油成分…α-ピネン、ミルセン、カリオフィレン、ボルネオール、シトロネロール
作用………利尿作用、抗炎症作用、抗菌作用、収斂（しゅうれん）作用
効能………尿路感染症の治療、関節炎、痛風の症状を緩和する。
注意
・妊婦、腎臓疾患のある人は使用しない。

サイプレス
cypress

別　名：イトスギ
　　　　イタリアンサイプレス
学　名：*Cupressus*
　　　　sempervirens L.
原産地：地中海沿岸

イトスギとも呼ばれる円錐形をした常緑樹で、高さ約25m。ゴッホの絵画「糸杉と星の見える道」などに美しい樹姿が描かれ、日本でも小型品種が垣根などによく用いられる。木部が堅く虫の害を受けにくいので、紀元前10世紀のソロモン王（P280参照）の神殿など、古くから宗教的建物に使われてきた。ヨーロッパでは玄関のドアやお棺などにも利用される。日本のヒノキの近縁種で香りもヒノキに似て心地よいため、古代からお棺や墓に入れられ、現代では精油が免疫力を高めるとして使われる。

スギ
Japanese cedar

学　名：*Cryptomeria japonica*
　　　　(Thunb. ex L.f.) D. Don
原産地：日本

高さは品種により異なり、25〜50mの常緑針葉樹。北海道南部から屋久島まで分布して秋田杉、吉野杉、屋久杉など各地域の名がついた日本特産種。真っすぐに伸びる特性から製材しやすく、室町時代から民家をはじめ城、神社、仏閣などの建築材に用いられた。また、香りを生かし日本酒の樽、おひつやしゃもじなどの工芸品にも加工されて好まれる。春に飛ばす花粉で悩まされるが、木部や葉から抽出される精油は、芳香浴や沐浴に使用するとリラックス効果が得られる。

アスナロ
hiba

別　名：ヒバ　アオモリヒバ
　　　　アテ　クマサキ
学　名：*Thujopisis dolabrata*
　　　　(L.f.) Siebold & Zucc.
原産地：日本

日本原産、高さ30mほどの常緑高木。地域によって呼び名が違う。変種にはヒノキアスナロがあって青森ヒバと呼ばれ、木曽ヒノキや秋田スギと並ぶ日本三大美林として有名。抗菌や防虫効果が知られ、おもに建材、医薬品原料、繊維に利用されてきた。平安時代後期に建立された岩手県平泉町の中尊寺金色堂は、建材の9割が青森ヒバによる。精油にはリラックス効果が期待でき、色素の沈着や皮膚の炎症を抑えるなど、皮膚疾患の改善に有効とされる。防虫スプレーなどにも利用できる。

ゴマ科

ゴマ
sesame

別　名：セサミ
学　名：*Sesamum indicum* L.
原産地：アフリカ　インド
気候型：熱帯気候

属名*Sesamum*はギリシア語のzesamm、アラビア語のsessemというゴマをさす古名に基づく。種小名*indicum*は「インドの」の意。

根ごと収穫し、乾燥させて種子をとり出す。

特徴・形態
種子を食用として、また食用油の材料として利用する。高さ1mほどの一・二年草。薄紫色の花を咲かせ、多数の種子を含むサヤ(果実)をつける。

歴史・エピソード
エジプトでは紀元前3000年とも紀元前4000年ともいわれるほど古くからすでに栽培されていて、体によい食物とされ薬用にも利用された。インドでは紀元前3000年ごろに栽培したとされる。中国でも極めて古くから栽培され、紀元前に西域の胡国から伝来したため「胡麻(ごま)」の名がついた。日本にもかなり古い時代に中国から入り、縄文時代後期には栽培されていたという。奈良時代の古文書にはゴマ油が灯油として使われていたとあり、ナタネ油やダイズ油よりも古い歴史がある。種子の外皮の色によって白ゴマや黒ゴマ、金ゴマなどの種類があって、薬用には黒ゴマを用いたことが江戸時代の本草書に見られる。いずれも栄養価の高い強壮食品として知られるが、白ゴマは油の含有量が多く、黒ゴマは香りが強い。江戸時代の本草書『本朝食鑑(ほんちょうしょっかん)』(P281参照)には、「黒胡麻は腎に作用し、白胡麻は肺に作用する。倶(とも)に五臓を潤し、血脈をよくし、大腸、小腸の調子を整える」と記されている。

栽　培
種まきは5〜6月。日当たりのよい所で育てる。うどんこ病や立枯病に注意。

〜 利用法 〜

利用部位 種子

あえ物、ゴマ豆腐、デザートなど、さまざまな料理に使う。種子からゴマ油をとる。

成分………カルシウム、マグネシウム、鉄分、リン、亜鉛、タンパク質、食物繊維、ナイアシン、ビタミンB_1、B_2、B_6、E、カロテン、葉酸、オレイン酸、リノール酸、セサミン
作用………抗酸化作用
効能………骨粗しょう症の予防や貧血の改善、肝臓機能強化、コレステロール抑制に効果的。動脈硬化を防ぐとされる。
生薬………
胡麻(ゴマ)：秋に果実が割れる前、根ごと抜き取り、種子を天日干ししたもの。緩下、鎮痛、滋養強壮に効果的。

セリ科

コリアンダー
coriander

別　名	シャンツァイ　パクチー
学　名	*Coriandrum sativum* L.
原産地	地中海沿岸　西アジア
気候型	地中海性気候

果実

属名*Coriandrum*はギリシア語のkoris「カメムシ」+annon「アニスの実」で、いずれもクセのある強い香りにより、大プリニウス(P191参照)が合成して命名したとされる。種小名*sativum*は「栽培した」の意。

特徴・形態
近年、大流行した食材のひとつ。半耐寒性の一・二年草で高さ60〜120cm。独特の香りと光沢のある葉が成長するにつれ、裂けて羽状葉(うじょうよう)になる。初夏に淡紅色や白色の小さい花を咲かせる。果実は2個の半球形の果実が合わさった球状で爽やかな香り。

歴史・エピソード
最も古い時代から薬草として栽培されていて、古代インド語のサンスクリット語で書かれた文献や聖書にも記載されている。中東諸地方の物語集『千夜一夜物語』にも記録があり、媚薬や催淫剤として用いられていた。古代エジプトでは死者の魂を守るとされ、亡骸とともに墓に埋葬する習慣があったという。古代ローマの大プリニウスが著した『博物誌』には「最高品質のコリアンダーはエジプト産である」と書かれていて、エジプトではすでに料理や薬用に幅広く利用されていたと思われる。紀元前1550年ごろに書かれた古代エジプトの医学書『エーベルス・パピルス』(P278参照)にも名前がある。古代ギリシアやローマでもよく使われた薬草で、医学の父ヒポクラテスも推奨していたという。日本に入ってきた歴史は意外と古く900年代に書かれた書物『延喜式(えんぎしき)』(P278参照)に「胡荽(こすい)」という名で出てくるが、独特な匂いのためか当時はあまり普及しなかった。しかし、最近では野菜としても人気がある。

栽　培
春か秋に種まきをする。移植を嫌うため直まきする。春まきはとう立ちして花が早く咲き、葉の利用期間が短くなるので秋まきのほうがよい。こぼれ種でも育つ。

~ 利用法 ~

利用部位	全草
味と香り	全草にクセのある独特の香り 完熟した果実は甘くてピリッとした強い芳香がある

🍴 完熟した果実はカレー、ピクルス、マリネ、お菓子、リキュールの香りづけに使う。パウダーは肉の臭い消しに。また相性のよいシナモン、クローブ、ナツメグなどのスパイスとブレンドして使う。アジア料理には重要な存在で、独特の香りのある生の葉や根も調味料として唐辛子、ニンニクと一緒に使う。根は一番香りが強く肉や魚の臭い消しとして料理の下味つけや、つぶしてスープの香りづけにする。また生の葉は、料理の仕上げに刻んでスープやお粥に散らすなどして中東とアジアでは料理に広く使われている。

 果実をつぶし湿布剤としてリウマチなどの関節痛を和らげるために外用として使う。すりつぶした果実とハチミツを混ぜて咳止めに使う。

🏠 果実をポプリに利用。

成分	β-カロテン、ビタミンE、K
精油成分	果実：リナロール、ジヒドロカルボン、ゲラニルアセテート
作用	健胃作用、駆風(くふう)作用、去痰(きょたん)作用、解毒作用、抗菌作用、防腐作用、鎮静作用
効能	消化を促進し食欲の増進に効果が期待される。

バラ科

サクラ

サクラにはおもに果樹として親しまれているサクランボ（桜桃）なども含まれるが、ここではハーブとして花や葉や樹皮を利用するものを紹介する。ヤマザクラは日本に自生するサクラの代表であり、オオシマザクラの葉は和菓子の香りづけに使われ、八重咲きのカンザン（関山）は祝い事に用いられる。

ヤマザクラ
yamazakura

学　名	*Prunus jamasakura*
原産地	日本
気候型	大陸東岸気候

属名*Prunus*はplum「スモモ」に対するラテン語の古名、種小名*jamasakura*は「ヤマザクラの」という意味。

特徴・形態
日本の文化や生活に深い関わりをもつとされるサクラ。高さ20～25mになる落葉高木。宮城県以西で九州までの丘陵や低山に自生する。幹は直立し、葉は単葉で互生して縁が鋸歯状。4月ごろに葉と同時に花が開き、一気に散ることなく長期間咲く点が、園芸品種のソメイヨシノなどと異なる。東北や北海道ではオオヤマザクラが自生する。

歴史・エピソード

奈良時代には花といえばウメの花をさし、花見もウメの花を見ることだったが、平安時代以降にはサクラの花見が一般的となった。日本に野生のサクラは9種あり、園芸品種の数は200～300種ともいわれる。現在でも新たな固有種が山里から発見され、人工的な育種による園芸品種も生まれていて数ははっきりしない。サクラという名前は、富士山の頂から花の種をまいて花を咲かせたとされる木花開耶姫に由来するといわれる。木花とはサクラをさしたもので、開耶の音が転訛してサクラになったという。ちなみに木花開耶姫は富士山の守護神とされている。奈良の吉野や京都の嵐山などの名所に多く植えられているのがヤマザクラ。

～ 利用法 ～

利用部位　木部

煎液を風邪の発熱や咳止めに使う。

樹皮は水平にはがれて表面はつやがあって美しいので、小物入れや茶筒など細工物や版木に使われるほか、染色の材料として、また建材や家具の材料としても使われる。

成分	サクラニン、サクラネチン、ゲンクワニン、ゲンクワニングルコシド
作用	鎮咳作用、去痰作用、解熱作用
効能	食中毒などの解毒に使われる。蕁麻疹、腫れ物、打ち身、捻挫の症状緩和に役立つ。
生薬	桜皮（オウヒ）：6～7月ごろ採取した樹皮のごつごつした外皮を剥ぎ、内皮だけを天日干ししたもの。湿疹、蕁麻疹などの皮膚病、鎮咳、解毒、解熱に効果的。

オオシマザクラ
oshimazakura

学　名：*Prunus speciosa* (Koidz.) Ingram

高さ10〜15mになる落葉高木。葉よりわずかに早く花をつける。伊豆諸島や房総半島に多く自生。本種とエドヒガンの交雑種からソメイヨシノが誕生した。薪として用いられたことからタキギザクラともいわれ、枝を焚くと香りがよいため、チップを燻製の材として利用する。葉にクマリンという成分があって塩漬けにすると香りがよく、葉の表面に細毛がなくて滑らかなことから桜餅などに用いられる。黒く熟した果実はジャムなどの食用にされる。樹皮は茶筒などの工芸品に加工されるほか、漢方に用いられる。

カンザン
kanzan

学　名：*Prunus lannesiana* (CarriŠre) E.H. Wilson
　　　　cv. Sekiyama

サクラの園芸品種の総称をサトザクラといい、その中で八重咲き品種の総称をヤエザクラという。ヤエザクラの花は塩漬けなどに利用されるが、その代表品種がカンザン（関山）。高さ約10mの落葉小高木。ソメイヨシノが咲き終わってから花期を迎える。花径5cmを超えるほどの大輪で濃い桜色、花もちがよく長期間楽しめる。花の時期には葉が生えている場合が多い。香りのよい花の塩漬けは祝い事の席で桜湯や桜ご飯に使われるほか、和菓子やあんパンなどにも利用される。

COLUMN
エディブルフラワーを楽しみたい

エディブルフラワーとは食べられる花のことで、さまざまな花をティーや料理に用いる。サラダに散らしたり、オードブルやスイーツにも添える。近年は食品売り場などで、ローズやナスタチウム、ボリジやビオラなどが販売されているので、手軽に楽しめる。

ただし、切り花や花苗として販売しているものは、食用として安全ではないので使用しない。ハーブ苗として売られていても、農薬などの影響を考えて1カ月以上は自家栽培してから使う。キキョウなど、有害な花もあるので、むやみに食用にはしないこと。日本でもサクラやショクヨウギク、シソの花穂など、古くから親しまれてきたエディブルフラワーがある。

サクラの花の塩漬け
用意するもの： ヤエザクラの花300g、粗塩60g（花の20%）、ウメ酢か米酢130mℓ

❶5〜7分咲きのヤエザクラの花を、水洗いして手のひらで塩をなじませる。❷容器に移してラップで密閉し、花の2〜3倍の重しで1日漬け込む。❸水分をふき取り、花が隠れる量の酢をくわえ重しをして1週間漬け込む。❹ザルに広げて1日陰干しし、塩を全体にまぶす。保存容器に入れて冷蔵庫で保存。

祝い事に桜湯を利用する。

ザクロ（ミソハギ）科

ザクロ
pomegranate

学　名：*Punica granatum* L.
原産地：イラン　インド西北部
気候型：ステップ気候　温帯気候

属名*Punica*は、punicus「カルタゴの」の意味で、カルタゴ原産と考えられていた。種小名*granatum*は「粒状の」の意。

上）露出した果肉種子。
右）受粉した花が筒状の果実に。

特徴・形態
赤い果実が子孫繁栄、豊穣、実りのシンボルとされる。高さ4〜6mの半耐寒性落葉小高木。長楕円形の葉は対生し、表面につやがある。6〜7月に鮮紅色の花を咲かせる。花托が発達した筒状で光沢のある果実は秋に熟し、赤く堅い外果皮が裂け、甘酸っぱい多汁性の果肉種子がたくさん露出する。

歴史・エピソード
最も古くから栽培された果樹のひとつで、ブドウやイチジク、ムギなどと並んで『旧約聖書』によく出てくる。出エジプトから2年ほど後、モーゼがカナン（約束の地）に派遣した偵察隊が持ち帰った果樹の中にザクロがあったといわれる。中世になると再生の象徴として聖母像によく描かれた。東方への伝来は紀元前2世紀ごろ、前漢時代の張騫（P280参照）が現イランの安石国から種子を持ち帰ったとされる。その果実が瘤のように見えたので、「安石瘤」から漢名「安石榴」となり、日本では石榴と書いてザクロと読んだ。日本への導入は10世紀ごろといわれ、戦後まで長く寄生虫よけの生薬として重宝された。

栽培
東北地方南部から沖縄までは地植えできる。日当たりのよい、やや乾燥する場所で栽培。苗木から果実がつくまでに10年ほど要する場合もあり、剪定は12〜2月。

〜 利 用 法 〜

利用部位　花、果実、木部、根
味と香り　甘酸っぱい風味

🍴 砂糖と煮詰めた果汁グレナデンシロップを、中東やメキシコなどではソースや調味料として、煮込み料理やデザートなどに使う。

👤 乾燥させた果皮を煎じ、うがい薬や口内のただれ、下痢、咳止めに利用する。歯痛には果皮を噛むと痛みを和らげるとされる。花を煎じて飲むと鼻血、生理の不調緩和に役立つ。

成分………カリウム、ビタミンC、クエン酸、没食子酸、シアニジン配糖体、エラグ酸
作用………消炎作用、収斂作用、止瀉作用、抗酸化作用
効能………へんとう炎などによる喉の不調、口臭の予防に役立つ。
注意………
・多量に摂取しない。
生薬………
石榴皮（セキリュウヒ）：乾燥させた樹皮。下痢、消炎、鎮痛に効果的。石榴根皮（セキリュウコンピ）：乾燥させた根皮。下痢、消炎、鎮痛に効果的。石榴果皮（セキリュウカヒ）：乾燥させた果皮。駆虫に効果的。

キク科

サフラワー
safflower

別　名：ベニバナ　スエツムハナ
学　名：*Carthamus tinctorius* L.
原産地：アジア南西部
気候型：ステップ気候　温帯気候

属名*Carthamus*はヘブライ語quathamus「染める」に由来し、種小名*tinctorius*は「染料の」という意味。

特徴・形態
紅色と黄色の2色に染められる染料植物として有名。高さ60〜120cmになる一・二年草。よく枝分かれする茎に細長い濃緑色の葉が互生、アザミに似たトゲがある。6〜7月、分枝した茎先に鮮やかな黄色の花を咲かせ、しだいに赤みがかる。花後、種子よりサフラワー(紅花油)をとる。

歴史・エピソード
古代より薬用や染料などにする重要な植物で、南ヨーロッパやエジプト、中近東、インド、中国などで広く栽培された。古代エジプトのミイラの着衣はサフラワーやアイで染められていた。日本には3世紀半ばとも4〜5世紀にもたらされたとの説もあり、染料として利用。江戸時代に山形藩が栽培を奨励して一大産地に育て上げ、山形産の紅花(サフラワー)は女性たちに欠かせない高級な化粧品として京や大阪で飛ぶように売れたという。いまでも化粧品の色づけとして使われている。また、別名のスエツムハナとは、茎の末(先)から咲きはじめる花を摘み取ることからついたもの。『源氏物語』に登場する末摘花(常陸宮の姫)の鼻が赤いことから「紅鼻」とも呼ばれたのにちなんで、同じ読みの紅花に末摘花の名前がつけられたという説もある。

栽培
日当たりのよい場所で乾燥気味を好む。高温多湿の時期に炭疽病にかかりやすい。直根性で移植を嫌うので、繁殖は3〜4月に直まきで行う。

〜 利 用 法 〜

利用部位 若芽、花、種子
味と香り 花はやや苦味があり、あっさりとした香り
種子をローストするとナッツのような香ばしい香り

🍴 サフランの代用として花弁は食品の着色に、種子はおもに食用油の原料として、若芽はおひたしなどにして、古くから利用されてきた。いまもサラダ油の原料植物として利用され、マーガリンやショートニングの原料に加工される。サフラワー油は不飽和脂肪酸のリノール酸が70%を占める。現在、サフラワー栽培の主要な目的になっている。

☕ ティーは穏やかに通じをよくし、発汗を促し、下熱に役立つ。化粧品の色づけとしても使われる。

🏠 サフラワー油の油煙からつくる紅花墨は、書画用の墨として使われる。油を搾ったあとの種子は安価で栄養価も高く、家畜の飼料などに用いられる。紅花染めは花を使う高価な珍しい染め。花には黄色素サフロールイエロー(safflor yellow)と紅色素カルタミン(carthamin)という2種類の色素が含まれ、染め分けられる(P266参照)。

成分………種子：リノール酸、オレイン酸
作用………免疫系強壮作用、血行促進作用、発汗作用
効能………血行をよくし冷え性、動脈硬化、高血圧、脳血栓などの予防に効果的。ホルモンバランスを整えるなど、女性の症状の緩和に役立つ。
注意………
・キク科アレルギーの場合は使用しない。
・妊娠中の使用は注意。

アヤメ科

サフラン
saffron crocus

学　　名：*Crocus sativus* L.
原産地：地中海沿岸　小アジア地方　スペイン　イラン
気候型：地中海性気候

属名*Crocus*はギリシア語のkrokos「糸」から花柱の状態を表している。種小名*sativus*は「栽培された」の意。

サフランの雌しべ。

特徴・形態
スペイン料理のパエリアでおなじみ。細い線状の葉鞘（ようしょう）が高さ10cmほどになる多年草（球根植物）。10〜11月ごろに淡紫色の漏斗状（ろうとじょう）の花が咲く。1本の先が3つに分かれた鮮紅色の雌しべを薬用として利用する。灰緑色の葉は開花期には短いが、花後に伸びて20〜30cmになる。

歴史・エピソード
古代エジプトの薬学書『エーベルス・パピルス』(P278参照)にもサフランの薬用効果が記され、薬草としても古い歴史をもっている。古代ギリシアやローマ時代には劇場や公会堂にサフランを散布して芳香を楽しみ、サフランで染めた黄色は貴族のロイヤルカラーとされた。人の手で摘み取った花から雌しべを1本1本摘んで乾燥する。乾燥した雌しべを1kg得るには16万個以上の花が必要で、とても高価なスパイスのため偽物が多く出回った。14世紀のイギリスには、聖地（パレスチナ）への巡礼者が杖のへこみに球根を隠し、命がけで持ち帰ったという伝説がある。16世紀フランスでも国王アンリ2世が栽培を奨励するとともに、サフランに混ぜ物を入れた者は極刑に処するとの布告がなされたという。日本には1864(元治元)年に渡来したとされる。1886(明治19)年に実用の目的で輸入されて栽培が始まった。イヌサフランは毒草(P236参照)なので要注意。

栽　培
半日以上日の当たる場所が適し、9〜10月に球根の3倍の深さに植える。花後球根を太らせるために肥料をやり、6月ごろ葉が枯れたら掘り上げ、涼しい場所で秋まで乾燥保存する。繁殖は分球した球根による。

〜 利用法 〜

利用部位	雌しべ
味と香り	刺激のある苦味。多すぎると苦くなり、微妙な風味が出ない

料理を黄金色に染め上げる高級スパイス。収穫してから1年以内に使い切るように。サフランの色素成分クロシンは油に溶けず水に溶けるので、水かぬるま湯に浸して使う。魚や肉の料理、プディング、パイ、ワインの風味や色をつけるのに利用。米料理、ソース類、ケーキ、東洋の砂糖菓子にもよく合う。
【各国の代表的な料理】フランス：ブイヤベース／スペイン：パエリア、アロス・コン・ポーヨ（南米でも）／イタリア：リゾットミラネーゼ／イギリス：サフランケーキ

ティーは体を温める強壮飲料、消化を助ける飲料として使用される。また発汗や生理不順の改善に役立つ。

成分………ピクロクロシン、クロシン、カロテン、リコピン
精油成分…サフラナール、イソフォロン
作用………通経作用、鎮痛作用、鎮静作用、健胃作用、発汗作用、利尿作用、鎮痙作用
効能………生理不順や生理痛、更年期障害の改善に役立つ。
注意
・通経作用が強いので妊婦は利用しない。

バラ科

サラダバーネット
salad burnet

別　名	オランダワレモコウ　ガーデンバーネット
学　名	*Sanguisorba minor* Scop.ssp. *muricata* (Spach) Nordborg
原産地	ヨーロッパ　北アジア　アフリカ　地中海沿岸
気候型	ステップ気候

属名*Sanguisorba*はギリシア語のsanguis「血」＋sorbere「止める」が語源。種小名*minor*は「より小さい」の意。亜種名*muricata*は「硬く尖ったもの」。

球状に集まる小さな花が開くと、雄しべと雌しべが露出する。

特徴・形態
キュウリの香りに似て、古くから葉をサラダに利用した。高さ30〜60cmの多年草。細かい鋸歯のある小葉が連なって長い複葉になり、地際から放射状に広がる。初夏〜真夏に小さな花が丸く密集するワレモコウのような頭花を開花。

歴史・エピソード
属名の語源からわかるように、昔は止血剤として用いられていた。葉が鳥の羽に似た形をしていることから、オランダ人は「神の小さな鳥」と呼んだ。中世のハーブガーデンでは、サラダ用に必ず栽培していたことから「サラダバーネット」の名前に。16世紀のエリザベス朝時代にヨーロッパに広まり、優美な葉形からフランス料理の飾りつけやサラダに欠かせないものとなった。新大陸への初期の移民たちは、サラダバーネットを携えていたといわれる。昔は体を強壮にする基本的なハーブの一種とされていた。日本に自生するワレモコウの近縁種。

栽　培
日当たりをよくし、乾燥気味に育て、梅雨前に刈り込む。花を咲かせないように刈ると葉が柔らかくなる。繁殖は株分けと種まきで。

〜 利用法 〜

利用部位　全草
味と香り　わずかな苦味
　　　　　　キュウリに似たフレッシュな味と香り

若葉を刻んでハーブバターやハーブチーズの香りづけに、野菜とともにスープやサラダに入れる。葉をワインに浮かべ、冷たい飲み物にくわえる。

気分の優れないときに心を明るくしてくれる。爽やかなサマードリンクにもなる。

乾燥させた葉や根を煎じた抽出液は日焼けなど炎症を起こした肌や、やけど、湿疹などにも使用する。傷の洗浄にも用いる。

成分	没食子酸、エラグ酸、ケルチセン配糖体
作用	収斂作用、利尿作用、消化促進作用
効能	腸や胃の粘膜を保護し、消化を助ける。むくみ改善にも効果的。

ミカン科

サンショウ
Japanese pepper

別　　名	ハジカミ
学　　名	*Zanthoxylum piperitum* (L.) DC.
原産地	日本　朝鮮半島南部
気候型	大陸東岸気候

属名 *Zanthoxylum* はギリシア語の xanthos「黄色」+ xylon「木」から「黄色い木部」をさす。種小名 *piperitum* は「コショウのような」の意味。

特徴・形態
若葉をキノメ（木の芽）といい、たたいて香りを立たせ日本料理で楽しむ。北海道から屋久島まで自生する高さ1〜3mの落葉低木。楕円形で縁は鋸歯状になる葉が羽状複葉で互生。葉柄の基部に1対のトゲがある。雌雄異株で、4〜5月に黄緑色の小さな花を咲かせる。直径5mmほどで緑色の果実は9〜10月に赤く熟し、裂開して中から光沢のある黒い種子が出てくる。

歴史・エピソード
和名の「椒（ハジカミ）」とは辛いものを意味し、ショウガが「クレノハジカミ」と呼ばれたのに対し、山のハジカミとして「山椒（サンショウ）」になった。ほかにもハジカミの意味には、サンショウが「(顔を)しかめる」ほど辛いとか、茎やトゲの「端が赤い」などの説がある。小さな実をたくさんつけることから子孫繁栄につながるとして、中国の漢の時代、皇后の部屋の壁にサンショウの実を塗り込み、よい香りを漂わせて富と権力を誇示したという。そこから皇后の部屋のことを「椒房（しょうぼう）」と称していた。また、古代中国では、祭事の祝い酒の中にサンショウを入れて飲む習慣があり、日本でも病よけとして正月に飲むお屠蘇（とそ）の中にサンショウが入れられるようになった。3世紀ごろ中国で書かれた『魏志倭人伝（ぎしわじんでん）』（P278参照）の中にサンショウが日本の山野に自生していることが記され、10世紀ごろには日本でも薬として利用された。

↑赤く熟すと、中から黒色の種子が露出する。
←緑色の未熟果。

赤く熟した果実を天日で乾燥させ、たたいて種子を取り出し、果皮だけを香辛料として使う。果皮の中の小さい黒い粒は、地方によって眼の薬として「一日3粒3年食えば昼でも星が見える」「毎日4〜5粒食べると目まいが治る」などと言い伝えられている。

栽　培
低い山地や丘陵の湿り気のある林に自生している。乾燥や夏季の日差しに弱いので、日当たりから半日陰で水はけのよい湿潤な場所が適す。アゲハチョウの幼虫に注意。剪定は落葉期に。

〜 利 用 法 〜

利用部位 葉、果皮、木部
味と香り 清涼感のある香りとピリッとした辛味

若葉は生で日本料理の薬味、彩り、木の芽あえ、木の芽みそに、葉と若い果実は佃煮に。若い果実の粉末は鰻の蒲焼きや七味唐辛子の材料、煎餅や切山椒や山椒餅などの和菓子の香りづけに。中国料理でもよく使われる。8月下旬、果実がやや黄色く色づきはじめたら採取し、日陰干しにする。乾燥させた果皮を花山椒と呼び、果皮だけを粉にしたものを粉山椒と呼ぶ。

皮膚のかぶれには果皮の煎液を利用する。虫さされには葉をもんだ汁を患部に塗る。葉も種子も乾燥させて入浴剤として使うと肩こり、神経痛、リウマチの症状に効果的。

幹はすりこぎなどに利用し、ぬかみその腐敗防止にサンショウの実を入れる。

精油成分…シトロネラール、リナロール、イソプレゴール、ゲラニルアセテート、α-テルピネオール
作用………抗酸化作用、健胃作用、消化促進作用、血行促進作用
効能………消化を助け、胃や内臓の粘膜を強化し、腹部の冷え、腹痛に効果があるといわれる。リウマチ痛、神経痛、肩こりの緩和に役立つ。
注意………
・多量に摂取しない。
生薬………
山椒(サンショウ)：8月下旬、果実が黄色く色づきはじめたら採取し、天日干しした果皮と種子に分けた果皮が使われる。健胃、駆風に効果的。

アサクラザンショウ
Asakura zansho

学　名：*Zanthoxylum piperitum* (L.) DC.f.
　　　　inerme (Makino) Makino
原産地：日本

兵庫県養父市八鹿町朝倉で発見されたほとんどトゲのないサンショウ。果実も大きく香りもよく、種子と果皮が離れやすいという優れた性質をもつ優良品種。ただし、やや耐寒性はなく成長が遅い。実生で育てた苗にはトゲができるので、挿し木でふやす。日当たりのよい場所で、肥沃な土に植える。

ヒレザンショウ
hire zansho

学　名：*Zanthoxylum beecheyanum* K.Koch var.
　　　　alatum (Nakai) H.Hara
原産地：沖縄　小笠原諸島

沖縄の岩場などに自生している。寒さに弱く5℃以上を必要とする。葉と実を香辛料として利用するが、サンショウより小粒でピリッと辛い。小さな光沢のある厚い葉が密に茂るのが特徴で、木の芽として利用すると日持ちがよい。葉柄に翼があるのが名前の由来となっている。刈り込んで盆栽や庭木としても人気。

キク科

サントリナ
cotton lavender

別　　名	コットンラベンダー　ワタスギギク
学　　名	*Santolina chamaecyparissus* L.
原産地	地中海沿岸
気候型	地中海性気候

属名*Santolina*はsanctumlinum「聖なるアマ」に由来、種小名*chamaecyparissus*はchamae「小さい」+cyparis「イトスギ」から。

特徴・形態
整形式花壇の縁取りに用いられるシルバーリーフ。高さ20〜40cmの常緑低木。基部からよく分枝してこんもり育ち、細かい羽状の銀葉が対生する。初夏〜夏にボタンのような丸く鮮やかな黄色の花が茎の先端に咲く。

歴史・エピソード
古代ギリシアやローマ時代から栽培されていて、大プリニウス（P191参照）は『博物誌』に「ワインに入れて飲めば、ヘビやサソリの毒に対して強い解毒作用を発揮する」と記したとされる。イギリスに持ち込んだのはノルマン人だと考えられている。16世紀にはチューダー朝で流行したノットガーデンの低い生垣用に利用され、イギリスの王侯貴族が庭園にさかんに使った。シルバーグレーの枝葉の香りがラベンダーに似ているので、「コットンラベンダー」と呼ばれるがラベンダーとは科が違い、デイジーの仲間。17世紀イギリスで、ハーブ療法を広めたカルペパー（P278参照）は、「毒を排して、ヘビの噛み傷の治療に役立つ」と記述している。日本では銀灰色の種類を綿杉菊（ワタスギギク）と呼んで古くから栽培してきた。

栽　培
水はけがよければ土質はとくに選ばない。日本の高温多湿に弱く、内部が蒸れるので枝をすかし、風通しをよくする。2年目以降は株が大きくなるので、春から勢いよく伸びた枝は花後、梅雨になる前に収穫を兼ねて刈り込む。繁殖は挿し木で。

〜 利用法 〜

利用部位　地上部
味と香り　キクに似た独特の強い芳香

花と葉の煎剤は、たむし、皮膚病のかさぶたを治すのに有効とされる。

乾燥した枝の束を戸棚にぶら下げたり、カーペットの下に敷いて虫よけに。フランスでは防虫剤として衣装戸棚の中に入れる。ポプリやリース、消毒、殺虫用のストローイングハーブ（P279参照）などに広く使われる。また、ノットガーデンなどの植栽に用いる。

成分………苦味成分
精油成分…1,8-シネオール、アルテミシアケトン、カンファー、ボルネオール
作用………消毒作用、殺虫作用

サントリナ・グリーン

学名：*Santolina virens* Mill.
原産地：地中海沿岸

種小名*virens*が「緑の」というように、葉が緑色の種類。南ヨーロッパなどに自生する、高さ20〜50cmの半耐寒性常緑低木。6〜8月に黄色の花を咲かせ、庭園の装飾に用いられる。

キンポウゲ科

サラシナショウマ
sarashinashouma

別　　名	：キミキフガ
学　　名	：*Cimicifuga simplex* Wormsk.
原産地	：日本　中国北部
気候型	：大陸東岸気候

属名 *Cimicifuga* は、虫よけに用いられたことからラテン語 cimex「ナンキンムシ」+figers「逃げる」、種小名 *simplex* は「単一の、無分岐の」という意味。

特徴・形態
根を升麻と呼び、生薬として用いる。高さ1〜2mの多年草。葉は複葉で互生し、厚く細かい鋸歯がある。8〜10月に長い総状花序で多数の白い花を密につける。果実は円形、袋果で褐色の種子がある。

歴史・エピソード
和名の由来は、若葉をゆでて水にさらして山菜として食べたことによるとされた。漢名の升麻については『神農本草経』（P279参照）に「その薬性はよく熱を清め、毒を解す」と記されている。

栽　培
山地の草原や林縁などに自生。半日陰で育てる。種まき、株分けで。

～ 利用法 ～

秋に収穫する根茎の煎液を、口内炎、歯茎の腫れ、喉の腫れにうがい液として利用し、やけどには塗布する。解熱、解毒、発汗などに効果的。

キク科

ジョチュウギク
pyrethrum

別　　名	：シロバナムシヨケギク
学　　名	：*Tanacetum cinerariifolium* (Trevir.) Sch.Bip.
原産地	：バルカン半島　ダルマチア地方（クロアチア）
気候型	：地中海性気候

属名 *Tanacetum* はギリシア語の athanasia「不死」からラテン語の古語 tanazita に転じた語が語源になっている。種小名 *cinerariifolium* は「サイネリアのような」という意味。

特徴・形態
蚊取り線香の材料で、虫よけ効果がある。高さ60〜80cmの耐寒性多年草。葉は細く深く切れ込む。初夏に白い花を咲かせる。高温多湿に弱いので、摘芯や切り戻しをする。繁殖は種まきで。

歴史・エピソード
日本には明治の半ばに和歌山に導入され、愛媛、香川、岡山、広島、北海道などに広まり殺虫剤の原料として栽培され、昭和初期には日本が世界一の生産国だった。その後、殺虫剤原料の合成品が出回り、生産は激減した。渦巻き型の線香は日本で発明されたといわれている。

～ 利用法 ～

花の中心部（胚珠）に含まれるピレトリンという成分を蚊取り線香、のみ捕り粉、農業用殺虫剤の製造原料に利用。人間や動物にはほとんど毒性を示さないが、昆虫には強い殺虫性をもつ。近縁種のアカバナムシヨケギクは殺虫成分が少ない。

シソ科

シソ

古くから香辛野菜として栽培され、多くの品種がある。単にシソといえば
アカジソをさすことが多いが、葉色は赤くても葉が縮れるチリメンジソなども出まわる。

アカジソ
red perilla

学　名：*Perilla frutescens* (L.) Britton var. *crispa*
　　　　(Benth.) W.Deane f. *purpurea* (Makino) Makino
原産地：ヒマラヤ　ミャンマー　中国南部
気候型：大陸東岸気候

属名*Perilla*は東インドでシソを意味するヒンディー語に由来。
種小名*frutescens*は「低木状の」という意味。変種名*crispa*
は「鋭角の」、品種名*purpurea*は「紫色の」という意味。

アカジソの芽・ムラメ（芽ジソ）は刺し身のツマに使われる。発芽して本葉が2枚の時に地際で刈り取る。

穂ジソは、枝の先端から花穂が長く伸びて2〜4輪咲くころに枝のつけ根から切り取る。

特徴・形態
梅干しの着色、防腐、抗菌に使われる。高さ30〜70cmの一・二年草。葉は赤紫色で対生につき、先端が尖って縁が鋸歯状の卵円形、品種によっては縮れている。9月に入り枝先に紅紫色の小さな唇形花を穂状につける。花後には卵形の果実をつけ、生薬やシソ油に利用する。

歴史・エピソード
中国では古くから栽培され、食用や薬用として使われていた。後漢〜三国時代の名医・華佗（P278参照）は、カニを食べすぎて食中毒を起こした若者に紫色の葉を用いた煎じ液を服用させ、死の淵から蘇らせたという逸話がある。葉色の「紫」と「蘇る」で、この薬草を「紫蘇」と名づけたと伝えられる。日本にも古くから伝わり、貝原益軒は『大和本草』（P281参照）の中で「魚毒を去り香気あり」と述べている。

栽　培
こぼれ種で育つが、種子は堅く水分を吸収しにくく、日光に当たらないと発芽しにくい。水に漬けて吸水させてから種まきをして、薄く覆土するとよい。摘芯をくり返し枝数をふやす。

〜 利用法 〜

利用部位 葉、茎、花、種子

🍴 葉は梅漬けやシソジュースなど、乾燥させてスパイスやふりかけに使う。

👤 煎じて風邪に服用し、口内炎や喉の痛みにはうがい液とする。葉を布袋に詰めて浴槽に入れると冷え性やリウマチ痛、神経痛の痛みに効果的。

成分………アントシアニン、ロスマリン酸、シソニン、ルテオリン、アピゲニン、カロテン、ビタミン類、ミネラル類、ステアリン酸、パルミチン酸、オレイン酸
精油成分…ペリラアルデヒド、α-ピネン、リモネン
作用………発汗作用、解熱作用、鎮痛作用、鎮静作用、解毒作用、健胃作用、防腐作用、抗菌作用
効能………消化不良、食欲不振、精神安定、疲労回復、貧血予防に効果的。風邪の初期の発熱、咳にも利用する。
生薬………
蘇葉（ソヨウ）：6〜9月、採取した葉を陰干しでよく乾燥したもの。鎮咳、去痰、発汗、利尿に効果的。蘇子（ソシ）：10〜11月に穂のまま採った種子を天日干ししたもの。鎮咳、利尿に効果的。

アオジソ
perilla

別　名	オオバ
学　名	*Perilla frutescens* (L.) Britton var. *crispa* (Benth.) W.Deane f.*viridis* (Makino) Makino

β-カロテンがとくに多い。高さ30〜70cmの一年草。葉に芳香があり、茎葉とも緑色で、花は白色。野菜売り場ではオオバと呼ばれる。香り高いので天ぷらや刺し身の薬味に使う。シソは芽ジソ、葉ジソ、穂ジソ、シソの実などが使われる。アオジソの芽はアオメと呼んで刺し身のつまに用いる。おもな精油成分はペリラアルデヒド、α-ピネン、リモネン。

COLUMN
4人の泥棒の酢

中世に流行したペスト（黒死病）には特効薬がなく、ヨーロッパで猛威をふるった。病が蔓延すると、死体を焼き捨て町から避難するほど恐れられた。フランス南部トゥールーズでは1630年に5万人以上が亡くなった。

4人組の泥棒が感染者や死体であふれる町を歩き回り、金品や宝石などを盗んで捕えられた。役人が4人組に「なぜペストに感染しなかったか？」尋ねると、セージ、ローズマリー、タイム、ラベンダーなどを漬け込んだ酢を全身に塗っていたと明かした。以来、「4人の泥棒の酢」は特効薬として語り継がれている。イタリアのフィレンツェにある世界最古の修道院薬局サンタ・マリア・ノヴェッラ薬局には、芳香酢「7人の泥棒の酢」がいまも売られている。ところ変われば、泥棒の人数がふえ、強烈な香りを嗅ぐ気つけ薬になっている。

サンタ・マリア・ノヴェッラ薬局
（イタリア・フィレンツェ）で販売されている
「7人の泥棒の酢」。

クスノキ科

シナモン

クスノキと同じ仲間で、シナモンと呼ばれる原種はおもに3種。
シナモンは最も古くから利用されたスパイスのひとつで、古代エジプトでミイラの保存薬剤として使われた。
なお、日本ではシナモン(セイロンニッケイ)も「肉桂(ニッケイ)」と呼ばれてきたため、
ニッキ(日本肉桂)と混同されることがある。

シナモン
cinnamon

別　名：セイロンニッケイ
学　名：*Cinnamomum verum* J. Presl
原産地：スリランカ　南インド　マレーシア
気候型：熱帯気候

属名*Cinnamomum*はギリシア語cinein「巻く」＋ amomos「申し分ない」で、巻曲する樹皮と芳香を称えた。種小名*verum*は「本物の」という意味。

樹皮を剥いで乾燥させたシナモンスティックとパウダーを使い分ける。

特徴・形態
高さ約10mの半耐寒性常緑高木。赤みを帯びた樹皮のコルク層を除去してから薄く剥いで巻き、乾燥させた香りのよいスパイスがシナモンスティックになる。濃い緑色で卵形の葉には光沢があり、くっきりした葉脈が3本入る。葉腋(ようえき)から出る花序に淡い黄色の小さな花をいくつも咲かせ、直径1cmほどの果実を結ぶ。シナモンの仲間では風味がよいのでヨーロッパでは最もよく使われる。

歴史・エピソード
防腐効果に優れているので、紀元前3000年代ごろからエジプトではミイラを保存する薬剤として利用。また、ヒポクラテスが薫香療法として用いたという記録も残っていて、薬剤として認知されていた。『旧約聖書』の『エジプト記』の中で、神がモーゼに「最もよい香料をとりなさい」と命じた香料の中に、シナモンも含まれている。古代ローマではペッパーやクローブと並ぶ三大スパイスのひとつに数えられ、金より値打ちがあったといわれている。その甘い香りは王侯貴族の贈り物とし

て珍重された。おもにインドから輸入されたが、入手するには大変な危険を冒さなければならなかったので、値をつり上げて貿易を独占するため、商人たちがホラを吹いたという多くの伝説が生まれている。日本

には薬用として乾燥したものが8世紀に渡来し、正倉院に「桂心」の名で所蔵されている。

栽　培
熱帯産なので最低5℃以上の温度で日当たりのよい所で育てる。冬に傷んだり、枝が伸びすぎたら切り戻す。

〜 利 用 法 〜

利用部位　葉、樹皮
味と香り　甘い香りと辛味と甘味を伴う清涼感

スティックタイプとパウダータイプがある。甘味を引き立て果物とも相性がよい。ジャム、菓子、チョコレート、ケーキや飲料の香りづけに使う。中国料理に使う五香粉（ウーシャンフェン／P245参照）の重要なスパイスのひとつ。こってりした料理に向く。

 コーヒーや紅茶にも入れる。

 冷ましたティーを口臭防止目的でうがいに用いる。

 ポプリの保留剤として使う。

成分………粘液質、タンニン、プロアントシアニジン
精油成分…オイゲノール、β-カリオフィレン、安息香酸ベンジル、リナロール、シンナムアルデヒド
作用………抗ウイルス作用、抗菌作用、健胃作用、発汗作用、駆風作用
効能………胃液の分泌を促進して胃もたれなどを和らげ、胃の働きを助けるとされる。冷えからくるさまざまな疾患、リウマチ痛、関節炎、風邪などに効果的。
注意
・妊娠中は大量の摂取はしない。

ニッキ

別　名：ニホンニッケイ　ニッケイ
学　名：*Cinnamomum sieboldii* Meisn.

中国や南アジアの原産。日本には江戸時代に渡来し、土佐など暖地で栽培された。味は辛く、わずかに収斂性（しゅうれん）があり香気は強い。かつて日本の駄菓子屋で根皮を乾燥させたものが小束で売られていた。

カシア

別　名：シナニッケイ
学　名：*Cinnamomum cassia* (Nees & T.Nees) J.Presl

中国や東ヒマラヤ原産。6〜7年を経過した成木の樹皮を剥離し乾燥したものは「桂皮」、若枝を乾燥させたものは「桂枝」といい、漢方薬の原材料となる。後漢末期から三国時代の医学書『傷寒論（しょうかんろん）』(P279参照)にもその名が記載されている。シナモンより味と香りが強く、日本に多く輸入されている。

ボタン科

シャクヤク
Chinese peony

学　名：*Paeonia lactiflora* Pall.
原産地：アジア大陸北東部
気候型：大陸東岸気候

属名*Paeonia*は、根を薬用にすることからギリシア神話の医神Paeonに由来する。種小名*lactiflora*は「乳白色花の、ミルクのように白い花の」という意味。

特徴・形態
根が古くから薬用に利用され、花も好まれていた。高さ60〜80cmの多年草。葉は互生で複葉で深く裂ける。初夏に咲く大型で白から紅色の花は華やかで、園芸品種も多い。薬用になる本種は花や根の色などの違い以外に、根の皮つきで蒸したものを「赤勺」、根の皮を除いたものを「白勺」として区別する。日本で保険適用される漢方薬に含まれるシャクヤクは基本的に「白勺」をさす。

歴史・エピソード
中国でシャクヤクが薬草として利用されはじめたのは紀元前300年代ごろといわれている。中国の本草家たちは、花や根の色にかかわらず根には薬効があると考えていた。中国最古の本草(薬物)書『神農本草経』(P279参照)には、「腹痛、知覚異常、疼痛、発作性の痛みをとり、利尿、鎮静に薬効がある」と記されている。日本には平安時代までに中国から薬草として渡来し、同じころに花を観賞する習慣が生まれ、江戸時代には多数の品種がつくられるようになった。昔から美人のたとえとされる「立てば芍薬、座れば牡丹、歩く姿は百合の花」は、どれも女性の不調に効果的とされる生薬になる。

栽　培
定植して5〜6年後のものを9〜11月に株分けでふやすが、株分け後はしっかり殺菌消毒して植えつける。また株分けは頻繁にしないこと。高温多湿に弱く、炭疽病や立枯病、うどんこ病になりやすいので注意。

〜 利用法 〜

利用部位　乾燥した根(おもに生薬として)

成分………タンニン、安息香酸
精油成分…ペオニフロリン、ペオニン
作用………抗炎症作用、鎮静作用、解熱作用、鎮痙作用、収斂作用、鎮咳作用、通経作用、血圧降下作用
効能………生理不順、冷え性の症状を和らげるとされる。また、こむらがえり、腹痛、疼痛、下痢などの症状緩和に役立つ。
注意
・漢方では重要な生薬だが、作用が強いので一般的な使用には注意が必要。
生薬
芍薬(シャクヤク)：植えつけ後5年目の秋に根を収穫し、水と砂で外皮を取り除き水洗いして天日干しにしたもの。鎮痛、鎮静、痙攣、抗菌、抗真菌に効果的。

モクセイ科

ジャスミン
common jasmine

別　名：ソケイ　コモンジャスミン
学　名：*Jasminum officinale* L.
原産地：インド　カシミール地方　イラン
気候型：熱帯気候

属名*Jasminum*はアラビア語の植物名yasmynのラテン語化した語に由来。種小名*officinale*は「薬用の」の意。

特徴・形態
ジャスミンはバラやスズランと並ぶ世界の三大香料で、古くから珍重されてきた。高さ1〜3mの非耐寒性つる性低木。つる状に伸びる茎に濃い緑色の葉を羽状につける。芳香を放つ小さなたくさんの白い花から精油を産出する。

歴史・エピソード
古代ペルシアではとても珍重され、花をゴマ油に浸して香りを引き出していた。一般的なジャスミンティーは、乾燥したマツリカの花を茶葉に配合したものと、茶葉をいっしょに発酵させた「包種茶」がある。日本への渡来時期は不明だが、江戸時代の元禄期の写生図（「狩野常信の『草花魚貝虫類写生図』」）に描かれているところから、この時期までには渡来していたと考えられる。花の名前はペルシア語から、また中国の美女の名前からなど諸説ある。

栽　培
つる性なので支柱に誘引し、日当たりのよい所で育てる。夏に挿し木や取り木でふやす。剪定は適宜切り戻す。

〜 利 用 法 〜

利用部位　花　　味と香り　甘い芳香

 生の花を料理の飾りつけにする。

 紅茶やウーロン茶と相性がよいのでブレンドする。

 花をポプリに使う。

成分………タンニン、カテキン、ミネラル類、ビタミンC、E、B₂
精油成分…ベンジルアセテート、ベンジルベンゾエート、*cis*-ジャスモン、リナロール、インドール
作用………鎮痛作用、鎮静作用、抗炎症作用、抗不安作用
効能………軽いうつ、生理痛を和らげる働きがあるとされる。
注意
・カロライナジャスミン、マダガスカルジャスミンなどは有毒なので注意。
・妊娠中、授乳中は使用を避ける。

マツリカ

学名：*Jasminum sambac* (L.) Aiton
原産地：イラン　インド

アラビアジャスミンとも呼ばれる。寒さに弱いので、日本では温室栽培。香りの強い花はジャスミン茶（茉莉花茶）やハーブオイル、お香などに利用される。

オオシロソケイ

学名：*Jasminum laurifolium* var. *lauriforium*
原産地：パプアニューギニア

エンジェル・ウイングと呼ばれる。高さ2〜6mくらいまで伸びる非耐寒性半つる性常緑小低木。楕円形の葉は緑が濃くつやがある。花は3〜5cmの深裂した星形で、芳香があり香料がとれる。

サトイモ（ショウブ）科

ショウブ
sweet flag

別　名：スイートフラッグ
学　名：*Acorus calamus* L.
原産地：ユーラシア大陸
気候型：大陸東岸気候

属名*Acorus*はギリシア語のa「否定」+coros「装飾」が語源で、花が目立たないところから。種小*calamus*は「管の」という意味。

特徴・形態
5月5日の端午の節句に、男の子の健やかな成長を願って使われてきた。高さ40〜150cmの多年草。太い根茎は多節で横に這い、ヒゲ根を伸ばす。葉は線形で基部は淡紅色を帯び、強い芳香がある。花期は5〜7月で苞葉(ほうよう)の間から黄緑色で円柱状の肉穂花序(にくすいかじょ)に小花を密につける。

歴史・エピソード
古くから清めの儀式に用いられ、『旧約聖書』の雅歌にも登場している香り高い草。古代から香水や化粧品、香料や薬品に使用された。北アメリカのほか、日本を含む東アジアからヨーロッパまでのユーラシア大陸に広く分布。中東諸国にはインドや近隣諸国から輸入されたという。19世紀後半に発掘された古代エジプトのファラオの墓からはショウブの香りがしたという伝説めいた話もある。古代ギリシアのディオスコリデス（P191参照）は肺や肝臓に効果があると評価し、女性生殖器の病にもよいとしたという。日本では平安時代の宮中行事として、5月初めの午(うま)の日にショウブやヨモギで薬玉(くすだま)をつくり、冠につけて舞ったり柱に下げたりした。清少納言の『枕草子』には、「節(せち)は五月にしく月はなし。菖蒲(しょうぶ)、蓬(よもぎ)などのかをりあひたる、いみじうをかし」と記されている。鎌倉時代には葉が剣の先のように尖っていることや、語音が「尚武(しょうぶ)」につながることから、しだいに男の子の健やかな成長を祈る行事となった。5月5日には菖蒲湯に入ったり、ヨモギとともに軒下に下げたりする習慣が現代でも続けられている。ショウブを軒下に下げるのは、ショウブが水辺に生えるので防火の意味を込めているといわれる。奈良時代の『万葉集』などに登場するアヤメはハナショウブのことで、ショウブとハナショウブは混同されがちだ。

栽　培
各地の湿地に自生。日当たりのよい、有機質を含んだ水辺とやや湿地がよい。種子の場合は、採ってすぐまく。株分けは春、成長が始まる前に行い、3年に1回は植えかえをする。

〜利用法〜

利用部位　根茎、葉

生の葉を浴槽に入れて菖蒲湯に用いる。乾燥した根茎を布袋に入れて適量の水を沸騰させ、煮汁とともに浴槽に入れ、神経痛やリウマチなどの痛みの緩和に入浴剤として利用する。葉は夏に刈り取って乾かし、根茎は晩秋に掘って乾燥させる。全体に甘い芳香があり、ショウブ特有の匂いがする。

成分………β-アサロン、クルゼレン、リンデストレン、フラノエウデスマ-1,3-ジエン
作用………鎮静作用、鎮痛作用
注意
・日本のショウブを内服すると吐き気をもよおすことがあり、いまでは用いられない。
生薬
菖蒲根(しょうぶコン)：根を掘り上げ乾燥させたもの。健胃、去痰(たん)、止瀉(しゃ)に効果的。

セキショウ
Japanese sweet flag

別　名：イシアヤメ
学　名：*Acorus gramineus* Sol. ex Aiton
原産地：日本 中国 ベトナム

種小名*gramineus*は「イネ科のような」という意味。

高さ15～30cmの常緑多年草。芳香をもつ太い根茎は横に這い、ヒゲ根を出して群生。線形の葉は長さ30～50cmになる。江戸時代後期から葉の美しさが観賞されるようになり、日本庭園の重要な下草とされてきた。ショウブとよく似ているが、ショウブより小型で葉の主脈がはっきりしないので見分けがつく。谷のほとりなどの水辺に自生する。株分けでふやす。

～ 利 用 法 ～

利用部位　根茎、葉

根茎は薬用に。葉は床に敷いて高温で蒸す状態にして芳香を吸い込むと、神経痛、痛風などの痛みをとるのに役立つ。足腰の冷え、筋肉痛、リウマチ痛、関節痛などの改善にお風呂に入れると効果的。

精油成分	β-アサロン、α-アサロン、カリオフィレン、α-フムレン、セキショーン
作用	鎮静作用、鎮痛作用、利尿作用、消化液分泌促進作用、発酵抑制作用、平滑筋弛緩作用、抗真菌作用、健胃作用
効能	おなかが張って痛む、ガスが出にくいなどの胃腸の異常改善に役立つ。また咽頭炎や片頭痛などに有効とされる。
注意	・多量に用いない。
生薬	石菖（セキショウ）：根を掘り起こし乾燥したもの。健胃、鎮痛、鎮静、癰腫に効果的。

COLUMN
古代エジプトの神々に捧げた香り「キフィ」

古代エジプトにおいて自然現象は神々の意志によるものと考えられ、「神々が愛する」香りを捧げて平穏な暮らしを祈った。神殿や王宮では日の出に乳香（フランキンセンス）、正午には没薬（ミルラ）、日没には「キフィ」を焚いたという。

乳香と没薬は樹脂であるのに対して、「キフィ」はハーブを中心にした約16種ほどの香料ブレンド。香りの強い燻蒸は薬としての効果や悪鬼悪霊を追い払う方法としても広まったため、ディオスコリデス（P191参照）の書や最古の医学書といわれる『エーベルス・パピルス』（P278参照）などに、いくつもの処方が残っている。ディオスコリデスの処方を現代風にアレンジしたものを紹介する。

キフィ

ディオスコリデスのキフィ『現代版』

用意するもの：ジュニパーベリー5g、レモングラス5g、シナモンパウダー5g、乳香7g、没薬4g、干しブドウ12g、赤ワイン10ml、ハチミツ5～10g、精油ローズウッド10滴

❶ハーブと干しブドウを砕いて粉末状にし、赤ワインと精油をくわえて混ぜ、1日おく。❷ハチミツをくわえて練り、コーン型や球状などに成形する。❸内部までよく陰干しして乾かし完成。❹香炭の上に置くなどして火をつけ、香りを楽しむ。

香炭

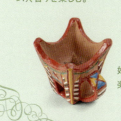

好みの陶器などで楽しむ。

ショウガ科

ショウガ
ginger

別　　名：ジンジャー
学　　名：*Zingiber officinale* (Willd.) Roscoe
原産地：熱帯アジア
気候型：熱帯気候

属名*Zingiber*はサンスクリット語の古名sring「角」+vera「根」から根茎が角のように尖っているの意味。種小名*officinale*は「薬用の」の意。

特徴・形態
殺菌や解毒、食欲増進などの作用があり、日本人も古くから好んで食している。高さ60〜90cmの非耐寒性多年草。肥大した地下茎から直立する偽茎に茎葉を茂らせる。葉は互生して細長く先が尖る。8月ごろから地下茎を葉つきで収穫したものを葉ショウガといい、8〜9月に地下茎を収穫し、出荷するものを新ショウガという。また貯蔵され10月以降に出荷されるものや種ショウガを「古根」、「ひねショウガ」という。

歴史・エピソード
インドや中国では太古の時代から、ヨーロッパでも古代ギリシアやローマ時代から薬として使われてきた。ディオスコリデス（P191参照）は『薬物誌』の中で、「その薬効は体を温め消化を助け食欲を増進させ、緩下作用、解毒作用もあり、白内障にも有効」と記している。気候の問題で栽培できなかったヨーロッパでは、15世紀末に新大陸が発見されると、16世紀には西インド諸島に開いたプランテーションで栽培・供給した。カルペパー（P278参照）の著書には「消化を促進し、胃や眼にもよく、関節痛や痛風の痛みを和らげ、体を温めるので、高齢者にはとくに有益である」と記されている。日本には3世紀ごろに中国の呉から渡来したとの説が多く、平城京跡で発掘された木簡からは「生薑（ショウガ）」の記載が多く見つかっている。古くはサンショウと同様「ハジカミ」と呼ばれ、区別のために「クレノハジカミ」と呼ばれた。また、『古事記』に書かれていることから、さらに古い時代に伝来していたと考えられる。平安時代の説話集『今昔物語集』に、僧侶が疫病退治のために祈祷をするときの供物のひとつとしてハジカミが捧げられていたと記載されている。厄よけ、魔よけとして使われることもあり、薬用として重要視されるとともに香辛野菜としても利用されていた。

栽培
4月下旬ごろに種ショウガ（根茎）を湿り気のある肥沃な土に植えつける。

〜 利用法 〜

利用部位　根茎
味と香り　刺激のある独特な香りと爽やかな辛味

ショウガは生と乾燥品（根茎を蒸したり湯通しして乾燥したもの）、パウダーがある。世界の料理に用いられる。生は刺し身のツマや薬味、肉や魚の煮込みなどに。ショウガにはタンパク質を分解する酵素があるので、野菜や肉、魚を漬け込む下準備に使う。欧米でよく使われるジンジャーパウダーは爽やかさが砂糖の甘さを抑え、クッキーやケーキ、ドリンクに。日本では和菓子、干菓子に使う。伊勢や出雲の生姜糖、金沢や東北の生姜煎餅が有名。

昔から風邪のひきはじめには葛粉をくわえた生姜湯を飲むと体を温め、鼻水を止める働きがあるとされている。

成分………ジンゲロン、ショウガオール、ジンゲロール
精油成分…ジンギベレン、ジンギベロール、シネオール、シトロネロール、リナロール
作用………殺菌作用、健胃作用、矯味作用、矯臭作用、食欲増進作用、解毒作用、鎮吐作用、血行促進作用、発汗作用
効能………吐き気には生の根茎をおろして湯にといて飲む。腹痛、腰痛にも使われる。疲労回復、夏バテ解消に役立つ。
生薬………
乾姜（カンキョウ）：皮を除いて石灰をまぶし天日干ししたもの。健胃、鎮吐に効果的。生姜（ショウキョウ）：9〜10月に掘り上げた根茎を生のまま、または乾燥したもの。健胃、鎮吐、吃逆（しゃっくり）、矯味に効果的。

キク科

ショクヨウギク
shokuyougiku

別　名：キク　リョウリギク
学　名：*Chrysanthemum morifolium* Ramat.
原産地：中国
気候型：大陸東岸気候

属名*Chrysanthemum*は古代ギリシア名からの名前で、語源はchrysos「黄金色」+anthemon「花」。種小名*morifolium*は「クワ属のような葉の」の意味。

特徴・形態

和のエディブルフラワーであり、食用や生薬として利用される。高さ50〜100cmの多年草。

キクの中で食用に栽培されるものをいう。黄色の花の「阿房宮(あぼうきゅう)」と薄紫色の花の「延命楽(えんめいらく)」(「もってのほか」「かきのもと」とも呼ばれる)がおもな品種で、10〜11月に咲く。葉は葉柄をもった卵形、羽状に中裂して互生し、粗い鋸歯(きょし)がある。花は枝先に散房状につき、耐寒性が強い。黄色いコギク「秋月」「こまり」などは刺し身の飾りに利用する。

歴史・エピソード

キク一般について『神農本草経(しんのうほんぞうきょう)』(P279参照)には、「血や気のめぐりをよくし体の動きを軽くする」と記されており、菊花を煎じて風邪の発熱や目まい、耳鳴りなどの治療に使ったらしい。日本には奈良時代に中国から伝わったとされる。「菊の被綿(きせわた)」は平安時代の重陽の節句の習慣で旧暦9月9日の夜キクの花に真綿をかぶせ、夜霧を介してキクの香を移した綿で体を拭うと、老いが去り、寿命が延びるとされていた。宮中では菊の節句とも呼ばれ、現在の皇室園遊会(観菊御宴)へとつながっている。一方、キクは意匠として用いられることも多く、刀を打つことを好んだ後鳥羽上皇は自分の刀に優美な菊の紋章を入れたという。身の回りのものにもあしらったことから皇室の紋になったといわれる。古くはキクの字を「久久(くく)」と書いた。『古事記』ではククリヒメという神の名を菊理姫と書いている。

栽　培

挿し芽、株分けでふやす。摘芯するとわき芽が出て、たくさん花を収穫できる。アブラムシがつきやすく、倒れやすいので注意する。

―― 利 用 法 ――

利用部位 葉、花
味と香り 菊独特の香りと苦味

葉や花を天ぷらに、花は軽くゆでて酢の物、おひたしなど、さまざまに用いられる和のエディブルフラワー。また、蒸して乾燥させ、菊海苔をつくる。

 疲れ目に、花の浸出液をまぶたに温湿布する。

成分………ビタミンB₁、B₂、ビタミンC、カリウム、β-カロテン、ルテオリン
精油成分…β-カリオフィレン、レデンオキソイド
作用………鎮痛作用、解熱作用、解毒作用、消炎作用、抗酸化作用
効能………頭痛、めまい、耳鳴りなどによいとされる。目のかすみ、疲れ目など眼精疲労に効果的。
注意
・キク科アレルギーの人は使用しない。
生薬
菊花(キッカ)：黄菊を乾燥させる。発熱、解毒、頭痛、消炎に効果的。

スミレ科

スイートバイオレット
sweet violet

別　　名	ニオイスミレ　バイオレット
学　　名	*Viola odorata* L.
原産地	ヨーロッパ西部
気候型	地中海性気候

属名*Viola*はスミレのラテン語古名、ギリシア語のioneと同じ語源。種小名*odorata*は「芳香のある」の意。

特徴・形態
芳香のある花は砂糖をつけてクリスタライズドハーブ（P241参照）の材料などに使われる。高さ15〜20cmの多年草。ハート形をした根出葉の基部からランナーを出し、その先に新芽をつける。春に咲く花は紫・白・ピンク・黄色などで一重と八重咲きがある。夏〜秋には閉鎖花をつける。

歴史・エピソード
香りのよいスミレは古くから人々に愛されて香料や薬用として利用され、2000年以上前から栽培されていた。古代ローマ人はスミレ入りのワインを好み、風味を楽しんだといわれ、葉は茶剤としていた。大プリニウス（P191参照）の『博物誌』には、ローマ人は宴席の際にスミレの花冠をかぶり、これには酔いを防ぐ働きがあったと書かれている。またギリシア神話ではアフロディーテの息子で庭園の守護神プリアポスの花とされている。ちなみにプリアポスは好色な神であることから、スミレは恋の象徴ともされている。イスラム圏では預言者のマホメッドがこの花を好んだため、神に近い花と考えられていた。中世のヨーロッパでは、うつむいて咲く姿からキリスト教の美徳のひとつである謙譲のシンボルとされた。ナポレオンは「バイオレット伍長」とあだ名があったほどこの花を愛し、死んだとき身につけていたロケットには愛した妻の墓から摘んだスミレが入っていたという言い伝えがある。

栽　培
半日陰でもよく育ち、湿り気のある土壌を好むので高温乾燥に注意する。春先に苗がよく出回る。種まきは春か秋に、ランナーの先につく子株を移植するか、株分けでもよい。また、こぼれ種でも繁殖する。

〜 利用法 〜

利用部位 花　　**味と香り** 甘い香り

🍴 花はエディブルフラワーとしてサラダに散らす。花の砂糖漬けをケーキの飾りに使ったり、花を砂糖で煮詰めて菓子類やシャーベット、ジャム、リキュールの香味づけに利用。

☕ 花のティーは、風邪や気管支炎によいとされる。

 外用として痛みの患部に煎液を湿布すると痛みが和らぐとされる。花の砂糖漬けは便秘解消に役立つ。花のシロップは、口内炎や風邪、気管支炎、咳に効果的。

成分………ビオラルチン、フラボン、サリチル酸メチル、サポニン
精油成分…イオニン、イロン、ブチル-2-エチルヘキシルフザレイト
作用………去痰作用、抗炎症作用、利尿作用、緩下作用
効能………頭痛の緩和、咳止め、呼吸器系の疾患の改善に役立つ。
注意
・種子と根には毒が含まれているので、専門家以外は使わない。

トクサ科

スギナ
field horsetail

別　　名：ホーステール
学　　名：*Equisetum arvense* L.
原産地：北半球の暖帯以北
気候型：大陸東岸気候

属名 *Equisetum* は equus「馬」＋seta「動植物の剛毛」の意味で、枝を段々に輪生する形を馬の尾に例えたもの。種小名 *arvense* は「原野生の」の意。

春に出るスギナの胞子茎ツクシ

不調や結石、リウマチに効力があると発表している。スギナの名は草の姿がスギの樹形に似ているから、またツクシの名は、スギナについてくるから「つく子」、土を突いて地表に出るから「突く子」など諸説ある。

栽　培
地下茎や胞子からふえ、頑健で他の植物の領域を侵す。スギナはほかの植物が生えない酸性土壌でも旺盛に生育する。ツクシは春、スギナの収穫は5〜7月。

特徴・形態
スギナ茶は民間薬として親しまれている。高さ10〜15cmの多年草で繁殖力旺盛なシダ植物。地下茎をよく伸ばしてはびこり、難防除雑草とされている。春に地下茎から胞子茎のツクシを出す。その後にツクシとは全く外見の異なる栄養茎スギナを伸ばすところが特徴的。日本に生育するトクサ類では最もコンパクト。

歴史・エピソード
約3億万年前の古生代石炭紀(地質時代区分)、石炭の元となった唯一の生き残りといわれるほど古い植物。自然療法を提唱したドイツのセバスチャン・クナイプ神父(1821〜1897年)は、スギナは膀胱や腎臓の

―― 利 用 法 ――

利用部位　全草

- ツクシはアクを抜きおひたし、卵とじ、天ぷら、炊き込みご飯などで食す。
- 乾燥させたスギナのお茶は糖尿病、肝臓、腎臓などに広く効果があるといわれている。
- 外傷や鼻血などの出血症状には、スギナの煎剤で冷湿布をする。

成分………珪酸、イソクエルシトリン、グルテオリン、タンニン、カリウム、マンガン、マグネシウム、β-シトステロール、苦味質、ケルセチン、アピゲニン
作用………利尿作用、収斂作用、止血作用、解熱作用、鎮咳作用、鎮痛作用、消炎作用、抗菌作用
効能………夜尿症、泌尿器系の不調、皮膚疾患などに使われる。風邪の症状では痰を切り、咳を鎮め、へんとう炎などにも利用される。
注意
・成分にアルカロイド、無機珪素などを含むため多量の摂取はしない。
・ジゴキシンなどのジギタリス製剤服用中、腎臓病の人、子どもは使用しない。
・カリウムレベルが低下することがあるので、服用中はカリウムを多く含む食品の摂取を心がける。
生薬
問荊(モンケイ)：夏に採取した茎葉を乾燥させたもの。消炎、解熱、鎮咳、鎮痛に効果的。

シキミ科

スターアニス
star anise

別　名：ハッカク（八角）　トウシキミ　ダイウイキョウ
学　名：*Illicium verum* Hook. f.
原産地：中国南部　ベトナム北部
気候型：熱帯気候

芳香を有するため属名*Illicium*は「（人などを）引き寄せる」の意味、種小名*verum*は「正統の」の意。

り、腹部膨満、嘔吐の症状に効果があると記され、いまも腰痛に用いる漢方の「思仙散」に配合されている。
ヨーロッパへは16世紀末、英国の船員によってもたらされ、アニスに香りがよく似て星形の形状からスターアニスと呼ばれた。17世紀の英国で大人気を博し、アニスの代用品としてお茶に入れたり果物の砂糖漬けにも使われた。日本には仏教とともに伝わって宗教的な香料として用いられ、現在でも線香や抹香の原料にされている。

栽　培
熱帯産なので、日本では栽培されていない。果実がなるのは樹齢6年を過ぎてからで、以後100年にわたって実をつけるとされる。

―― 利用法 ――

利用部位 果実
味と香り アニスに似た甘い香り
爽やかな辛味とかすかな苦味

豚肉や鴨肉の煮込みやチャーシュー、台湾のお茶にスターアニスを入れ漬け込んだ煮卵「茶葉蛋（tea egg）」などが代表的な料理。五香粉（P245参照）の材料のひとつとして、中国料理によく使う。風味が強いので、砕いて少量ずつ使うのがコツ。杏仁豆腐のシロップの香りづけや、紅茶に一片くわえるとエキゾチックな香りで冷え予防になる。またベトナムのフォーやスパイシーなミルクティーに使う。

特徴・形態
中国料理で知られる東南アジア特有のスパイス。高さ約10mの半耐寒性の常緑高木。スパイスに利用される果実は、袋果が8個ほど集まった星形をしている。日本原産のシキミも似た形の果実をつけるが、有毒植物（P236参照）なので注意する。

歴史・エピソード
中国の明の李時珍が著した『本草綱目』（P281参照）に、芳香性とともに健胃、鎮痛、駆風の作用があ

精油成分…アネトール、エストラゴール、ピネン、リモネン、アニスアルデヒド
作用………女性ホルモン様作用、健胃作用、鎮痛作用、駆風作用、殺菌作用、興奮作用
効能………生理痛を和らげ生理を順調にするなど、女性特有の症状に対する効果が期待されている。また、胃腸の調子を整え、鼓腸を改善。
注意
・日本原産のシキミと果実の形が似ているが、シキミは有毒なので注意が必要。
・乳幼児、妊娠中、授乳中の女性は使用を控える。

キク科

ステビア
sweetleaf

別　　名	アマハステビア　キャンディリーフ
学　　名	*Stevia rebaudiana* (Bertoni) Bertoni
原産地	南米各地
気候型	熱帯気候

属名*Stevia*は本種の発見者、スペインの植物学者P.J.Esteveに、種小名*rebaudiana*は、ステビアが甘味料になることを研究した学者の名前Ovidi Rebudiにちなむ。

特徴・形態
南米原住民が親しんできたステビアがいまや世界で大量消費される、低カロリーな甘味料になっている。高さ50～100cmの半耐寒性多年草。白い細毛で覆われる茎は根元が木質化する。対生する葉は緑色で、菱形から卵形の縁が鋸歯（きょし）状。夏～秋に白い小型の頭花を多数つける。

歴史・エピソード
ステビアの葉は何世紀も、ブラジルやパラグアイに住む先住民の間で甘味料などとして利用されてきた。パラグアイのグアラニ族はマテ茶に甘味をくわえるために使用。16世紀にスペインの入植者たちは、先住民が古代より甘味料に使用している植物があることを知り、本国に送った。1970年には国際糖尿病学会でパラグアイの学者が、糖尿病への効果を発表。甘味料だけでなく、さまざまな成人病に効果のある植物として世界中から注目されるようになる。日本での栽培はパラグアイ産の種子を厚生省の薬用試験場にまいたのが最初で、その後は食品添加物や健康飲料、化粧品などに幅広く商業生産されている。

栽　培
晩秋に地上部は枯れるが、耐寒温度は0℃で越冬する。成長期には適度な湿り気、冬は乾燥気味に育てる。種子は稔性にばらつきがあって発芽率が低く、初夏に挿し木でふやす。春に20cmくらい伸びたら摘芯して枝数をふやす。

～ 利用法 ～

利用部位 地上部　**味と香り** 甘味

🍴 生または乾燥させて、料理や飲み物の甘味づけに用いる。日本では漬物の調味、魚介類や畜肉の乾燥品の甘味づけ、ケーキ、デザート、しょうゆ、清涼飲料など、さまざまな食品に使われている。

👩 蔗糖（ショトウ）の200～300倍の甘味がある一方で、低カロリーなのでダイエットや糖尿病の人の甘味料として使われる。血糖低下作用もあるといわれる。

成分	ステビオサイド、ステビオールビオサイド、レバウジオサイド、ビタミンE、カテキン
作用	抗菌作用、抗酸化作用、解毒作用
効能	糖尿病や動脈硬化を抑制する効果が期待される。

注意
・キク科アレルギーの人は使用しない。

シソ科

セージ

サルビア属の中で薬用成分があるものにくわえ、別属でも葉の形が似ているエルサレムセージなどがある。低木性にはヨーロッパ産のコモンやアメリカ大陸産で花のきれいなチェリーセージやパイナップルセージやメキシカンブッシュセージがあり、クラリセージのような草本性もあって、バラエティーに富んでいる。チアと呼ばれる中米原産の数種のセージからはチアシードが生産される。

コモンセージ
common sage

別　　名：ヤクヨウサルビア
学　　名：*Salvia officinalis* L.
原産地：地中海沿岸　ヨーロッパ　アジア
気候型：地中海性気候

属名*Salvia*は「治す」の意味で古くから薬用として使われていたラテン語で、salvo「私は健康である」やsadvere「治療する」などに由来。種小名*officinalis*は「薬用の」の意。

特徴・形態
薬用や料理に欠かせないハーブで、高さ60〜80cmの常緑低木。基部からよく枝分かれして木質化し、長楕円形で銀白色の網目状のシワが入る葉が対生する。初夏から夏に薄紫色の唇形花(すいじょう)を穂状につける。コモンセージにはゴールデンセージやパープルセージやトリカラーセージなど、花色や葉色の異なる園芸品種がある。

花は観賞用やクラフトの材料として人気。

歴史・エピソード
古代ギリシアでは万能薬として考えられており、医者で植物学者でもあるディオスコリデス(P191参照)は、「切り傷、熱病、各種の出血、尿路結石、女性の生理不順に効果的だ」と勧めた。また古代ローマの博物学者・大プリニウス(P191参照)は、毒ヘビの咬み傷に効くと記している。古くから健康増進に役立つとされ、「庭にセージがあるというのになぜ人は病気で死ぬのだろうか」というアラブのことわざや「長生きしたければ5月にセージを食べるように」というイギリスのことわざがある。栽培歴も古く、現存する最古の庭園設計といわれている8世紀スイスのザンクト・ガレン修道院の設計図には、薬草園にセージの名が記されている。日本に渡来したのは明治20年ごろで、大正時代に横浜や愛知県で栽培されていた記録がある。

栽培
梅雨時の高温多湿に弱く、根腐れしやすい。蒸れて葉が傷むと病害虫発生の原因になる。梅雨前に収穫を兼ねて剪定をし、花後は花茎を切り詰める。種子は発芽率が低いので、春か秋に挿し木でふやす。根腐れしやすく、センチュウやハダニがつきやすいので気をつける。

クラリセージ
clary sage

別　名：オニサルビア
学　名：*Salvia sclarea* L.
原産地：ヨーロッパ　中央アジア

古くから薬用、香料、観賞用として利用されてきた、オニサルビアとも呼ばれる一・二年草。大きな葉は対生で鋸歯があり軟毛が生じる。花は大きな苞をもち、白または薄紫で円錐花序に多数つける。梅雨前に切り戻す。花穂(かすい)と葉は強い香りがあり精油を採油する。精油成分は酢酸リナリル、リナロール、特徴成分のスクラレオールなどが含まれる。うつ状態、神経の緊張、心や体の緊張を解きほぐし気分を明るくする。また更年期障害や生理不順など、女性特有のさまざまな症状緩和を助けるとされている。

注意……妊娠、授乳中の人、乳幼児は使用しない。クラリセージを使ったあとは車の運転は避ける。アルコールと一緒に用いると悪酔いの原因になる。

～利用法～

利用部位　地上部
味と香り　ヨモギや樟脳のようなツンとした強い香りで、渋味や苦味がある

生の葉にある苦味や渋味は、加熱すると甘味に変わる。イタリア料理の野鳥やウサギ料理、中東の料理カバブなどに使われている。殺菌作用が強いので燻蒸剤や肉類の臭み消しに使い、豚肉との相性は抜群。ガチョウなどの鳥肉、マトン、レバーなど内臓料理にも合う。葉はそのままフリッターにするとおいしく、ソーセージをつくるときにも欠かせない。

煎剤はローション、ヘアトニック、シャンプー、湿布薬、膣洗浄剤、浣腸剤に利用。セージはワインやリキュール類に漬け込むと、強壮や疲労回復に役立つ。葉の浸出液をうがい薬として、喉の痛みや口内炎、歯茎の出血に用いる。髪のケアに用いてもよい。乾燥した葉を細かく砕き粗塩と混ぜ、歯磨き粉として利用できる。

成分………タンニン、カルノソール、ロスマノール
精油成分…ツジョン、カンファー、1,8シネオール、ボルネオール、α-ピネン、リモネン
作用………強壮作用、抗菌作用、抗酸化作用、通経作用、収斂(しゅうれん)作用
効能………精神のバランスを整え気持ちを前向きにしてくれる。ホルモンバランスを整え、女性特有の更年期障害や生理痛等の症状を和らげる。
注意
・妊婦や子どもには使用しない。

コモンセージの園芸品種

ゴールデンセージ
学名：*Salvia officinalis* L. 'Icterina'

パープルセージ
学名：*Salvia officinalis* L. 'Purpurascens'

トリカラーセージ
学名：*Salvia officinalis* L. 'Tricolour'

シソ科

セージ

パイナップルセージ
pineapple sage

学　名：*Salvia elegans* Vahl
原産地：メキシコ　グアテマラ

高さ1〜1.5mになる半耐寒性常緑低木。葉にパイナップルに似た芳香があり、ケーキやティーで楽しむ。日照時間が短くなると開花する短日植物で、晩秋から初冬にかけて真っ赤な花を咲かせる。凍結や霜や寒風を避けて育て、0℃以上で冬越しさせる。大株に育つため、伸び過ぎた枝は花後か春に短く切り戻し、根がよく張るので鉢植えは1〜2年ごとに植えかえる。

エルサレムセージ
Jerusalem sage

学　名：*Phlomis fruticosa* L.
原産地：地中海沿岸

サルビア属ではなくフロミス属の常緑低木。高さ1〜1.5mで、株はよく分枝する。楕円状から卵形の披針状の葉が対生し、葉の両面に多数の白い毛があり厚みのある様子がセージに似ているためにこう呼ばれる。初夏〜秋に黄色の花が茎頂に輪生するさまがユニーク。日当たりのよい乾燥気味の場所を好み寒さには強い。乾燥させても花色を失わないのでポプリなどに利用する。挿し木でふやす。

ホワイトセージ

学名：*Salvia apiana* Jeps.
原産地：カリフォルニア〜メキシコ

高さ1mほどになる半耐寒性常緑低木。茎葉が白い粉に覆われるのが特徴で、白に近い薄紫色の花をつける。アメリカ先住民は茎葉を宗教儀式の焚きものに利用する。アメリカ西海岸の先住民族は種子や茎葉を食用に、根のティーを産後のケアに用いていたという。春先に種子をまくか、挿し木や株分けでふやす。夏の高温多湿に弱いので、梅雨前に切り戻す。

メキシカンブッシュセージ

学名：*Salvia leucantha* Cav.
原産地：メキシコ

学名のままサルビア・レウカンサと呼ばれたり、秋に咲くビロードのような光沢のある紫色の花からアメジストセージとも呼ばれる。生育がさかんで高さ60〜150cmになる半耐寒性多年草。ポプリやドライフラワーに利用される。

チェリーセージ

学名：*Salvia microphylla* Kunth / *Salvia greggii* A.Gray
　　　Salvia × *jamensis* J.Compton
原産地：中米

高さ約1mの半耐寒性常緑低木。丈夫で、赤紫色の花を初夏から秋まで長く咲かせるため観賞に向く。フルーツのような香りがあるのでエディブルフラワーとしても。チェリーセージは花のきれいな中米原産の数種の総称で、写真の'ホットリップス'など多くの園芸品種がある。

シソ科

セボリー

草本のサマーセボリーと木本のウインターセボリーがある。サマーセボリーは豊かな風味で知られ、ウインターセボリーは年間通して収穫できる。

サマーセボリー
summer savory

別　　名：キダチハッカ　セイボリー　サボリー
学　　名：*Satureja hortensis* L.
原産地：地中海沿岸　ヨーロッパ東南部～イラン
気候型：地中海性気候

属名*Satureja*はSatyros「ギリシア神話の半人半獣の精霊」に由来。種小名*hortensis*は「庭の、庭園栽培の」という意味。

特徴・形態
ピリッとしたスパイシーな風味がある。高さ20〜40cmの一・二年草。茎は直立して淡紫色。細長い葉が対生する。初夏から夏に茎の上部に薄桃色の小さな唇形花をいくつか咲かせる。ウインターセボリーより香りは優しくて豊か。

歴史・エピソード
古代ギリシアやローマ時代から内臓料理や肉料理などの臭い消しとして使われていた。また、ヨーロッパでは「豆のハーブ」と呼ばれるように豆料理にも使用していた。ラテン語の属名*Satureja*（サチュレイア）はギリシア神話に出てくる半人半獣サテュロスに由来。サテュロスが森の中でニンフたちを追いかけまわしたというエピソードから、かつては媚薬の材料として利用されていた。ヨーロッパでは東洋からスパイスが入ってくるまで、最も香りのよい香辛料として使われていた。日本には明治時代初期に導入され、ウインターセボリーはその後に伝来。開花時に新芽を摘んで乾燥させて利用する。

栽培
春に種まき、梅雨前に摘芯し、7〜8月に収穫。多湿に弱い。

〜利用法〜

利用部位 葉、花穂
味と香り 刺激的な辛味で独特の強い香り

ヨーロッパではインゲン豆、エンドウ豆などの豆料理に使われる。肉料理、卵料理、煮込み料理、ドレッシング、スープなどに用いると、臭みを消すとともに香りづけに効果的。エルブ・ド・プロバンスやブーケガルニ（P242参照）にも使われるが、香味が強いので量を使い過ぎないように。

ティーでうがいをすれば風邪予防に効果的。スチームパックでは肌の引き締め、消毒に。

成分………フェノール酸、樹脂、タンニン、粘液質
精油成分…カルバクロール、γ-テルピネン、チモール
作用………消化促進作用、健胃作用、整腸作用、強壮作用、利尿作用、発汗作用、防腐作用、血行促進作用、収斂作用
効能………消化を助ける働きや、精神的に疲れているときに気分をリフレッシュさせる働きがあるとされる。
注意
・妊娠中は使用しない。

ウインターセボリー

学名：*Satureja montana* L.
原産地：地中海沿岸　ヨーロッパ南東部～イラン

夏に白〜淡紫色の花を咲かせ、高さ30〜60cmほどの常緑低木。香りはサマーセボリーより強く、肉の臭み消し、煮込み料理に使う。株分け、挿し木でふやす。

セリ科

セリ
water dropwort

別　名	カワナ
学　名	*Oenanthe javanica* (Blume) DC.
原産地	日本　東南アジア諸国
気候型	大陸東岸気候

属名*Oenanthe*はギリシア語oinos「酒」+anthos「花」で古い植物名。種小名*javanica*は「ジャワ島の」の意。

特徴・形態
日本人が好む独特の香りで、高さ30〜40cmになる多年草。湿地やあぜ道などに群落をつくる湿地性植物。茎は地を這って分枝し、7〜8月に花茎を直立させて先端に白い5弁の小さな花を複散形花序につける。長い葉柄をもつ葉は羽状複葉で互生、卵形で鋸歯がある。

歴史・エピソード
春の七草のひとつで、正月7日に七草粥に入れて食べる習慣がある。古くから食用として親しまれており、『万葉集』には「あかねさす昼は田賜(たた)びて ぬばたまの夜の暇(いとま)に摘める芹これ」という歌が載っている。これは男性が芹を摘み、大事な女性に贈った際の歌。『芹摘む』という言葉は平安時代から一種の慣用語として使われ、『枕草子』などにも出てくる。セリの名は、成長が早く競いあって育つさまからきているといわれる。「5月のセリは食べるな」といわれるのは、花が咲き出すと茎葉が硬くなるためと、よく似たドクゼリがこの時期に繁殖するため。江戸時代には鴨鍋にも欠かせない素材だった。

栽培
ドクゼリと間違えやすいので、市販の苗や根つきの野菜から育てる。渓流、湿地、あぜ道などに自生。日当たりから半日陰で育てる。

〜 利 用 法 〜

利用部位	全草
味と香り	独特な清涼感のある香り

おひたし、あえ物、吸い物、鍋物のほか、洋風のメニューにも用いる。

成分	ビタミンB_1、C、ペントサン、ペルシフリン、クエルセチン、β-カロテン、カリウム
精油成分	α-テルピノレン、ρ-シメン、α-テルピネン、β-カリオフィレン
作用	去痰(きょたん)作用、利尿作用、緩下(かんげ)作用、補温作用、食欲増進作用、健胃作用、解毒作用
効能	風邪に対する抵抗力を養い、冷え性を改善、リウマチ痛や神経痛の痛みを和らげるとされる。美肌効果やリラックス効果も期待される。
生薬	水芹(スイキン)：茎葉を乾燥したもの。鎮痛、解熱、健胃に効果的。

オトギリソウ科

セントジョーンズワート
St.John's wort

別　名	セイヨウオトギリソウ
学　名	*Hypericum perforatum* L.
原産地	ヨーロッパ　アジア西部　アフリカ東部
気候型	西岸海洋性気候

属名*Hypericum*は古代ギリシア語で「あらゆる病気や悪魔に打ち勝つ」という意味。種小名*perforatum*は「貫く、孔の開いた」の意味で、葉の腺点をさす。

特徴・形態
古くからキリスト教と関わり深いハーブ。高さ30〜80cmになる多年草。茎は節ごとに分枝して楕円形の葉が対生し、葉には小さな穴に見える腺点がある。夏に集散花序を伸ばして咲かせる5弁の花にはレモンに似た香りがある。日本には仲間のオトギリソウが自生。

歴史・エピソード
セントジョーンズとは、キリストに洗礼を授けた洗礼者聖ヨハネのこと。聖ヨハネの誕生日とされる6月24日ごろに花を咲かせることから、この名がついた。花を絞ったときに出る赤みを帯びた汁が、ヘロデ王によって斬首されたヨハネの血にも例えられる。この時期の正午、太陽の力が最大になったときに収穫すると治癒力が最も強いといわれ、夏至祭にも使われた。また、フランス語の名前には「すべてを癒やす」という意味があり、十字軍の聖地エルサレムの戦場で傷の手当てに使われたとされる。16世紀ごろには魔よけとされ、窓やドアにつるしておくと災害を免れるという言い伝えがある。日本では10世紀ごろ、日本原産のオトギリソウが民間薬として、切り傷や打撲の薬として使われていた。貝原益軒(P191参照)の『大和本草』(P281参照)には止血の効用が書き記されている。

和名の由来は、「昔、鷹飼いの名人が鷹の傷に用いる秘薬として用いたが、ライバルの鷹匠の娘に惚れた弟が秘密をもらしたため、弟を切った」ことから「弟切草」と呼ばれたというもの。葉にある腺点は、このときの弟の血しぶきと伝えられる。

栽　培　生育が旺盛で、地下茎で横に広がる。株分けでふやす。

〜 利 用 法 〜

利用部位	地上部
味と香り	葉にはバルサムの香りがあり、花はレモンの香り

葉や花はリキュールの香りづけに利用する。

ティーは睡眠の質を改善し、落ち込んだり不安な気持ちを和らげ、更年期などのうつ状態に明るさを取り戻すことなどから「サンシャイン・ハーブ」と呼ばれている。花や葉を植物油に漬け込み座骨神経痛、捻挫、傷に利用する。アルコールに漬けたチンキ剤はかゆみ止めのスプレーとしても活用できる。

地上部を使って染色したものはピンク系、茶系、グレー系の光沢のある仕上がりになる。

成分	ヒペリシン、ヒペルフォリン、タンニン、ケンフェノール、ケルセチン
精油成分	メチル-2-オクタン、n-ノナン、メチル-2-デカン、n-ウンデカン、カリオフィレン、α-ピネン
作用	抗うつ作用、抗細菌作用、抗ウイルス作用、鎮静作用、鎮痛作用、収斂作用、抗炎症作用
効能	うつ症状、イライラなど精神不安症状、不眠など、感情をコントロールできない症状の改善、インフルエンザ、ヘルペスなどに有効といわれる。

注意
・妊娠中、授乳中の使用は避ける。・光感作作用を起こす場合がある。・医薬品を服用している場合は使用しない。

フウロソウ科

センテッドゼラニウム

ニオイゼラニウムとも呼ばれ、ペラルゴニウム属のうち芳香のあるものの総称。代表種はトゥルーローズゼラニウムで、ローズと同じ成分を全草に含んでいる。また、ゼラニウム'ブルボン'はトゥルーローズゼラニウムの選抜種である。容易に交雑するため、いろいろな香りの品種が多数ある。

トゥルーローズゼラニウム
rose geranium

別　　名：ニオイゼラニウム　ローズゼラニウム
学　　名：*Pelargonium graveolens* L'Hér. ex Ait.
原産地：南アフリカ
気候型：地中海性気候

属名*Pelargonium*は果実の形が鳥のくちばしに似ているため、ギリシア語pclargos「コウノトリ」に由来。種小名*graveolens*は「香りの強い」の意。

特徴・形態
バラに似た香りで香水原料や化粧品などに利用され、女性に優しいハーブでもある。高さ60〜100cmの非耐寒性低木で、よく枝分かれする。羽状に切れ込んだ葉は軟毛が多くて対生。春〜夏に淡紅色の花を次々に咲かせるが、不稔性で結実しない。

歴史・エピソード
1602年に設立されたオランダの東インド会社の商人たちが、南アフリカからヨーロッパへ持ち帰った。何世紀もの間、素晴らしい治癒力のあるハーブと信じられ、家の周りに植えて悪霊を寄せつけないようにしてきた。1800年代初めにフランスでは香水の原料とするためにグラース地方で商業的な栽培を始めた。日本には江戸時代にオランダ船で渡来したといわれている(明治時代という説もあり)。日本では精油をとるための栽培が1953(昭和28)年に瀬戸内海の小豆島で試験的に始まり、トゥルーローズゼラニウム、パインゼラニウム(*P.denticulatum*)、クロウフットゼラニウム(*P.radens*)が植えられた。

栽　培
冬越しには3℃以上必要で、霜を避けられる日当たりのよい場所か室内で育てる。繁殖は挿し木による。梅雨で蒸れないように、密生した部分や伸び過ぎた茎を切り戻す。

ゼラニウム'ブルボン'

geranium bourbon

学　名	:*Pelargonium graveolens* L'Hér. ex Ait. 'Bourbon'
原産地	:南アフリカ

～利用法～

利用部位 葉、花　　**味と香り** バラと似た香り

生の葉や乾燥した葉をケーキ、ゼリー、プリン、ジャム、ティー、ハチミツなどの香りづけに利用する。花はエディブルフラワーとして利用。

ほぼすべてのタイプの肌のスキンケアに使える。ハーバルバス、ハーブソープ、フェイシャルサウナに利用。精油はローション、クリーム、ルームスプレーや、香水の原料や昆虫忌避剤に使われている。

ポプリに使う。

- 精油成分…シトロネロール、ゲラニオール、リナロール、テルピネンオール、シトラール、イソメントン
- 作用………抗菌作用、抗酸化作用、ホルモン調節作用、鎮静作用、興奮作用、収斂作用、強壮作用、利尿作用、抗炎症作用
- 効能………イライラする気持ちを明るくし、心のバランスを取り戻すのに役立つ。また、ホルモンのバランスを整え更年期障害、月経前症候群などの症状を和らげる。皮脂腺の分泌のバランスをとり、血流を改善するといわれる。

注意
・妊娠中、授乳中の使用は注意。・乳幼児は使用しない。

トゥルーローズゼラニウムの選抜種。1810年フランスのグラースでゼラニウムオイルの生産が始まり、1880年インド洋南西のレユニオン島（旧ブルボン島）に移された。日本では1950年代前半、曽田香料株式会社が瀬戸内海の小豆島でブルボン種の栽培を始めた。

ゼラニウム'ナツメグ'

学名：*Pelargonium fragrans* (Poir.) Willd. 'Nutmug'

アップルゼラニウム系の交配種で、葉はナツメグの香りがする。花芯が赤みを帯びた白花。

ゼラニウム'シナモン'

学名：*Pelargonium crispum* (P.J. Bergius) L'Hér. 'Cinnamon'

レモンゼラニウムの交配種。小さな葉にシナモンのような香り。花は濃いローズピンク。

アップルゼラニウム

学名：*Pelargonium odoratissimum* (L.) L'Hér. ex Ait.

原種のひとつで、甘いリンゴの香りがする。白く小さな花は上弁に赤紫色の斑が入る。

リンドウ科

センブリ
senburi

学　名	*Swertia japonica* Makino
原産地	日本
気候型	大陸東岸気候

属名*Swertia*は16世紀オランダの植物学者エマヌエル・スウェールツ(P278参照)にちなむ。種小名*japonica*は「日本の」という意味。

特徴・形態
とても苦いが、胃腸薬として使われている。高さ10～30cmの一・二年草。1年目は根生葉のみが生え、2年目に草丈を伸ばして開花する。根元から分枝する茎に、線形から狭披針形の葉が対生。白地に紫色の筋が入った星形の5弁花を秋につける。

歴史・エピソード
日本ではゲンノショウコ、ドクダミと並び三大民間薬のひとつとされる。いつごろから用いられたかは明らかではないが、遠藤元理の『本草弁疑』(P281参照)に「腹痛の和方(日本古来の医術)に合するには、この当薬を用いるべきなり」と記述されている。また虫よけとしても利用され、寺島良安の『和漢三才図会』(P281参照)に、センブリで子どもの肌着を黄色に染めてノミやシラミから守ったと記されている。江戸後期の飯沼慾斎の『草木図説』(P280参照)にはセンブリを「……邦人採テ腹痛ヲ治シ、又ヨク虫ヲ殺ス……」という記述がある。大正9年改正の第4版の「日本薬局方」(P280参照)に収載された。センブリ(千振)の名前の由来は、千回振り出して(煎じて)もまだ苦味が残っているということから名づけられたといわれる。「当(まさに)薬である」ということから生薬名は「当薬(トウヤク)」とつけられた。1979年に長野県で本格的な栽培が開始。近年ではセンブリを使用した養毛剤が市販されている。

栽　培
国内各地の野山に自生する。日当たりのよい湿った土を好む。種まきでふやす。

～ 利用法 ～

利用部位 全草

 円形脱毛症などの養毛にティーを飲用。煎じ液を洗髪後に脱毛部分にすり込んで用いる。

成分………スエルチアマリン、スエルチアニン、スエルチアノリン
作用………健胃作用、整腸作用
効能………食べ過ぎ、消化不良、食欲不振などに用いられる。唾液、胆汁、胃液、膵液などの消化液の分泌を増し胃の働きをよくする。民間薬で使われている。
注意………
・衰弱の激しい人、冷え性の人、また妊婦は使用しない。
・胃潰瘍のときに使うと胃液を出し過ぎるので使わない。
生薬………
当薬(トウヤク)：開花後に全草を採取し、天日干ししたもの。胃痛、腹痛、下痢に効果的。

ナデシコ科

ソープワート
soapwort

別　名：シャボンソウ
学　名：*Saponaria officinalis* L.
原産地：ヨーロッパ　アジア西部
気候型：西岸海洋性気候

属名*Saponaria*はラテン語sapo「せっけん」に由来し、粘液質の汁が水で泡立つことから。種小名*officinalis*は「薬用の」の意味。

特徴・形態
葉が天然のせっけんとして利用されてきた。高さ20～100cmになる多年草。7～9月に一重の淡いピンク色の花が咲く。光沢のある楕円状披針形の葉は対生し、道端で育つほど強健。多くの園芸種がある。繁殖は株分けで。

歴史・エピソード
古代ローマ人はソープワートを柔軟剤として使用し、かつては皮膚病の治療にも使われていた。全草にサポニン系の物質を含んでいて、この成分が洗浄成分として働き、ヨーロッパでは大昔からせっけんや洗剤のように使用していた。中世では洗い物をする水車小屋のそばには必ずソープワートを植えたという。スイスのアルプス地方では、現在でも遺跡から出土した品物や高級羊毛製品用の洗浄液として使用されている。一重咲き種は古くから日本に入り、野生化している。

～ 利用法 ～

利用部位 全草　　**味と香り** ほのかな甘い香り

全草を30分ほど煮出してつくるせっけん液を活用する。繊維を傷めないので、デリケートな物の洗濯や洗髪にも用いる。

成分………サポゲニン、キュラル酸、ギュプソニン酸
作用………発泡作用、殺菌作用
効能………外用として腫れ物や湿疹の緩和に利用される。
注意
・根は有毒なので口にしない。

タデ科

ソレル
garden sorrel

別　名：スイバ　スカンポ　オゼイユ
学　名：*Rumex acetosa* L.
原産地：北半球の温帯地域
気候型：西岸海洋性気候

属名*Rumex*はラテン古名とも、rumex「槍」のことで葉形が似ているともいわれる。種小名*acetosa*は「酸味のある」という意味。

特徴・形態
葉は酸味があり、フランス料理のスープなどに使われる。高さ40～90cmの多年草。葉は長さ10～20cmの長楕円形。上部が赤みがかった淡緑色の小花が初夏から円錐花序に咲く。日陰から半日陰のほうが柔らかい葉になる。

歴史・エピソード
大プリニウス（P191参照）は野生のソレルの葉を摘み、麦とともに食べることを勧めた。16世紀初めのイギリスで食欲を増進するハーブとして使われ、カッコウがこの草をよく食べることから「カッコウのご飯」とも呼ばれる。日本には明治初めに渡来。

～ 利用法 ～

利用部位 葉
味と香り 酸味、ツンとした酸っぱい香り

 若葉はグリーンの色とレモンに似た酸味を生かしてソースやサラダ、卵料理など。

 タイムとのブレンドティーが鼻炎や気管支炎や、リウマチやへんとう炎にも効果的。

葉の液汁は銀製品のさびや枝編み細工のかびとりなどに用いられる。

成分………プロシアニジン、カテキン、プロペラルゴニン、シュウ酸、シュウ酸塩、酒石酸、ビタミンC
作用………抗真菌作用、利尿作用、収斂作用、強壮作用
注意
・シュウ酸などが多いので子どもや高齢者の使用には注意。
・リウマチ、痛風、腎臓結石、胃酸過多の人は使用しない。

タデ科

ソバ
buckwheat

学　名：*Fagopyrum esculentum* Moench
原産地：中央アジア〜中国東北部
気候型：大陸東岸気候

属名*Fagopyrum*はラテン語fagus「ブナ」+ギリシア名pyros「小麦、穀物」により、三稜をもつ果実がブナの実に似ていることから。種小名*esculentum*は「可食の、食用となる」という意味。

特徴・形態
高さ60〜130cmになる一・二年草。葉は長さ5cmほどの三角形。茎の先端に白、淡紅、赤の小花を総状花序で多数つける。長さ約6mmになる果実は角（稜）が3つあり、果皮は黒、茶褐色、銀色。

歴史・エピソード
日本に最も古く伝来した穀物としてはヒエ、シコクビエ、アワ、キビ、ソバ、イネの6種がある。ソバは縄文時代末期に中国から朝鮮半島を経て伝来したのではないかと推測されている。文献上最も早く登場するのは平安時代初期の勅撰史書『続日本紀（しょくにほんぎ）』で、722（養老6）年に元正天皇が「勧農の詔（かんのうのみことのり）」を発し、備荒作物または救荒植物（P278参照）としてソバ、アワ、ムギを栽培し、凶年の蓄えとすることを諸国に奨励したと記されている。忍者や行者たちが何日も世俗を離れて生活するとき、そば粉を携帯食料として持って行ったといわれる。『倭名類聚抄（わみょうるいじゅしょう）』（P281参照）や『古今著聞集（ここんちょもんじゅう）』（P279参照）によると、ソバの古名として曾波牟岐（ソバムギ）あるいはソマムギといい、曾波という文字が使われていた。蕎麦という文字を使い始めたのは12世紀の中期以降だとされている。今日のように刃物で切って麺にする食べ方は、江戸時代になって広められた。

栽　培
冷涼で痩せた土壌で栽培できる。種まきから70〜80日程度で収穫できる。春まきの4〜6月の夏ソバと夏まきの7〜8月の秋ソバがある。

〜 利 用 法 〜

利用部位　種子、果皮

- 種子をそば、そばがき、そば餅、菓子に使う。
- 打ち身、捻挫、腫れ物に、そば粉を酢と水でこねて患部に貼る。
- そば殻（果皮）は枕などに使う。

成分………ルチン、ビタミンB_1、B_2、B_6、E、トリプトファン、クエルセチン、コリン、タンニン、デンプン、食物繊維、カリウム、リン、カルシウム、鉄分、オレイン酸、リノール酸、パルミチン酸
作用………止血作用、抗炎症作用、血圧降下作用、利尿作用
効能………肝臓に脂肪がたまるのを防ぐのに役立つ。毛細血管の弾力を守り、高血圧の予防、出血を防ぎ、皮膚や筋肉の血管を拡張し脂肪代謝を促進する。
注意
・ソバアレルギーのある人は使用しないこと。
生薬
蕎麦（キョウバク）：全草を採取し日干しにしたもの。消炎、止血、毛細血管強化、高血圧に効果的。

アブラナ科

ダイコン
Japanese radish

別　名：スズシロ　オオネ
学　名：*Raphanus sativus* L.
原産地：地中海沿岸
気候型：地中海性気候

属名*Raphanus*は発芽が早いことからギリシア語のraphanos「早く割れる」に由来。種小名*sativus*は「栽培した、耕作した、播種の」という意味。

特徴・形態
根の大きさや色など多様な品種がある一・二年草。地中には肥大した根のほか、葉を葉ダイコン（大根）、双葉と胚軸をカイワレダイコンとして食す。長い葉が羽状に深く裂ける。

歴史・エピソード
原産地のギリシアやローマでは古代から重要な野菜として、カブは鉛、ビートは銀、ダイコンは金に比すべきものとされ、アポロの神殿に供物として捧げられた。日本には弥生時代に中国から朝鮮半島を経て伝わった。

栽　培　全国各地の環境に適した品種がある。連作障害があり、センチュウにも注意する。

～利用法～

利用部位　葉、根、胚軸
味と香り　みずみずしいほのかな甘味

🍴 加熱料理や生食、保存には漬け物や乾物に。辛味を生かして香辛料や薬味にもなる。

👩 ダイコンおろしは胃もたれや二日酔いに。風邪の発熱や咳には、刻んだダイコンにハチミツを加えて浸したものを飲むとよい。

成分………ビタミンC、ヒドラドペクチン、アデニン、ヒスチジン、アルギニン、イソチオシアネート
作用………発汗作用、解熱作用、利尿作用、消化促進作用
効能………初期の風邪の咳に効果的。ジアスターゼは消化促進に役立つ。
生薬………
莱菔子（ライフクシ）：成熟種子を天日干ししたもの。発汗、解熱、鎮咳に効果的。

ウコギ科

タラノキ
taranoki

別　名：タランボ
学　名：*Aralia elata* (Miq.) Seem.
原産地：日本　東アジア
気候型：大陸東岸気候

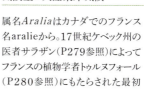

属名*Aralia*はカナダでのフランス名aralieから。17世紀ケベック州の医者サラザン（P279参照）によってフランスの植物学者トゥルヌフォール（P280参照）にもたらされた最初の標本についていた名称。種小名*elata*は「高い」という意味。

特徴・形態
若芽はタラノメと呼ばれる山菜。高さ2～4mになる落葉低木。分枝の少ない幹が直立し、羽状複葉が互生。楕円形の小葉は枝や葉に細かいトゲが生える。7～8月に小さな白い花をつける。根伏せでふやす。

歴史・エピソード
特有の香気と味覚で最上位にランクされている山菜のひとつ。名前の由来はトゲを意味する古語「タラ」で、ウドと同様に山菜の王様と呼ばれている。かつては北海道から東北地方で狩猟を行っていたマタギが春に栄養補給食物としてタラノメを採取して食した。

～利用法～

利用部位　新芽、樹皮、根皮
味と香り　特有の香りと苦味

🍴 新芽は天ぷら、おひたし、かす漬け、あえ物、ホイル焼きなど。

👩 樹皮や根皮は民間薬として糖尿病によいとされている。

成分………α-タラリン、β-タラリン、アラロサイド、ヘデラゲニン、オレアノール酸、プロトカテキン酸、トリグリコシド、コリン、β-シトステロール
作用………抗酸化作用、抗腫瘍作用、肝臓保護作用、健胃作用
効能………糖尿病予防効果がある。
生薬………
楤根（ソウコン）：秋から3月までに採取した根皮を、刻んで天日干ししたもの。健胃、整腸、強壮に効果的。

ショウガ科

ターメリック

ターメリック（ウコン）の仲間は最も価値の高いハーブのひとつで、原産地では神聖な植物とされている。代表的な3種はよく似ているが、成分は大きく異なり、花の特徴で見分けられる。ターメリックは葉の中心から花序を出し、緑白色の苞葉（ほうよう）に花冠は白く唇弁に黄色の輪が入り、上部の苞は白色。ハルウコンは上部の苞がピンク色、ガジュツは葉の中心を外れて花序を出し、上部の苞は赤紫に色づく。

ターメリック
turmeric

別　名	ウコン　アキウコン（秋鬱金）
学　名	*Curcuma longa* L.
原産地	インド　東南アジア
気候型	熱帯気候

属名*Curcuma*はアラビア語kurkum「黄色」から派生、カレーの色素を意味する。種小名*longa*は「（ムクロジ科の植物）リュウガンの」という意味。

特徴・形態

根茎の中は濃い黄色でカレー粉の原料、たくあん漬けなどの着色料として使われてきた非耐寒性多年草。夏から秋に開花するのでアキウコンとも呼ばれる。葉の長さは約40cm、長楕円形で先が尖り、葉脈ははっきりして厚みがある。葉の表裏ともにつるつる。黄橙〜淡黄色になる根茎の切断面の色の違いも、ハルウコンなどと見分けるポイントになっている。

歴史・エピソード

インドでは紀元前から栽培され、生育が旺盛なことから生命力を象徴するものとして、ヒンドゥー教の儀式に用いられる。インドや東南アジアではポピュラーなスパイスで、料理や布、糸の着色に多く用いられる。ス

リランカやタイの僧の衣もターメリックによる染色。インドネシアではターメリックライスがお祝い事に用いられ、儀式のときや魔よけの意味でターメリックを使って体を染める習慣がある。日本では平安時代、鬱金（ウコン）の名で密教の「五香」のひとつとされ、香合わせに使われていた。16世紀ごろには琉球で栽培が始まり、江戸時代中期には一般に流布し、貝原益軒（かいばらえきけん）の『大和本草（やまとほんぞう）』（P281参照）にもその名が書かれている。昔はターメリックで染めた（鬱金染め）風呂敷で書画骨董や大切な衣類を包んだり、乳児の肌着を染めて虫よけとした。

栽　培

10℃を保てる暖地では戸外で栽培できる。春に根茎を横に伏せ、用土をかぶせる。夏の乾燥を防ぐため敷きわらや腐葉土でマルチングをするとよい。秋に葉が黄色くなって地上部が枯れたら、根茎を掘り上げる。

〜 利用法 〜

利用部位	根茎
味と香り	やや土臭くショウガに似た苦味と辛味

🍴 ゆでて皮をむき乾燥させたパウダーを使う。カレー粉の原料で、インド料理などの着色に欠かせない。肉料理、魚介料理やピラフ、ピクルス、マスタードなどの着色にも使われる。ターメリックの色素は水に溶けにくく油に溶けやすいので油と一緒に使うとよい。

👩 パウダーを水で練り、痔や創傷、関節炎の外用に使われる。化粧品としてクリーム、パック剤などにも使われている。

成分………クルクミン、鉄分、多糖類
精油成分…ターメロン、ジンギベレン、フェランドレン、シネオール
作用………胆汁分泌促進作用、解毒作用、抗酸化作用、抗菌作用、利尿作用、抗炎症作用、消化促進作用
効能………肝臓障害を予防し、肝機能強化促進に役立つ。体を温める力があり冷え性を改善するほか、鉄分を多く含んでいるので貧血の予防に役立つ。二日酔いの予防と症状の改善にも効果的。
注意
・胆嚢疾患、潰瘍、胆石の患者は使用しない。
・サプリメントなどで多量の服用は注意。
生薬
鬱金（ウコン）：根茎を秋に採取し、生のまま、または乾燥したもの。利胆、消炎、抗菌、通経、止血に効果的。

ハルウコン
wild turmeric

別　名：春鬱金　キョウオウ
学　名：*Curcuma aromatica* Salisb.
原産地：インド

苦味が強いので食用に向かないが、健康食品として使われる。根茎の切断面はやや薄い黄色。高さ90〜140cmと大型の薬用植物。葉は互生して表面は鮮緑色、裏はビロードのような繊毛がある。花期は5〜6月。種小名*aromatica*は「芳香のある、よい香りの」という意味。

栽　培　3月下旬〜5月中旬に日当たりのよい場所で、多少湿った土に植える。秋に葉が黄色くなったころに収穫。

成分………フラボノイド、カルシウム、マグネシウム、リン、鉄分、クルクミン
精油成分…シネオール、パラメチトルイルカピノール、クルクモール、エレメン、ターメロンカンフェン、カンファー、アズレン
作用………健胃作用、消化促進作用、利尿作用、殺菌作用、防腐作用、止血作用、胆汁排出促進作用、血液循環作用
効能………免疫機能を高めて成人病といわれる多くの症状を改善し、肝臓の解毒を助けるとされる。血液の循環を促進し血管を柔らかくし、動脈硬化を防ぐ効果も期待される。

ガジュツ
zedoary

別　名：ムラサキウコン（紫鬱金）　ナツウコン（夏鬱金）
学　名：*Curcuma zedoaria* (Christm.) Roscoe
原産地：インド　マレーシア

根茎は健胃薬として利用するが、黄色の色素であるクルクミンは含まないので根茎内部は薄青色。高さ50〜100cmでターメリックに似た草姿ながら、長楕円形の葉中央にある太い葉脈沿いが赤紫を帯びる特徴がある。葉の表裏ともにつるつるしている。花は晩春〜夏に咲く。ターメリックに比べて寒さに弱いので、日本では屋久島や沖縄で栽培されている。植えつけ時期は4月上旬〜6月下旬。

成分………デンプン
精油成分…クルゼレノン、1,8-シネオール、シメン、α-フェナンドレン、β-ユーデスモール
作用………抗潰瘍作用、駆風作用、通経作用、健胃作用、血管拡張作用
効能………胃潰瘍、胃腸薬、とくにピロリ菌によるものに対して治療薬として使われている。

シソ科

タイム

タイムは常緑低木で、立ち性や匍匐性という形状や香りなどの違う品種がたくさんある。
その中で一般的にタイムといえばコモンタイムをさし、シルバーやゴールデンなどの斑入り品種もある。
形状はコモン、レモン、シルバー、ゴールデンなどが立ち性で、毛で覆われた茎葉が特徴のウーリータイム、
クリーピングタイム、イブキジャコウソウなどが匍匐性である。

コモンタイム
common thyme

別　名：タチジャコウソウ
学　名：*Thymus vulgaris* L.
原産地：地中海沿岸　西アジア　北アフリカ
気候型：地中海性気候

属名*Thymus*はギリシア語thymos「香らせる」に由来（寺院に香りを広げ浄化するために薫香として用いられていた）。種小名*vulgaris*は「普通の、通常の」の意味。

特徴・形態

加熱しても香りが飛ばないので、香りづけや臭み消しに利用する。高さ30cmほどで立ち性の常緑小低木。葉は細かく肉厚で対生する。枝は針金のように細い。初夏から夏に淡紅色、白色、藤色などの小さい花を多く咲かせてハチを呼ぶ蜜源植物。

歴史・エピソード

タイムの歴史は古く、初めて用いたのは紀元前3500年ごろのシュメール人とされ、メソポタミアの粘土版医学書に薫香に用いたと記載されているという。古代エジプトでは防腐効果が高いのでミイラの防腐剤に使用し、空気の浄化や疫病蔓延の予防に使った。ディオスコリデス（P191参照）の『薬物誌』のラテン語の写本（15世紀）には、当時のタイム売りの絵が描かれている。タイムの匂いを嗅ぐだけで勇気と強さが得られると思われており、中世の貴婦人は、1枝のタイムとミツバチを刺繍したスカーフを、戦に出陣する恋人や夫の騎士に贈る習わしがあった。花はミツバチが好むことで知られ、17世紀の

（左）細い枝についた葉は小さな卵形で対生する。（右）初夏に咲くコモンタイムの花。

イギリスのハーブガーデンではミツバチの巣箱近くに植えられた。日本には明治初年に渡来したが、主として観賞用園芸植物として植えられた。

栽　培
高温多湿に弱りやすいので、枝葉を梅雨前に刈り取って風通しをよくし、乾燥気味に育てる。種まき、挿し木、取り木でふやす。

~ 利用法 ~

利用部位	地上部
味と香り	独特の強い風味、薬臭い香りでほろ苦い味

🍴 地中海地方で料理に用いられるハーブの中で最も万能な代表格。肉や魚介類、野菜など多彩な素材とよく合う。長時間煮込んでも風味を保つのでブーケガルニ（P242参照）にも用いる。また、ソーセージ、サラミ、パテ、ピクルス、ビネガーやオイル各種ソースの保存料や香辛料としても欠かせない。鯛やタコなどとご飯に炊き込んでも合う。

☕ ティーは風邪予防、インフルエンザ、気管支炎や咳止めにも有効とされる。

 浸出液は口臭予防、口内炎、喉の痛みのうがい薬として、また化膿した傷の消毒にも役立つ。

成分	苦味物質、タンニン、フラボノイド、サポニン
精油成分	チモール、カルバクロール、オイゲノール、リナロール、β-カリオフィレン、α-ピネン、テルピネン-4-オール、ボルネオール
作用	抗菌作用、殺菌作用、鎮痙（ちんけい）作用、鎮痛作用、防腐作用、消毒作用、去痰（きょたん）作用、利尿作用、鎮咳（ちんがい）作用
効能	消化不良、気管支炎、感染症、喘息の発作や風邪の症状などを軽減するほか、記憶力や集中力を高め、リウマチ、痛風、関節炎の痛みを緩和する。

注意
・妊娠中、高血圧やてんかんの症状のある人は使用しない。

レモンタイム
学名：*Thymus × citriodorus* (Pers.) Schreb.

レモンのような香りで、フレッシュで使うことが多い。夏に桃色〜薄紫色の花が咲く。

シルバータイム
学名：*Thymus vulgaris* L. 'Silver Posie'

葉にシルバーの縁取りが入るタイプで、料理にも使える。立ち性で花は桃色。

ゴールデンレモンタイム
学名：*Thymus × citriodorus* (Pers.) Schreb. 'Aureus'

葉に黄色の縁取りが入り、秋には緑との対比が色鮮やかで、かすかにレモンの香りがする。立ち性。

タイム……コモンタイム／レモンタイム／シルバータイム／ゴールデンレモンタイム

シソ科

タイム

イブキジャコウソウ
ibukijakousou

別　名：イワジャコウソウ
学　名：*Thymus quinquecostatus* Celak.
原産地：アジア東部

クリーピングタイムの亜種で、日本に唯一分布するタイム。日本の低山から高山帯の日当たりのよい草地や岩礫地に自生する。紫紅色の花を咲かせる。滋賀県の伊吹山に自生し、全草にジャコウのような香りがあることから、伊吹麝香草（イブキジャコウソウ）となった。

〜 利用法 〜

利用部位 地上部

 料理の香りづけに利用。

 風邪症状や喉の痛みに飲用。うがいにも利用できる。

 歯磨き粉の香料などにも使用する。

成分	タンニン、フラボン、苦味質
精油成分	ρ-シメン-3-オール、ρ-シメン-2-オール、ρ-シメン、β-リナロール、カンフェン、チモール、カルバクロール、ピネン
作用	発汗作用、利尿作用、収斂作用、鎮痛作用、鎮咳作用、去痰作用、強壮作用
効能	風邪、痰、咳、頭痛の症状を和らげる。保温性があるので血行をよくする働きがあるとされる。
注意	・アレルギー性皮膚炎、湿疹のある人は使用しない。
生薬	百里香（ヒャクリコウ）：全草を刈り取り、土を除いて陰干ししたもの。発汗、収斂、強壮、利尿、解熱、鎮咳に効果的。

クリーピングタイム
creeping thyme

別　名：セルピルム　ワイルドタイム
学　名：*Thymus serpyllum* L.
原産地：ヨーロッパ　北アフリカ　北アメリカ北東部

ヨーロッパなどに広く分布する種で、高さ10〜15cmの匍匐性タイム。種小名*serpyllum*は「這う」を意味する。花色はピンクや白花などで、葉に黄色い縁取りの入る品種もある。ティーは風邪の予防や喉の痛みに効果的で飲みやすい。

ウーリータイム
woolly thyme

学　名：*Thymus praecox* subsp. *britannicus* (Ronniger) Holub

匍匐性で横に生え広がる。毛で覆われた葉はウールのような感触で、花は薄桃色。ヨーロッパ原産。

キク科

タラゴン
french tarragon

別　名	フレンチタラゴン　エストラゴン
学　名	*Artemisia dracunculus* L.
原産地	中央アジア〜シベリア　北米
気候型	地中海性気候　高地気候

属名*Artemisia*はギリシア神話の女神アルテミス（ローマ神話のディアーナとも）から名づけられたヨモギの古名、婦人病に効くためという説もある。種小名*dracunculus*は「竜（小さなドラゴン）」の意味。茶色の根がとぐろを巻いているように見えるところから。

特徴・形態
繊細な風味と独特の香りをもつ葉がフランス料理に欠かせない。高さ40〜50㎝の多年草で、根茎が地下で横に這う。葉は互生で上部の葉は線形の柳葉。花はめったに咲かない。

歴史・エピソード
料理に使われはじめたのは中世以降といわれ、それ以前は毒蛇や毒虫などの噛み傷の治療に効果があると信じられていた。12世紀末スペインに生まれた植物学者・薬剤師イブン・バイタールは『薬と栄養全書』に「薬を飲む前にタラゴンの葉を口に含むと薬の味を和らげることができる」と記している。日本には1915（大正4）年に渡来したが、薬草の見本として植えられただけだった。

栽培
日本では花はほぼ咲かず、挿し木や株分けでふやす。日本のような高温多湿の気候には弱い。

〜 利用法 〜

利用部位 地上部
味と香り ほろ苦い味と甘い芳香をもつ

 フランス料理によく使われ、フィーヌゼルブ（P242参照）やエスカルゴ料理の風味づけに欠かせない。料理の世界ではフランス名のエストラゴンが定着している。鶏肉料理などで臭みを消すためにも使われる。野菜、卵や生クリームなどを用いる料理と相性がよい。新鮮な葉を使い、保存には若葉をオリーブオイルや米酢に漬け込んで、サラダドレッシングなどに利用。

ティーには体を温める作用があるとされる。また、口中清涼剤としても用いられる。

成分	ミネラル、ビタミンC、β-カロテン
精油成分	アネトール、β-オシメン、メチルユーゲノール、β-ファルネセン、メチルチャビコール、フェランドレン、リモネン、ミルセン
作用	抗痙攣（けいれん）作用、抗菌作用、消化促進作用、健胃作用、通経作用、利尿作用、駆虫作用、鎮痛作用
効能	食欲を増し、全身強壮に効用があるといわれる。生殖器系の疾患にも効用があるとされ、生理不順、ホルモンバランスを整えるのに使われる。
注意	・キク科アレルギーの人、妊婦、幼児は使用を控える。

ロシアンタラゴン

学名：*Artemisia dracunculoides* Pursh
原産地：北アメリカ　ヨーロッパ北部　シベリア

フレンチタラゴンより丈夫で高さ約1mになるが、芳香はほとんどなく、風味が落ちる。種小名*dracunculoides*は「竜のような」という意味。葉は小さく細長く、灰緑色の小花を穂状（すいじょう）につける。フレンチ種と異なり種子ができるので、春から秋に種まき。水やりや肥料は控えめに育てる。

タイム……イブキジャコウソウ／クリーピングタイムなど　●タラゴン／ロシアンタラゴン

キク科

タンジー
tansy

別　名	ヨモギギク
学　名	*Tanacetum vulgare* L.
原産地	ヨーロッパ　アジア
気候型	西岸海洋性気候

属名*Tanacetum*はギリシア語athanasia「不死」からラテン名tanazitaが生じて、長もちする花にちなむ。キクの属名*Chrysanthemum*「黄色い花をつける」で表記されることもある。種小名*vulgare*は「普通の、通常の」の意味。

特徴・形態
乾燥しても強い香りをもつ葉が防虫や殺虫、昔は儀式の料理などに使われていた。高さは80〜120cmの多年草。羽状複葉で鋸歯(きょし)があり長さ10〜15cm、互生してシダのような葉の形をしている。先端近くで枝分かれする茎に、7〜10月ごろ黄色いボタン状の花を放射状に密集して咲かせる。

歴史・エピソード
16世紀には消毒や殺虫の散布用として重要なハーブだった。ヨーロッパでは四旬節(しじゅんせつ)(P279参照)の断食後の浄化ハーブとして儀式などに使われる。ユダヤ教の過越祭(すぎこしさい)(P279参照)用の苦いハーブとしても象徴的に使用され、少量の葉を焼き込んだタンジーケーキやカスタードプディングがつくられてきた。また、中世では肉に葉の香りをこすりつけ、ハエが卵を産みつけることを防いだり、食料貯蔵室の窓や戸口にぶら下げてハエよけにした。ペストが流行した時代、ノミや害虫を退治するために床にまいたストローイングハーブ(P279参照)のひとつ。北海道には変種のエゾヨモギギクが自生している。

栽　培
暑さ寒さに強く丈夫で生育も旺盛、地下茎が伸びてふえる。繁殖は種まき、株分け、挿し木で。

〜 利 用 法 〜

利用部位　地上部
味と香り　アクの強い苦味
　　　　　　樟脳に似たツンとする香り

🍴 シャルトリューズ酒の原料のひとつ。現在、食用としては使われない。

👩 煎剤を殺虫・消毒用や外用薬、疥癬(かいせん)の手当てや関節リウマチの湿布剤として用いる。

🏠 切り花やドライフラワー、防虫用としてカーペットの下やモスバッグ(防虫用サシェ)などに使われる。枝葉からはグリーンがかった黄色、頭花からは鮮やかな黄色の染料がとれる。

成分	タンニン、タナセチン
精油成分	カンファー、1,8-シネオール、ピノカンフォン、クリサンセニルアセテート、ボルニルアセテート
作用	鎮痛作用、駆虫作用、防虫作用、殺菌作用
効能	回虫やサナダムシなどの寄生虫駆除に有効とされる。
注意	

・妊娠中、授乳中は使用しない。

キク科

ダンデライオン
dandelion

別　名：セイヨウタンポポ　ダンデリオン
学　名：*Taraxacum officinale* Weber ex F.H.Wigg.
原産地：ヨーロッパ
気候型：西岸海洋性気候〜寒冷気候

属名 *Taraxacum* はアラビア語 tharakhchakom「苦い草」に由来し、ギリシア語 taraxos「病気」にちなむなどとされる。種小名 *officinale* は「薬用の、薬効のある」の意味。

特徴・形態
日本在来のタンポポとは近縁種で、花や若葉を食用、根をタンポポコーヒーに用いる。高さ20〜40cmの多年草。葉は緑色で大きく羽状に切れ込む。葉や茎を傷つけると白い乳液が出る。多くは4〜7月に鮮やかな黄色い花を咲かせ、白い綿毛のついた種子をつける。花弁の下を覆う緑色の総苞片が下に向かって反り返るところが、日本の在来種と見分けるポイント。

歴史・エピソード
古代ギリシア時代は全く知られず、中央アジアの諸民族がヨーロッパに持ち込んだと推定されている。繁殖力が旺盛なので、現在では全世界に自生。ヨーロッパの医学者が優れた効用を認めるようになったのは16世紀のころ。フランスでは軟白栽培したものをサラダなどに用い「ピサンリ」と呼ばれるが、これは「寝小便」という意味で、葉に強力な利尿作用があるため。ヨーロッパでは「おねしょのハーブ」といわれている。焙煎した根はコーヒーとして飲む。日本に入ったのは明治時代で札幌農学校の教師ブルックスが野菜用に北米から種子を取り寄せて栽培したといわれる。現在は日本のタンポポに取って代わるほど野生化し、侵略的外来種に指定されている。

栽培
道端や野原に自生する。種まきでふやす。

~ 利用法 ~

利用部位 全草　**味と香り** ほろ苦い味

若葉は柔らかく香りや味もまろやかなのでサラダパスタにしたり、湯通しし水にさらしておひたしにする。葉と花は、天ぷらにする。秋に成長し大きくなった根を採取してよく洗い、刻んで乾燥、焙煎するとノンカフェインのタンポポコーヒーが楽しめる。花をワインに漬けてタンポポ酒にする。

茎から出る乳白色の汁はイボ、ウオノメ、タコに効果があるとされる。全草は黄色〜黄緑色に、根は深紅色の染料になる。

成分	タラキサシン、ステロール、チコリ酸、シナピン酸、ビタミンB、C、D、鉄分、カロテノイド、タンニン、フラボノイド、イヌリン、サポニン
作用	胆汁分泌促進作用、抗炎症作用、収斂作用、発汗作用、解熱作用、利尿作用、緩下作用、消炎作用
効能	胃の働きを強化して消化を助け、胆汁の分泌を促進して肝臓の働きを助ける。風邪のひきはじめの発熱に効果的。体の中の余分な水分や老廃物を排出し、むくみの改善に役立つ。便秘、貧血症状の改善、口内炎など粘膜の炎症に有効性がある。

注意
・薬剤を服用している人は必ず医師に相談する。
・多量摂取は妊婦の子宮出血や流産の原因になることがあるので、妊娠中は使用しない。
・血圧を下げるので低血圧の人は注意。
・キク科アレルギーのある人は注意。

クマツヅラ科

チェストツリー
chaste tree

別　名：セイヨウニンジンボク
学　名：*Vitex agnus-castus* L.
原産地：南ヨーロッパ　西アジア
気候型：地中海性気候

属名*Vitex*は、この属の植物でカゴを編んだためラテン語のvieo「結ぶ」に由来。種小名*agnus-castus*はラテン語agnus「神の子羊」＋castus「けがれない」の合成語から。

花のあとにできる果実がチェストベリー。

特徴・形態
女性ホルモンを調整する作用があるので「女性のハーブ」とも呼ばれている。高さ2〜3mの落葉低木。披針形（ひしんけい）の小葉からなる掌状複葉（しょうじょう）。花期は7〜9月、淡い紫色の小さな唇形花を円錐花序（えんすいかじょ）につけ、チェストベリーと呼ばれる果実を結ぶ。株全体に爽やかな香りがある。

歴史・エピソード
かつて小さな黒い実は生や乾燥させたものを使い、ペッパーの代用にされ、世界各地で栽培されていた。昔から生理不順や更年期障害など、女性特有の症状に対して作用のあることが知られていた。また男性の性欲を抑制する作用があるとして修道院で用いられることもあり、「修道士のコショウ」の名でも呼ばれた。近年ドイツなどで化学的な研究が進み、ホルモンに類似した成分が脳下垂体に作用することが解明されている。日本には明治中期に渡来した。

栽培
耐寒性、耐暑性があり育てやすい。挿し木でふやす。冷涼な地域では結実しにくい。

〜 利用法 〜

利用部位	果実
味と香り	全体に芳香があり 種子は辛味のあるレモンのような香り

🍴 昔はモロッコのスパイス料理にコショウの代わりに用いられていた。

☕ 女性のハーブとしてさまざまな症状に効果的。

成分………ルテオリン配糖体、ビテキシン
作用………殺菌作用、抗菌作用
効能………女性ホルモンの一種であるプロゲステロンの分泌を促すとされ、生理不順、生理前に胸が張る、体がむくむ、イライラした気分になるなどの、月経前症候群（PMS）の諸症状に効果的。また、ほてりや寝汗といった更年期障害に有用な女性のためのハーブとして期待されている。

注意
・妊娠中や授乳中、子どもの使用は避ける。

キク科

チコリ
chicory

別　名：アンディーブ　キクニガナ
学　名：*Cichorium intybus* L.
原産地：ヨーロッパ
気候型：西岸海洋性気候

属名*Cichorium*はアラビア語kio「行く」+ chorion「畑」から変化した植物名で、サラダや根菜を意味するギリシア語kichoraに由来する。種小名*intybus*はキクチシャのアラビア古名から。

特徴・形態
フランス語でアンディーブと呼ぶ軟白栽培（チコン）の葉を生で食べるほか、乾燥させた根をティーなどで楽しむ。高さ1〜1.5mほどの多年草。茎の上部と下部では葉の形が異なる。花は6〜10月に咲く、直径3〜4cmで青紫色の美しい頭花は朝開いて昼には閉じてしまう。チコリと同属の野生種（*C.pumilum*）との交雑で野菜のエンダイブ（*C.endivia*）が誕生、トレビス（*C.intybus* var. *foliosum*）はチコリの赤葉の品種。

歴史・エピソード
ドイツの古い伝承によると、チコリは戻らない恋人の船を待って涙を流す少女が姿を変えたもので、美しい青花は少女の涙といわれる。ルーマニアの言い伝えでは、太陽神の身分違いな求愛を拒んだ美女が、怒りを受けて花にされた姿とも。中世ではこの植物に魔力があると信じられ、錠前にかざすと鍵が自然に開き、葉の汁を体に塗ると人の心を思いのままにできるといわれ、魔法使いが使う妖術の万能薬とされた。花が正午になると規則的にしぼんでしまう特徴を利用し、時間を知る花時計として植えられることもあるが、開花時間は地域や天候により異なる。日本には明治初期に導入されたものの、近年まであまり普及しなかった。

栽培
水はけのよい場所を深く耕して育てる。軟白栽培は初夏に種まきして5カ月ほど株を養成してから掘り上げ、暖かい湿った暗所で栽培して収穫する。軟白栽培すると肉質が柔らかくなり、苦味が減る。

〜 利用法 〜

利用部位 全草　**味と香り** 微かな苦味

 サラダとして生食するのがポピュラーだが、ゆでてムニエルやグラタン、バター炒めなどにもする。花はエディブルフラワーに。

 乾燥した根をローストしたチコリコーヒーは、便秘、むくみの改善に効果的で、美容に役立つ。

葉から染料がとれる。

成分	チコリ酸、ヒドロキシクマリン、イヌリン、エスクレチン、タンニン、ペクチン、タラキサステロール、アルカロイド
作用	強壮作用、消化促進作用、利尿作用、駆風作用
効能	浸出液は心臓の働きを増強し、血液を浄化、皮膚をきれいにするとされる。葉の苦味は胆汁の分泌を活発にし、血糖値を下げ、糖尿病の症状を改善、消化を助ける。肝機能、腎機能の促進、便秘の改善、貧血の症状改善に役立つ。

注意
・多量摂取は妊婦の子宮出血や流産の原因になることがある。
・胆石がある人は医師に相談する。
・キク科アレルギーの人は注意。

セリ科

チャービル
chervil

別　名：セルフィーユ　ウイキョウゼリ
学　名：*Anthriscus cerefolium* (L.) Hoffm.
原産地：ヨーロッパ　アジア
気候型：西岸海洋性気候

属名 *Anthriscus* はセリ科のツノミマツバゼリという植物のギリシア古名 anthriskon からきたもので、「花の咲き乱れた、花の多い」という意味。種小名 *cerefolium* はラテン語の「ロウ質の」という意味で、葉や茎の質感から名づけられた。

特徴・形態
ソフトな甘い芳香が料理に欠かせないハーブ。高さ20〜60cmの一・二年草で、細く中空の茎はよく分枝する。葉はレースのように細かい羽状。6月ごろ茎の先端に白い小花を複散形花序に咲かせる。

歴史・エピソード
古代ローマ時代から食用、薬用として使われていた。フランス語でセルフィーユと呼ばれ、よく使われるハーブ。「美食家のパセリ」とも称されるように、とても上品な香りをもっている。古代ローマの博物学者・大プリニウス（P191参照）は、チャービルをしゃっくり止めとして多くの人に勧めたといわれる。中世のヨーロッパでは魔力をもつ"希望のハーブ"と信じられ、血液を浄化し利尿作用のある薬草とされた。復活祭に入る前の四旬節（P279参照）に、家族そろってチャービルのスープを飲み、疲労回復のために葉を食べる習慣があった。

栽培
木漏れ日ほどの半日陰で育てると香りがよい。移植を嫌うので、種は多めに直まきして見え隠れする程度に覆土したら、間引きながら利用。外側の葉から順次収穫する。

〜 利用法 〜

利用部位　地上部
味と香り　爽やかな甘味のあるアニスのような上品な香り

フランス料理で使われるハーブブレンドのフィーヌゼルブ（P242参照）に欠かせないハーブ。魚、卵、鶏肉、ジャガイモ、豆などどんな料理にも利用できる。魚介のカルパッチョやオードブル、サラダや洋菓子の飾りつけに用いる。

葉のハーブティーは血液浄化の働きがあるといわれる。

成分………ビタミンB、C、β-カロテン、鉄分、マグネシウム
精油成分…β-フェナンドレン、ミルセン、サビネン、β-オシメン、α-ピネン、クマリン
作用………利尿作用、血液浄化作用、消化促進作用、発汗作用、抗酸化作用
効能………消化不良のトラブルや胃腸などの疾患に用いると効果的。

注意
・有毒なドクゼリに似ているので注意。

ツバキ科

チャノキ
tea plant

別　名：チャ（茶）
学　名：*Camellia sinensis* (L.) Kuntze
原産地：中国南西部　インド　スリランカ
気候型：大陸東岸気候　熱帯気候

属名*Camellia*は18世紀のイエズス会宣教師カメル（G.J.Kamel）の名にちなむ。種小名*sinensis*は「中国の」という意味。

特徴・形態
コーヒーと並び、世界中で親しまれる茶の原料。茶畑では高さ1mほどに刈り込まれるが、野生の状態では15mに育つものもある常緑低木～高木。大きく分けて2種があり、中国産のシネンシス種（*C.sinensis* var. *sinensis*）は日本や中国で栽培され、高さ2～3mの低木で小さく丸い葉をつける。アッサム種（*C. sinensis* var. *assamica*）はインドなどの熱帯地域で栽培され、高さ10mほどの高木で大きな葉をつける。どちらも葉に短い葉柄があり、長楕円状披針形で枝に互生。10～12月初旬、葉柄基部に白い花が下向きに咲く。一重の抱え咲き。果実は花と同じくらいの大きさに膨らむ。藪や岩だらけの傾斜地などに自生しているアッサム種と比べて、シネンシス種は耐寒性もあり丈夫。葉の成分は成長につれて変化する。カフェインは若葉に多く、タンニンは青葉のころが最も多い。

歴史・エピソード
平安時代、僧の最澄が中国から種子を持ち帰ったとされる。翌年、空海が帰朝の折にも種子を持ち帰り、畿内や近江に植えさせたと『日本後紀』に記されている。鎌倉時代には臨済宗の僧、栄西が製茶法とともに持ち帰って各地の寺に栽培させたのが本格的な栽培の始まり。鎌倉時代から飲み物として定着し、日本独特の「茶の湯」文化が生まれて現在に至っている。お茶には製造方法の異なる多くの種類があるが、すべて同じチャノキを原料としている。緑茶系（煎茶、ほうじ茶、玉露、抹茶ほか）は摘んだ葉を熱して酸化酵素を破壊し、葉を発酵させないので緑色が残る。ウーロン茶系（ウーロン茶、包種茶、ジャスミン茶ほか）は発酵を途中で止めてつくることから緑茶に近い色と香味。紅茶は葉をじゅうぶんに発酵させるので独特の色と香りがある。

栽培
日当たりから半日陰で育ち、寒さに弱い。挿し木でふやす。剪定は4月で、チャドクガに注意する。

―― 利用法 ――

利用部位 若葉、茎　**味と香り** 甘味と渋味

🍴 茶飯や、肉を茶で煮込んだり、パン粉に細かくした茶葉を合わせる。パスタやピザにも利用する。アイスクリームをはじめとする洋菓子から和菓子に使われる。

☕ 緑茶は風邪予防、血糖値を抑制するのに効果的。紅茶は脂肪の吸収、コレステロール値を下げる働きがあり、ウーロン茶は脂肪分解に優れているとされる。

 残った茶は、うがい薬として風邪予防に、茶殻は布袋に入れ入浴剤にすると美肌に役立つ。

成分………ビタミンC、カフェイン、カテキン類、テオフィリン、クエルセチン
精油成分…ヘキサノール、イソブチルアルデヒド
作用………中枢神経興奮作用、発汗作用、強心作用、利尿作用、収斂作用、胃液分泌促進作用、抗酸化作用
効能………疲労回復に効果的。高血圧、コレステロール値を下げるとされる。
生薬………
茶葉（チャヨウ）：若葉を摘んで干したもの。肥満、高脂血症、高血圧、動脈硬化に効果的。

マツブサ科

チョウセンゴミシ
Chinese magnolia vine

学　名：*Schisandra chinensis* (Turez.) Baill.
原産地：日本（近畿以北）朝鮮半島
気候型：大陸東岸気候

属名*Schisandra*は縦に裂開する雄しべの葯にちなんで、ギリシア語schizo「裂く、分割する」＋andros「男、雄しべ」による。種小名*chinensis*は「中国の」という意味。

特徴・形態
5種類の味をもつという果実を料理や薬用に利用する。茎は樹木などに絡みついて2〜3m伸びるつる性落葉小低木。雌雄異株だが、5月ごろに咲く黄白の花は雄花も雌花も同形。房状の果実は9〜10月に赤く熟す。

歴史・エピソード
日本には享保年間（1716〜1736年）に薬用植物として朝鮮半島から輸入されたが、後に本州中北部の山地や北海道にも自生していることがわかった。和名は、江戸時代に生薬の五味子(ゴミシ)として朝鮮半島から輸入していたことに由来する。薬用には果実を用いる。

栽　培　北海道、青森、長野などに自生。種まき、挿し木でふやす。

〜 利用法 〜

利用部位 果実　**味と香り** 甘味、酸味、苦味、辛味、塩味

 スープ、炒め物、サラダ、五味子酒、五味子酢、五味子ゼリーなどにする。

 乾燥させた果実をティーにする。

成分………シザンドリン、ゴミシン類、クエン酸、リンゴ酸
精油成分…α-チャミグレン、β-チャミグレン、シトラール
作用………収斂作用、鎮咳作用、去痰作用、強壮作用、鎮静作用、鎮痛作用、鎮痙作用
効能………咳を鎮めたり痰を除く働きがあるとされる。滋養・強壮、疲労回復に使われる。
生薬
　五味子(ゴミシ)：果実をほぐして乾燥したもの。滋養強壮、鎮咳、止瀉、去痰に効果的。

キキョウ科

ツリガネニンジン
turiganeninjin

別　名：トトキ
学　名：*Adenophora triphylla* (Thunb.) A.DC. var. *japonica* (Regel) H.Hara
原産地：日本
気候型：大陸東岸気候

属名*Adenophora*は植物全体に乳液を出す腺細胞があるところから、ギリシア語adeno「腺」＋phoreo「有する」が語源。種小名*triphylla*は「3葉の」という意味。変種名*japonica*は「日本の」の意。

特徴・形態
山菜のトトキとして親しまれ、ニンジンに似た白く肥大する根茎は生薬に利用される。高さ40〜100cmの多年草。8〜10月、茎先に淡紫色でつり鐘形の花を下向きに咲かせる。

歴史・エピソード
奈良〜平安時代に、根茎の形がニンジンに似ていることから、朝鮮人参のように強壮剤として使われていた。ただサポニンを含んではいても強壮作用はなく、朝鮮人参の代用にはならない。

栽　培　山野や丘陵に自生。高温多湿が苦手。春に種まき、挿し木でふやす。

〜 利用法 〜

利用部位 若芽、根　**味と香り** 山菜独特の風味

トトキと呼ばれる春の若芽を摘んで、おひたしやあえ物、汁の実、炒め物などにして食す。根も刻んで水にさらし、キンピラやあえ物にする。

 疥癬や皮膚のかゆみには、根の煎じ液を患部に塗布する。

成分………サポニン、イヌリン、フラボノイド
作用………去痰作用、健胃作用、鎮咳作用
効能………慢性の咳止め、喉の痛みに効き目があるとされる。
生薬
　沙参(シャジン)：秋に根を掘り起こし天日干しにしたもの。去痰、鎮咳に効果的。

ツバキ科

ツバキ

ツバキの原産地は、日本、朝鮮半島南部、中国、ヒマラヤなど。野生種をもとに日本やヨーロッパで多彩な園芸種が作出された。

ヤブツバキ
camellia

学　名	*Camellia japonica* L.
原産地	日本（本州〜九州）朝鮮半島
気候型	大陸東岸気候

属名*Camellia*は18世紀のイエズス会宣教師カメル（J.G.Kamel）の名にちなむ。種小名*japonica*は「日本の」という意味。

特徴・形態

質のよい木部はさまざまに加工され、種子からとれる油は食用から美容まで幅広く使われる。高さ5〜6mになる常緑高木で、成長は遅く寿命は長い木。よく分岐する枝に、長

楕円形の葉が互生、肉厚の葉は表面につやがある。冬から春、直径8cmほどで紅色一重の花が咲き、雄しべの花糸は白い。咲き終わった花は萼と雌しべを残して丸ごと落ちる。

歴史・エピソード

古代から霊力の宿る神聖な木とされて、神社やお寺の境内に植えられてきた。北海道を除くほぼ日本全土に分布しているが、積雪のほとんどない海岸沿いの山地に自生するヤブツバキと積雪地帯に分布するユキツバキがある。学名のカメリアはイエズス会宣教師で植物学に造詣の深かったゲオルク・ヨーゼフ・カメルにちなんで、植物学者のカール・フォン・リンネ（P191参照）が命名した。17〜18世紀にフィリピンで布教活動をしていた宣教師カメルは『ルソン植物誌』（1704年）でツバキについて言及している。和名の由来は諸説あり、葉質が厚いことから「厚葉木（あつばき）」とか、葉につやがあることから「艶葉木（つやばき）」が転訛してツバキになったともいわれる。基部を残して花が丸ごと落ちるさまは落椿とも表現され、春の季語とされる。

栽　培

寒さ暑さにも強く、半日陰でもよく生育するが、日当たりのよいほうが花数は多い。剪定は3〜5月。

~ 利用法 ~

利用部位　葉、花、種子、木部

🍴 若葉を椿餅、花を天ぷらにする。種子からとるツバキ油は高級な食用油。

☕ 花を乾燥して細かく刻んで健康茶として飲用する。

👤 切り傷、擦り傷、おでき、毒虫に刺されたときなど、若葉をすりつぶした汁を塗る。種子から抽出した油は整髪料、肌の手入れ用に。

🏠 木部は堅く、緻密、均質なところから高級な工芸品として利用。火つきも火もちもよく、熱も穏やかなことから木炭として最高級品種とされている。古くは灯りの燃料油としても使われた。木灰はアルミニウムを多く含むので媒染剤として用いる。

成分………種子：オレイン酸、パルミチン酸、リノール酸、ステアリン酸、ビタミンE
作用………種子：滋養強壮作用、健胃作用、整腸作用、保湿作用、血行促進作用
効能………便秘、冷え性、皮膚の炎症の症状改善に役立つ。
生薬………
山茶（サンチャ）：開花直前の花、葉を陰干しにして乾燥させたもの。滋養、強壮に効果的。

ユキツバキ *yukitsubaki*

学　名	*Camellia rusticana* Honda

本州の日本海側の積雪地帯に自生している。ヤブツバキに似ているが、雄しべの花糸が黄色く、枝がしなやかで耐寒性はやや劣る。

セリ科

ディル
dill

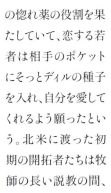

別　名	イノンド
学　名	*Anethum graveolens* L.
原産地	ヨーロッパ南部　アジア西部
気候型	地中海性気候

属名*Anethum*は本種のギリシア古名anethonに由来する。おそらく刺激性の種子にちなんでaithein「灼ける」から。種小名*graveolens*は「強臭のある」という意味。

特徴・形態

フェンネルに似た葉は魚料理などとよく合う。高さ40〜80cmの一・二年草。茎はよく枝分かれし、青みを帯びた緑色の葉は柔らかく、羽状複葉で互生。初夏に茎の先端に黄色の小さい花を複散形花序に咲かせる。果実は扁平な楕円形でディルシードと呼び、種子として扱われる。乾燥させた葉と茎はディルウィードと呼ぶ。ディルシードは茎葉より香りが強い。

歴史・エピソード

紀元前4000年代にメソポタミア南部に侵入したシュメール人によって栽培され、その後、バビロニア、パレスチナ、古代ギリシアやローマに広がったといわれる。古代エジプト時代から使われているハーブで、紀元前1550年ごろの『エーベルス・パピルス』(P278参照)に頭痛を和らげるということが書かれていた。ヨーロッパでは夜泣きする子どもにディルの種子を煎じて飲ませたり、茎葉をすりつぶして胸に塗ったりしたといわれる。魔法使いの呪文を解くのにディルを使ったとも伝えられている。古代ギリシアやローマ時代にディルが一種

の惚れ薬の役割を果たしていて、恋する若者は相手のポケットにそっとディルの種子を入れ、自分を愛してくれるよう願ったという。北米に渡った初期の開拓者たちは牧師の長い説教の間、子どもにディルの果実(種子)を噛ませていたことから、ミーティングシードといわれる。日本に渡来したのは江戸時代初期とされ、伊乃牟止(イノンド)という和名で知られていたものの、薬草として利用されただけだった。

栽　培

4〜7月にかけて順次種を直まきする。ニンジンやフェンネルとはお互いに競合するので近くに植えない。

〜 利用法 〜

利用部位	全草、種子
味と香り	葉はやや辛味がある

🍴 茎葉は魚との相性がよく、とくにサーモン料理に合う。スープ、マリネ、ドレッシング、サワークリーム、卵、チーズ、肉の風味づけなどに使用する。種子もビネガー、お菓子などに特有の風味を添える。ディルピクルスはディルシードと野菜をビネガーに漬けた洋風の漬物で、さまざまな野菜と一緒に楽しめる。

👤 種子を噛むと口臭を防ぐといわれる。神経を和らげるので、ディルシードをつめたスリープピローやディルシードをくわえたホットミルクを安眠のために用いる。

成分………ジラノサイド、ミネラル類
精油成分…*d*-カルボン、リモネン、フェランドレン、ピネン、カンファー、ジペンテン
作用………抗酸化作用、抗菌作用、鎮痙(ちんけい)作用、駆風(くふう)作用、利尿作用、通経作用、鎮静作用、催眠作用
効能………喘息の発作や胃の不快感の緩和に役立つ。

注意
・妊娠中は使用しない。
・種子は胸やけや逆流性食道炎の原因になることがある。

ナス科

トウガラシ
chile pepper

別　　名：チリペッパー　レッドペッパー
学　　名：*Capsicum annuum* L.
原産地：熱帯アメリカ
気候型：熱帯気候

属名 *Capsicum* はギリシア語 capsa「袋」の意味で、袋状の果実をさしている。種小名 annuum は「一年生の」という意味。

特徴・形態
世界中に多くの品種があり、赤い鮮やかな光沢のある果実は料理に辛味をつけるのに利用される。高さ60～80cmの非耐寒性で日本では一年草。よく枝分かれする茎に先の尖る細葉が互生し、6～9月に順次白い花が咲く。果実は細長い円錐形、品種によって辛味度は違い、色も黄色や黒紫色など多彩。

歴史・エピソード
インドにペッパーを求めて航海に出たコロンブスは、カリブ海に浮かぶ西インド諸島をインドと勘違い。ここで見つけたトウガラシをペッパーと間違えて伝えたため、いまでもトウガラシの英名は"チリペッパー"。ペッパーと混同した名前がついたまま、急速に世界中に広がり、その土地に合った変種が生まれた。日本への渡来は室町時代後期、ポルトガル人によってもたらされたのが最初とされている。甘味種と辛味種に大別され、甘味種はフランス語のピメントが転訛してピーマンと呼ばれ、「鷹の爪（タカノツメ）」に代表される辛味種が一般的にトウガラシと呼ばれる。トウガラシは「唐（外国の意）」から伝わった「辛子」の意味。

栽　培
発芽適温が高いので4月に入ってから種まきをし、根元の脇芽を取り除いて茎を3本に仕立て太くする。根が浅く張るので支柱を立てて育てる。赤く色づいたものから順次収穫する。連作障害があるので、毎年違う場所で育てる。

～ 利用法 ～

利用部位　葉、果実
味と香り　ピリっとした辛味

辛味成分のカプサイシンは熱に強いので煮込み料理や焼き物、炒め物などに使える。生は漬物、タレ、ソース、ドレッシングに、葉は佃煮にする。果実は未熟な青トウガラシ、熟した赤トウガラシも利用する。青トウガラシはユズコショウ、みそ漬けや酢漬けにして調味料にする。赤トウガラシは発汗作用があるので熱帯地方の料理に、体を温める作用があるので寒い地方の料理にも欠かせない。どちらも脂肪の分解を助けるので、肥満防止に役立つ。トウガラシを用いた調味料は世界中にあり、韓国のコチュジャン、中国の豆板醤、ラー油、アメリカのタバスコ、インドネシアのサンバルなど。日本では七味唐辛子、一味唐辛子がある。

　寒冷地では靴の中に入れてしもやけや凍傷の予防として使う。

　米びつや穀類の保存に使用したり、トウガラシのチンキ剤を薄めて消毒薬として利用する。

成分………ビタミンC、E、β-カロテン、ルテン、クリプトキサンチン、カプサイシン
作用………血行促進作用、胃液分泌促進作用、脂肪分解促進作用、発汗作用、消化促進作用、殺菌作用
効能………疲労回復や風邪予防に効果的。胃液の分泌を促し食欲増進に役立つ。
注意………
・多量に食さない。
生薬………
蕃椒（バンショウ）：7～10月に熟した果実を採取して、天日干ししたもの。鎮痛、食欲増進に効果的。

ドクダミ科

ドクダミ
dokudami

別　　名：ジュウヤク
学　　名：*Houttuynia cordata* Thunb.
原産地：日本　東南アジア　中国
気候型：大陸東岸気候

属名*Houttuynia*はオランダの医師で博物学者のフートイン（M.Houttuyn／P281参照）の名にちなむ。種小名*cordata*はラテン語の「心臓の形の」という意味。

特徴・形態

独特の臭みのある葉が料理から美容まで広く利用される。高さ20～50cmの耐寒性多年草。地下茎がさかんに枝分かれして伸び広がり、雑草としてはやっかいな存在。大きな托葉のある葉は互生、ハート形で先が尖る。5～7月に茎先に4枚の白い総苞（そうほう）と黄色い穂状花序（すいじょうかじょ）をつける。

歴史・エピソード

名の由来は全草に独特の臭気があるため、毒を溜（た）めているのではないかと、「毒溜（だ）め」、あるいは毒を下すことから「毒矯（た）め」など諸説ある。古くから民間薬として使われ、乾燥させると臭みはとれる。生薬名は「十薬（ジュウヤク）」といい、江戸時代の貝原益軒（かいばらえきけん）著『大和本草（やまとほんぞう）』(P281参照)の中に「和流の馬医これを馬に用いると十種の薬の効能

がありとして十薬と号すという」と記されている。実際はもっと多くの効能をもっていて、「日本薬局方」(P280参照)にも記載されてる。

栽　培

全国、至るところで自生。半日陰から日陰の湿り気のある場所に適し、地下茎でふえる。

～ 利用法 ～

利用部位 全草　　**味と香り** 特有の臭い

🍴 栽培された若葉を天ぷら、春巻き、フォーなどの麺類に利用する。薬草酒にも利用。

☕ 乾燥した全草をティーにして便秘の解消に。

💆 チンキ剤は化粧水などさまざまに活用でき、美肌に役立つ。生の葉をもんだり、すりつぶして、化膿性の腫れ物、湿疹、吹き出物、かぶれ、水虫、タムシなどの皮膚疾患に利用する。全草を乾燥して入れたドクダミ風呂は、新陳代謝作用で美肌効果やあせも、冷え性、生理不順などによく、体を温める効果も。

成分………クエルセチン、クエルシトリン、カリウム塩、ルチン
精油成分…デカノイルアセトアルデヒド、ラウリルアルデヒド
作用………抗菌作用、緩下（かんげ）作用、利尿作用、血圧降下作用
効能………毛細血管を強化し、動脈硬化を予防するほか、便秘を解消し、血圧を調整する効果があるとされる。
注意………
・万病に効くといわれるが、衰弱している病人には適さない。
生薬………
十薬（ジュウヤク）：開花期に全草を天日干しし、後に陰干ししてよく乾燥させたもの。消炎、解毒、利尿、緩下に効果的。

ノウゼンハレン科

ナスタチウム
nasturtium

別　　名：キンレンカ　ノウゼンハレン　ペルークレソン
学　　名：*Tropaeolum majus* L.
原産地：南米（コロンビア　ペルー　ボリビア）
気候型：高地気候

属名*Tropaeolum*は「戦勝記念品、トロフィー」という意味のラテン語tropaeumに由来。盾のような丸い葉と、兜に似た花の形から連想したもの。種小名*majus*は「巨大な、より大きい」という意味。

や盾を槍で木につるして勝利の印とした。リンネはナスタチウムが柱に絡みつく姿から葉を盾に、花を兜に見立てて学名を命名したといわれる。16世紀にスペインの探検家によってペルーから種子が広まり、16世紀後半には食用と薬用の目的でヨーロッパにもたらされ、後に園芸植物としても普及した。日本には19世紀半ばに渡来。花がノウゼンカズラのようで、葉がハスに似ているところから、和名は「凌霄葉蓮（ノウゼンハレン）」と名づけられたといわれる。

栽　培
高温多湿に弱いので、水はけ、風通しをよくする。温暖地では盛夏は葉が茂るだけで花は咲かない。4〜5月に種まき。ハダニやハモグリバエが発生しやすい。

特徴・形態
花はサラダにも使えるエディブルフラワー。暑さに弱い一・二年草で、高さ20〜60cmくらい。品種によりつるがよく分枝して3m以上になるものがある。緑色の葉はハスに似た形で中央付近に葉柄がつく。初夏〜秋にかけて咲く花は後部に細長い漏斗状の距があり、黄色やオレンジ色など。大粒の種子は果皮がコルク質になっている。

歴史・エピソード
古代ギリシアやローマ時代には、戦で奪い取った兜

〜 利 用 法 〜

利用部位　葉、花、果実
味と香り　クレソンに似た刺激性の香りとピリッとしたワサビやコショウのような辛味

葉と花をサラダやサンドイッチなど料理の風味づけや飾りつけに利用。若い果実はケッパーと同様に、塩漬けや酢漬けにも利用できる。生の果実をすりおろすと、ワサビやマスタードのように使える。

便秘に穏やかに作用するといわれる。

乾燥した葉、花、果実をチンキ剤にして薄毛予防に用いる。

成分………アントシアニン、グルコシノレート、スピラントール
精油成分…ベンジルイソチオシアネート、グリコトロペオリン
作用………強壮作用、利尿作用、血液浄化作用、抗菌作用
効能………腸内の善玉菌をふやし、胃腸の機能を高める。

アブラナ科

ナズナ
shepherd's purse

別　　名：ペンペングサ　シャミセングサ
学　　名：*Capsella bursa-pastoris* (L.) Medik.
原産地：日本　中国
気候型：大陸東岸気候

属名*Capsella*はギリシア語capsa「袋」の縮小形で、多くの種子を入れる果実の形から。種小名*bursa-pastoris*は「羊飼いの財布」の意。

特徴・形態
春の七草のひとつ。高さ10～40cmの二年草。羽状根出葉。春、茎頂に総状花序(そうじょうかじょ)を立て、4弁で白色の小花を咲かせ、軍配形の果実を結ぶ。田畑や道端、至るところに生える。

歴史・エピソード
母の心臓を意味する「マザーズハート」という別名があり、女性のためのメディカルハーブとされてきた。日本では『倭名類聚抄(わみょうるいじゅしょう)』(P281参照)に記載があり、平安時代から蒸したり、煮たりして食べていたことがわかる。薬草としてのナズナは高く評価されていて、『本草綱目(ほんぞうこうもく)』(P281参照)に「五臓を利し、目を明にし、胃を益す」とされている。

～ 利用法 ～

利用部位 地上部

 葉をゆでて水にさらし、おひたし、あえ物、汁物の実、油炒め、刻んで混ぜてナズナ飯に。

 4～7月に採取した全草を天日干しして煎じる。

成分………アリルイソチオシアネート、フラボノイド、コリン、アセチルコリン
作用………抗菌作用、殺菌作用、利尿作用、消炎作用、収斂(しゅうれん)作用、止血作用、血圧降下作用、血流促進作用、解熱作用、子宮収縮作用
効能………動脈硬化などの生活習慣病を予防、分娩および産後における出血、生理不順などの症状改善に役立つ。
注意………・妊娠中、授乳中、腎結石のある場合は使用しない。
生薬………齊菜(セイサイ)：4～7月に採取した全草を天日干ししたもの。利尿、解熱、鎮静、緩下に効果的。

ウリ科

ニガウリ
nigauri

別　　名：ゴーヤー　ツルレイシ　レイシ
学　　名：*Momordica charantia* L.
原産地：熱帯アジア
気候型：熱帯気候

属名*Momordica*はラテン語modeo「噛む」に由来し、種子に噛み跡のような凹凸があるから。種小名*charantia*はニガウリのインド名。

特徴・形態
暑さに強く苦味が特徴の沖縄野菜。支柱などに沿わせると4～5mに成長するつる性一年草で、緑のカーテンによい。野菜としては未成熟な状態で食し、熟すと黄色く軟化し裂ける。完熟した種子の表面は赤いゼリー状となり甘い。

歴史・エピソード
中国には明の時代に、日本には慶長年間(1596～1615年)に観賞用としてインドから中国を経て渡来。その後に伝わった沖縄ではゴーヤーと呼ばれさかんに栽培されている。

栽　培　生育旺盛。親つるを摘芯し、子づる、孫づるを育てる。連作は避ける。

～ 利用法 ～

利用部位 果実　**味と香り** 苦味

 漬物、みそ焼き、炒め物、天ぷらなどにする。

 果実を丸ごと薄切りにして乾燥させ、焙じた後に細かく砕いてゴーヤー茶とする。

成分………ビタミンC、β-シトステロールグルコシド、ヒドロキシトリプタミン、シトルリン、ガラクツロン酸、グリセリド、モモルディシン
作用………解熱作用、解毒作用、健胃作用、抗酸化作用、血糖値降下作用
効能………胃液の分泌を促して食欲を増進させたり、夏バテ防止、疲労回復に役立つ。また、肝機能を高め、血糖値やコレステロール値を下げる効果があるとされる。
生薬………苦瓜(クカ)：秋に熟した果実を種子ごと輪切りにして天日干ししたもの。苦瓜子(クカシ)種子：下痢、健胃、解毒に効果的。

クロウメモドキ科

ナツメ
jujube

学　名：*Ziziphus jujuba* Mill.
原産地：中国中部　北部　西アジア　ヨーロッパ南部
気候型：大陸東岸気候

属名*Ziziphus*はアラビア語の植物名zizonfがギリシア語zizyphonとなったものが起源。種小名*jujuba*はナツメのアラビア名。

特徴・形態
古代より中国の五果（スモモ、アンズ、ナツメ、モモ、クリ）に数えられている。韓国料理「参鶏湯（サムゲタン）」にも欠かせない。高さ4〜10mの落葉低木〜高木。樹皮は灰褐色。長楕円形で光沢のある葉は互生、花は淡緑色で小さい。果実は長さ2cmほどの卵形、熟すと赤黒くなり、乾燥してしわができる。

歴史・エピソード
ナツメという名前は、芽立ちが遅く夏に入ってようやく芽が出ることに由来する。中国で最も古くから栽培されてきた果実のひとつで、果実の収穫期が『詩経（しきょう）』（P279参照）に、木部の堅さが紀元前の『礼記（らいき）』（P281参照）に書かれている。古くより冠婚や正月に欠かせない果実。日本への渡来も古く奈良時代以前とされ、6世紀後半の上之宮遺跡（奈良県）から果実の核が出土するなど、野生種のなかった日本に古くからもたらされ、利用されていたことがわかる。『万葉集』の歌2首に詠まれ、『本草和名（ほんぞうわみょう）』（P281参照）にも大棗（タイソウ）、和名は於保奈都女（オオナツメ）との記載がある。『延喜式（えんぎしき）』（P278参照）には干し棗（ナツメ）が薬用や食用として、各地から献上されたと記載されている。ヨーロッパでも古代ギリシア時代から栽培されていた。

～ 利用法 ～

利用部位　果実、木部
味と香り　渋味のあるリンゴのような味

 生食にするほか、ドライを薬膳料理、菓子、果実酒、甘露煮などに使う。韓国では薬膳料理や、テチュ茶というナツメ茶を飲用する。

 乾燥させた果実を煎じる。

木材は堅く、使い込むと色つやが増すので、茶筒や仏具などの高級工芸品などに利用される。

成分………ビタミンC、プロシアニジン、ルチン、ケルセチン、ρ-クマル酸、ジジベナル酸
作用………強壮作用、鎮静作用、健胃作用、増血作用、止血作用、催眠作用、利尿作用
効能………むくみ、咳、下痢、滋養強壮、不眠症、精神不安定に効果的。胃の働きをよくするとされる。
生薬
大棗（タイソウ）：成熟した果実を5日ほど日干しして蒸した後、天日干ししたもの。利尿、鎮痛、鎮静に効果的。

ニクズク科

ナツメグ／メース
nutmeg / mace

別　名：ニクズク（肉荳蔲）
学　名：*Myristica fragrans* Houtt.
原産地：東インド諸島　モルッカ諸島
気候型：熱帯気候

属名 *Myristica* はギリシア語 myristicos「芳香の軟膏または香油」から、種小名 *fragrans* は「芳香のある」という意味。

特徴・形態

ひとつの果実から2種類のスパイスがとれる。高さ20mにもなる非耐寒性常緑高木。灰褐色で滑らかな幹に、長さ8〜15cmの葉は濃緑色の単葉。多くは雌雄異株（ゆういしゅ）で、生育は遅く10℃以上が必要。種子をまいて7〜15年で結実が始まる。小さな黄色い花を咲かせ、長さ5cmほどの黄色い果実をつける。成熟した果実の中に、網目状の赤い仮種皮に包まれた暗褐色の種子があり、乾燥させた仮種皮をメースという。メースを剥ぎ取って乾燥させた種子を割ると、灰白色の仁が出てくる。これを石灰液などに浸し、乾燥させたものがナツメグ。メースもナツメグも似た香りとほろ苦さをもつスパイスだが、メースのほうがより繊細。

歴史・エピソード

ナツメグについて最も古い文献として、紀元前、古代インドの宗教・バラモン教の聖典『ヴェーダ』に、ヒンドゥー教の医師たちが、頭痛、熱病、整腸などの薬用に使っていたことが記されている。10世紀前後のアラビアの哲学者で医者のイブン・シーナー（P191参照）が記述したものが最も確かな知識といわれている。その後ヨーロッパでは大航海時代（15世紀〜17世紀半ば）に、ナツメグやペッパーの産地の領有地をめぐるスパイス戦争を経て広まった。オランダは1600年ごろから約150年間にわたってナツメグの貿易を独占。いまではナツメグは世界4大スパイスのひとつとしてシナモン、クローブ、ペッパーとともに広く世界で利用されている。日本では15世紀半ば、室町時代に書かれた国語辞書『撮壌集（さつじょうしゅう）』（P279参照）の中に薬種として肉荳蔲（ニクズク）の名がある。1848（嘉永元）年に長崎に苗木が渡来した際には、肉を「しし」と読むことから「ししずく」と呼ばれていた。

〜 利用法 〜

利用部位　仁（ナツメグ）、仮種皮（メース）
味と香り　甘い刺激的な香りとほろ苦さ

🍴 ナツメグパウダーをハンバーグ、ミートローフなどひき肉料理をはじめカボチャ、ニンジンやジャガイモなどの野菜料理、魚料理の臭い消しにも利用。ホワイトソースなどにひと振りすると風味が増し、クッキー、ケーキ、パイ、プディングなどの焼き菓子にも使う。メースは菓子などの香りづけに使う。

☕ ナツメグは紅茶に数種のスパイスとブレンドしてスパイスティー、牛乳をくわえてチャイとして飲むと、体を温め、血行を促すのに役立つ。

精油成分…サビネン、β-ピネン、α-ピネン、ミリスチシン、イソオイゲノール
作用………抗炎症作用、抗菌作用、消化促進作用、整腸作用
効能………食欲不振、腹部膨満感、腹痛などの胃腸機能の改善に有効。
注意
・多量の使用はしない。

メギ科

ナンテン
hevenly bamboo

学　名	：*Nandina domestica* Thunb.
原産地	：中国
気候型	：大陸東岸気候

属名*Nandina*は和名のナンテンに由来する。
種小名*domestica*は「国内の、その土地の」という意味。

特徴・形態
古くから魔よけ、厄よけ、無病息災を願い、縁起物として多くの家庭で植栽された。高さ1〜2mの常緑低木で株立ちする。茎先に集まる葉はつやのある深緑色で、分岐する羽状複葉を互生。5〜6月に白い花をつけ、晩秋から初冬にかけて赤色（黄や白色もある）の小さい球形の果実をつける。

歴史・エピソード
和名は漢名の「南天竹」「南天燭」からきたといわれている。その語音から、難を転じる「難転」（なんてん）、「成天」（なるてん）の意味をもつようになり、縁起のよい植物として不浄をはらうため玄関やお手洗いなど、または鬼門とされる場所に植えられた。旧暦の2月に行われる法会の修二会（P279参照）、とくに東大寺二月堂で行われる「お水取り」では、ナンテンとツバキの造花が供えられる。民間でもめでたい植物として祝い事に使う。熱い食べ物の上にナンテンの葉をのせて容器のふたをすると、熱と水分でごく微量のチアン水素が発生し腐敗を防ぐ作用が働く。赤飯の上にナン

テンの葉を置く習慣には縁起物としてだけでなく、毒消しの意味もある。民間では魚の中毒などの解毒薬としても用いられ、江戸中期以降の本草書に具体的な用法が書かれている。また、さまざまな葉変わり品種が作出され、さかんに栽培された。

栽　培
熟した果実の種子を乾燥させないようにまく。風通しが悪いとカイガラムシがつきやすいので、細枝や実つきの悪くなった枝などを切り、風通しをよくする。

―― 利用法 ――

利用部位 葉、果実

果実を煎じて咳止めに、へんとう炎には葉を煎じた液でうがいをする。喉あめなどに利用される。湿疹、かぶれには乾燥した葉を入浴剤にする。

魚を煮るときに生葉を入れたり、赤飯などの上に葉をのせて防腐効果を利用する。

成分	1-インドリジノカルバゾール、2-ペンタノン、アジリジン、メチルカルビノール
作用	鎮咳作用、利尿作用、麻痺作用、抗菌作用、殺菌作用、防腐作用
効能	慢性的な咳、百日咳、喘息などに有効とされる。喉の痛み、湿疹、かぶれに効果的。
注意	・多量に摂取しない。
生薬	南天実（ナンテンジツ）：完熟した果実を天日でじゅうぶんに乾燥させたもの。鎮咳、解熱に効果的。南天葉（ナンテンヨウ）：葉を8〜9月に天日干ししたもの。鎮咳、解毒に効果的。

キンポウゲ科

ニゲラ
black cumin

別　　名	ニオイクロタネソウ　ブラッククミン
学　　名	*Nigella sativa* L.
原産地	地中海沿岸　西アジア
気候型	地中海性気候

属名*Nigella*は種子が黒色なのでラテン語niger「黒」が語源。種小名*sativa*は「栽培された」という意味。

糸状の総苞、花弁状の萼片。萼片が散ると球状の果実に。

特徴・形態
一般にニゲラの名で普及しているのは観賞用のクロタネソウ（*N. damascena*）だが、ハーブとして利用するのはカレースパイスに使われるニオイクロタネソウ。高さ30〜100cmの一・二年草。枝分かれする茎に羽状複葉が互生。春から初夏に白や青、ピンク色の花を咲かせる。5枚の花弁に見える部分は萼片（がくへん）で、苞（ほう）と呼ばれる糸状の葉が萼片を包むように覆い、本来の花弁は退化して目立たない。花後はバルーン状に膨らみ、ツノ状の突起がある果実がユニークで、中にブラッククミンと呼ばれる種子がある。

歴史・エピソード
紀元前3世紀、インド北部一帯を支配していたアショーカ王は香料植物、薬用植物の収集に力を入れた。その中に今日のインドで極めて重要な役割を担っている植物として、コリアンダー、クミン、サフラン、ケシ、アジョワン、ニゲラの6種が含まれる。ニゲラは庭園植物として、また貴重な薬用、調理用スパイスでもあった。ヨーロッパでは、東南アジアからペッパーが入る以前にとても重要な調味料とされていた。日本には大正初期に渡来し、当初は野菜として栽培された。

栽培
秋に種子をまいて春に開花し、結実する。こぼれ種でもよくふえる。

〜 利用法 〜

利用部位　種子
味と香り　スパイシーでフルーティーな風味

🍴 おもに地中海沿岸地方、インド、トルコ、中東諸国の料理に使われることが多い。インドではチャツネ、カレー、ピクルス、ガラムマサラに。トルコなど中東諸国では菓子やパンの香りづけに使う。刺激が強いので少なめに使用。

🏠 切り花やポプリに使う。ドライフラワーには開花後早めに摘む。花後に果実が膨らんでから摘み、乾燥させたものが風船ポピーの名で流通している。

成分	リノレン酸、β-シトステロール、ダマセニン、ニゲルエール
精油成分	ρ-シメン、チモキノン、α-チュジェン
作用	消炎作用、発汗促進作用、消化作用
効能	胆汁の分泌を促進し、肝臓疾患や腎臓の代謝を強めるとされる。母乳の分泌を促すほか、生理痛緩和に効果的。

クロタネソウ
学名：*Nigella damascena* L.／原産地：南ヨーロッパ

高さ60cm前後で、ニオイクロタネソウよりやや大ぶり。葉は細かく裂ける糸状。茎はよく分枝して先端に直径3〜5cmの花を1輪咲かせる。花色は白、青、ピンク。ニゲラの仲間はおよそ15種が地中海沿岸〜西アジアに分布。その中でニゲラの名前で普及しているのは本種。種小名*damascena*は「ダマスカスの」という意味。

セリ科

ニンジン
carrot

学　名：*Daucus carota* subsp. *sativus* (Hoffm.) Arcang.
原産地：アフガニスタン
気候型：ステップ気候

属名*Daucus*はdaiein「温める」からニンジンのラテン名に転用。種小名*carota*は同じくラテン古名。亜種名*sativus*は「栽培された」という意味。

特徴・形態
カロテン含有量はトップクラス、食物繊維も豊富な根菜。高さ40〜60cm。細かい切れ込みのある葉は根生する。根は円錐形の直根で多くは橙色、品種によりさまざまな色がある。晩春に散形花序で白色の小花を咲かせる。

歴史・エピソード
西アジアから5〜6世紀ごろに世界各地へ伝わり、改良された西洋系と東洋系の2種に大別できる。日本への伝来は17世紀までに、中国で改良された東洋系のニンジンが伝えられたと考えられる。『多識編』(P280参照)に「世利仁牟志牟」の名で記されている。名前の由来は、先に伝来していた薬用ニンジン(朝鮮人参)に形状が似ていることからとされる。

栽　培　梅雨時にまくと発芽がうまくいく。直まきし、土寄せをして根の緑化を防ぐ。

〜 利 用 法 〜

利用部位　葉、根

 油で調理すると、β-カロテンの吸収率が上がる。オイルドレッシングをかけてサラダにしても。

茎葉を刻み煮詰めてうがい薬、乾燥した茎葉は入浴剤に。乳幼児の下痢止めには根をすりおろして薄味のスープにする。

成分……β-カロテン、ビタミンB₁、B₂、C、カルシウム、鉄分
作用……抗酸化作用、造血作用
効能……老化、生活習慣病予防や口内炎、喉の腫れ、痛みに利用する。目の疲れの緩和や夜盲症にも効果があるとされる。冷え性やむくみや腸内環境を整える。
生薬
胡蘿蔔子(コラフシ)：種子を乾燥させたもの。条虫駆除に効果的。

イラクサ科

ネトル
stinging nettle

別　名：セイヨウイラクサ
学　名：*Urtica dioica* L.
原産地：ヨーロッパ〜アジア
気候型：西岸海洋性気候〜ステップ気候

属名*Urtica*はuro「ちくちくする」に由来するラテン語古名。種小名*dioica*は「雌雄異株の」の意。

特徴・形態
高さ30〜50cmの多年草。茎や葉の表面に刺毛があり、皮膚に触れると疼痛を伴い赤く腫れる。

歴史・エピソード
古くからヨーロッパを中心に、重要なハーブのひとつと考えられてきた。古代ギリシア時代に薬効が発見され、長い間さまざまな症状に用いられてきた。

栽　培　高温多湿に弱いので、水はけ、風通しのよい土壌で。カイガラムシがつきやすい。

〜 利 用 法 〜

利用部位　葉　　**味と香り**　干し草のような香り

 乾燥葉のティーは生理不順や美肌に効果的。煎剤を外用することも。

成分……クロロゲン酸、ルチン、イソケルセチン、アセチルコリン、ヒスタミン、鉄分、カルシウム、マグネシウム、ビタミンC、β-カロテン
作用……利尿作用、抗アレルギー作用、血行促進作用、造血作用、血液浄化作用、消炎作用、収斂作用
効能……貧血予防や血液の浄化に役立つ。喘息や花粉症などのアレルギー症状を和らげる効果がある。
注意
・妊娠中、幼児の使用は避ける。
・葉や茎に刺毛があるので、生で食べない。

セリ科

パースニップ
parsnip

別　名：アメリカボウフウ　シロニンジン
学　名：*Pastinaca sativa* L.
原産地：ヨーロッパ
気候型：西岸海洋性気候

属名*Pastinaca*はラテン語pastus「食物」に由来。種小名*sativa*は「栽培された」という意味。

特徴・形態
イギリスなどで冬に欠かせない煮込み用野菜。高さ50〜120cmの一・二年草。

歴史・エピソード
古代ギリシアやローマ時代から食用として栽培されてきた。シロニンジンとも呼ばれる太い白い根は、16世紀のヨーロッパでは重要な冬野菜だった。しかし毒性の類似種と間違われたことから、主流はニンジンに取って代わられた。日本には明治初期に渡来。夏季の冷涼地に向き、長野県などの標高1000mくらいの高地で栽培されている。

栽　培　冷涼を好み、暑さに弱い。春に種まきしたら発芽まで土を乾かさないように育てる。根が表面に出ないよう土寄せをする。

〜 利用法 〜
利用部位　葉、根
味と香り　根はニンジンより甘く芳香がある

🍴 生の葉と根をサラダ、スープやシチューに煮込んだり、パンケーキなどの菓子にも使われる。根から得られるエキスはジンの香りづけに。

成分………ビタミンC、ペクチン、カルシウム、カリウム
作用………鎮静作用、利尿作用、食欲増進作用、整腸作用、抗酸化作用
効能………栄養に富み、泌尿器系の病気や利尿促進、便秘改善にも効果的で、生活習慣病の予防にも役立つ。

ナデシコ科

ハコベ
common chickweed

別　名：コハコベ　チックウィード　ハコベラ
学　名：*Stellaria media* (L.) Villars
原産地：ヨーロッパ
気候型：西岸海洋性気候

属名*Stellaria*は花が星形をしているため、ラテン語stella「星」が語源。種小名*media*は「中間の、中くらいの」の意。

特徴・形態
春の七草のひとつで、ビタミンやミネラルが豊富で栄養価が高い。一般にハコベというときはハコベ属の本種をさす。高さ10〜20cmの一・二年草。

歴史・エピソード
名前の由来は平安時代の『本草和名（ほんぞうわみょう）』（P281参照）に波久倍良（はくべら）と記述され、それがハコベラに転訛し、ハコベと呼ばれるようになったとされる。ハコベはアクがなく柔らかいので、江戸の初期には青菜として栽培され、食用、薬用、小鳥の餌などに利用された。

栽　培　野原や道端、畑などどこにでも見られる。

〜 利用法 〜
利用部位　地上部

🍴 七草粥、おひたし、酢の物、あえ物に使われ、パスタなどにも合う。

👩 茎葉をよく乾燥させ、すり鉢で粉末にして、同量の塩をくわえてハコベ塩をつくり、歯茎をマッサージして歯槽膿漏や歯周病を予防。民間療法としてハコベの煎液で湿疹などを洗う療法が知られる。

成分………ビテキシン、クロロフィル、カルシウム、鉄分、ビタミンC、サポニン
作用………止血作用、浄血作用
効能………歯槽膿漏や歯周病の予防効果がある。
生薬………
繁縷（ハンロウ）：春から夏に地上部を刈り取り陰干しにしたもの。歯槽膿漏予防に効果的。

クマツヅラ科

バーベイン
vervain

別　　名：クマツヅラ
学　　名：*Verbena officinalis* L.
原産地：アジア　ヨーロッパ　北アフリカ
気候型：ステップ気候　大陸東岸気候

属名 Verbena はある種の神聖な草本に対するラテン名「予言の花」に由来。種小名 officinalis は「薬用の」という意味。

観賞用の園芸品種。

特徴・形態
神経に対する強壮作用と鎮静作用に優れたハーブ。高さ30〜80cmになる多年草。茎は細く直立し、葉は対生して切れ込みがある。初夏〜秋、枝先に細長い総状花序をつけ、白や青紫、ピンクなどの小さい花を咲かせる。観賞用の園芸品種が数多くある。

歴史・エピソード
古代では神事に使われ、魔法のハーブとも考えられて占いや呪術、予言、魔法の薬、災厄から身を守るお守りに欠かせないものだった。古代ローマ人は使節や高官にこのハーブでつくった冠を捧げ、束にして清めの儀式や祭壇を掃き清めるために使っていたという。また、この花を愛と豊穣の女神ヴィーナスに捧げ「ヴィーナスの花」と呼び、結婚式で身につけた。ローマの戦いの使者は敵から身を守るためバーベインの首飾りをつけて伝言を運び、必ず和解をもたらすと信じて、敵同士が休戦を知らせる旗としても使った。万病薬とも考えられ、黄疸、潰瘍、腎臓病、ペストなどに用いられた。日本と中国では漢方薬、民間薬として使われてきた。「万病草」「肝臓草」「聖なる草」「魔法使いの草」など多くの異名をもち、数々の伝説がある。

栽　培
日当たりと水はけのよい乾燥した土を好む。繁殖力旺盛でこぼれ種で次々とふえる。

〜 利用法 〜

利用部位 地上部　**味と香り** 苦味

ストレスからくる疲労回復や消化不良、不眠などにも役立つ。浸出液はへんとう炎、喉の痛みにうがい薬として使う。

成分………タンニン、サポニン
精油成分…ベルベナリン、ベルベノン
作用………鎮静作用、鎮痛作用、抗炎症作用、抗菌作用、利尿作用、消化促進作用
効能………不安神経症、不眠症など神経の緊張を緩和し、頭痛を和らげてくれるという。発汗を促し解毒、解熱、月経困難症などに効果的で、傷や感染症の治りを促す。
注意………
・大量に使用すると麻痺を起こす場合があるので注意。
・妊娠中や高血圧の人、子どもは使用しない。

シソ科

バジル

ヒンドゥー教および仏教では神聖な草とされ、ヨーロッパやアジアで料理や菓子づくりに使われる。
アフリカから東南アジアの熱帯原産なので、発芽には20℃以上が必要で、日本では一年草扱い。
ここではおもに食用ハーブとして使われるスイートバジルや儀式に使われるホーリーバジル、
葉色の特徴的なダークオパールバジル、香りに個性のあるシナモンバジルやレモンバジルなどを紹介する。

スイートバジル
sweet basil

別　名：メボウキ　バジリコ
学　名：*Ocimum basilicum* L.
原産地：熱帯アジア　アフリカ
気候型：熱帯気候

属名*Ocimum*は香りを楽しむことに由来して、ギリシア語のOkimon「唇の形」からなど諸説ある。種小名*basilicum*はbasilikon「王者にふさわしいもの」という意味。

特徴・形態

クローブに似た甘い香りをもつハーブ。高さ40〜60cmの多年草だが、寒さに弱いので日本では一年草として扱う。よく枝分かれする茎に、葉は対生で縁に鋸歯のある披針形。夏、シソに似た花穂に白い小花を咲かせ、花後に褐色の果実を結ぶ。

歴史・エピソード

インドではヒンドゥー教徒の神に捧げる聖なる植物として大切に栽培され、これを育て祭る者は罪が軽減され天国への道が開かれると考えられた。死者に捧げ、野辺の送りをする習わしもあった。ヨーロッパへはアレキサンダー大王（P278参照）がインドから持ち帰ったといわれている。イタリアでは愛のハーブとされ、その香りによって相手を自分に向けさせると信じられた。恋人にプロポーズをするときバジルの枝を差し出し、相手が受け取れば愛を承諾し、永久に愛すると信じられた。また、ヨーロッパでは空気を清め、病気や虫よけとしてバジルの鉢が窓辺に置かれた。日本には江戸時代、中国から薬用として渡来。水に浸すとゼリー状になる種子で目を洗浄したことから、和名を「目ぼうき」というようになったとされる。

栽　培

熱帯地方原産なので、発芽適温20〜25℃になったら種まきか、挿し木でふやす。小苗の育苗中は乾燥させない。水やりは控えめにすると香りがよくなる。葉が

ホーリーバジル
holy basil

別　名：トゥルシー　ガパオ
学　名：*Ocimum tenuiflorum* L.

ヒンドゥー教では女神ラクシュミーの化身、聖なる植物とされ、別名のトゥルシーはインドの言葉で「比類なきもの」という意味をもつ。タイ料理のガパオライスで知られ、抗ストレス作用があるとされる。

茂ってきたら新芽のすぐ上で剪定を兼ねて収穫すると、枝数がふえて株のボリュームが出る。花を咲かせないように花芽を摘み取ると長く収穫できる。バジルはトマトを害虫から守り、生育を促進させ風味をよくする。コナジラミ、アブラムシなどの害虫を抑制する効果がある。他品種と交雑しやすい。

~ 利 用 法 ~

| 利用部位 | 地上部 |
| 味と香り | クローブに似た香りとピリリとした風味 |

イタリア料理に多用され、ピザソースなどの基本香味材料として伝統的に使われている。トマトの風味によく合うので、トマトを使った煮込み料理やソースなどに使われる。バジルペーストやビネガー、オイルに漬けてさまざまな料理に。チーズを使ったお菓子やシャーベットなどにも合う。アジア料理にも使う。

生葉でも乾燥葉でもティーにして飲用すると、元気が出て明るい気分に。

炎症や虫さされに葉をもんで貼る。

成分………β-カロテン、ビタミンC、サポニン、タンニン
精油成分…リナロール、メチルチャビコール、メチルオイゲノール、リモネン、ρ-シメン、カンファー
作用………抗酸化作用、抗菌作用、殺菌作用、食欲促進作用、鎮静作用
効能………消化器系の機能を高め、神経性の頭痛、片頭痛、不安症、リウマチ痛、咳などの症状を和らげ、細菌性の口内炎などの予防に役立つ。
注意
・妊娠中の多量の服用はしない。

ダークオパールバジル
dark opal basil

学　名：*Ocimum basilicum* L. 'Dark Opal'

高さ45cmほどで、スイートバジルの改良品種。全体的に紫色で花の色はピンク。香りはスイートバジルとほぼ同じで、料理に使うと色のコントラストも楽しめる。

シソ科

バジル

シナモンバジル
cinnamon basil

学　名：*Ocimum basilicum* L. 'Cinnamon'

タイバジルとともにスイートバジルの品種。シナモンに似た甘い香りがある。葉はやや小さく、花や茎はピンクがかっている。茎葉は旺盛に成長する。ハーブティーやスイーツ、炒め物にも使われる。

ブッシュバジル
bush basil

学　名：*Ocimum minimum* L.

小さい葉がまとまってこんもり茂る草姿が独特で、コンテナでも育てやすい。観賞用に向くほか、スイートバジルの香りに似て同じように料理にも使用する。スイートバジルより寒さに強い。

タイバジル *Thai basil*

学　名：*Ocimum basilicum* L. 'Thai'

高さは30cmほどで葉に光沢があり、アニスのようなしっかりした香り。タイではホーラパーと呼ばれ、グリーンカレーやベトナム料理のフォーに欠かせないオリエンタルバジル。

アフリカンブルーバジル
African blue basil

学　名：*Ocimum kilimandscharicum* Gürke × *O. basilicum* L. 'Dark Opal'

ダークオパールバジルとカンファーバジルの交配種。丈夫で生育旺盛、バジルの中では比較的耐寒性があり、寒くなると葉が紫色を帯びる。観賞用や食用として近年人気があるが、種子はできない。

レモンバジル *lemon basil*

学　名：*Ocimum* × *africanum* Lour.

高さ30cmほどで、葉はやや小型で明るい緑色。タイではメーンラック、インドネシアではクマンギと呼ばれる。強いレモンの香りがあって魚料理や鶏料理、マリネや炒め物によく合う。

ハス科

ハス
lotus

別　名：ロータス　ハチス
学　名：*Nelumbo nucifera* Gaertn.
原産地：熱帯〜温帯アジア
気候型：熱帯気候　大陸東岸気候

属名Nelumboの語源は諸説あり、スリランカでのハスの俗称とか、ラテン語pastus「食料」からなど。種小名nuciferaは「堅果をもった」という意味。

された。大賀一郎博士が千葉県で発見した2000年以上前のハスの種子からは古代のハスが蘇り、「大賀ハス」と名づけられ、いまもその子孫が育てられている。『万葉集』や『古事記』にはハスの古名「ハチス」の記載があり、奈良時代の『常陸国風土記』(P281参照)に野生のハスを食用にしていたとの記録もある。奈良時代以降は中国から花の美しい品種ももたらされ、時の権力者への献上品として珍重された。仏教との関わりが深く、寺院の池などに多く植栽される。

特徴・形態

水生の多年草。花は清らかさや神聖の象徴として讃えられ、観賞用と食用の種類がある。水底の地中で横に広がる地下茎(レンコン)は多数の空洞をもって節が多く、観賞用は太くならない。楕円形の葉は径20〜50cmで、長い葉柄により水上に出る。夏に白色から淡紅色の花を、直立した茎に単生する。花後に肥大する花床(かしょう)の穴の中に、楕円形の種子がいくつも入る様子から「ハチス」の名がある。

歴史・エピソード

古代から、インド、東アジアなどに見られた植物。中国では古くから芽、葉、花、種子、根などが薬用に用いられ、『神農本草経(しんのうほんぞうきょう)』(P279参照)にも詳しく書かれている。またインダス文明の遺跡から発見された大地母神像の頭部には、ハスの花が飾られている。日本でも太古から自生しており、岐阜県で更新世(P279参照)の地層から約2400万年前のハスの葉の化石が発見

栽　培

日当たりがよく有機質に富む泥土で表土が深く、生育期間中に水を張れる場所。種まき、根茎でふやす。

〜利用法〜

利用部位　花、葉、種子(実)、根茎

🍴 根茎(レンコン)は煮物、揚げ物、酢漬け、キンピラ、辛子蓮根などにする。種子は煎って食べたり、甘納豆や汁粉に。

☕ 葉を乾燥させた「蓮葉茶」、緑茶に香りをつけた「蓮花茶」、実の芯の部分を乾燥させた「蓮芯茶」がある。

👤 根茎の細片を煎じて冷まし、へんとう炎や口内炎に、歯周病にはうがいをする。湿疹やかぶれ、あぜもの患部を冷湿布する。

成分………種子：ロツシン、ジメチルコクラリン、ラフィノース
　　　　　根茎：ビタミンC、ムチン、カテキン、カリウム、リン、アスパラギン酸
作用………種子：疲労回復作用、滋養強壮作用
　　　　　根茎：抗酸化作用、殺菌作用、止血作用、鎮静作用、収斂作用、滋養強壮作用
効能………胃など消化器の粘膜を保護し修復。気持ちを穏やかにしてくれる。肌荒れなどを防ぎ、疲労回復にも役立つ。また、切り傷、擦り傷に効果的。腸内環境を整え、便秘改善にも。高血圧などの生活習慣病予防にも効果的で、婦人病に有効であるとされる。
生薬………
蓮実(レンジツ)：成熟果実を乾燥したもの。蓮肉(レンニク)：殻を剥ぎ取った種子。どちらも鎮静、滋養強壮に効果的。

日本で愛されてきたハーブ

年中行事に欠かせない植物など
日本の文化や暮らしとハーブは
深く関わりをもっています。
歴史の中で育まれた植物と日本人の関係。
その一端を見ていきましょう。

　西洋で育まれた「ハーブの世界」と同じように、日本でも古くから植物は暮らしのさまざまな面で取り入れられてきました。縄文時代の遺跡から種子が発見されたエゾニワトコ（エルダーの仲間）やヤマブドウを発酵させてリキュールのようなものをつくっていたと考えられます。500年代末には聖徳太子が大阪に建てた四天王寺に、病いの人々を救済する施設とともに、薬草を栽培する施薬院が設けられました。その後も中国から伝わる医療と日本古来の習慣が結びつき、日本独特のハーブ文化が生まれてきました。

年中行事に欠かせない植物の力

　四季の巡りや豊かな自然に恵まれた日本で、人々は折々に神や仏や先祖に植物を捧げ、邪気をはらい、五穀豊穣や家内安全を祈ってきました。また、中国伝来の「二十四節気」を暦に取り入れ、立春や春分など季節の指標としました。古くより端午や七夕の節句にはさまざまな行事が催され、その風習は、親から子へと伝えられています。

　正月の松飾りや門松は厄よけや新年の幸せを神様に認めていただくための目印の意味があるといわれています。1月7日の人日の節句には、セリ、ナズナ、ゴギョウ、ハコベラ、ホトケノザ、スズナ、スズシロの七草粥を食べ、一年の健康を祈ります。新しい年に芽生えたばかりの若葉を体に取り込む行事は、春を心待ちにする人々の気持ちがうかがえるものです。

　3月3日、桃の節句（上巳の節句）にはひな人形とモモの枝を飾ってヨモギやハハコグサを入れた草餅を食べ、女の子のつつがない成長を願います。5月5日の端午の節句には、邪気をはらうとされるショウブを浸して酒を飲み、ショウブ湯に入って無病息災を祈ります。また、殺菌作用のあるササの葉で餅米を包んだ粽を食べ、男の子の健やかな成長を祝います。

　7月7日の七夕の節句では、願いを書いた短冊をタケの枝につるして祈願します。タケが風に揺れて葉がさらさらたてる音は神との触れ合いを意味し、翌朝に葉についた朝露をご利益として頭上に振りかけたものです。9月9日の重陽の節句は菊の節句ともいい、昔の人々はキク酒を飲んだり、キクの花にかぶせた被綿にたまった露で体を拭い、健康と長寿を願いました。

　ほかにも節分に柊の枝に鰯の頭を刺して邪気をはらったり、夏のお盆にミソハギを供えたり、冬至にユズ湯で温まり柑橘系の芳香を楽しむなど、植物にまつわるさまざまな風習がいまに伝わっています。これはまさに日本人と植物との切っても切れない深い関係を物語っています。

掛け香

西陣織の布に菊花結びの紐をあしらった現代版の掛け香。
香のレシピ例：白檀4g、竜脳3g、以下は各1g 丁子（クローブ）、桂皮（シナモン）、大茴香、藿香、麝香。

塗香

数種類の香木や香料原料を極細粉末にした「塗香」は木製の容器で携帯する。少量を手首や手に塗ることによって、浄化されるという。焚かないで身にまとえる香。

香りの文化が花開いた国

　また近年、注目度の高い「香り」についても長い歴史があります。聖徳太子の生きた時代、淡路島に大きな沈香香木が流れ着いたあたりから、香りの文化は語られます。奈良時代には唐の僧の鑑真が仏教を伝えるため来朝し、薫香の製法を伝えました。仏教で香を薫じて仏に供えたことが、いまの「香典」につながったと聞けば、香はより身近に感じられるかもしれません。

　平安時代には神仏に供えるだけでなく、「空薫物」や「えび香」が貴族の間で親しまれました。当時、十二単をまとい長い髪をおすべらかしに結った宮廷の女性たちは、入浴の回数も少なかったので、部屋や衣装に香を焚きこめたのです。『源氏物語』などにも書かれているように、香料を配合して競う「薫物合わせ」などを楽しみ、後に「香道」という日本独自の文化が誕生しました。

　室町時代、八代将軍の足利義政の命により香道の体系がつくられ、公家の三条西実隆公を祖とする「御家流」と、武家の志野宗信を祖とする「志野流」の二大流派が誕生。同時に茶道や華道の流派も生まれました。香道が鑑賞するのは香木で、産地の名前に由来する伽羅・羅国・真那伽・真南蛮・寸聞多羅・佐曾羅の6種を、甘・辛・酸・苦・鹹（塩辛い）の5つの味覚で表現する「六国五味」が鑑賞の基本になっています。

　江戸時代には香は庶民にも広まり、さまざまな匂い袋や室内で香りを楽しむ掛け香などが親しまれました。その中には麝香（雄鹿の分泌物）のような動物性のものもありますが、ほとんどは植物で沈香・白檀・甘

松香・竜脳・丁子など（P238「和の香り図鑑」参照）がいまに伝わります。明治初頭から文明開化の波が押し寄せ、西洋文化が流入してきました。箪笥を開けると樟脳の香りがしたり、和服のたもとや胸元に匂い袋をしのばせていた暮らしも薄れ、食卓にも西洋の食文化が日常的に取り入れられるようになりました。こうした変化のなかでも、線香や匂い袋などがいまも暮らしに溶け込んでいます。また、アロマセラピーでは、日本の樹木や植物から抽出された精油の種類が多くなり、注目を集め活用されています。

　伝統ある和の香りの特性を理解したうえで、和・洋の植物を融合させ、それぞれの目的に合った新しい香りの世界、ハーブを楽しみましょう。

匂い袋

布袋に麝香、丁子、白檀など、常温で香る香料を入れたもの。携帯用、室内用がある。日本の伝統的な「サシェ」といえる。

セリ科

パセリ
parsley

別　名	カールドパセリ　オランダゼリ　モスカールドパセリ
学　名	*Petroselinum crispum* (Mill.) Nyman ex A. W.Hill var. *crispum*
原産地	地中海沿岸
気候型	地中海性気候

属名*Petroselinum*はギリシア語のpetroselinon「パセリ」による。種小名*crispum*はcrispus「縮れた、しわがある」という意味。

特徴・形態
洋風料理には欠かせない栄養価の高いハーブ。高さ約30cmの耐寒性一・二年草。濃緑色の葉は羽状複葉、縁に細かい刻みがあって縮れている。初夏に薄黄色の花を咲かせ、花後に卵形の小さい種子をつけて、全草に香りがある。ただし、花をつけると株が弱るので、長く収穫するには花茎を早めに摘む。

歴史・エピソード
古代ギリシア人はコリント地域の競技の勝利者にパセリでつくった冠を与えるなど、儀式に用いた。紀元前のギリシアの本草書に記述があり、古代ギリシアやローマ時代から薬用として使われていた。古代ギリシアの詩人ホメロスは叙事詩の中で、兵士は自分の戦車を引く馬たちにパセリを食べさせたと記している。日本には江戸時代中期、オランダ船が長崎に持ち込んだため、オランダゼリの名で長く呼ばれていた。

栽　培
3〜6月、9〜10月に種をまく。好光性種子なので、種子をまいたあとに土は薄くかぶせる。

〜利用法〜

利用部位 地上部
味と香り パセリ特有の青臭い香りと苦味

🍴 野菜、卵、肉、魚などあらゆる料理に使う。スープやソース、ハーブバターやチーズ、料理の飾りつけに適す。ブーケガルニ、フィーヌゼルブ（P242参照）の基本材料。

👩 浸出液は、打撲、捻挫、青あざ、抜け毛、虫さされなどに利用する。葉のティーは消化を促し、種子の煎液は利尿剤になるほか、シミの改善に役立つ。

成分………カリウム、ビタミンC、β-カロテン
精油成分…ミリスチシン、アピオール、α-ピネン、β-ピネン
作用………駆風作用、利尿作用、殺菌作用、健胃作用、解毒作用
効能………リウマチ痛、貧血、月経困難症、無月経症、食欲促進に効果があるとされる。腎臓機能を活発にし、むくみを改善するのに役立つ。
注意
・腎臓疾患、心臓疾患のある場合は医師の指示に従うこと。
・妊娠中、授乳中は多量に使用しない。

イタリアンパセリ
Italian parsley

別　名	フラットリーフパセリ　プレーンリーブドパセリ
学　名	*Petroselinum crispum* (Mill.) Nyman ex A.W. Hill var. *neapolitanum*
原産地	地中海沿岸

高さ15〜25cmの半耐寒性一・二年草。平たく鮮やかな緑色の葉は爽やかな香り。小さなクリーム色の花を、散形花序につける。日本では葉のカールするパセリが主流だが、海外で

はこちらが一般的。高温多湿に弱い。ミネラル類、β-カロテン、ビタミンCが豊富。

シソ科

パチュリ
patchouli

別　名	パチョリ
学　名	*Pogostemon cablin* (Blanco) Benth.
原産地	インドネシア　中国　フィリピン
気候型	熱帯気候

属名*Pogostemon*はギリシア語pogon「ひげ、あごひげ」＋stemon「雄しべ」に由来。種小名*cablin*は「モモのような」の意。

特徴・形態
濃厚でエキゾチックな香りの精油で香料植物として知られる。高さ40～80cmの非耐寒性多年草。葉は卵形で先のほうが細くなり、鋸歯(きょし)がある。夏に暑い日が続いて順調に成長すると、秋に淡紫色の強い香りの花を穂状花序(すいじょうかじょ)につける。

歴史・エピソード
葉の香りに防虫作用があり、乾燥した葉をサシェにして古くから衣類の虫よけに使われ、葉をもんで虫さされの薬としてきた。生薬では全草を乾燥させたものを霍香(カッコウ)といい、日本ではお香に使われる。

栽　培　生育適温は20℃くらいで寒さに弱いため、屋内で越冬させる。挿し木でふやす。

～利用法～

利用部位	地上部

 精油を抽出し、香水などに使う。乾燥させたパウダーをお香の材料にする。

精油成分	パチュリアルコール、α-グアイエン、セイケレン、β-パチュレン
作用	鎮静作用、抗うつ作用、収斂(しゅうれん)作用、肌軟化作用、鬱滞(うったい)除去、抗炎症作用、抗菌作用
効能	緊張、不安、うつ状態、ストレスを解消し心を安定させるといわれる。むくみ、冷え性の改善、月経前症候群の症状の緩和、ニキビにも効果的。

スイカズラ科

ハニーサックル
honeysuckle

別　名	ニオイスイカズラ　ニオイニンドウ
学　名	*Lonicera periclymenum* L.
原産地	ヨーロッパ　小アジア
気候型	西岸海洋性気候

属名*Lonicera*はドイツの医師で本草学者のアダム・ロニチェル(A. Lonitzer／P278参照)の名にちなむ。

特徴・形態
花には蜜があり香りがよく、育てやすい植物。3～6mに伸びるつる性の落葉低木。5～8月、長さ4～5cmで白色から黄色の筒状花を枝先にまとめて咲かせる。多くの園芸種がある。

歴史・エピソード
ヨーロッパでは古くから家々の垣根を飾ってきた。日本には同属のニンドウ(スイカズラ)が自生。これは暖地で冬でも葉を落とさないことから忍冬(ニンドウ)の名になった。

栽　培　よく成長するので剪定をする。挿し木でふやす。

～利用法～

利用部位	花、葉、茎	味と香り	甘い香り

🍴 花はお酒の風味づけ、ティーやサラダにも。

 ポプリにして香りを楽しむ。茎葉を煎じて湿疹、かぶれに湿布する。

成分	ロニセリン、トリテルペノイドサポニン、タンニン、ルテオリン
作用	解毒作用、解熱作用、消炎作用、利尿作用、抗炎症作用
効能	アレルギー症状を緩和するとされる。
注意	・果実は有毒なので口にしない。

イネ科

ハトムギ
job's tears

別　名	シコクムギ
学　名	*Coix lacryma-jobi* L. var. *ma-yuen* (Roman.) Stapf
原産地	中国南部〜インドシナ半島
気候型	熱帯気候

属名 *Coix* は古いギリシア名 coix「シュロ」からきた名。種小名 *lacryma-jobi* は花序の形から「ヨブの涙」という意味。変種名 *ma-yuen* は中国名マ・イウェン（馬耘）から。

特徴・形態
美肌や滋養強壮によいとされ、飲みやすいハトムギ茶が利用されている。高さ70〜150cmの一年草。幅が2.5cm

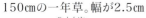

ほどの葉は披針形で、先が尖り基部は鞘状で茎を包む。花期は8〜10月で花序が垂れ下がり、10月ごろに黒褐色に熟した果実を採取。ジュズダマの栽培型だが、ジュズダマと異なり種殻が薄くて割れやすい。

歴史・エピソード
中国最古の薬物書『神農本草経』(P279参照)には「薏苡仁(ヨクイニン)」は上品の薬として記載され「筋肉が硬直し、ひきつり、屈伸できないもの、慢性の神経痛を治す」とある。ハトムギの歴史は古く、インド、ブラジル、ギリシア、ローマなどに保健食、美容食などに利用された記載が残る。昔は一反歩の広さから4石（通常の4倍）とれるムギの意味で四石麦（しこくむぎ）と呼ばれていた。民間で行

われていた美肌やイボをとる療法を、貝原益軒(かいばらえきけん)(P191参照)が『大和本草(やまとほんぞう)』(P281参照)に記載している。明治以降、ハトが好んで食べることからハトムギと名付けられたといわれる。日本に伝わったのは奈良時代とも江戸時代ともいわれるが、享保年間(1716〜1736年)には栽培されていた。

栽　培
出穂や開花がそろわないうえ、成熟した粒は脱粒しやすいので、全体の7割くらいの粒が茶色になったら収穫して2、3日天日で乾燥する。熟した種を4月にまく。

〜 利 用 法 〜

利用部位　種子

 ゆでてサラダや炒め物にくわえたり、粥、みそなどに利用。

 殻（苞鞘(ほうしょう)）つきのまま炒った種子をハトムギ茶として用いる。美白、美肌によいとされる。

種子の浸出液はローション、クリーム、パックに利用する。

成分………コイキセノリド、グリセリド、コイキサンA、B、ビタミンB₁、B₂、鉄分、グルタミン酸、ロイジン、バリン、チロシン
作用………利尿作用、消炎作用、鎮痛作用、排膿作用、血糖値降下作用、滋養強壮作用、筋弛緩作用
効能………リウマチ痛などに効果があるといわれ、腎臓の働きを促し、水分代謝をよくし、むくみ解消に役立つ。
注意
・妊娠中の過剰摂取は避けたほうがよい。
生薬
薏苡仁(ヨクイニン)：9〜10月に果実を採取し、果皮と種皮を除いた種子を天日干ししたもの。利尿、消炎、鎮痛、排膿に効果的。

ラン科

バニラ
vanilla

学　　名：*Vanilla planifolia* Jacks. ex Andrews
原産地：メキシコ　西インド諸島
気候型：熱帯気候

属名*Vanilla*はスペイン語vainilla「小さい豆果」から。種小名*planifolia*は肉厚で扁平な葉の形からplan「扁平な」＋folium「葉の」の意味。

特徴・形態

熱帯林に野生し、19世紀ごろから栽培された、つる性植物。茎の節から太い気根を出してからみつき、10m以上伸びる。楕円形の葉は肉厚で互生。直径5〜8cmの淡緑色でラン科らしい花を総状花序につける。蒴果は長さ15〜25cmの緑色のサヤのような形になるので、バニラビーンズと呼ばれる。

歴史・エピソード

中南米ではアステカ文明の時代（15世紀〜16世紀初頭）から香りづけに利用され、それがヨーロッパに広まった。未熟な緑色のサヤ状果実を収穫し、キュアリングと呼ばれる加熱と発酵を繰り返すと、黒くなったサヤに深く甘い香りが生じる。加工に手間がかかるため高価。天然のバニラの深い香りは、世界中でスイーツやドリンクなどの天然香料としてなくてはならないもの。

栽　　培　高温多湿を好み、最低温度10〜15℃が必要なので、冬は温室で乾燥気味に育てる。

〜 利用法 〜

利用部位　種子

 アイスクリームや菓子の香りづけなどに使う。

精油成分…バニリン、ρ-ヒドロキシベンズアルデヒド、バニリルアルコール、バニリン酸
作　用………鎮静作用、強壮作用、整腸作用、抗感染症作用
効　能………緊張を和らげ、腸内環境を整え、感染症予防に効果的。

キク科

ハハコグサ
Jersey cudweed

別　　名：ゴギョウ　オギョウ
学　　名：*Pseudognaphalium affine* (D.Don) Anderb.
原産地：日本　朝鮮半島　中国　台湾　東南アジア
気候型：大陸東岸気候

属名*Pseudognaphalium* はpseudos「偽」＋gnaphalium「軟毛に覆われた植物」の古代ギリシア名から。種小名*affine*は「よく似ている」という意味。

特徴・形態

若い葉や茎を食す。高さ10〜30cmの一・二年草。葉は先が丸みを帯びたへら状で互生、葉と茎には白い綿毛がある。頭状花序の黄色

の花を多数つけ、道端や野原などに見られる。

歴史・エピソード

日本をはじめ東アジア、インド、ヨーロッパなど広い地域に自生。日本では「春の七草」のひとつ。平安時代の桃の節句には、ヨモギよりアクが少ないハハコグサを入れた餅を供えていたという。その後江戸時代に『本草綱目啓蒙』（P281参照）で小野蘭山が記しているように、香りがよく緑の鮮やかなヨモギに取って代わられた。

〜 利用法 〜

利用部位　地上部

 餅、草団子、七草粥、天ぷらなどに使う。

 風邪や痰が出るときや喉が痛むときに、乾燥した全草を煎じた液でうがいをすると効果的。

成分………ルテオリン配糖体、カルコン配糖体、フィトステロール、アピゲニン
作用………鎮咳作用、去痰作用、利尿作用
効能………咳、へんとう炎、むくみの改善に役立つ。
注意………
・キク科アレルギーの人は使用に注意。
生薬
鼠麹草(ソキクソウ)：全草を細かく刻んで天日干ししたもの。鎮咳に効果的。

オミナエシ(スイカズラ)科

バレリアン
valerian

別　名：セイヨウカノコソウ
学　名：*Valeriana officinalis* L.
原産地：ヨーロッパ　北アジア　北米
気候型：西岸海洋性気候

属名*Valeriana*はリンネがローマ皇帝ウァレリアヌス（P278参照）に対して捧げた名で、valere「強くなる」の意味。種小名*officinalis*は「薬用の」の意。

特徴・形態
日本原産のカノコソウによく似るが、欧米では古くから不眠症に用いてきた。高さ60cm以上になる多年草。上部で枝分かれする茎に羽状の葉は対生し、縁に鋸歯（きょし）がある。初夏～夏に円錐状の集散花序で白やピンクの花を咲かせる。

歴史・エピソード
紀元前からヨーロッパを中心に、精神や神経を鎮め、眠りを誘うハーブとして使われ、中世では修道院の薬草園でさかんに栽培された。18世紀には精神を安定させるための治療や整腸剤、誘眠剤として利用法が確立され、現在でも広く利用されている。昔は根がネズミ退治に使われ、ドイツの「ハーメルンの笛吹き男」の伝説では、この根の香りでネズミをおびき寄せて退治したとされる。また、ネコも大変好むのでキャッツラブとも呼ばれる。日本にも同属のカノコソウが、北海道から九州までの山地のやや湿った草地にまれに自生。かつては香料や薬用に利用された。

栽培
やや冷涼で湿り気のある所で、種まき、株分けでふやす。

～ 利 用 法 ～

利用部位　根
味と香り　苦い草のような独特の臭気

ストレスからくる頭痛や不安などを緩和し、興奮して眠れないときに安眠に導く。

筋肉などの痙攣（けいれん）を緩和する働きがあるとされ、精神的な腹痛や胃痛などにも役立つ。精油は香水の原料として使われる。

成分………バレポトリエイト、バレレン酸
精油成分…酢酸ボルニル、ロンギピノカルボン、3-メチルブタン酸
作用………鎮静作用、鎮痙（ちんけい）作用、利尿作用、駆風（くふう）作用
効能………中枢神経を穏やかにする働きがある。不安を和らげ、気持ちを穏やかにし、不眠症状の改善に役立つ。疲労回復、生理痛にも効果的。
注意……
・妊娠中、授乳中、子ども、催眠の薬剤との併用、肝機能不全の人は使用しない。
・車の運転の前は飲用しない。

シソ科

ヒソップ
hyssop

別　名：ヤナギハッカ
学　名：*Hyssopus officinalis* L.
原産地：ヨーロッパ東南部〜中央アジア
気候型：地中海性気候

属名*Hyssopus*は、ヘブライ語のezobh「聖なる草」に由来するギリシア語hyssōposが語源。種小名*officinalis*は「薬用の」という意味。

特徴・形態
和名にヤナギハッカとあるように、爽やかな香りと苦味がある。高さ40〜60cmの半常緑低木。よく枝分かれして基部は木質化する。深緑色のつやのある細長い小さな葉は対生する。初夏〜夏、総状花序で唇形の花が数多く咲き、青紫の花は甘い香りで昆虫を引き寄せる。園芸品種が多い。

歴史・エピソード
古代ギリシアやローマ時代にはすでに知られ、神聖な場所を清めるために用いられた。ユダヤ教の過越祭で食べる清めの苦いハーブ。聖書にもたびたび登場し、詩篇の「ヒソップをもって我を清めたまえ」という言葉が有名だが、聖書の「ヒソップ」はマジョラムなど他のハーブだという見方もある。踏みつけると強く香り、防虫効果もあることから、中世ヨーロッパでは床にまくストローイングハーブ（P279参照）としても用いられ、室内につるして魔よけに用いたりもした。15〜16世紀には、修道院でつくられる薬草系リキュールの香りづけに使われるように。有名なものにベネディクト派修道会のベネディクティンや、カルトジオ会のシャルトリューズなどがある。またイギリスの植物学者ジェラード（P279参照）が1597年に発表した著書には、ヒソップが打撲傷に効くと書かれている。日本には明治半ばに渡来。ハッカのような香りがあり、葉がヤナギに似ているところからヤナギハッカと名づけられた。

栽培
高温多湿に弱いので、水はけ、風通しのよい場所が適す。種まきや挿し木でふやす。花後に切り戻すと形よく保てる。

～ 利 用 法 ～

利用部位　葉、花
味と香り　ピリッとした苦味とミントのような香り

🍴 豚肉、ラム肉、ソーセージ、シチューなどに刻んだ葉を少しくわえる。脂肪の多い魚料理にも合う。乾燥した花穂をシャルトリューズ酒などのリキュール類の風味づけに。

☕ 風邪の初期症状に用いると効果的。気管支や喉の炎症を抑え、鼻づまりや咳の鎮静にも役立つ。筋肉痛や関節の痛みを緩和し、おなかのガスを排出する働きもあるとされる。

👩 精油は香りがよく高品質の化粧用香料として商業的に栽培され、オーデコロンにも利用される。挫傷ややけどなどには軟膏やチンキを使用。乾燥した葉を入浴剤として用いるとリウマチの改善に役立つ。

成分………タンニン、フラボノイド、苦味質
精油成分…β-ピネン、β-フェナンドレン、ゲルマクレンD、ピノカンフォン、ピノカルボン、リナロール
作用………粘液溶解作用、抗菌作用、去痰作用、抗炎症作用、解熱作用、発汗作用
効能………気管支炎、喘息、咳、喉の痛みなどの症状の改善、風邪などの感染症の予防に役立つ。
注意
・妊娠中、授乳中、乳幼児、てんかんの患者は使用しない。
・多量（高濃度）、長期間の継続使用はしない。

バラ科

ビワ
loquat

学　名	*Eriobotrya japonica* (Thunb.) Lindl.
原産地	中国
気候型	大陸東岸気候

属名*Eriobotrya*は表面が白い軟毛で覆われた果実が房になるところから、erion「軟毛」＋botrys「ブドウ」。種小名*japonica*は「日本の」という意味。

特徴・形態
暑気払いの飲料や疲労回復の酒として飲用するほか、外用の薬としても重宝されてきた。高さ10mになる常緑高木。光沢のある革質の葉は大きな長楕円形で互生、縁には鋸歯がある。表面は濃緑色で葉脈ごとに波打ち、裏面は毛が密生する。花は初冬、香りをもつ黄白色の5弁花を円錐花序につけ、果実は初夏に黄橙色に熟す。果実も全体に薄い産毛に覆われている。

歴史・エピソード
平安時代の『日本三代実録』(P280参照)や『本草和名』(P281参照)など、多くの文献にその名が記載され、古くから利用されてきた。奈良時代、730(天平2)年に光明皇后がつくった貧しい人々や病気の人々の救済施設「施薬院」で、ビワの葉の療法が行われていたという。江戸時代には「枇杷葉湯」が、夏の暑気払いによく飲まれた。これはビワの葉に肉桂、藿香、莪蒁、呉茱萸、木香、甘草など数種を混ぜ合わせ、煎じたもの。薬店の店先に釜を置いて売ったり、てんびん棒でかついで売り歩いたりした。ビワの名の由来は、

果実の形が楽器の琵琶に似ていることから転用されたとも、葉の形が似ていることによるともいわれる。長崎地方では江戸時代に唐通事(中国語の通訳)から手に入れた中国南部のビワの種を畑にまき、ここから茂木ビワの栽培が始まったという。そのほか鹿児島、愛媛、香川、和歌山、千葉など、海沿いを中心に産地が各地にある。また大分、山口、福井などでは野生しているのが見られる。果実は生食や加工品に利用され、木部は粘りが強くて折れにくいため、杖や木刀などの材料として利用される。

栽　培
関東以西では露地栽培できる。成長が早いものの、実生苗の結実には7～8年を要する。自家結実性。種まき、接ぎ木、挿し木でふやす。

～ 利用法 ～

利用部位	葉、果実、木部
味と香り	甘く、フルーティーな香り

🍴 果実をコンポートやジャムにする。果実酒は疲労回復や食欲増進に効果的。

👤 乾燥葉を煎じて下痢や咳、暑気あたり、胃腸病に飲用し、夏は冷やして麦茶代わりの爽やかな飲料に。湿疹やあせもには乾燥葉を入浴剤とする。葉のチンキ剤は打ち身や捻挫の冷湿布にする。

🏠 葉はビワ色に染色できる。

成分……………ウルソール酸、オレアノール酸、タンニン
精油成分………ネロリドール、ファルネソール
作用……………鎮咳作用、去痰作用、健胃作用、鎮吐作用、消炎作用、殺菌作用、解毒作用
効能……………かぶれ、湿疹、リウマチ痛、打ち身、捻挫の症状の緩和や、咳止めにも効果的。
生薬……………
枇杷葉(ビワヨウ)：随時収穫した葉の裏の毛を取り除いて乾燥させたもの。鎮咳、鎮吐、解熱に効果的。

キク科

フィーバーフュー
feverfew

別　名：ナツシロギク　マトリカリア
学　名：*Tanacetum parthenium* (L.) Sch.Bip.
原産地：アジア西部　バルカン半島
気候型：ステップ気候

属名*Tanacetum*は、「不死」を意味するギリシア語athanasiaから生じた古ラテン名tanazitaが語源。種小名*parthenium*は「乙女の」という意味。

特徴・形態
花壇に咲き誇るマーガレットの仲間で、古代から頭痛の緩和などに利用されてきた。高さ50～60cmの多年草。黄緑色の葉は羽状深裂、茎先に散形状の頭花をつける。中心部は黄色の筒状花で、白い舌状花1列が取り囲む。

歴史・エピソード
古代ギリシア時代から頭痛、発熱、リウマチ性の炎症などに利用されてきた。1600年代のイギリスの医師たちは「すべての頭の痛みに対して非常に効果がある」と考えていた。英名のフィーバーフューはラテン語の「熱病」と「追放する」を意味する合成語febrifugaの英訳で、その薬効にちなんでいる。ジェラード（P279参照）は著書『ザ・ハーバル』の中で、風邪による浮遊感やうつなどで気持ちの沈んでいる場合に、乾燥させたフィーバーフューのティーが効くとしている。カルペパー（P278参照）も「風邪に起因するあらゆる頭痛」に勧めていて、ロンドンの薬屋が独特の売り声で売り歩いていたという。イギリスではいまでも咳止めにこのシロップがつくられる。除虫剤、殺菌剤、駆虫剤にも用いていた。

栽培
日当たりと水はけのよい場所が適す。春に種まき、株分け、挿し木でふやす。ハチなどの昆虫が近づきにくいので、果樹などのそばには植えない。

～利用法～

利用部位　葉、花
味と香り　爽やかな香りとかすかな苦味

花は片頭痛を和らげる働きがあるといわれる。花粉症などのアレルギー症状緩和に役立つ。

乾燥させた葉の浸出液を虫さされに、シミやソバカスを緩和する化粧品として用いる。

乾燥葉を衣類の間に入れて虫よけにする。

成分………タンニン、ルテオリン、アピゲニン
精油成分…花：パルテノリド、カンファー
作用………鎮静作用、鎮痛作用、消炎作用、通経作用、駆虫作用、駆風作用、粘液溶解作用、抗炎症作用
効能………片頭痛の治療と予防に効果があるとされ、喉の痛み、生理痛、関節痛などを和らげる。
注意
・子ども、妊娠中やキク科アレルギーのある人、ワルファリンなどの血液抗凝固剤を使用中の人は使用しない。
・片頭痛の薬を使用中の人は医師に相談する。

セリ科

フェンネル

最も古くから利用、栽培されてきたハーブのひとつ。葉や果実は魚料理と相性がよく、ピクルスなどにも使われる。薬草やスパイスとしておもに利用するのはスイートフェンネル。フローレンスフェンネルは肥大する株元を食し、ブロンズフェンネルはブロンズ色の茎葉が花壇でも引き立つ。

スイートフェンネル
sweet fennel

別　名	：フェンネル　ウイキョウ
学　名	：*Foeniculum vulgare* Mill.
原産地	：地中海沿岸
気候型	：地中海性気候

属名*Foeniculum*は葉先が細く干し草に似ているため、ラテン語のfoenum「干し草」+culum「小さい」から。種小名*vulgare*は「普通の、通常の」という意味。

特徴・形態
茎葉、花、果実(種子)を使い切ることのできる"魚料理のハーブ"。高さ1〜2mになる大型の多年草。鮮緑色の葉は羽状に裂ける複葉で糸のように細い。初夏〜夏に花茎を長く伸ばし、小さな黄色い花を散形花序にたくさん咲かせる。秋には小さな実が茶褐色に熟す。

香辛料など幅広く使われるフェンネルシード。一般に種子として扱われるが、植物学的には果実。

歴史・エピソード
4000年前に古代エジプトで栽培されていた最も古い植物のひとつ。ファラオの医学書にはフェンネルシードが利尿薬、消化薬、鎮痛薬として使われていたと記載され、古代ギリシアでは成功のシンボルとされ、「マラトン」と呼ばれていた。紀元前490年にペルシアを破って大勝利をもたらした有名な「マラトンの戦い」にちなんでとも、マラトンが茂る場所で戦闘があったからともいわれている。中世ではディルと同じように魔法の草と信じられ、戸口につるしたり、鍵穴に詰めて魔よけや厄よけとした。「聖ヨハネ祭」(P279参照)の前夜には各家庭でも玄関のドアにお守りとして飾り、リースには必ずフェンネルが編み込まれていた。ヨーロッパでは"魚のハーブ"として有名で「富める者は魚とフェンネルを食べ、貧しい者は食べるものがなくてもフェンネルだけを食べる」といわれるほど食生活に

浸透していた。日本には平安時代に伝来して、『延喜式』(P278参照)に記載された「呉母(クレのオモ)」という植物がフェンネルだといわれている。

栽　培
種子でふやす。移植を嫌うので直まきにする。種子は完熟前に採取し、乾燥させながら追熟させる。

～利用法～

利用部位	葉、花、種子
味と香り	アニスに似た甘い香り 種子はほのかな甘味と苦味

生葉や花はサラダに、種子はパン、お菓子、カレー、アップルパイ、ソース、リキュール、スープなどの香りづけに使う。若葉はオリーブオイルやビネガーに漬け込んで調味料として用いる。また、葉をペースト状にしたソースは、魚料理だけではなく肉料理などにも合う。

種子を噛むと口臭を除去する効果があるとされる。

成分………エストラガロール、ケルセチン、ロスマリン酸
精油成分…アネトール、メチルチャビコール、フェンコン、リモネン、ρ-シメン、α-ピネン、β-フェナンドレン
作用………利尿作用、発汗作用、駆風作用、女性ホルモン様作用、口臭除去作用、催乳作用、解毒作用、健胃作用
効能………胃腸を整え消化を促進し、疝痛や腹部の不快感緩和に役立つ。皮下脂肪や老廃物を排出し、便秘解消に効果的。また生理不順、更年期障害など女性特有の症状を改善する効果が期待できる。
注意
・思春期の女子の使用には注意が必要。
・妊娠中、授乳中は使用を避ける。

フローレンスフェンネル
Florence fennel

学　名：*Foeniculum vulgare* Mill. var. *dulce* (Mill.) Batt. & Trab.
原産地：地中海沿岸

高さ1.5〜2mの多年草。葉柄基部、鱗茎にあたる株元の丸く肥大する部分は、イタリアでフィノッキオと呼ばれる野菜。開花前に収穫し、淡泊な味はサラダやスープなどに応用範囲が広い。茎葉も生食できる。

ブロンズフェンネル
bronze fennel

学　名：*Foeniculum vulgare* Mill. 'Rubrum'
原産地：地中海沿岸

名前のとおり葉がきれいなブロンズ色。食用にするほか、ガーデニングにも使う。ビネガーなどに漬けると、きれいなルビー色のハーブビネガーができるので、さまざまな料理の香味づけに利用。

マメ科

フェヌグリーク
fenugreek

別　名：コロハ
学　名：*Trigonella foenum-graecum* L.
原産地：西アジア　南東ヨーロッパ　モロッコ　インド
気候型：ステップ気候

属名 *Trigonella* は trigon「三角形」+ ella「小さい」で「小さな三角形」。種小名 *foenum-graecum* は「ギリシアの干し草」という意味。

前2世紀にローマの政治家・大カト（P280参照）は、干し草に混ぜて家畜に与えると牛の乳がよく出るため、牛の飼料として栽培することを命じていた。エジプトでフェヌグリークは宗教儀式に用いる調合香料で、燻蒸やミイラの防腐保存用調合香料「キフィ」(kuphi／P105参照)の一成分でもあった。また、この豆（果実）は栄養価が高いので、中近東やアジア諸国で文化や宗教上の理由から肉を食さない人々には、貴重な栄養源となる植物だった。19世紀まで薬用植物として広く栽培され、民間薬として使われたという。日本には江戸時代に薬草として渡来したが、漢方薬として知られるにとどまり、栽培はされなかった。

栽　培
春に種まきするが、冷涼地では時期が遅すぎると豆が収穫できないので注意。

特徴・形態
中東では貴重なタンパク質、インドでは料理の風味づけに利用される。高さ40〜70㎝の非耐寒性一年草。直立する茎はよく分枝して、葉は互生。小葉は長楕円形で、全草に芳香がある。6〜8月に白から黄色の花を咲かせ、花後に細長いサヤをつける。サヤの中にある10〜20粒の種子をスパイスとして利用する。

歴史・エピソード
栽培の歴史は古く、紀元前7世紀に古代のアッシリアで始められ、その後インド、中国へ伝播したと考えられている。種子は薬用に広く利用されてきた。紀元前1550年ごろ著された、エジプト最古の医学書といわれている『エーベルス・パピルス』（P278参照）に、安産のハーブであることが記載されている。紀元

〜 利用法 〜

利用部位　若葉、種子
味と香り　葉は成熟するにつれ苦味を増しセロリに似た香り

🍴 発芽した双葉をサラダにする。種子はカレーパウダー、さまざまなインド料理に使われる。カリフラワー、ズッキーニ、ジャガイモ、カボチャなどの野菜炒め、コロッケ、ジャムなどにもくわえる。

👩 捻挫、痛風、リウマチ痛、関節痛に、種子を砕いて練って湿布剤として利用。

🏠 種子は黄色の染料に用いる。

成分………トリゴネリン、4-ヒドロキシロイシン、クマリン、ジオスゲニン、フラボノイド
作用………滋養作用、健胃作用、駆風（くふう）作用、血糖値降下作用
効能………消化促進に効果的。胃腸の不調や下痢の症状を改善するとされる。血糖値やコレステロール値低下も期待できる。
注意
・糖尿病のある人は医師の指示でのみ利用。
・妊娠中の利用を避ける。過剰摂取しない。

キク科

フキ
fuki

別　名	オオブキ
学　名	*Petasites japonicus* (Siebold & Zucc.) Maxim.
原産地	日本　朝鮮半島　中国
気候型	大陸東岸気候

属名 *Petasites* はフキに対するギリシア名 petasos「つば広の帽子」の意味で、葉が広く大きいため。種小名 *japonicus* は「日本の」という意味。

→蕾が開いたフキノトウ。蕾が開くと苦味が強くなる。

特徴・形態
日本原産で古くから利用されてきた野菜（多年草）。地中を横に伸びる根茎から、早春、葉より先に花茎が伸び、苞に包まれた蕾が出現する。これが蕗の薹（フキノトウ）。雌雄異花で、雌花は白、雄花は黄白色。受粉後に花茎を伸ばし、雌株の花茎は花後高さ50〜80cmに成長する。これを"トウが立つ"状態という。葉は円形で径20〜40cmになり、食用とする葉柄は長さ30〜40cmになって中心は空洞。河川の周辺や山の沢、斜面などに多く自生する。

歴史・エピソード
フキという名の由来は、昔、その大きな葉で物を拭いたことから、また冬に黄色の花が咲くことから「冬黄」となったなど諸説あるが、平安時代の『倭名類聚抄』（P281参照）の時代からすでにフキと呼ばれていた。また、陰干しした葉身と葉柄を紙や布に刷り込む「蕗摺」という染色法が縁起物として、いまも使われている。葉身を丸めて器にして水を飲んだり、葉柄を持って傘の代わりやひしゃくにしたり、昔から野外での生活に欠かせない植物だった。

栽　培
湿り気のある半日陰が育ちやすい。種まきや株分け、地下茎でふやす。

〜 利 用 法 〜

利用部位　蕾（フキノトウ）、葉柄
味と香り　苦味

フキノトウは刻んで汁の実、佃煮、天ぷら、炒め物、フキみそなどに使う。葉柄と葉は煮物、酢の物、胡麻あえ、佃煮などに利用。

フキノトウと葉にはほぼ同じ効能があるとされる。すり傷、切り傷、虫さされには、葉をもんで傷口につける。

成分………ビタミンB、C、カリウム、タンニン、サポニン、ケルセチン、ルチン、コリン、フキノール酸、ペタシテニン、ネオペタシテニン
作用………抗酸化作用、健胃作用、去痰作用
効能………咳止め、胃のもたれ、胃の痛みを改善するとされる。
注意………
・キク科アレルギーの人は使用しない。
生薬………
蜂斗菜（ホウトウサイ）：若い花茎、葉を採取して日陰干ししたもの。解毒、去痰、鎮咳、健胃に効果的。

キク科

フジバカマ
boneset

別　名：ランソウ
学　名：*Eupatorium japonicum* Thunb.
原産地：中国　朝鮮半島　日本
気候型：大陸東岸気候

属名*Eupatorium*は紀元前1世紀ごろの小アジアの王ミトリダテス6世エウパトール（P281参照）の名前にちなんだもの。種小名*japonicum*は「日本の」という意味。

特徴・形態
秋の七草として万葉のころから親しまれてきた。高さ60～120cmの多年草。地下茎が長く横に這い、直立する茎に、3裂する葉が対生。夏から秋にかけて散房状に淡紅紫色の頭花が密生する。

歴史・エピソード
『万葉集』には秋の七草として登場。生の葉には香りはないが、刈り取った茎や葉を半乾きにすると、桜餅の葉のような香りがする。中国では蘭草、香水蘭などと呼ばれ、花の1枝を髪に飾ったり、香袋にして身につけた。また、髪を洗ったり入浴剤に使い、香りを楽しんだ。日本でも平安時代、貴族の女性はこの香袋を十二単の中に忍ばせたという。「藤袴」は『源氏物語』第30帖の巻名にもなっている。名前の由来は花の色が藤色で、花弁の形が袴のような筒状になっていることからとされる。奈良時代以前に中国から渡来し、野生化したといわれる。本州以西に分布するが、近年環境の変化によって絶滅のおそれがあると危ぶまれている。

栽　培
地下茎で広がる。繁殖は株分けや種まき、挿し木による。

―― 利用法 ――

利用部位 地上部

 煎じて服用すると利尿、むくみをとり、解熱などの効果があるとされる。

 乾燥したフジバカマを布袋に入れ、浴槽に入れると血行改善に役立つ。

成分………クマリン配糖体、ミネラル
精油成分…チモヒドロキノン
作用………利尿作用、解熱作用、通経作用
効能………むくみや解熱などに効果があるとされる。疲労回復、肩こり、神経痛などの痛みの緩和や、かゆみを鎮めるのに役立つ。
注意………
・常用、多量に摂取しない。
生薬………
蘭草（ランソウ）：秋、開花直前の蕾の時期に地上部を採取して天日干しして、半乾きになったら陰干ししたもの。利尿、強壮、通経に効果的。

アマ科

フラックス
flax

別　名：アマ
学　名：*Linum usitatissimum* L.
原産地：中央アジア
気候型：ステップ気候

属名*Linum*はフラックスのラテン名。種小名*usitatissimum*は「非常に有用な」という意味。

は亜麻布「リネン」と呼ばれ、木綿に近い風合いと色、光沢、強さに優れ、高級な繊維として貴重な存在。ミイラを包む布にも使われていた。また、古代エジプト、ギリシア、ローマ人は種子を食用とした。日本では江戸時代、小石川御薬園で栽培されていた記録がある。また明治初期から北海道開拓事業のひとつとして栽培された。

栽　培
日当たりと水はけがよく、風通しのよい場所が適す。春か秋に種まきをする。

特徴・形態
人類が初めて栽培した植物のひとつとされ、現在でも種子から搾った油は食用に、茎からとる繊維を麻として利用している。高さ60〜120cmの一年草。茎葉ともに細く、灰緑色の葉は長さ2〜3cmで互生。6〜8月に青や白色の5弁の花を咲かせる。花が終わると丸い蒴果（さくか）を結び、種子は黄褐色で扁平な楕円形。宿根タイプのフラックスもある。

歴史・エピソード
古代エジプト、バビロニア、フェニキアで重要な繊維作物として栽培された。フラックスの茎からとれる繊維

〜利用法〜

利用部位　茎、種子

🍴 日本でも最近はフラックスシードをパンやお菓子の生地に混ぜ込んで焼く。また、煎ってから、ゴマのようにおひたしやサラダなどにふりかけて食す。欧米ではパンやシリアル、スナック菓子、サプリメントなどへの利用が研究されている。

👩 フラックスシードは、すりつぶして利用。喉の炎症や咳を鎮静する働きがあるとされる。便秘にも穏やかに作用し役立つ。

🏠 種子に冷却効果があるとされるので、アイピローや安眠枕に利用する。茎は高級服地、シャツ、ハンカチなどの原料として生産されている。また、種子からとったアマニ油は空気に触れると早く乾くという性質があり、ペンキ、絵の具、インク、防水布、リノリウム、せっけん、機械油などに広く利用されている。

成分………α-リノレン酸、リグナン、食物繊維、*cis*-リノール酸、リナマリン、β-カロテン、ビタミンE
作用………抗酸化作用、抗炎症作用、エストロゲン様作用
効能………高血圧の予防、免疫力をアップし、アレルギー症状の緩和、便秘解消、血中のコレステロール値を下げる効果があるとされる。女性ホルモンのバランスを整え、生理痛、女性特有の症状改善に役立つ。
注意
・種子の多量の使用は避ける。

クスノキ科

ベイ
bay

別　名：ゲッケイジュ　ローレル　ローリエ
学　名：*Laurus nobilis* L.
原産地：地中海沿岸　西アジア
気候型：地中海性気候

属名 *Laurus* はケルト語を語源とするラテン語の laur「緑」という意味。種小名 *nobilis* は「気品のある、高貴な」という意味。

特徴・形態
ベイリーフでつくった月桂冠は、古代から現代まで栄光の象徴とされている。高さ10mになる半耐寒性常緑小高木。雌雄異株(しゆういしゅ)で、幹は滑らかでオリーブグリーン。つやのある濃緑色で長楕円形の葉は硬く、長さ5～10cmで互生、ちぎると芳香がある。春に黄色い球状の小花を咲かせる。

歴史・エピソード
古代ギリシア時代から栄光と平和、勝利の象徴として、また神聖なハーブとして崇拝され宗教儀式に用いられた。アポロン神の木だったベイの冠は競技者だけではなく学者、詩人、軍人など、さまざまな分野で優れた才能をもった人に授けられた。アポロンの神託を受ける「デルフォイの地」(P280参照)では、神殿の巫女たちが預言を授かる儀式にベイの葉を焚いた。ギリシアの人々は、ベイを表玄関に植えると雷や魔物、病気から守られ、枕の下に葉を敷けば予知夢を見られると信じていた。その芳香は伝染病を防ぐとされ、信心深い人々は疫病が発生するとベイの葉を口に含み、疫病から身を守ろうとした。日本には20世紀初めに輸入され、日露戦争戦勝記念樹として日比谷公園に植樹され、全国に知られるようになった。

栽培
水はけがよく、やや乾燥気味の肥沃な土壌が適す。カイガラムシがつきやすく、カイガラムシの排泄物からすす病が発生するので、4月に軽く刈り込み、10～11月に剪定をして風通しをよくする。春～秋に挿し木、取り木でふやす。

～利用法～

利用部位　葉
味と香り　生葉には清涼感のある清々しい芳香と苦味が少しあり、乾燥するにしたがって甘い芳香を強く放つようになる。

🍴 肉や魚介類の煮込みに使うと、臭みを消して素材の風味を引き立てる。カレーソース、ピクルスの香りづけとして使う。葉に傷をつけて使うと香りがより強くなるが、長く煮すぎると苦味が強まるので途中で取り出す。とくにブーケガルニ（P242参照）には欠かせないハーブ。パテやソーセージなどには、パウダーを少量くわえると臭みがなくなり、風味よく仕上がる。

 葉を煎じて筋肉痛などに湿布する。バスハーブとして利用すると、筋肉の緊張を和らげ疲労回復、冷え性にも役立つ。葉には防虫効果があり衣類などの防虫剤として用いたり、穀物の中に2～3枚入れて害虫を防ぐ。

🏠 ポプリにして、サシェやピローなどに利用でき、キッチンリース、キッチンロープなどにも使われる。

成分………ラウリン酸、カプリン酸
精油成分…1,8-シネオール、リナロール、オイゲノール、ゲラニオール、テルピネン-4-オール、ボルネオール
作用………利尿作用、鎮痛作用、鎮痙(ちんけい)作用、抗菌作用、鎮静作用
効能………リウマチ痛や関節痛、風邪の症状緩和に役立つ。
注意
・多量摂取、長期間の使用を避ける。

コショウ科

ペッパー

pepper

別　　名：コショウ
学　　名：*Piper nigrum* L.
原 産 地：インド南部マラバル地方
気 候 型：熱帯気候

ブラックペッパー　ホワイトペッパー

属名*Piper*は同属のヒハツのサンスクリット名pippaliからつけられたなど諸説ある。種小名*nigrum*は「黒色の」の意味。

特徴・形態

2500年前にはすでに栽培され、「香辛料の王様」といわれるペッパー。世界各地の食生活を変え、航海や貿易を発展させる原動力となって歴史まで動かしたとされる。高さ5〜9mに成長する常緑多年性つる植物。ツタのように付着根を支柱などに固定させて伸びていく。種子は発芽が難しいため、挿し木苗から栽培。若木は遮光して、じゅうぶんな水やりでつるを育てる。定植の3年後から小さな白い花が穂状花序（すいじょうかじょ）に少しずつ咲きはじめ、7〜8年後には10〜20cmの房に50〜60個の果実をつける。葉は大きく卵形で先は尖り、つやのある濃緑色。

歴史・エピソード

ブラックペッパーもホワイトペッパーも、古代ギリシアやローマ時代すでに料理に使われていたという。この2種についてテオフラストス（P280参照）の著書に記述がある。中世には結婚の持参金、税金の支払いなどに用いられ、ヨーロッパの領主たちは貨幣よりペッパーでの小作料の支払いを望んでいた。ペッパーは法律で通用を認められた法定通貨で、量が限られていたため金持ちから渇望されていた。日本には奈良時代初期に渡来。正倉院に献納された60種の生薬名が記されている『種々薬帳（しゅじゅやくちょう）』にもその名がある。

栽培

生育・開花・結実には高温多湿が条件なので、日本では温室で育てる。雌雄同株（しゆうどうしゅ）と異株（いしゅ）があるので同株の苗を選ぶ。東北で温泉熱を利用して施設園芸生産が試みられている。

〜 利用法 〜

利用部位　果実、種子（白コショウ）
味と香り　爽やかな香りとピリッとした刺激的な辛味

嬌臭（きょうしゅう）、賦香（ふこう）、辛味つけと3役をこなし、肉、魚、野菜、乳製品などの素材に合い、スープ、ピクルス、マリネ、ドレッシングなどさまざまな料理に使われる。コショウの種類も収穫時期や加工によりいろいろある。辛味が強いブラックペッパー（未熟な果実を乾燥させたもの）、穏やかで上品な辛味のホワイトペッパー（完熟した実を発酵させ、外皮を取り除いて乾燥させたもの）、グリーンペッパー（未熟な実をフリーズドライにしたもの）、ピンクペッパー（ペッパーと呼ぶが、多くはコショウボクの実やセイヨウナナカマドの実）があるので、調理により使い分ける。

成分……ピペリン、シャビシン、β-シトステロール
精油成分…β-カリオフィレン、β-ピネン、リモネン、α-フェランドレン
作用……健胃作用、駆風作用、防虫作用、抗酸化作用、血行促進作用、抗菌作用
効能……肝臓や脂肪組織を刺激してエネルギー代謝を促し、脂肪を燃やす働きがあるとされる。血管を拡張して血行をよくし、冷え性を改善、消化液の分泌を促し、食欲を高めたり、腸内ガスの排出に役立つ。
注意
・多量の摂取は注意。

ヒハツモドキ

別名：ジャワナガコショウ
学名：*Piper retrofractum* Vahl
原産地：東南アジア

同属の仲間で、木の幹や石垣に這って高さ2〜4mになる。円筒状の果穂が長さ3cmくらいになり、果実は赤く熟す。未熟な実を蒸して乾燥し、粉にした香辛料が沖縄料理には欠かせない。沖縄本島や八重山諸島の各地で栽培され、「ピパーチ」や「ピパーツ」と呼ばれ、八重山そばなどに使う。薬用としては発汗作用があり、健胃整腸や食欲増進に用いられる。

ユリ（ワスレグサ）科

ヘメロカリス

英名でデイリリーと呼ばれるとおり一日花だが、初夏から長く次々に咲くキスゲの仲間の総称。ここでは日本各地に自生してニッコウキスゲなどと呼ばれるゼンテイカと、沖縄などで親しまれるアキノワスレグサ、花弁中央に線の入るノカンゾウと八重咲きのヤブカンゾウを紹介する。

ニッコウキスゲ

別　　名：キスゲ　ゼンテイカ
学　　名：*Hemerocallis dumortieri* E. Morren var. esculenta (Koidz.) Kitam. ex M.Matsuoka & M.Hotta
原産地：アジア東部
気候型：大陸東岸気候

属名*Hemerocallis*はギリシア語hemera「1日」＋kallos「美しい」で、華麗な花が1日しか咲かないことによる。種小名*dumortieri*はベルギーの植物学者バルテルミー・C・J・デュモルティエ(Dumortie)の名にちなむ。変種名*esculenta*は「食用になる」という意味。

歴史・エピソード

ヨーロッパには、シルクロードを経由して中国から伝わったとされ、古代ローマでは、若葉に麻酔作用がわずかにあるといわれ、薬草として用いた。また忘れっぽくなって悲しみを和らげる効果があると考えられた。同様に中国でも萱草（ワスレグサ）と呼ばれていた。日本にも古い時代、中国から伝来し全国で野生化したものとされる。ニッコウキスゲという名前でも地方の固有種ではなく、同種をムサシノキスゲなどと呼んでいる地方もある。

栽　培

丈夫で寒さに強い。株分けや種まきでふやす。アブラムシがつきやすいので注意。

特徴・形態

美しい花に心安らぐ成分があって眠りに誘う。高さ50～80cmの常緑多年草。根際から生える葉は線形。5月上旬～8月上旬に、花びらが6枚の黄色いラッパ状の花を花茎の先端に咲かせる。朝に咲くと夕方にはしぼんでしまう一日花だが、次々に開花する。花のあとにできる実は蒴果（さくか）。全国各地の草原、湿原に群生し、東北や北海道では海岸近くにも生える。

アキノワスレグサ

学　名：*Hemerocallis fulva* L. var. *sempervirens*
　　　　(Araki) M.Hotta

原産地：中国

九州南部および琉球諸島に自生。沖縄ではクワンソウ、ニーブイグサなどと呼ばれ、昔から眠れないときに使われてきた。茎の柔らかい部分は煮込み料理に。

～利用法～

| 利用部位 | 若芽、蕾、花 |
| 味と香り | 葉、花ともに甘味がある |

花はエディブルフラワー、蕾は金針菜（きんしんさい）と呼ばれ中国料理に使う。花と蕾を焼酎に入れると香りのよいデイリリー酒ができる。若芽はゆでて酢みそあえ、おひたし、天ぷら、魚介類とのかき揚げに。蕾と花は天ぷら、サラダ、甘酢漬けに使う。

成分………蕾：ヒドロキシグルタミン酸、コハク酸、β-シトステロール。葉：アルギニン、コリン
作用………解熱作用、利尿作用、自律神経調整作用、安眠作用
効能………不眠症、むくみ、解熱、膀胱炎などに効果的。

ヤブカンゾウ

学　名：*Hemerocallis fulva* L. var. *kwanso* Regel

原産地：中国

16世紀末に伝来し、日本各地の野原や藪に自生する。花は八重咲きで種子はできない。匍匐茎（ほふく）（ランナー）を伸ばして広がる。

ノカンゾウ

学　名：*Hemerocallis fulva* L. var. *longituba* (Miq.) Maxim.

原産地：日本（本州～九州）

6枚の花弁の真ん中に黄白色の筋が入っているのが特徴。おもに地下茎でふえ、ユウスゲなどとの雑種も多い。日本各地の野原に自生する。

ヘメロカリス……ニッコウキスゲ／ノカンゾウ／アキノワスレグサなど

シソ科

ホアハウンド
white horehound

別　名：ニガハッカ
学　名：*Marrubium vulgare* L.
原産地：ヨーロッパ　地中海沿岸
気候型：ステップ気候

属名*Marrubium*はラテン語のmarrob「苦い汁」に由来。種小名*vulgare*は「普通の」という意味。

特徴・形態
別名ニガハッカというとおり、強い苦味が胃の働きを促進するとされる。高さ40〜60㎝の多年草。直立して細かく分枝する茎や対生する葉は銀色の柔毛に覆われている。2年目以降の初夏〜夏に、クリーム色がかった小さな白花を葉腋に輪生。

歴史・エピソード
古代エジプトの祭司たちは解毒の作用があることからあがめ、古代ギリシアのヒポクラテスをはじめとする医師たちも万病の薬として用いた。2000年前から葉でつくったシロップやハーブティーは風邪、咳、肺の病気、腹痛にも効果があると考えられ、黒魔術を破る力があると信じられた。日本には明治時代に渡来した。

栽　培　株分け、挿し芽でふやす。

― 利用法 ―

利用部位　地上部　　味と香り　苦味

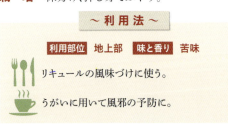

リキュールの風味づけに使う。

うがいに用いて風邪の予防に。

- 成分………マルビイン、マルベノール、フラボノイド、アルカノイド、タンニン、ビタミンC
- 作用………去痰作用、鎮咳作用、鎮静作用、健胃作用、食欲促進作用
- 効能………痰がからむしつこい咳、気管支炎や咽頭炎、喘息の症状に使用。消化液の分泌を促進し、胃の働きを助けるとされる。
- 注意
  ・潰瘍や胃炎のある場合は使用しない。
  ・妊娠中は流産を誘発することがあるので使わない。

アブラナ科

ホースラディッシュ
horseradish

別　名：ワサビダイコン　レフォール　セイヨウワサビ
学　名：*Armoracia rusticana* P. Gaertn., B. Mey. et Scherb.
原産地：ヨーロッパ東部
気候型：西岸海洋性気候

属名*Armoracia*は古代ローマのプリニウスがつけたラテン名。種小名*rusticana*は「野に生えた」という意味。

特徴・形態
ワサビと同じ辛味成分をもち、カラシとともに粉ワサビの原料となる。高さ50〜100㎝の多年草。長さ60㎝ほどの大きな根出葉が特徴で、花茎につく葉は葉縁が波状となる。根は白い直根状で肥大したら収穫。

歴史・エピソード
ユダヤ教の過越祭（すぎこしさい）（P279参照）に食べる「苦味のあるハーブ」のひとつ。イギリスには16世紀に伝えられ、いまでは道端に野生化している。日本には明治の初め、アメリカから導入された。冷涼な土地を好み、北海道では栽培されていたものが野生化。網走では練りワサビの原料として大量に栽培されている。

栽　培　生命力が強く、根を切り分けて植えつける。

― 利用法 ―

利用部位　根
味と香り　鼻にツンとくる刺激性の香りと辛味

火を通すと風味が失われるので生のままや、すりおろしてローストビーフやステーキなどの肉料理、魚料理、ソーセージに添える。

- 成分………シニグリン、カリウム、ビタミンC、アリルイソチオシアネート
- 作用………防腐作用、抗菌作用、利尿作用、食欲増進作用、解毒作用
- 効能………消化を助け、血圧を下げる働きがあるとされる。リウマチ痛、むくみ、便秘の症状改善に役立ち、尿路感染症にも用いる。カビやサルモネラ菌の増殖を防ぐ。
- 注意
  ・妊婦、子どもは多量に摂取しない。
  ・甲状腺機能不全、潰瘍、腎障害のある人は使用しない。

バラ科

ホーソン
hawthorn

別　名	セイヨウサンザシ　ヒトシベサンザシ
学　名	*Crataegus monogyna* Jacq.
原産地	ヨーロッパ　西アジア　北アフリカ
気候型	ステップ気候

属名*Crataegus*は材が堅いのでギリシア語のkratos「堅い、力」＋agein「もつ」からなる。種小名*monogyna*は「単一雌蕊の」という意味。

特徴・形態
血液の循環をよくして心臓の働きを助けるハーブ。高さ4mになる落葉

低木。枝には堅くて鋭いトゲがあり、縁が3〜5裂で不揃いな鋸歯のある葉が互生。5月ごろにバラ科らしい白または淡い紅色の5弁の花を咲かせ、秋には明るい赤紫色の実をつける。

歴史・エピソード
西洋では厄よけに用いられ、魔女や嵐を追い払うため、束ねた枝を屋外に置いた。初夏に開花して夏の到来を知らせる木でもあり、花の香りにはかすかに腐敗臭が含まれるので、死の予兆ともされた。ヨーロッパでは中世から花と実が心臓の治療薬として利用されていた。近縁種の「*C.laevigata*」と本種「*C.monogyna*」は、どちらもメイ・フラワーやメイと呼ばれて多くの文学作品などに登場する。日本には薬用として江戸時代に導入され、両者を区別せず、どちらもセイヨウサンザシと呼んでいる。本種は果実に小核がひとつしかないので一粒サンザシとも呼ばれる。

栽培
西日が当たらず真夏は半日陰になり、水はけのよい場所で育てる。種まきや接ぎ木でふやし、うどんこ病やカイガラムシやカミキリムシに気をつける。

〜 利用法 〜

利用部位 葉、花、果実　**味と香り** 酸味

 酢に漬けてビネガーにし、サラダやさまざまな料理に活用する。

 認知症予防に効果が期待され、二日酔いにも効果がある。

 外用として漆かぶれ、止血、痛み止めなどに用いる。

成分	サポニン、タンニン、プロシアニジン、ビタミンC、E、アミグダリン、クエルセチン、グラテゴール酸
作用	強壮作用、抗酸化作用、利尿作用、鎮痛作用、鎮静作用、健胃作用
効能	血管を拡張して血行をよくし、血圧を正常化するとされる。動悸や息切れ、むくみを改善する。

サンザシ *Japanese hawthorn*

学　名	*Crataegus cuneata* Siebold & Zucc.
原産地	中国

高さ2〜3mになる落葉低木。よく分枝する枝にトゲがあり、4〜5月に枝先の散形花序に白い花を咲かせる。球形で直径2cmほどの実は、秋に赤く熟す。黄色く熟す品種もある。果実はドライフルーツや果実酒に利用。山査子という名前の生薬にもされる。

クワ(アサ)科

ホップ
hop

別　　名：セイヨウカラハナソウ
学　　名：*Humulus lupulus* L. var. *lupulus*
原 産 地：アジア西部
気 候 型：大陸東岸気候

属名 *Humulus* はラテン語 humus「大地」に由来、地面を這うことから。種小名・変種名 *lupulus* は「小さな狼」の意味で、ほかの植物に絡みついて害を与えるため。

特徴・形態
苦味と風味づけに利用され、ビールの原料として知られる。長さ6〜8mのつる性多年草(宿根草)。春に地下茎からつるが伸び、掌状の葉を対生する。雌雄異株(ゆういしゅ)で、雄花は目立たない薄黄色の花、雌花は穂状(じょう)。7月上旬ごろ、雌花は松傘状の房になり、毬花(きゅうか)と呼ばれる。基部にルプリンという黄色い粒子ができて、ビールづくりに利用される。

歴史・エピソード
古代エジプトでは薬草として用いられていた。ビールの香味づけとしてヨーロッパに広まったのは11〜15世紀で、それまではアニス、ミント、シナモン、クローブ、ヨモギ、ホップを混合した「グルート」と呼ばれる香味剤が使われていた。ホップがさかんに使われるようになったのは、スッキリとした口当たりや爽やかさにくわえ、雑菌の繁殖を抑える力が認められたからだとされる。ドイツ最古のホップ栽培は736年、バイエルンのハラタウ地域だった。1516年、バイエルン公ヴィルヘルム4世(P280参照)によって、ビールの醸造には「大麦、水、ホップ」(16世紀に入って酵母がくわえられる)のみを用いるとする「ビール純粋令」が公布された。イギリスには15世紀、ヘンリー8世統治下に初めて大陸から導入された。中世のヨーロッパでは「ビールは液体のパン」「パンはキリストの肉」という考え方から、キリスト教の修道院でビール醸造がさかんになる。修道院で厳しい断食をするときに「生命の水」「活力の源」として栄養補給に使った。ホップはビールの苦味、香り、泡に重要で、殺菌力によって保存性を高める。日本には明治初期に渡来し、北海道で栽培が始まった。

栽　培
水はけがよく、有機質に富んだ肥沃な土壌が適す。秋に株分けする。雌花が受粉するとルプリンの香りが失われるため、雄株は栽培しない。産地では野生の雄株も除去される。

〜 利用法 〜

利用部位	雌花(毬花)、蕾
味と香り	新鮮な緑の苞は清々しい香り

 シェリー酒に入れて浸出させるとよい食前酒になる。花を発酵させてパンの酵母をつくる。ショウガやレモンや砂糖などをくわえてシロップやドリンクにする。

苦味が強いのでお好みのハーブとブレンドティーにして、夕食後に飲むのがおすすめ。

乾燥ホップを詰めた枕は昔から不眠症の治療に用いられてきた。ラベンダーの花やレモンバーベナーの葉をくわえると神経を鎮めるのに効果的。花と葉からは茶色の染料がとれる。

成分………フムロン、フムレン、ルプロン、コフムロン、コルプロン、ケルセチン、キサントフモール、タンニン、コリン
作用………滋養強壮作用、鎮静作用、健胃作用、消化促進作用、女性ホルモン様作用
効能………消化を助け食欲を増す効果があるとされ、更年期症状や女性特有の症状緩和に役立つ。

ホホバ（シモンジア）科

ホホバ
jojoba

学　名：*Simmondsia chinensis* (Link) C.K.Schneid.
原産地：アメリカ合衆国南西部〜メキシコ北部
気候型：砂漠気候

属名*Simmondsia*は18世紀のイギリスの植物学者シモンズ（T.W.Simmonds）にちなむ。種小名*chinensis*は「中国の」という意味。

特徴・形態
酸化しにくく、皮膚に浸透しやすいスキンケアオイルがとれる。高さ1.5〜2mの常緑低木。枝はよく分かれ、節ごとに革のような質感で光沢のある葉を対生。雌雄異株で雌花は淡緑色、雄花は黄色で花弁はない。生育が遅いので、種をまいてから蒴果（さくか）の収穫まで5〜10年かかる。

歴史・エピソード
アメリカ先住民が強い太陽の熱から肌や髪を守るため、日焼け止めや乾燥防止などに使っていた。

栽　培　乾燥に強く、暑さ寒さにも強いが、若木のうちは-2〜3℃で傷む。種まきでふやす。

〜 利用法 〜

利用部位　種子

種子を圧搾して得た液体ワックスを使用する。酸化安定性に優れ、使用感がさらっとして扱いやすい。低温で固まるが、10℃以上で液体に戻る性質がある。キャリアオイルや化粧品の基材として用いる。

成分………ワックスエステル、ビタミンE、カロテノイド
作用………保湿作用、皮膚軟化作用、抗菌作用、抗炎症作用
効能………肌の保湿に効果的で、乾燥予防やヘアケア、老化防止に利用。

セリ科

ハマボウフウ
hamabofu

学　名：*Glehnia littoralis* F.Schmidt ex Miq.
原産地：日本　アジア東部の海岸の砂地に自生
気候型：地中海性気候　大陸東岸気候

属名*Glehnia*はサハリン（樺太）の植物を研究したロシアの植物学者グレーン（P.V.Glehn／P279参照）にちなむ。種小名*littoralis*はラテン語で「海浜性」という意味。

特徴・形態
高さ5〜30cmで、日本などの海岸に自生する多年草。香りがある若葉は緑色で長柄が紅色、厚く光沢のある葉は羽状複葉で地面に広がる。初夏、茎先に散形花序で小さな白花を多数つける。

歴史・エピソード
根をサンショウ、キキョウ、ケイヒなどと配合して正月の屠蘇（とそ）をつくる。かつては野生のものを食用にしていたが、最近は栽培品が流通。

栽　培　排水性のよい土壌に直まき。秋に根株を掘りとって植えつけ。遮光をして、収穫時に日光に当て軟化栽培すると葉色がつややか、柄が紅色になる。

〜 利用法 〜

利用部位　若葉　**味と香り　独特の清々しい香り**

若葉は味も香りもよいので刺し身のつま、お吸い物、酢の物のあしらいに使われる。

成分………インペラトリン、イソインペラトリン、キサントトキシン、プソラレン
作用………発汗作用、解熱作用、鎮痛作用、去痰（きょたん）作用
効能………喉の痛みや咳の緩和に役立つ。

ムラサキ科

ボリジ
borage

別　名：ルリジシャ　ルリジサ
学　名：*Borago officinalis* L.
原産地：ヨーロッパ
気候型：地中海性気候

属名*Borago*は剛毛に覆われた葉にちなんで、ラテン語のburra「毛皮の外套」から。種小名*officinalis*は「薬用の、薬効のある」という意味。

特徴・形態

星形の花をエディブルフラワーに用いる。高さ60〜80cmの一・二年草。茎は太く中空、葉は大きな楕円形で互生。全草が剛毛に覆われ、5〜9月に青や白の5弁の星形の花を多く咲かせる。花弁を搾った汁はマドンナブルーと呼ばれる絵の具に使われた。

歴史・エピソード

古代ギリシアやローマ時代から薬草として使われ、古代ローマ時代の貴族たちは花をワインに浮かべ、色と香りを楽しんだ。ローマの博物学者大プリニウス（P191参照）はボリジを「喜びをもたらすもの」と呼んだ。ケルト語名barrachは「明るい勇気」を意味し、人々の心を励まし、幸福な気分にさせ、勇気を与えると考えられていた。ヨーロッパでは古くからよい血をつくり出す草といわれ、薬用ハーブとして用いられた。エリザベス朝の女性たちは好んで、この星形のデザインをモチーフに刺繍をしたという。フランス国王ルイ14世（P281参照）もボリジを好み、ベルサイユ宮殿の庭園にも植えさせた。「ボリジのない庭は勇気のない心のようだ」という言い伝えがある。野菜として利用されたのは中世以降でヨーロッパ、アメリカなどで栽培されている。

栽培

春か秋に種子を直まき。秋まきのほうが大きく育つが、冷涼地は春まきがよい。乾燥気味に育てる。

〜 利用法 〜

利用部位　葉、花、種子
味と香り　みずみずしく爽やかな味
　　　　　　キュウリのような匂いと味

🍴 乾燥すると風味や滋養成分が失われるので生で使用する。若葉や花はサラダ、デザートや飲み物、果実酒、ビール、ワイン、アイスキューブの香りづけに。大きな葉はゆでて包み物や詰め物に使ったり、フリッターにする。砂糖漬けにした花をデザートのデコレーションに使う。

👩 乾燥した茎や葉、花を浸剤や煎剤にして、発汗剤や鎮静剤として飲用。やけどの治療として生の葉を細かく刻んで患部に湿布する。すりつぶしてドロドロにした葉は打ち身や捻挫の湿布薬に。葉の浸剤や煎剤は皮膚を柔らかくするので、ローションやクリームに利用。生の葉や乾燥した葉を湯に入れて手浴、足浴、入浴に使う。種子のオイルはトリートメントに利用。

成分………γ-リノレン酸、ロスマリン酸、ピロリジンアルカロイド、リコプサミン
作用………強壮作用、血液浄化作用、解熱作用、鎮痛作用、利尿作用
効能………気管支炎からくる咳によいとされる。高血圧や関節炎、生理の不調などの症状緩和に効果的。

注意
・作用が強いので一度に飲み過ぎないよう注意する。
・妊娠中、授乳中、子どもは使用を避ける。

フトモモ科

マートル
myrtle

別　　名	ギンバイカ
学　　名	*Myrtus communis* L.
原産地	地中海沿岸　西アジア
気候型	地中海性気候

属名*Myrtus*は同じフトモモ科のテンニンカのラテン古名murteusが語源。種小名*communis*は「ふつうの」という意味。

青黒く熟す実は、リキュールなどに利用。

特徴・形態
高さ1.5〜2mの半耐寒性常緑低木。葉には光沢があり、5〜7月に香りのよい白い花を咲かせる。梅の花に似ていることからギンバイカ（銀梅花）という和名がついた。葉をもむと強い芳香を放つ。

歴史・エピソード
古代エジプトでは愛と繁栄の象徴とされ、ギリシア神話や旧約聖書にも登場。祝いの木とされ、イギリスでは花嫁のブーケにマートルの小枝を入れ、式が終わるとその小枝を新居の庭に植える習慣があった。

栽　培
日当たりのよい場所で、挿し木でふやす。

〜 利 用 法 〜

利用部位 葉、果実　　**味と香り** 甘味のある香り

 ジビエ料理に使い、肉の臭みをとる。

 ブーケ、ポプリ、リースなどの材料として用いる。ハーブバスやスキンケアにも。

成分	ミルテニルアセテート
精油成分	α-ピネン、1,8-シネオール、リモネン、ゲラニオール、酢酸マーテル
作用	抗炎症作用、鎮静作用、抗菌作用、去痰作用、収斂作用
効能	心を落ち着かせてくれる。喉の炎症などの緩和、ニキビなどの改善に役立つ。

レモンマートル
lemon myrtle

学　　名	*Backhousia citriodora* F. Muell.

バクホウシア属の常緑高木で、マートルとは属が異なる。酸味がなくレモンに似たフレッシュな香りで、リラックス作用のある葉をティーで利用。オーストラリアの先住民アボリジニが古くから用いてきた。

モクレン科

マグノリア

漢方薬として利用されるコブシやニオイコブシ、モクレン。そして、ホオノキ、タイサンボク、キンコウボク。
この6種はいずれも精油が香水の原料として使われるマグノリア属のハーブ。

コブシ
kobushi magnolia

別　名：タウチザクラ　タネマキザクラ
学　名：*Magnolia kobus* DC.
原産地：日本（九州以北）朝鮮半島
気候型：大陸東岸気候

属名*Magnolia*は18世紀のフランス、モンペリエの植物学者マニョル（P. Magnol／P281参照）の名前にちなむ。種小名*kobus*は和名の「コブシ」から。

特徴・形態

ニオイコブシとともに生薬「辛夷(シンイ)」の基原植物として利用される。高さ10〜20mの落葉高木で、枝を折ると芳香がする。3〜5月、葉が出る前に直径6〜10cmで香りのある白い花を枝先に咲かせる。花弁は6枚で、開花と同時に花の下に小さな葉をつける。袋果が結合している果実は径5〜10cmで、こぶのついたような形が特徴的。

歴史・エピソード

コブシは九州以北に自生するが、栽培もされている。北国の農事暦では「田の神」の来訪を意味するものとして、花が咲くころを田仕事を始める指標とした。そのため「田打ち桜」や「種蒔桜」という別名があり、野山に春を告げる花木として農村の生活に溶け込んでいる。大正時代には枝葉を水蒸気蒸留した「コブシ油」が販売されたり、花の精油を香水の原料にしていた。また、木材は家具、ピアノの鍵盤などの楽器、下駄などに利用される。名前の由来は、果実が「握りこぶし」のように見えることからとか、よい香りの「香ばし」が転じたという説もある。

栽　培

腐植質に富んだやや湿潤な土壌を好む。

〜 利用法 〜

利用部位　蕾、花、木部

3月末〜4月初めに蕾を収穫し、風通しのよいところで乾燥させて刻んで煎じ、鼻づまりなどに用いる。

成分…………コブシノール、マグノリン、コクラウリン、レクチリン
精油成分……シトラール、α-ピネン、1,8-シネオール
作用…………抗菌作用、抗アレルギー作用、鎮静作用、鎮痛作用
効能…………慢性鼻炎、蓄膿症、鼻づまり、風邪症状の改善に役立つ。
生薬……
辛夷（シンイ）：開花前の花蕾を乾燥したもの。抗菌、消炎、鎮静、鎮痛、筋弛緩、発汗に効果的。

モクレン
mulan magnolia

学　名：*Magnolia liliiflora* Desr.
原産地：中国

別名シモクレン。高さ3～5mと、この類では比較的小型なので庭によく植えられる。4～5月に紫色の花をつける。古くに中国から入り、平安時代中期の『倭名類聚抄』(P281参照)に記載されている。モクレンの名は漢名「木蓮」から。

ニオイコブシ
willow-leafed magnolia

学　名：*Magnolia salicifolia* (Siebld. & Zucc.) Maxim.
原産地：日本

別名タムシバ。山腹や尾根筋に自生する。3～4月に芳香のある白い花が咲く。コブシは花の下に1枚の葉がついているが、ニオイコブシは花の下に葉がないのが特徴。精油は枝葉からとる。蕾が漢方薬に使われる。

タイサンボク
southern magnolia

学名：*Magnolia grandiflora* L.
原産地：北米中南部

6～7月に芳香のある白い大きな花が咲く。高さ20m以上になる常緑高木なので、公園などに植栽される。葉の表はつるつるして光沢のある緑色、裏は短い毛が密生していて薄茶色。

ホオノキ
Japanese bigleaf magnolia

学名：*Magnolia obovata* Thunb.／原産地：日本

高さ30mになる落葉高木。5～6月、枝先に花径15cmほどの白または黄色の花を上向きに咲かせる。芳香があり、長さ20cm以上になる大きな葉に殺菌作用があり、古くから食物を盛るのに使われた。朴葉焼きの葉としても知られる。木材は下駄の歯やまな板、包丁の柄、日本刀の鞘などに利用される。

キンコウボク *golden champaca*

学名：*Magnolia champaca* (L.) Baill.ex Pierre
原産地：ヒマラヤ　中国

高さ20～30mの常緑高木。漢字では「金香木」と書く。沖縄では5～10月に薄いクリーム色の花が咲き、夜になると芳香が強まる。花からとれる香料は、香水の原料となる。ラオスの国花。聖なる木としてヒンドゥー教の寺院に植えられる。

アブラナ科

マスタード類

種子からカラシをとるマスタード（和名カラシナ）類を大別すると、次の3種がある。
辛味の強いクロガラシと、辛味がマイルドで分類の属が異なるシロガラシ、
オリエンタルマスタードとも呼ばれ、最も辛味の強いカラシナである。
ただし、アブラナ科は交雑しやすく、商業上の名前もあって呼称には混乱が見られる。

クロガラシ
black mustard

別　名	：ブラックマスタード
学　名	：*Brassica nigra* (L.) K.Koch
原産地	：地中海沿岸
気候型	：地中海性気候

属名*Brassica*はラテン語古名で、もともとケルト語の「キャベツ」を意味する。種小名*nigra*は「黒い」という意味。

クロガラシの花

特徴・形態
西洋で古くから利用されている刺激の強い辛味スパイス。高さ2m以上になる一年草。根生葉は奇数羽状複葉、茎に互生する葉は鋸歯（きょし）がある。大きな葉は、セイヨウカラシナやシロガラシと異なり毒性なので食べられない。5月ごろ、茎頂にナノハナに似た黄色い花を咲かせる。サヤ状に実る果実の種子は褐色。

歴史・エピソード
古代インドの法典には重さの最小単位として「サルサバ」、つまり「マスタードの種子1粒」が挙げられている。エジプトでは第12王朝の墳墓から大量のマスタードの種子が発見された。ギリシアでは少なくとも4000年ぐらい前からよく知られ、テッサリア地方の青銅器時代の遺跡から袋に入った種子が出土している。マスタードは古くから知られてはいたものの、中世まではおもに塗り薬、湿布、催吐剤などとして利用されていた。マスタードの種子はそのままでは香りも辛味も感じられない。種子を粉末にして水をくわえ、練って初めて辛味成分が生成される。17世紀、フランスで種子を圧搾乾燥する方法が発明され「粉カラシ」がつくられるように。粉カラシにハチミツ、酢、レモン汁をくわえて練って球形に固めたものや、さらに酢をくわえて緩くした「練りカラシ」が商品として登場し、香辛料として普及していった。クロガラシはシロガラシなどより辛味が強いが、草丈が高く種子が落ちやすいために機械での収穫に向かない。現在マスタードの主流はカラシナ（ブラウンマスタード）に移り、粒マスタードなどに利用されるのもカラシナの種子。日本には、奈良時代に中国から渡来して栽培、利用されるようになった。平安初期の『延喜式（えんぎしき）』（P278参照）の中に「芥子（カラシ）」の名が租税作物や天皇が食した食品として記載されている。

カラシナの種子ブラウンマスタードは和ガラシの原料になる。

黄色っぽいシロガラシの種子はイエローマスタードの原料に。

粒マスタード

粉カラシ

和カラシ

マスタードグリーン

芥子菜(カラシナ)

カラシナ
brown mustard

別　名：オリエンタルマスタード　ブラウンマスタード

学　名：*Brassica juncea* (L.) Czerm.

特徴・形態
カラシナはマスタード類の総称だが、日本ではおもに本種をさす。クロガラシとアブラナの雑種とされ、中央アジア〜ヒマラヤ地方からヨーロッパやアジアに広がった。日本の土手などに自生するカラシナは高さ1〜1.5mの一年草。栽培種は晩秋に種をまき、春にアブラナに似た黄色の花を咲かせる。

歴史・エピソード
中国では2000年以上前から野菜として栽培され、日本に伝来したのも古く、平安時代の『本草和名』(P281参照)などに記載がある。種子は和カラシの原料となり、洋カラシに比べて鼻に抜けるような強い辛味が特徴になっている。オリエンタルマスタードやブラウンマスタードとも呼ばれ、多くの栽培品種があり、スパイスで最も多く利用されている。種子から油をとる品種はインドで、野菜用の品種は中国や日本で多く誕生している。タカナや中国のザーサイもカラシナの変種。辛味のあるマスタードグリーンは欧米でつくられた。

〜 利用法 〜

利用部位 葉、種子

味と香り 種子は無味無臭。粉末を水で練るとツンとくる香りと辛味がある

葉は野菜として栽培され、葉茎は油炒めやおひたし、漬物などに利用される。マスタードソースはソーセージ、ハンバーガー、サンドイッチなどや、おでん、納豆などの和風料理にも使用する。レモン汁、酢、ワインなどをくわえて練ると、香りと辛味が長もちする。ビネガーに漬け込み活用したり、ピクルスなどにくわえても美味。

神経痛、リウマチ痛、気管支炎・肺炎などには、粉カラシをぬるま湯で溶いて患部に塗布し5〜10分後、貼ったところに痛みを感じたら取り外す。

成分………アリルイソチオシアネート、シニグリン、シナルビン
作用………抗菌作用、防腐作用、利尿作用、殺菌作用、健胃作用
効能………優れた殺菌力で食物の腐敗を防ぐ。食欲を促し消化を助ける働きがある。

シロガラシ *white mustard*

別　名：イエローマスタード　キクバガラシ

学　名：*Sinapis alba* L.

唯一シナピス(シロガラシ)属のマスタードで、高さ45cmほどの一年草。葉の形がキクに似ていることからキクバガラシとも呼ばれ、茎葉は野菜として食用に。種子は黄色っぽくて味はマイルド。原産地は地中海沿岸だが、世界中に帰化植物として自生している。

アカネ科

マダー
madder

別　名：セイヨウアカネ
学　名：*Rubia tinctorum* L.
原産地：南ヨーロッパ　アジア西部
気候型：ステップ気候

属名 *Rubia* はラテン語 ruber「赤」に由来して根の色を示す。種小名 *tinctorum* は「染色用の」という意味。

～ 利用法 ～

利用部位　根

2年目の根から赤い染料がとれる。食品には用いない。

成分………ルベリトリン酸、アリザニン配糖体、グルグリン配糖体、ルビアジン配糖体

特徴・形態

つる性多年草。主として根を茜色染料として利用する。マダーの葉は6枚の輪生、夏から秋にかけて黄から白の花が咲く。

歴史・エピソード

マダーは染色の目的で中世まで一般に広く栽培されていた。19世紀に化学染料が導入されると栽培が激減したが、いまでは古きよき工芸が見直され、微妙な色合いの出せる植物染料として復活している。日本で本州以西に自生する同属のアカネに比べると、マダーは根が太く収量が多いことから、近年では茜色の色素として生産されている。

栽　培

夏の高温多湿に弱く、強い直射日光を嫌う。株分けでふやす。

アカネ
akane

学　名：*Rubia argyi* (H.Lév. & Vaniot) Hara ex Lauener
原産地：中国　朝鮮半島　台湾　日本

つる性多年草。細い茎は長さ1～3mに伸び、逆トゲがほかの植物に引っかかってからまる。ハート形の葉は2枚が対生して、2枚の托葉と4枚ずつつく。8～9月、葉腋に円錐花序を出し淡黄色の小花を多数つける。果実は球形の液果で、黒く熟す。『万葉集』にはアカネが登場する歌が13首もあり、枕詞として登場する。根が赤みを帯びることから「赤根」と呼ばれ、昔から草木染めの染料として用いられた。また、生理不順や生理痛に、乾燥させた根や果実を煎じて服用。へんとう炎、口内炎、歯痛には根を煎じて服用した。赤色の色素は根を煮出して抽出する。黄みの少ないよい赤に染める方法について東西を問わず技が競われた。近年では希少植物になり、染料としてはほとんど利用されていない。

アカネ科

マレイン
mullein

別　名：バーバスカム　モウズイカ　ニワタバコ
学　名：*Verbascum thapsus* L.
原産地：ヨーロッパ　西アジア
気候型：西岸海洋性気候

属名*Verbascum*は、この植物全体が有毛であるのでラテン語barba「ひげ」に由来する。種小名*thapsus*はシチリア島の地名タプソスから。

特徴・形態
高さ1〜2mの一・二年草。ロゼット状の葉を展開してから茎を立ち上げ、全草が灰白色の綿毛で覆われる。夏には太くなった花茎に穂状花序をつけ、多数の黄色い花は微かな香りがある。

歴史・エピソード
中世ヨーロッパでは災厄や病気から身を守るハーブとして知られ、悪魔をはらうため修道院の庭に植えられたり、旅に出るとき安全のお守りとして持って行った。貧しい人々は柔毛に覆われた葉を靴の中敷にして、冬に足を温めたり、でこぼこの地面から足を守ったりしたといわれる。このため「フランネルの毛布」などの異名がある。ディオスコリデス（P191参照）は呼吸器の疾患に、この植物を推奨。また、葉と茎に生える細かい毛は乾燥させると燃えやすいので、たいまつやランタンの代わりに用いられ、「キャンデリラ」と呼ばれた。古代ローマ人はイチジクが腐るのを防ぐためマレインの葉に包み保存し、アメリカ先住民は葉を燃やして、失神した人の意識を回復させたという。日本には明治初期に渡来してニワタバコの名で栽培され、各地に広がり野生化している。別名の毛蕊花とは、雄しべに毛が生えていることに由来する。

栽　培
種子でふえる。春まきすると開花は翌年の夏。野生化するほど丈夫な植物。

～ 利 用 法 ～

利用部位　葉、花
味と香り　花にはほのかな蜜の香り

🍴 花はリキュールの香りづけにする。

👩 外用として花の浸出液を、関節炎の痛み、傷、ただれ、潰瘍、しもやけなどの患部に湿布として用いる。風邪をひいたときの嗅ぎたばことして用いると鼻づまりが改善するといわれていた。花の浸出液はヘアリンスにも利用できる。

成分………ベスコサポニン、粘液質、アピゲニン、ルテオリン、アウクビン
作用………冷却作用、鎮静作用、鎮痙作用、去痰作用
効能………熱を下げ、うっ血を除くのに役立ち、咳などの呼吸器系の症状に用いる。緊張や不安などからくる動悸や胃痛を和らげるとされる。関節炎やリウマチ、痛風の症状緩和にも使われる。

アオイ科

マロウ

大きく成長する多年草で、ガーデンで鮮やかな花が目をひく。多くの種類がある中で、マロウと呼ぶときは一般的にコモンマロウをさし、古代エジプトの時代からその薬効を利用した。花にほのかな麝香(ムスク)が香るムスクマロウや、分類の属は違うものの根からマシュマロをつくるマーシュマロウなどがある。

コモンマロウ
common mallow

別　名	ウスベニアオイ
学　名	*Malva sylvestris* L.
原産地	ヨーロッパ
気候型	地中海性気候

属名*Malva*はラテン古名malache「やわらかくする」が語源、植物のもつ粘液に緩和剤効果があるから。種小名*sylvestris*は「森林性の、野生の」という意味。

特徴・形態

喉の粘膜の炎症、痛みを和らげるとされる。高さ1〜2mになる耐寒性多年草。直立してよく分枝する茎に、長さ6〜8cmで掌状の葉は浅裂して葉柄をもつ。初夏〜夏に、濃紫色の筋が入るピンクから赤紫色の5弁の花を咲かせる。花は朝、収穫して乾燥させる。

歴史・エピソード

古代ギリシアやローマ時代から食用、薬草として使用されていた。中世になって重要な薬草としてさかんに栽培され、世界には1000種もの変種があるといわれる。16世紀のヨーロッパの医師たちは、この薬草をとても信頼し「毎日このティーを飲むと、どんな病気もなだめることができる」と主張したといわれる。花に熱湯を注ぐと鮮やかな青紫色のティーとなり、レモン汁をくわえると赤紫色から薄い赤色に変化。この様子が朝焼けの空に似ることから「夜明けのティザーヌ(ハーブティー)」と呼ばれている。

日本には江戸時代の植物図鑑『草木図説』(P280参照)に記載されていることから、江戸中期までに渡来したと考えられる。

栽培

直根性なので種を直まきか、挿し木や株分けでふやす。こぼれ種でもふえる。風通しよく育て、アブラムシやハマキムシに注意。

～ 利用法 ～

利用部位　葉、花、根　　味と香り　ほのかに甘味

🍴 若葉は生でサラダ、肉の付け合わせ、スープ、ゆでてバター炒めにする。花はエディブルフラワーとして利用する。

👩 花の浸剤や煎剤を湿布剤として外用する。根はさまざまな感染症を防ぎ、粉末にしたものは口腔消毒液になる。ティーは炎症を伴う病気に効果があるとされ、美肌のために化粧水にも使われる。

🏠 乾燥した花はポプリにする。

成分………葉：タンニン、粘液質
　　　　　花：粘液質、アントシアニジン、マルビン、マルボン
作用………鎮静作用、利尿作用、緩下作用、毒素排出作用
効能………胃の粘膜を保護、咽頭粘膜の乾燥を防いで、喉の痛みや過敏性の咳を和らげ、疲れ目にも効果的。

マーシュマロウ
marsh mallow

別　名	ウスベニタチアオイ　ビロードアオイ
学　名	*Althaea officinalis* L.
原産地	ヨーロッパ　中央アジア
気候型	地中海性気候〜ステップ気候

属名*Althaea*は「治療」を意味するギリシア語althainoに由来。種小名*officinalis*は「薬効の、薬用の」という意味。

ビロードアオイ属の耐寒性多年草で高さ100〜120cm。茎葉に綿毛があり、切れ目のある大きな掌状葉。薄桃色の花が7〜9月に咲く。お菓子のマシュマロは、この根の粘液を喉の痛みに用いたことが始まりといわれている。やや湿り気のある場所を好む。種まきや挿し木でふやす。冬は地上部が枯れる。

～利用法～

利用部位 葉、花、根　　**味と香り** ほのかな甘味

花と若葉はサラダに向き、若葉は天ぷらなどにする。根は湯がいたり、フライにして食す。かつてマシュマロは根の粉末と砂糖を水に溶かしたゼリーだった。

葉の浸出液は目の痛みを和らげる洗眼液、新鮮な葉やつぶした根は温湿布剤になる。根に薬効が多いので煮出してティーにし、喉の痛みや咳止め、不眠解消に利用する。根の粉末は便秘に、ローションは肌の殺菌や炎症などに用いる。根と葉の煎剤は腰湯、膣洗浄、浣腸に使用するほか、うがい薬は咳や気管支炎に効果的。捻挫、虫されされ、筋肉痛などにも使用。クリームに混ぜて肌のトラブルにもよい。

成分	粘液成分、ペクチン、ミネラル
作用	粘膜保護作用、去痰作用、鎮痛作用、抗炎症作用、殺菌作用
効能	風邪や肺の感染症に効果があり、喉の痛みや咳、気管支炎の症状を改善、胃や腸の粘膜を保護するとされる。

ムスクマロウ
musk mallow

別　名	ジャコウアオイ(麝香葵)
学　名	*Malva moschata* L.
原産地	ヨーロッパ

種小名*moschata*は「麝香のような香気がある」という意味をもつ、高さ20〜70cmの多年草。麝香に似た香りのする葉は、小さめで細かく切れ込む。茎頂や葉腋から花柄を伸ばし、直径約4cmの白や淡桃色の花を数個つける。耐寒性はあるが、暑さに弱いので水はけや風通しのよい場所に適す。株分けや挿し木、春または秋に種まきでふやす。花や葉はサラダに、花はティーで楽しんだり、香りのよい入浴剤として利用する。

オミナエシ（スイカズラ）科

マーシュ
corn salad

別　名：ノヂシャ　コーンサラダ
学　名：*Valerianella locusta* (L.) Laterr.
原産地：ヨーロッパ
気候型：西岸海洋性気候

属名*Valerianella*は同属の*Valeriana*「カノコソウ」に似ていることから、種小名*locusta*は「イナゴ、バッタ」に由来する。

特徴・形態
ビタミンCが豊富。高さ30cmほどの一・二年草。葉は対生し、長さ2〜7cmの長倒卵形または披針形。白色の花が5〜6月に集散花序でつく。

歴史・エピソード
野菜としての利用は18世紀初めからで、ヨーロッパの庭園で栽培されたらしい。英名のコーンサラダはもともと小麦畑の雑草だったことに由来するといわれる。グリム童話『ラプンツェル』に出てくる野菜はマーシュだった。日本には江戸時代に野菜として伝来したが、現在ではほとんど栽培されず、各地で野生化している。

栽　培　種まきは春か秋に日当たりのよい所に直まきする。こぼれ種でもふえる。

〜 利用法 〜

利用部位　葉
味と香り　マイルドで柔らかく、サクサクした歯応え

冬のレタスといわれ新鮮な葉をサラダとして、また湯がいてカラシあえやゴマあえにしたり、炒めて食べる。フランス料理によく使われ、クレソンやマスタードに混ぜるとおいしいグリーンサラダになる。花が咲くと葉は硬くなる。

成分………ビタミンC、B₁、B₂、β-カロテン、カルシウム、鉄分、カリウム
作用………消化促進作用、解毒作用
効能………粘膜や皮膚を強くする。

シソ科

マザーワート
common mother wort

別　名：ヨウシュメハジキ
学　名：*Leonurus cardiaca* L.
原産地：ヨーロッパ　地中海沿岸
気候型：地中海性気候

属名*Leonurus*は長い花序の形から、ギリシア語のleon「ライオン」＋oura「尾」が語源。種小名*cardiaca*は「心臓の」という意味。

特徴・形態
古くから生理不順や産後の不安、また動悸を鎮める薬草として重視された。高さ50〜100cmの耐寒性多年草。四角形で硬い茎に、葉は長柄で深く裂ける。夏〜秋に小さな唇形の花が咲き、桃色から濃い桃色に花色が変わる。

歴史・エピソード
古代ギリシアでは、妊娠している女性特有の疾患に処方されたのでこの名前がついた。ヨーロッパや地中海沿岸に薬用目的で広まって野生化、さらに北米にも帰化した。ドイツでは緑色の染料として利用されている。

栽　培　春か秋に種子をまくか株分け。こぼれ種でもふえる。

〜 利用法 〜

利用部位　地上部

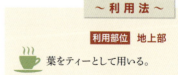
葉をティーとして用いる。

成分………レオヌリン、スタキドリン、タンニン
精油成分…ゲルマクレンD、β-カリオフィレン
作用………鎮静作用、駆風作用、強心作用
効能………生理不順や更年期障害、産後の不安軽減などに役立つ。
注意
・妊娠中に使用しない。

セリ科

ミシマサイコ
mishimasaiko

学　名：*Bupleurum falcatum* L.
原産地：日本(本州〜九州) 朝鮮半島
気候型：大陸東岸気候

属名*Bupleurum*はミシマサイコ属の葉のつく様を牡牛の肋骨に例えたもの。種小名*falcatum*は「鎌状の」という意味。

特徴・形態
生薬として多くの漢方薬の中に処方されている。高さ70〜120cmの多年草。茎は直立して、葉は根生葉と茎生葉があ

り、どちらも細長く互生。夏〜秋に茎頂に小さな黄色の5弁花を複散形花序につける。

歴史・エピソード
江戸時代、静岡県の三島地方が良質な「柴胡(サイコ)」の収穫地だったことから、ミシマサイコと呼ばれるようになった。本州〜九州の日当たりのよい山野に自生するが、戦後は減少し、環境庁の絶滅危惧種第II種に指定されている。近年では朝鮮半島や中国から輸入されている。

栽　培　根を肥大させるには、花が咲かないようにする。栽培品では、2年以上のものを掘り取る。

〜 利 用 法 〜

利用部位　根

 根を煎じてティーで飲む。日本酒や焼酎に漬けて入浴剤にしたり、化粧品に用いる。

成分………サイコサポニン、フィトステロール
作用………解熱作用、抗炎症作用、鎮痛作用、解毒作用
効能………風邪の熱、頭痛、肝臓の機能低下、慢性肝炎などの症状改善に用いられる。
生薬
　柴胡(サイコ)：2〜3年生の肥大した根を秋に収穫し、水洗いして天日干ししたもの。解熱、鎮痛、解毒、抗炎症に効果的。

セリ科

ミツバ
honewort

別　名：ミツバゼリ
学　名：*Cryptotaenia japonica* Hassk.
原産地：サハリン南部〜日本 朝鮮半島 中国 台湾
気候型：大陸東岸気候

属名*Cryptotaenia*は果実の油腺(ゆせん)が溝に隠れていることにちなむ。種小名*japonica*は「日本の」という意味。

特徴・形態
早春を告げる日本の香草。高さ30〜50cmの多年草。根生する葉は複葉で、縁には鋸歯(きょし)がある。初夏に小さな白花を複散形花序につける。

歴史・エピソード
日本各地の山地に自生し、江戸時代から栽培されるようになった。1697(元禄10)年刊の『農業全書』(P280参照)で栽培法も記されており、このころ一般的に食べはじめたと考えられる。享保年間(1716〜1736年)には江戸の葛飾で軟白栽培が始まった。

栽　培　半日陰で湿り気のある所。発芽抑制物質をもつ種子なので、一昼夜水に漬けてからまく。

〜 利 用 法 〜

利用部位　地上部

 茶碗蒸し、吸い物、卵とじ、寿司の具、天ぷら、あえ物などに使う。

 消炎、解毒、血行促進などに、乾燥した全草を煎じて服用する。

成分………β-カロテン、鉄分、カリウム
精油成分…β-カリオフィレン
作用………解毒作用、抗酸化作用、健胃作用、鎮静作用
効能………神経の興奮を鎮め、ストレス解消に役立つ。
生薬
　鴨児芹(オウジキン)：全草を陰干ししたもの。去痰(きょたん)、二日酔い、血行促進、消炎、解毒に効果的。

ショウガ科

ミョウガ
myoga

学　　名：*Zingiber mioga* (Thunb.) Roscoe
原産地：東アジア
気候型：大陸東岸気候

属名*Zingiber*は根茎の形からサンスクリット語「角形の」に由来するなど諸説ある。種小名*mioga*は和名から。

特徴・形態

夏の食欲を誘う薬味だが、日本だけで食される。高さ40〜100cmの多年草。地下茎から葉を幾重にも巻いた偽茎を出し、線形の葉を互生する。夏〜秋に地下茎の先に5〜7cmの長楕円形の花穂を出す。開花前の堅く締まったものを収穫。花期により夏ミョウガと秋ミョウガがあり、軟白栽培された葉鞘はミョウガタケという。

歴史・エピソード

『正倉院文書』(P279参照)に記され、『延喜式』(P278参照)にも「蘘荷漬」と記載があり、日本で古くから食されていたと考えられる。名前の由来は、『本草和名』(P281参照)に「妹香」の名で記され、これが変化したものと思われる。ショウガを男に見立て、その対でメ(女)の意からつけられたともいわれる。「茗荷」は室町時代ごろより使われはじめた当て字。名前については次のような逸話もある。釈迦の弟子のチューラパンタカは物忘れがひどく、自分の名前さえ忘れてしまうので、名札をつけていろと命じられた。彼は一心に修行して、ついには聖者になる。彼の死後、墓から生えた草を「名を荷なって」努力したことにちなんで「茗荷」と名づけたという。この話から、ミョウガを食べると物忘れがひどくなるという俗説が生まれた。日本には遅くとも奈良時代に中国から渡来したと考えられる。現在は本州、四国、九州、沖縄に半野生化している。

栽　培

半日陰で水はけがよく腐植質の多い場所が適す。種子が形成されにくい。繁殖は株分け、または地下茎を植えつける。

〜 利用法 〜

利用部位 葉鞘、若い茎葉、花穂
味と香り 爽やかな独特の香り

🍴 生で薬味や刺し身のつま、酢の物、塩漬け、みそ漬け、揚げ物などに。香りは食欲増進に効果的。

👩 根茎をすりおろした汁は薄めて温湿布すると疲れ目に効く。乾燥した根茎を煎じて、しもやけに温湿布、冷え性に茎や葉を入浴剤として用いる。

成分…………タンニン、カリウム
精油成分…2-アルキル-3-メトキシピラジン、β-フェランドレン、β-エレメン、β-ピネン、ミョウガジアル、ミョウガトリアル
作用…………消化促進作用、通経作用、血行促進作用、抗菌作用
効能…………リウマチ痛、神経痛、喉の痛みを和らげる。生理不順、不眠症にも効果的。

COLUMN

ハーブの魅力を伝えたハーバリスト

ハーバリストとはハーブに親しむ人から、ハーブの採集家や
ハーブを用いて病気の治療などを行う専門家までをさす。
こうした概念もなかった古代ローマ時代から、ハーブについて特徴や薬効を
書物にまとめ、のちの植物学や薬草学などに大きな影響を与えた人たちがいる。
本書の図鑑ページにもたびたび登場するハーバリストを紹介する。

ガイウス・プリニウス・セクンドゥス
23年ごろ〜79年

大プリニウス。ローマ帝国の海外領土総督を歴任し、100冊以上の著書がある博物学者。自然界を網羅した百科全書『博物誌』37巻は邦訳され、1200種の植物を分類した『プリニウス博物誌 植物薬剤篇』は2009年に邦訳新装刊。甥と区別して「大プリニウス」と呼ばれる。

ペダニウス・ディオスコリデス
40年ごろ〜90年ごろ

ローマ皇帝ネロの軍医としてアジアにも駐屯した植物学者。各地で調査したハーブやスパイス600種以上の薬効などを『薬物誌(マテリア・メディカ)』(『ギリシア本草』ともいう)全5巻にまとめた。500年代前半につくられたギリシア語の『ウィーン写本』をはじめ、邦訳「ディオスコリデス『薬物誌』」など現代も世界で翻訳出版されている。

イブン・シーナー
980〜1037年ごろ

ラテン語ではアヴィケンナなどとも呼ばれる。サーマン朝に生まれた哲学者で医者、科学者でイスラム世界最高の知識人とされた。100を超える著書の中には医学の体系化を目指した『医学典範』がある。精油の水蒸気蒸留法を確立したといわれている。

カール・フォン・リンネ
1707〜1778年

スウェーデンのウプサラ大学で医学・植物学・薬学を教え、大学付属の植物園園長も務めた。著書『自然の体系』で生物の分類を体系化、生物の学名を属名と種小名で表すラテン語の二名法を生み出した「分類学の父」。命名した植物の学名には「L.」で表記される。

ミョウガ

貝原益軒　1630(寛永7)〜1714(正徳4)年

江戸時代前期中期の儒学者で本草学者。福岡藩藩医となって京都に学び、1709年に刊行した『大和本草』は図版を多用した日本初の本草書として知られる。70歳で著述業に専念し、『花譜』などの本草書以外にも、『養生訓』などの著書は270巻以上になる。

牧野富太郎　1862(文久2)〜1957(昭和32)年

独学で植物学の研究を続け、94年の生涯で約40万の植物標本を収集した。600種余りの新種を発見して1500種以上を命名した近代植物分類の権威で、「日本植物学の父」といわれる。学名には「Makino」と表記。『牧野日本植物図鑑』をはじめ著書は多数ある。

シソ科

ミント

ミントとはハッカ属の総称。日本人はペパーミントの香りを好むが、ヨーロッパでミントといえばスペアミントをさす。ペパーミントからブラックペパーミントやホワイトペパーミントなどが誕生しているように多くの品種がある。日本原産のニホンハッカは、洋種ハッカ（ミント）に比べてメントールの含有量が高いことが特徴。なおミントは交雑しやすいため、種類の特定が難しい。

ペパーミント
peppermint

別　　名：セイヨウハッカ　コショウハッカ
学　　名：*Mentha* × *piperita* L.
原産地：ヨーロッパ
気候型：地中海性気候

属名*Mentha*はギリシア神話のニンフの名前からつけられたとも、古代ラテン名によるともいわれる。種小名*piperita*は「コショウに似た」という意味。

特徴・形態

メントールによる爽やかな香りが心身をリフレッシュする。高さ50～80cmの多年草。角ばった茎に小葉が対生。7～8月に淡紫色や白色の小花を数段ずつ集めて咲かせる。スペアミントとウォーターミントの自然交雑種とされ、ホワイトペパーミントと香りの強いブラックペパーミントがある。

歴史・エピソード

「ミント」の名はギリシア神話に由来する。冥界の神ハーデスが熱愛したニンフ（妖精）メンテーは、ハーデスの妻ペルセポネの嫉妬に触れ、草に変えられてしまった。ハーデスはメンテーを哀れんで芳香を放つミントに変身させ、以来ミントはその香りで人々を魅了したとされる。古代ローマ時代には薬用や香料として用いられ、テーブルをミントの葉でこすったり磨いたりして香りを漂わせ、客をもてなす風習があった。ヘブライ人はユダヤ教会堂の床にミントを敷き、ストローイングハーブ（P279参照）として使った。イスラム教徒のアラブ人たちにも親しまれ、アラブ諸国ではいまも町の至るところにミント類が植えられ、お茶として好んで飲まれている。中国では唐代の蘇敬らの『新修本草』（そけい）（しんしゅうほんぞう）（P279参照）に記されていることから、7世紀にはすでに薬用として使われていたことがわかる。ペパーミントの名が文献に登場するのは17世紀。ペッパーの味がするミントとされ、イギリスの博物学者ジョン・レイの『植物誌』にペパーミントの名で記されている。

栽　培

繁殖力旺盛なので切り詰め、株分けしながら育てる。

～ 利用法 ～

利用部位 地上部
味と香り ピリッとした味と清涼感のある香り

肉料理、とくに臭みの強い羊肉など、また魚のアラなどを煮込むときの臭み消しに利用。ソース、ビネガー、リキュールなどの香りづけにも万能に用いられる。また、デザートのトッピングとしてよく使われる。

左）ホワイトペパーミント
右）ブラックペパーミント

- 最もよく飲まれるハーブのひとつ。香りがよく、アップルミントなどフルーツの香りのミントとブレンドして楽しむ。
- 蒸気吸入で鼻づまりの解消に有効。かゆみ止めや湿布などに広く利用される。また化粧品、浴用剤、食品フレーバーなどに使われる。
- ポプリやサシェに利用される。

成分	タンニン、ペクチン、ルテオリン
精油成分	メントール、メントン、1,8-シネオール、酢酸メチル、フェランドレン、イソメントール
作用	駆風作用、健胃作用、抗菌作用、鎮静作用、鎮痛作用、抗炎症作用、抗ウイルス作用
効能	心身をリフレッシュさせ、吐き気や頭痛を和らげ、消化促進に役立つ。アレルギー症状を抑える作用があるとされ、花粉症の改善に効果的。

スペアミント
spearmint

別名	ミドリハッカ オランダハッカ チリメンハッカ
学名	*Mentha spicata* L.
原産地	ユーラシア大陸 アフリカ
気候型	地中海性気候

種小名 *spicata* はラテン語で「穂状花序(すいじょうかじょ)をした」という意味。

特徴・形態

メントールと異なるカルボンという成分で、甘さのある穏やかな香り。高さ30〜60cmの多年草。四角い茎に、鮮やかな緑色の葉が対生。槍の穂先(ほさき)のような形で縁に鋸歯がある。夏から秋に茎の先端に長さ5cmほどの花穂(かすい)を伸ばし、白から淡紫色の花を咲かせる。

歴史・エピソード

スペアミントの歴史は古く、古代ギリシアの人々は強壮剤や香料として利用していた。古代ローマでは、風呂に入れてその香りを楽しむこともあった。またその香りは頭をクリアにし、知識欲を刺激すると信じられていた。ローマ時代の兵士たちによってミントはローマ帝国全土に伝播され、9世紀にはヨーロッパ中の修道院の庭に栽培されるようになったという。日本には江戸時代に渡来したと考えられ、貝原益軒の『大和本草(やまとほんぞう)』(P281参照)には、2種の薄荷(ハッカ)に関する記述がある。

栽培

種子のできない不稔性のことが多いため、春か秋に挿し木や株分けでふやす。交雑しやすいので、近くにほかのミントがあると(自家採種しても)親株と形質が異なることもある。

〜 利用法 〜

利用部位	地上部
味と香り	清涼感があってやや甘味があり少し青臭さもある

- 羊肉など臭みのある肉料理に使う。飲料水やチューインガム、アイスクリーム、リキュールなどの香りづけに広く使われる。甘さのある柔らかな香りなのでタブーレ(P280参照)などのサラダなどにも合う。アジアのエスニック料理でも欠かせないハーブで、生春巻きやフォーなどに生葉が用いられる。手巻き寿司や刺し身などに少量くわえても、すっきりした風味が魚の味を引き立てる。モヒートなどのカクテルにくわえると、爽やかな清涼感を楽しめる。料理に用いるミントの代表的な存在。
- 乾燥させて衣類の防虫剤として、また口腔衛生にも利用。

成分	ピペリトン、ピペリテン、ロスマリン酸、エリオシトリン
精油成分	カルボン、リモネン、1,8-シネオール、*cis*-カルボン、*cis*-ジヒドロカルボン
作用	消化促進作用、駆風作用、殺菌作用、発汗作用
効能	二日酔いや時差ボケで頭がすっきりしないときのリフレッシュ、胃腸の働き促進に役立つ。
注意	・妊娠中、授乳中、乳幼児は使用に注意。

シソ科

ミント

アップルミント
apple mint

学　名：*Mentha suaveolens* Ehrh.
原産地：地中海沿岸～ヨーロッパ

葉や花からリンゴのような香りがする。葉の形から「丸葉薄荷（マルバハッカ）」という和名がつけられた。葉の表面に細かい毛が生えているのでウーリーミントという別名もある。生葉をハーブティーに利用する。

パイナップルミント
pineapple mint

学　名：*Mentha suaveolens* Ehrh.'Variegata'
原産地：ヨーロッパ

アップルミントの斑入り薬品種で、パイナップルのような香りがする。葉の縁に不規則にクリーム色の斑が入っているので、ガーデンの彩りに好まれる。丈夫で、挿し木でふやす。

コルシカミント
Corsican mint

学　名：*Mentha requienii* Benth.
原産地：地中海西部のコルシカ島　イタリア

高さ2cmほどで、葉も小さい半耐寒性多年草。香りはペパーミントに似ている。地下茎を伸ばし、地面を覆うように広がるのでグラウンドカバーに利用される。夏に蒸れやすいので、刈り込みながら育てる。

ペニーロイヤルミント
pennyroyal mint

学　名：*Mentha pulegium* L.
原産地：ヨーロッパ　西アジア

昔から犬や猫のノミよけの防虫ハーブとして知られ、乾燥させた葉を布に包んでつくる首輪のクラフトが有名。飲用には使わない。

注意……流産のおそれがあるので妊娠中は使用しない。

ニホンハッカ

和種ハッカとはニホンハッカおよびニホンハッカを親として日本で改良された品種群。和種ハッカは65％以上のメントールを含み、ハッカ脳という結晶をつくる。昭和初期には北海道の北見が世界生産の7割を占める代表的産地として栄えた。第二次世界大戦後に合成香料の台頭などで衰退してしまったが、近年また見直されている。

シュウビ
'Shubi'

学　名：*Mentha canadensis* L. 'Shubi'

岡山の倉敷で発見された在来種'サンビ'と洋種ハッカ'ミッチャム'の交配種。葉は楕円形で、縁の切れ込みが深い。茎は赤くて花は濃い紫。'ミッチャム'の芳香が強く、収油率がよい。

ホクト
'Hokuto'

学　名：*Mentha canadensis* L. 'Hokuto'

ニホンハッカ'ワセナミ'とニホンハッカ'北系J20号'の交配種。葉は長卵形の明るい緑色、しわは少なくて縁の切れ込みは深い。茎は淡赤紫色。クリーンな清涼感のある香り。

アカマル
'Akamaru'

学　名：*Mentha canadensis* L. 'Akamaru'

北海道で発見された在来種で、1924（大正13）年に認定された。北海道ハッカの歴史を開いた代表的な品種として知られる。ブラジルへの移民が現地で広めたり、山形や広島、岡山で作出された'アカマル'もある。葉が丸くて茎が赤いことから名前がついた。

ミント……アップルミント／パイナップルミント／ニホンハッカなど

フトモモ科

メラレウカ類

ティートリーは主としてオーストラリア、ニュージーランドに分布する近縁の2属の植物の呼び名。単にティートリーという場合にはメラレウカ属のティートリーをさし、レプトスペルムム属のマヌカやレモンティートリーとは、精油成分の化学的組成に大きな違いがある。

ティートリー
tea tree

学　名：*Melaleuca alternifolia* (Maiden & Betche) Cheel
原産地：オーストラリア南東　ニュージーランド
気候型：大陸東岸気候

属名 *Melaleuca* はギリシア語のmela「黒い」+ leuca「白い」で、下部の黒い幹と白い枝にちなむ。種小名 *alternifolia* は「互生葉をもつ」という意味。

特徴・形態
優れた抗菌作用をもつとされ、皮膚疾患や感染症に用いられる。妊娠中の神経を鎮めるのにも役立つ。高さ5～7mになる半耐寒性常緑低木。枝伸びがよく、針のように細い葉は長さ3cmほどで、枝葉から精油を生産する。花期は春、5cmほどの筒状で白色の花が密集して咲く。

歴史・エピソード

オーストラリアのニューサウスウェールズ州北部とクイーンズランド州南部の沿岸地域を中心に、川沿いの湿地帯に自生する。先住民族のアボリジニは何千年も前から葉をすりつぶして、感染症やけがや皮膚の治療に使ってきた。キャプテンクックの航海日誌には、レプトスペルムム属の植物を「茶の木」と名づけて飲用したと記されている。1925年オーストラリアの化学者アーサー・ペンフォールドが当時の主要抗菌剤であった石炭酸の3倍以上の抗菌性があることを公表した。第二次世界大戦では、ティートリー油がオーストラリア兵の救急箱の常備薬になった。その後、合成薬品の登場によって存在感が薄れていたが、伝統医学が見直されて、副作用が比較的少ないことから再注目されている。オーストラリアのティートリー精油規格では「テルピネ-4-オール最低30％以上、1,8-シネオール15％以下」と規定されている。ハーブティーとして飲用はできない。

栽　培
挿し木でふやす。成長が早くて枝が茂るので、花が終わったら剪定して樹形を整える。秋に翌年の花芽をつくるので、その前に収穫を兼ねて剪定。

~利用法~

利用部位 葉

精油がアロマセラピー、化粧品、医薬分野に広く利用されている。

精油成分…テルピネ-4-オール、α-テルピネン、γ-テルピネン、1,8-シネオール、リナロール、α-テルピネオール
作用………抗真菌作用、抗菌作用、抗ウイルス作用、抗炎症作用、免疫促進作用、鎮静作用、防虫作用、消毒作用
効能………皮膚や粘膜に穏やかに作用する。咳や喉の痛みなど風邪症状の改善、免疫力の向上に役立つ。筋肉痛、リウマチ痛、神経痛、膀胱炎、泌尿器系の感染症のほか、寄生虫対策にも有効とされる。エックス線照射による障害の予防に用いられる。

注意
・水虫の場合など精油の原液を用いることがあるが、皮膚の弱い人は原液を使用しない。

レモンティートリー
lemon tea tree

学　名：*Leptospermum petersonii*
原産地：オーストラリア

木の形状がティートリーによく似ていてレモンの香りがするので、レモンティートリーと呼ばれているが、分類上は別属の植物。主成分もシトラール、シトネラールが70％以上含まれ、ティートリーとは全く異なる組成だが、強い殺菌作用や防虫効果が期待できる。

ニアウリ niaouli

学　名：*Melaleuca viridiflora* Sol. ex Gaertn.
原産地：ニューカレドニア　オーストラリア

ニューカレドニアに多い大木で、おもに精油をとる。古代から先住民に伝わる万能薬。1,8-シネオールの含有量が多く、痰を伴う咳や感染症の予防に効果があるとされる。皮膚刺激があるので直接塗布はできない。空気の洗浄や呼吸器系の強壮には極めて有効で、殺菌消毒剤としても強力な効果があるとされる。

注意……妊婦や子どもは使用を避ける。

マヌカ manuka

学　名：*Leptospermum scoparium* J.R.Forst. & G.Forst.
原産地：ニュージーランド　オーストラリア東海岸

マヌカはニュージーランドなどに自生しているフトモモ科の低木。春先にウメに似た薄いピンクの花を咲かせ、日本ではギョリュウバイとして知られる。古くは先住民マオリ族が葉や枝を煎じて癒やしや病気の治療、切り傷や外傷の治療に使ってきた。「ニュージーランドのティートリー」とも呼ばれている。抗菌効果のあるハチミツ「マヌカハニー」の蜜源。ティートリーとは属が異なり香りも全く違う。

シソ科

モナルダ
bergamot

別　名：タイマツバナ　ベルガモット
学　名：*Monarda didyma* L.
原産地：北アメリカ東部
気候型：大陸東岸気候

属名*Monarda*は16世紀スペインの医師で植物学者モナルデス(P281参照)の名前に由来する。種小名*didyma*は「双生の、2個連合した」という意味。

特徴・形態
タイマツのような花色と形が特徴。高さ60〜120cmの多年草。茎は四角で直立し、葉は縁が鋸歯状の披針形で対生。6〜9月に緋紅色の頭状花を重ねるように咲かせ、白色や深紅色などの品種がある。

歴史・エピソード
北アメリカの先住民オスウィゴ族は、もともとモナルダの葉を健康茶として飲んでいたという。1773年にイギリス議会が東インド会社に茶の専売権を与えたことにアメリカの急進派が反対し、「ボストン茶会事件」が勃発。茶の輸入反対運動を展開した。その後、オンタリオ湖近くのオスウィゴ地域の入植者が、紅茶に代わるものとして野生のモナルダでティーをつくったことから、オスウィゴ茶とも呼ばれる。19世紀になるとイギリスでも同様のティーが飲まれるようになった。ミツバチがこの花の蜜を好むことからビーバーム(bee balm)とも呼ばれる蜜源植物。花と葉に関してはベルガモットオレンジと似た香りをもつことからベルガモット、レッドベルガモットと呼ばれることもある。

栽　培
日当たりと風通しのよい場所が適す。株分けや挿し木でふやす。高温多湿に弱く、うどんこ病になりやすいので注意。

〜 利用法 〜

利用部位 地上部
味と香り ベルガモットオレンジに似た香り　精油のベルガモットとは異なる

花はサラダやお菓子に。

葉はアールグレイティーの香りに似ており、乾燥させ紅茶に混ぜて香りを楽しむ。生理痛、吐き気などの軽減に用いられる。

ポプリに使う。

成分………ルチン、ヘパロシド、ケルセチン
精油成分…チモール、γ-テルピネン、ρ-シメン、δ-3-カレン、ミルセン
作用………健胃作用、駆風作用、鎮静作用、殺菌作用
効能………喉の痛み、気管支炎の症状の改善に役立つ。

バラ科

モモ

モモとアーモンドはサクラやウメなどと同じスモモ属の中で、さらにモモ亜属に分類される。

モモ
Peach

学　名	*Prunus persica* (L.) Batsch
原産地	中国
気候型	大陸東岸気候

属名 *Prunus* は「スモモ」に対するラテン古名、種小名 *persica* は「ペルシアの」という意味。

～利用法～

利用部位 葉、蕾、果実

🍴 コンポート、ジャム、スープ、菓子、ティーなどに利用する。

💆 蕾や葉の浸出液は、肌荒れやニキビのトラブルを改善し、美肌効果があるとされる。あせも、湿疹、かぶれには、葉を7〜8月に採取し、生のまま、または乾燥させて入浴剤にする。

成分………果実：ペクチン、ナイアシン、カリウム、カテキン
　　　　　葉：タンニン、マグネシウム、カリウム
作用………消炎作用、老廃物排出促進作用、血液循環作用、疲労回復作用
効能………コレステロール値や中性脂肪値を下げる働きがあるとされ、動脈硬化や高血圧の予防に用いる。
生薬
桃仁（トウニン）：6〜7月に熟した果実の核を割って仁を取り出し、天日干ししたもの。消炎、鎮痛、嚥下に効果的。
白桃花（ハクトウカ）：3〜4月に開きかけの蕾を、風通しのよいところで陰干ししたもの。緩下、利尿に効果的。

特徴・形態

高さ3〜5mの落葉小高木。葉は披針形で互生、縁は粗い鋸歯状。4月ごろに葉が出るより早く白〜濃紅色の5弁または八重咲きの花をつける。サクラやウメと同属で、アーモンドと近縁。

歴史・エピソード

中国最古の本草書である『神農本草経』(P279参照)では、モモの木やモモの果実は仙木や仙果と呼ばれ、邪気や悪鬼をはらって不老長寿を与える作用があるとされている。日本では縄文時代後期の遺跡から核が出土。『日本書紀』『古事記』『万葉集』などによれば、厄よけなど信仰の対象になっていたという。モモの語源には、「真美」より転じた説、熟すると赤くなる「燃美」説、多くの実をつけるから「百」とする説などがある。

アーモンド *almond*

学　名	*Prunus dulcis* (Mill.) D.A.Webb
原産地	中央〜西南アジア

高さ約8mの落葉高木。樹皮は灰色、葉は卵状披針形で長さ7〜12cm。3〜4月に淡褐色から白の5弁花を咲かせ、果実が熟すと開裂する。モモと花や実がよく似ている。食用になるのはスイート種の種子の仁で、成熟した果実の種子を日干しにする。ビタミン類やミネラルが豊富。

注意……多量に摂取しない。

ヤマノイモ科

ヤマノイモ（ジネンジョ）
Japanese yam

別　名	ジャパニーズヤム
学　名	*Dioscorea japonica* Thunb.
原産地	日本（本州以南）　中国
気候型	大陸東岸気候

属名*Dioscorea*は1世紀のギリシアの医師・植物学者ディオスコリデス（P191参照）に捧げられた名。種小名*japonica*は「日本の」という意味。

秋に葉腋にできるムカゴ。

食べていたとされる。それに対しヤマイモ（*D.polysta chya*）は中国から奈良時代に渡来し、畑で栽培するようになったもの。筒状のナガイモや手のひら形のイチョウイモ、丸いツクネイモなどもある。日本原産のジネンジョと、栽培するナガイモなどのヤマイモと区別する。ジネンジョは地中に伸ばした多肉質の根を太らせる。晩秋には径3cmほどになったものを掘り上げて食用にする。収穫しなかったイモは翌年できるイモに吸収される。

栽　培
日当たりがよい場所。表土の深い、粘土質がよい。つるの誘引のため支柱やネットを設ける。春にムカゴや分割した根を植える。

特徴・形態
粘性のある根茎が滋養強壮のもととされ、疲労回復、消化を助ける。耐寒性のつる性多年草。長さ5〜10cmでハート形の葉は対生し、ヤマイモより先が尖っている。雌雄異株（しゆういしゅ）で、夏に穂状花序（すいじょうかじょ）に白い雄花を多数つけ、雌花は下垂する。種子のほか、葉腋（ようえき）にできるムカゴによって自然繁殖する。地下にできるイモ（根茎）は長さ1m以上に深く伸び、林道沿いや川の土手に自生する。

歴史・エピソード
里芋に対して山芋と呼ばれるものは世界に600種以上あり、自然薯（ジネンジョ）もそのひとつ。日本では稲作以前から

〜利用法〜

利用部位　根
味と香り　粘り気があり、甘味がある

🍴 生食、蒸し物、焼き物、揚げ物にする。ヤマイモ粉などの加工品原料や和菓子の材料にも。

👤 表皮を除いて乾燥させ、ホワイトリカーに漬け込んだものを入浴剤や温湿布に用いると血行を促進させる。

成分	ジオスゲニン、β-シトステロール、デンプン、ムチン、コリン、サポニン、アルギニン酸
作用	疲労回復作用、消化促進作用
効能	滋養強壮、疲労回復に役立つ。胃粘膜を保護し消化を助け、高血圧や高脂血症などの症状を改善する働きがあるとされる。

生薬
山薬（サンヤク）：根茎の外皮を除いて乾燥したもの。滋養強壮、止瀉（ししゃ）、鎮咳（ちんがい）に効果的。

キク科

ヤロー
common yarrow

別　名：セイヨウノコギリソウ(西洋鋸草)　アキレア
学　名：*Achillea millefolium* L.
原産地：ヨーロッパ　アジア　北米
気候型：西岸海洋性気候

属名*Achillea*は葉がのこぎりの刃に似ることに由来するとか、古代ギリシアの医師アキレス(Achilles)が有効成分を発見したからなど諸説ある。種小名*millefolium*は「多数の葉をもった」という意味。

特徴・形態
ヨーロッパでは古くから修道院や家庭で万能薬として用いられた。高さ20〜60cmの多年草。葉は緑色で、細かい羽状に切り込んで鋸歯状。地下茎が這うように伸びて広がる。春から夏に小さな白い花を集めて咲かせる。ピンクや黄色などの園芸品種もある。

歴史・エピソード
ヤローは血止めの効用があることが知られていて、英雄アキレスはこの植物の効能を説き、トロイ戦争で傷ついた多くの兵士を救ったという。「戦士の傷薬」や「大工の草」と呼ばれ、鉄製の道具による傷を治す傷薬とされた。茎葉をつぶして出血している傷の上に貼ると血が固まり、葉を鼻の中に入れると出血する(瀉血法)という、全く反対の効果を表してバランスをとる(相殺する)働きがあると考えられた。古くから聖なる力があるとされるヤローは予言と密接な関係にあり、ヨーロッパではドルイド教(P280参照)の祭司たちが季節の天気を占うために用い、中国でも未来を予言する道具として茎が使われたという。また、幸運を招くハーブとして婚礼の祝いの席に供され、「7年にわたる愛」という意味をこめて花嫁のブーケにもくわえられた。日本には1887(明治20)年に渡来し、小石川植物園で栽培された。

栽培
生育旺盛なので株分けする。根の分泌液が植物を害虫から守る。

〜利用法〜

利用部位 葉、花、根
味と香り やや苦味がある

🍴 若葉をゆでて食べる。リキュールの香りづけに用いる。

☕ 風邪気味のときにティーとして飲用する。

👤 浸出液は傷口を消毒するための湿布薬として、葉をたたいて切り傷の手当てに止血の特効薬として使われていた。煎剤はローション、浴用剤として使用。花をつぶしてコールドクリームやミツロウに混ぜて軟膏をつくる。髪の毛の成長を促す作用があり、トニック剤やコンディショナーとしても使われる。

🏠 黄色と緑色の染料として使われる。

成分………ビタミン、ミネラル類、タンニン、アスパラギン、イソ吉草酸、フラボノイド
精油成分…α-ピネン、β-ピネン、α-ツジョン、サビネン、ボルネオール、カマズレン、リモネン
作用………発汗作用、抗炎症作用、解熱作用、殺菌作用、止血作用
効能………胆汁の分泌を促進する。
注意
・多量に服用すると頭痛やめまいを起こすことがある。
・日光過敏症やアレルギー、キク科アレルギーの場合は反応の原因になるので使用しない。
・妊娠中は使用しない。

フトモモ科

ユーカリ

オーストラリア周辺に600を超える種類が分布するが、精油がとれるのは数種。
古くから日本に導入されたユーカリ・グロブルス、柑橘系の香りが強い近縁種のレモンユーカリ、
グロブルスより刺激が弱いユーカリ・ラジアータなど。これらおもな品種3種を紹介する。

ユーカリ・グロブルス
Tasmanian blue gum

別　名	ユーカリノキ
学　名	*Eucalyptus globulus* Labill.
原産地	オーストラリア
気候型	地中海性気候

綿毛のように見えるユーカリ・グロブルスの花。

属名*Eucalyptus*はギリシア語のeu「よく」＋kalptos「（土地を）覆った」という意味で、ユーカリがよく育って土地を緑で覆ったことにちなむ。種小名*globulus*はラテン語のglobus「小さい球状」の意味。

特徴・形態
シャープな香りが特徴で、オーストラリアの先住民アボリジニの万能薬とされてきた。高さ50m以上の非耐寒性常緑高木。幹は滑らかで灰青色、枝はやや枝垂れる。成木の葉は細長く油点がある。花は直径3〜4cmで白色。根を深く伸ばして地下水を吸い上げ、成長が早い。

歴史・エピソード
世界で最も高くなる木のひとつ。アボリジニは熱病や伝染病、傷病の治療薬として古くから用いてきた。19世紀ドイツ生まれの医師、植物学者のミュラー（P281参照）が最初にヨーロッパにもたらし、現在では世界中で栽培されている。土の中に有毒な化学物質を分泌し、周囲の植物の生育を阻害しながら繁殖地を広げる。また、ユーカリは山火事にあって、葉や若い樹皮などの表皮組織を焼失しても、堅い木質部の中にある無数の芽が焼け残り、雨が降ると一斉に芽吹いて数年後には復活する。日本にユーカリが導入されたのは1877（明治10）年ごろ。植えると土壌の湿気がとれ、大気が清浄になるとされ、木材もパルプになるなど利益がある木として「有加利」と当て字され、大正半ばには栽培されるようになった。

栽　培
温暖で乾燥した場所が向く。大木になるので場所を選んで、春に苗木を植える。

〜 利用法 〜

利用部位　葉、樹皮
味と香り　樟脳のような香り

新鮮な葉を煎じた湯気を吸い込むと鼻や気管がすっきりする。この煎剤は浴用剤、ローションにもなる。

リースやポプリやモスバッグ（防虫サシェ）に使う。樹皮はベージュ色の染料として、また新鮮な葉を2時間ほど煮出すと赤色の染料になる。

成分‥‥‥‥カリウム、ルチン、カルシウム、タンニン、脂肪酸
精油成分‥‥1,8-シネオール、α-ピネン、リモネン、グロブロール
作用‥‥‥‥殺菌作用、抗ウイルス作用、抗感染症作用、去痰作用、抗菌作用、鎮静作用、鎮痛作用
効能‥‥‥‥風邪や喉の痛み、気管支炎、喘息、鼻炎、咳などに、うがいをすると症状が和らぐ。また、リウマチ痛、片頭痛、筋肉痛、関節痛などを緩和し、血糖値を下げ、糖尿病の改善にも役立つ。
注意
・皮膚に刺激が起きることがあるので、敏感肌の人は注意。
・妊娠中、授乳中、子ども、高血圧症、てんかんの症状のある人は使用しない。

レモンユーカリ
lemon-scented gum

学名：*Corymbia citriodora*
　　　(Hook.) K.D. Hill &
　　　L.A.S.Johnson
原産地：オーストラリア

ユーカリの近縁別属でレモンのように爽やかな香り。昆虫忌避成分を含み、ダニや蚊などの忌避剤に用いられる。スポーツ後の筋肉の疲労緩和に有効。粘膜を保護し、炎症を抑える作用があり、風邪の症状や鼻づまりの解消に役立つ。空気の浄化に利用。

ユーカリ・ラジアータ
eucalyptus radiata

学名：*Eucalyptus radiata*
　　　A.Cunn.ex DC.
原産地：オーストラリア南部

樹皮は黒褐色の繊維状、葉は線形でユーカリ・グロブルスよりマイルドなペパーミントの香り。気管支炎、ウイルス性疾患、リウマチ、神経痛、肩こり、打ち身などの症状の緩和。気分をリフレッシュして集中力を高める。

ユリ科

ユリ
lily

学名：*Lilium* spp.
原産地：北半球の亜熱帯から亜寒帯
気候型：大陸東岸気候

属名*Lilium*はラテン語の「ユリ」をさす古名で、liはケルト語で「白い」という意味。

ユリ根

特徴・形態
食用にできる球根（鱗茎）「ユリ根」をもつ多年草。高さ30～120cmになる茎頂に、5～8月に漏斗状の花を咲かせる。日本では鱗茎を食用にするために苦味の少ないオニユリ、コオニユリ、ヤマユリなどを栽培している。

ヤマユリ

歴史・エピソード
日本におけるユリの記述は『古事記』や『日本書紀』に「山由理、佐韋や百合花」などの字で見られ、『万葉集』以後の文学や美術には「百合」という表現で数多く取り上げられている。古くはオニユリ、ハカタユリ、タケシマユリなどが食用として中国や朝鮮半島から導入され、江戸時代には飢饉のときの救荒食物だった。

栽　培　10～11月に球根を植えつけ。球根3つ分ほどの深さに植える。

～ 利用法 ～

利用部位　鱗茎

茶碗蒸し、きんとん、雑煮、おすまし、あえ物などに使う。

鱗茎を煎じて咳止め、解熱に利用する。

成分‥‥‥‥デンプン、脂質、葉酸、カリウム、食物繊維
作用‥‥‥‥鎮咳作用、鎮静作用、滋養強壮作用、解熱作用、利尿作用
効能‥‥‥‥咳を止め、精神を安定させる効果がある。
生薬‥‥‥‥
百合（ビャクゴウ）：オニユリの鱗茎を掘り取り、水洗いして熱湯をかけて天日乾燥したもの。滋養強壮、利尿、鎮咳、去痰、鎮静に効果的。

シソ科

ラベンダー

香りが心身に影響することからアロマセラピーや薬用として親しまれている。
分布地が広く、気候風土の相違から多数の変種や品種がある。
大きく分けると、冷涼地を好むイングリッシュ系、花穂(かすい)の先に苞葉(ほうよう)があるフレンチ系、
レースラベンダーとも呼ばれるプテロストエカス系、その他の交雑種がある。

イングリッシュ系
アングスティフォリア
true lavender

'早咲き3号'

別　名：イングリッシュラベンダー　真正ラベンダー
　　　　コモンラベンダー
学　名：*Lavandula angustifolia* Mill.
原産地：地中海沿岸
気候型：地中海性気候

属名*Lavandula*はラテン語lavo「洗う」という動詞に由来。種小名*angustifolia*はangusti「幅の狭い」＋folius「葉の」という意味。

特徴・形態
高さ20〜100cmになる常緑小低木。灰緑色の葉は長さ2〜6cm、細長い披針形(ひしんけい)で対生し、腺毛が生えている。花色は淡紫色から濃紫色、白などで輪散花序の花は、全体が穂状(すいじょう)になって6〜7月に咲く。

歴史・エピソード
古代エジプトでは城壁をめぐらせた聖なる庭で栽培し、ミイラづくりの儀式に利用。生と死を象徴するハーブとして壺に入れ、一緒に埋葬された。その薬効は紀元前550年ごろか

'プロヴァンス'

ら知られた。1世紀、大プリニウス(P191参照)の『博物誌』やディオスコリデス(P191参照)の『薬物誌』の中で、その葉を煎じた液は胸部の痛みを緩和し、生理不順の改善のほか、解毒剤に配合しても有効とされている。ラベンダー酒をつくったり、入浴時の芳香剤や、肌着類を保存するのにも利用した。ヨーロッパでは長い間、悪い香りは病気を広め、よい香りは病気を予防して治療すると考えられていた。ローマ軍の遠征によってラベンダーはヨーロッパ各地に伝えられ、医薬品、化粧品、香料などに利用された。その後、貴族の館や修道院の庭で薬草園がさかんにつくられた。19世紀後半には、プロバンス地方で野生のラベンダーの刈り取りがさかんに行われた。標高約700〜1800mの山岳地帯を好むアングスティフォリア、日当たりのよい標高200〜500mの丘陵山岳地帯にラティフォリア、その中間地帯に両ラベンダーの交配種インテルメディアが徐々に栽培されるようになった。日本には19世紀初めに渡来し、ヒロハラワンデルと呼ばれた。本

'ヒドコート'　　　　　　　　　'ようてい'

格的な栽培は1937年、曽田政治（P280参照）がマルセイユの香料会社から5kgのアングスティフォリアの種子を入手したのが始まり。北海道で開発された品種として'ようてい'、花穂が伸びる'遅咲き4号（おかむらさき）'などもある。

栽　培

高温多湿に弱いので、日当たりのよい乾燥した場所で。繁殖には挿し木がよい。

～利用法～

利用部位 地上部
味と香り 甘いスパイシーな香り

🍴 香料としての利用が主で、料理にはあまり使われないが、鳥獣肉やラム肉など肉料理の風味づけに使用。花はハーブティーやジャム、シロップ、砂糖の香りづけ、シャーベットやクッキー、ケーキなどに使う。

☕ 神経を安定させる作用があり、頭痛、不安、ストレス、うつ、めまいなどの症状緩和に役立つ。多量に飲むと眠気を起こすことがあるので注意。

👩 神経、筋肉の緊張をほぐす作用があるとされる。煎剤や軟膏などをけがの消毒や虫さされなど、手足の痛みや打ち身、外傷ややけど、関節硬直にすり込む。ラベンダー水やオイルをこめかみに塗布したり、手足浴などに利用。ラベンダー水、ビネガー、オイルを頭皮にすり込み発毛促進、煎剤はうがいに。湯気の出ている浸剤を吸入すると、インフルエンザや気管支炎などの症状改善に役立つ。クリームやローションなどの美容一般、除菌スプレーなどに利用。

🏠 室内の燻蒸剤、本を食害する害虫対策に、しおりとして、リネンの間に入れてモスバッグ（防虫サシェ）としても使う。ポプリ、サシェ、ピローにも利用。

成分………フラボノイド、タンニン
精油成分…リナロール、酢酸リナリル、酢酸ラバンデュリル、α-テルピネオール、酢酸ゲラニル、ボルネオール、1,8-シネオール
作用………鎮静作用、鎮痙作用、鎮痛作用、駆風作用、防腐作用、殺菌作用、防虫作用、血圧降下作用
効能………精神的なストレスを和らげ、緊張をほぐし、不安で眠れないときに役立つ。頭痛や高血圧にも用いる。また、傷ややけどなどに効果的。さまざまな皮膚症状に用いる。

ラティフォリア
spike lavender

別　　名：スパイクラベンダー
学　　名：*Lavandula latifolia* Medik.
原産地：スペイン　フランス

丈夫な低木で標高500m以下に自生する。葉が広く寒さに弱く、耐暑性があり、カンファー臭の強い精油を多量に産する。せっけんなどに利用され、フランスではアスピック（aspic）として知られるほか、絵の具の溶剤に使われている。傷ややけど、皮膚の真菌感染症、乾癬、虫さされなどに有効。

インテルメディア
intermadia

別　　名：ラバンディン
学　　名：*Lavandula × intermedia* Emeric ex Loisel.

アングスティフォリアとラティフォリアの交配で誕生した品種。標高200～800mに自生する。質のよいアングスティフォリアと丈夫で収油量の多いラティフォリアの組み合わせは商業栽培に適している。成長が早く耐暑性があり、種子のできない不稔性なので挿し木などでふやす。

'グロッソ'

シソ科

ラベンダー

フレンチ系
ストエカス
stoechas

学　名：*Lavandula stoechas* L.
原産地：カナリア諸島　地中海沿岸　トルコ　小アジア

半耐寒性の灌木。2〜5cmの花穂に輪散花序が集まって咲き、穂の先端に苞葉がつく。耐暑性があるのが特徴。多くの品種があり、古い時代から地中海沿岸の地域で薬用や化粧品として利用されてきた。ケトン類が多いので、脂肪溶解、粘液溶解作用が期待されている。

注意……妊娠中、授乳中、乳幼児、てんかんの患者は使用を控える。

デンタータ
dentata

学　名：*Lavandula dentata* L.
原産地：カナリア諸島
　　　　アフリカ北部　スペイン

半耐寒性の灌木。深く切れ込んだ鋸歯のある緑葉から、キレハラベンダーやフリンジドラベンダーとも呼ばれる。花穂は輪散花序につき、穂の先端につく苞葉は短い。四季咲き性だが、香りはやや弱く、観賞用としてポプリなどに用いる。

プテロストエカス系
ムルティフィダ
multifida

別　名：レースラベンダー
学　名：*Lavandula multifida* L.
原産地：地中海沿岸西部

この系統はレースラベンダーの名でよく出回る。深い切れ込みのあるレースのような葉が特徴。成長が早いが寒さに弱い。青紫の花が春〜秋まで咲く四季咲き。花茎が長く、長さ3〜7cmの花穂は3本に分枝しやすい。寄せ植えに用いる。

マメ科

リコリス
licorice

別　　名：スペインカンゾウ　アマキ　アマクサ
学　　名：*Glycyrrhiza glabra* L.
原産地：ヨーロッパ南部〜アフガニスタン
　　　　中国西部内陸部
気候型：ステップ気候

属名*Glycyrrhiza*はギリシア語のglycys「甘い」+ rhiza「根」による。種小名*glabra*は「無毛の」という意味。

特徴・形態

高さ40〜100cmの多年草。根に砂糖をしのぐ甘味があって甘味料、生薬として用いられる。根茎は長さ1〜2mにもなって四方に広がる。全草に腺毛があり、羽状複葉を互生。6〜7月に葉腋に淡紫色の蝶形花を総状につけ、7〜8月に実を熟す。園芸でリコリスといえばヒガンバナ科のリコリス属をさすので、混同しないように気をつける。

歴史・エピソード

古代ギリシアでは紀元前3世紀のテオフラストス（P280参照）がリコリス（甘草）について記述している。1世紀には古代ローマ時代のディオスコリデス（P191参照）による『薬物誌』に喉の痛みを和らげる抗炎症剤として記載。中国最古の本草（薬物）書『神農本草経』（P279参照）に強壮や解毒の薬効が記述されている。中国最古の医学書『傷寒論』（P279参照）では113の処方の中で約80方にリコリスが含まれている。日本には8世紀に中国から渡来し、生薬として正倉院にいまも保存されている。徳川幕府は農民にリコリスの栽培を命じて甘味料の原料としたが、明治維新とともに砂糖が入るようになって需要がなくなった。山梨県の甲州市にある「甘草屋敷」は当時の歴史的な資料館として重要文化財に指定されている。リコリスはアマキ、アマクサともいわれ、現代でも漢方でよく処方される生薬。

栽　培

根を深く下ろせるように耕して種まき、株分け、地下茎でふやす。

〜 利用法 〜

利用部位 地下茎、根　**味と香り** 甘味

リコリスの甘味は砂糖の200倍以上もあるといわれ、日本では甘味料として飲料やしょうゆ、漬物、佃煮、珍味、菓子などに使われる。外国ではリコリス飴やタバコの甘味づけとして利用されている。

成分	グリチルリチン、ポリサッカロイド、クマリン、ステロール、アスパラギン
作用	解毒作用、消炎作用、鎮痙作用、去痰作用、抗アレルギー作用、抗炎症作用
効能	食欲不振や下痢などの症状を和らげ、咳を鎮め喉の痛みを和らげる。
注意	・長期間や多量の使用は、むくみや筋弛緩を起こしやすい。 ・妊娠中、授乳中の女性、子どもの使用は注意。

ウラルカンゾウ
Chinese licorice

学　　名：*Glycyrrhiza ralensis* Fisch

中国漢方の基本的なハーブで長寿薬に関連があり、日本に輸入されているおもな種。中国東北部〜西北部および華北、シベリアの乾燥地に分布。

シナノキ(アオイ)科

リンデン
common linden

別　名：セイヨウボダイジュ（西洋菩提樹）
　　　　セイヨウシナノキ（西洋科の木）ティユール　ティリア
学　名：*Tilia × europaea* L.
原産地：ヨーロッパ
気候型：西岸海洋性気候

属名 *Tilia* はボダイジュのラテン語古名で、ptilon「翼」に由来。翼状の苞葉にちなむ。種小名 *europaea* は「ヨーロッパの」の意。

特徴・形態
「千の用途をもつ木」といわれるほど、あらゆる部位が利用される。高さ10〜30mになる落葉高木。ハート形の葉は縁に細かな鋸歯がある。初夏〜夏に淡い緑色で細長い苞葉がつき、垂れ下がった花柄にクリーム色の小花が咲く。蜜源植物としても知られる。

歴史・エピソード
リンデンはナツボダイジュとフユボダイジュとの交雑種で、ヨーロッパでは街路樹として植えられ、初夏に咲く花で街中が甘い香りに包まれる。ギリシア神話によると、旅人に身を変えた大神ゼウスとその息子は、ある村で信心深い貧しい夫婦に迎えられた。その恩に報い、ゼウスは「死ぬときも二人一緒に」という夫婦の願いを聞き入れ、死ぬときに二人はリンデンと樫の木となり、丘の上にそびえたという。木部の淡い色合いと軽さから彫刻や楽器などに利用される。樹皮からとる繊維は、衣類、ロープ、魚網などに用いられ、花のハチミツは高く評価されている。釈迦が樹下で悟りを開いたとされる菩提樹は、クワ科のインドボダイジュでリンデンとは異なる。

栽　培
やや冷涼な場所が適す。種子では発芽に数年かかるので、接ぎ木や取り木でふやす。

〜 利用法 〜

利用部位　花、苞葉、木部
味と香り　ソフトですっきりとした香り

🍴 リキュールの風味づけに利用。乾燥した花と苞葉を粉にしてシフォンケーキやクッキー、パンなどにくわえ、焼き上げるとほのかな香りを楽しめる。

☕ 花と苞葉と木片のティーは神経を穏やかにする。

 乾燥した花と苞葉を粉にしてお湯をくわえ、ジェル状にしてパックのように用いる。入浴剤として用いるとリラックス効果が高い。美肌効果があるとされ、化粧水に利用する。

 ポプリに利用する。

成分………フラボノイド配糖体、タンニン、粘液質、サポニン
精油成分…ファルネソール
作用………花と苞葉：抗酸化作用、発汗作用、鎮静作用
　　　　　白木質：血液浄化作用
効能………花と苞葉は片頭痛、不眠などに効果的で、炎症性の激しい咳や喉の痛みを和らげる。白木質はコレステロール値の低下、肥満を解消するのに役立つ。

ミカン科

ルー
rue

別　名：ヘンルーダ
学　名：*Ruta graveolens* L.
原産地：ヨーロッパ南東部
気候型：地中海性気候

属名*Ruta*はギリシア語のreuroに由来し、「自由とする、くつろがせる」という意味。種小名*graveolens*は「強臭のある」の意。

特徴・形態
虫よけに利用され、魔力のあるハーブとされてきた。高さ50〜100cmの耐寒性常緑低木。青灰色を帯びた葉は夏に黄色い花をつける。羽状複葉で独特の強い香りがある。

歴史・エピソード
中世ヨーロッパでは伝染病などに有効な家庭薬として欠かせない植物だった。中世には疫病予防や殺菌に効果的とされるハーブビネガー「4人の泥棒の酢」（P99参照）の材料にも利用されていた。日本には明治初年に渡来したといわれている。

栽　培　酸性の土を調整し、種まきと挿し木でふやす。

〜 利用法 〜

利用部位　地上部

葉は乾燥してサシェや防虫剤にしたり、犬の首輪にしてノミよけにする。タッジーマッジー（P263参照）やアレンジメント、クラフトに使われる。

精油成分…メチルノニルケトン、2-ヘプタノールアセテント、1-ドデカノール、ゲイレン、2-ノナノール
作用………防虫作用、殺菌作用、鎮痙作用、通経作用
効能………葉の煎剤は捻挫、腰痛などの湿布に効果的。
注意
・妊娠中は使用しない。・食用目的の利用はしない。

シソ科

ラムズイヤー
lamb's ear

別　名：ワタチョロギ（綿丁梠木）
学　名：*Stachys byzantina* K.Koch
原産地：アジア中央部〜東アジア　イラン
気候型：ステップ気候

属名*Stachys*はギリシア語で「穂」を意味し、穂状花序（すいじょうかじょ）の形に由来する。種小名*byzantina*はトルコの都市イスタンブールの古名「ビザンチン」。

特徴・形態
多年草。子羊の耳のように柔らかな感触の葉を、観賞用やクラフトに用いる。高さ20〜90cm。茎は直立、葉柄は短く葉は対生、長楕円形で先が尖っている。茎も葉も銀白色の綿毛に覆われている。初夏〜夏に茎の先端に花穂（かすい）を出し、紫紅色の唇形花（しんけいか）を穂状に咲かせる。ホワイトガーデンやグラウンドカバーとして利用。

歴史・エピソード
和名のワタチョロギは葉がワタのようなチョロギという意味で、正月料理に添える梅酢で赤く染めるチョロギ（丁梠木）とは別種。英名は葉の形や感触が羊の耳に似ていることからつけられた。日本には大正初期に渡来し、観賞用として栽培された。

栽　培　高温多湿に弱い。株分けでふやし、花後に収穫を兼ねて花茎を切る。

〜 利用法 〜

利用部位　地上部

生葉や茎をつぶして、虫さされ、傷の湿布などに利用する。

乾燥させると白くなり、ドライフラワーやリースのアレンジに使う。タッジーマッジーの外側に使うと、ほかの植物を引き立たせる。

アブラナ科

ルッコラ
rocket

別　名：ロケット　エルーカ
学　名：*Eruca vesicaria* (L.)Cav.
原産地：地中海沿岸
気候型：地中海性気候

属名*Eruca*は古いラテン語の名前に由来。種小名*vesicaria*は「小胞からなる」という意味。

特徴・形態

ゴマのような香りと辛味でサラダなどに利用される。高さ40～80cmの一・二年草。長楕円形の柔らかい葉を根元から多数出す。春にはトウ立ちした花茎の先に、淡いクリーム色で4弁の小さな花を多数つけるが、トウ立ちすると葉は堅くなり、辛味が増す。

歴史・エピソード

古代ギリシアやローマ時代にはすでに栽培され、ローマ人にとっては身近なハーブだった。生のまま食べたりソースの風味づけに利用するなどさかんに使われていた。16世紀ごろからロケットと呼ばれるようになり、人の体内の寄生虫を撃退するといわれていた。近年、サラダ用としてイタリア語のルッコラで日本で出回っている。ヨーロッパの地中海沿岸地方を中心に分布するが、性質が強く繁殖力が旺盛なため、アジアやアメリカなどで帰化植物になっている。ワイルドロケットと呼ばれるセルバチコは別属の植物。

栽培

種子は春まきと秋まきができる。こぼれ種でもふえて育てやすい。

～ 利用法 ～

利用部位　地上部
味と香り　葉はゴマの香りでピリッと辛い

生のままサラダ、ピザ、パスタ、サンドイッチなどにくわえる。おひたしをはじめ、みそ汁など和風料理にも合わせやすいハーブ。ペーストやソース、お菓子にすると、鮮やかなグリーンで料理が引き立つ。種子はマスタードの代用にもできる。

成分………β-カロテン、ビタミンC、E、鉄分、カルシウム、イソチオシアネート
作用………利尿作用、消化促進作用、抗酸化作用
効能………胃の機能を助け、肌の老化を防ぐとされる。

MINI COLUMN

アブラナ科
セルバチコ *wild rocket*

別　名：ロボウガラシ　ワイルドロケット
学　名：*Diplotaxis tenuifolia* (L.) DC.
原産地：ヨーロッパ　西アジア

ルッコラより強いゴマの香りやピリッとした辛味と苦味があり、ワイルドロケットと呼ばれるが、同じアブラナ科でも属が異なる(エダウチナズナ属)。また、ルッコラが一・二年草なのに対して、セルバチコは多年草で黄色の花をつける。葉に抗菌作用、血栓予防の効果があるとされ、サラダなどに用いる。エディブルフラワーとしても利用。

タデ科

ルバーブ
rhubarb

別　名：	ショクヨウダイオウ（食用大黄）
	マルバダイオウ（丸葉大黄）
学　名：	*Rheum rhabarbarum* L.
原産地：	シベリア南部
気候型：	ステップ気候

属名*Rheum*はギリシア語のrheuma「流れる」が語源で、この茎が下剤となることを表している。種小名*rhabarbarum*はRha「ボルガ河」に由来、流域に自生したことから。

らないように軟白栽培をした。現在でもイギリスの家庭の畑でこの鉢が見受けられる。パイの具によく使われることから「パイ・プラント」とも呼ばれる。日本には明治初期に野菜として導入されたが、ほとんど普及せずに近年ようやく注目されてきている。

栽　培
寒さに強いが、暑さに弱い。繁殖は種まき、株分けによる。花茎を切り取り、種をつけないようにする。寒さに当てると葉柄の赤みが増す。

特徴・形態
ジャムに加工する葉柄は便秘や美容に役立つ。高さ100〜120cmの多年草。大きな葉はシュウ酸が多いので食用にしない。多肉質の葉柄は寒冷地では赤色を帯び、長さ50〜70cmになる。クリーム色の花を多数つけ、根は深く伸びる。

歴史・エピソード
ルバーブは1597年に出版されたジェラード（P279参照）の本草書『ザ・ハーバル』に取り上げられているが、栽培の記録が残っているのは17世紀半ばに出版されたパーキンソン（P280参照）の『植物の劇場』。イギリスのビクトリア朝時代にはとくに好まれ、柔らかいルバーブを育てるために専用の鉢をかぶせ、日が当た

〜 利用法 〜

利用部位 葉柄　**味と香り** 酸味

🍴 ジャムにしてパイやケーキなどの菓子づくりに用い、カレーや煮物に深みを出す隠し味として使う。ジャムのシロップを炭酸水などで割り、冷たい飲み物にも活用する。そのまま切って煮物にくわえてもおいしく食べられる。砂糖漬けにするほか、生の茎を薄くスライスして砂糖をまぶし、フルーツサラダにする。

🏠 浸出液やもんだ葉は真鍮や銅製品を磨くのに使う。葉と根は染色に利用。

成分	タンニン、ラポンテシン、アロエエモジン、アントラキノン誘導体、食物繊維、アントシアニン、カリウム
作用	整腸作用、抗酸化作用
効能	便秘を解消し、動脈硬化を予防するとされる。

注意
・葉にはシュウ酸が含まれているので食用にしない。葉柄を一度にたくさん食べると便が軟らかくなるので注意。
・妊娠中は多量の摂取を避ける。

バラ科

レディスマントル
lady's mantle

別　名：アルケミラ　セイヨウハゴロモグサ
学　名：*Alchemilla vulgaris* L.
原産地：ヨーロッパ　アフリカ、インドなどの山地
気候型：高地気候

属名*Alchemilla*はアラビア語の名前alkemelychにちなみ、錬金術（alchemy）に由来するという。種小名*vulgaris*は「普通の」という意味。

特徴・形態
女性のためのハーブといわれ、魔力があるとされてきた。高さは40〜50cmの多年草。葉柄の長い根出葉は浅く裂けたハート形で、軟毛が密に生える。6月ごろ花茎を伸ばして黄緑色の小花を散房花序に咲かせる。

歴史・エピソード
レディスマントルの葉はハスと同じく、朝露などを集める雫が不思議な魔力を秘めていると考えられていた。アラビア人がヨーロッパに伝えた錬金術の夢である、非金属から金や銀をつくり出すことと、不老長寿の薬をつくるために、この葉の雫が使われたという。中世には若さを保つ効果があるとして、女性特有の症状に処方され、「女たちのよき友」と呼ばれた。また、葉の雫を飲むと流産を防ぐともされていた。16世紀ドイツの植物学者ヒエロニムス・ボックは『植物の歴史』の中で、葉の形がマントに似ていることとその神聖さを考えあわせ、レディスマントル（聖母マリアのマント）と名づけたといわれる。また、葉の形がライオンの足型に似ていることに由来して、レオン・ポディウム（ライオンの足）というラテン名もある。17世紀イギリスのカルペパー（P278参照）の『カルペパー　ハーブ事典』に、傷薬としては極めて有用で、比類のない創傷治癒ハーブと記載されている。

栽　培
夏の蒸れに弱いので、冷涼な気候で育つ。風通しと水はけをよくする。種まきか株分けでふやす。

---〜 利用法 〜---

利用部位 全草　**味と香り** 苦味

女性の不調を整える働きがあり、産後の回復にも役立つ。口内炎や歯茎の出血などの口内症状にも用いられる。老化防止や、動脈硬化などの生活習慣病にも役立つといわれている。

葉の浸剤をローションとしてオイリー肌やドライ肌、美肌づくりに使う。湿布薬としても利用する。

アレンジメント、リース、花束に利用する。葉を煮出して染料として使う。

成分………没食子酸、クロロゲン酸、アグリモニン
作用………通経作用、収斂作用、整腸作用、止血作用
効能………生理不順など女性特有の症状の改善、下痢などに効果があるとされる。傷、できものなどの炎症に外用としても用いる。
注意
・妊娠中は使用を避ける。

クマツヅラ科

レモンバーベナ
lemon verbena

別　名：コウスイボク（香水木）　ベルベーヌ　ボウシュウボク
学　名：*Aloysia citriodora* Palau
原産地：アルゼンチン　チリの温帯地域
気候型：西岸海洋性気候

属名*Aloysia*はスペイン国王カルロス4世の王妃マリア・ルイサの名にちなむ。種小名*citriodora*は「レモンの香りがする」という意味。

してさかんに栽培されていた。牧野富太郎（P191参照）著『牧野新日本植物図鑑』には、明治時代にコレラが流行したとき「防臭木（ボウシュウボク）」と名づけられ、コレラを防ぐとして売り出されたことが記載されている。

栽　培
寒さにやや弱いので、わらなどでマルチングし、寒冷地では屋内に取り込む。冬に落葉して越冬する。

特徴・形態
別名「香水木（コウスイボク）」と呼ばれるほど香りがよい。高さ90〜120cmの半耐寒性低木で、原産地では300cmになる。葉はざらざらした感触で明るい緑色の披針形（ひしんけい）で輪生につく。初夏〜夏に、白色または薄紫色の小さな花をつける。

歴史・エピソード
古代ペルーの人たちは標高が高いアンデス山地の環境に適応するため、レモンバーベナのティーを常飲していた。長生きの村として知られるエクアドルのビルカバンバの村人が、愛飲していたのもこのティー。1784年にスペイン人によって南米チリからヨーロッパへ広められ、指を洗うフィンガーボウルの水に香りをつけるために利用された。日本では大正初期に観賞用と

〜 利 用 法 〜

利用部位　葉
味と香り　爽やかでキリッとしたレモンのような香り

菓子、ゼリー、ケーキ、アイスクリームなどのデザートに香りづけとして使われる。刻んだ葉は鶏肉、白身魚の風味づけに用いる。春〜夏の若葉はサラダに少量トッピングして香りを楽しむ。秋以降の葉は硬く味はほとんどないので生食には向かない。

イライラするときや緊張したときに飲むと、鎮静作用で張り詰めた緊張を緩和するとされる。秋以降の葉は芳香が強くなるので香りのよいお茶が抽出できる。

香水、せっけん、化粧品の香料として広く使われる。

ポプリとしてサシェやクッション、枕などに入れたり、インクや紙の香りづけに使う。キャンドルワックスを溶かした中に入れて香りづけもできる。

成分………フラボノイド
精油成分…ゲラニアール、ネラール、α-ピネン、ツジョン、シトロネラール、リモネン、1,8-シネオール
作用………抗炎症作用、鎮静作用、鎮痛作用、抗菌作用、解熱作用
効能………気分をリラックスさせ疲労回復に役立つ。気管支炎、鼻づまりや頭痛を緩和するほか、消化を助け、鼓腸（こちょう）、胃痙攣（いけいれん）、吐き気などの症状を和らげる。
注意
・妊娠中は慎重に使用すること。・長期間の服用は注意。

イネ科

レモングラス
lemon grass

別　名	西インドレモングラス　レモンガヤ
学　名	*Cymbopogon citratus* (DC.) Stapf
原産地	インド
気候型	熱帯気候

属名*Cymbopogon*は小穂の形態からギリシア語のkymbe「小舟」+ pogon「ひげ」に由来する。種小名*citratus*は「レモンのような」という意味。

特徴・形態
エスニック料理に欠かせないハーブで、虫よけにも役立つ。高さ80〜120cmの非耐寒性多年草。細長く頑丈な葉が株元から密生して、もむとレモンの香りがする。熱帯性植物なので、花は日本では沖縄以外ではほとんど咲かない。葉だけでなく、茎の株元を収穫する。15cmほど残して切り戻すともう一度収穫できる。

歴史・エピソード
インドの伝統的な医学で、古くから感染症と熱病に使われてきた。ブータンでは竜神がレモングラスをくわえているという神話があり、古くから大切に栽培されてきた。中国では香茅（コウガヤ）と呼ばれ、全草が下痢、頭痛、喉の痛み、はしかなどの治療に使われている。レモングラスの近縁種には赤い茎をした東インドレモングラス（*Cymbopogon flexuosus*）があるが、日本では

地際で切り取った茎下部に最も強い香りがある。

おもに西インドレモングラスが栽培されている。ただし沖縄地方には東インドレモングラスが多い。日本には1914（大正3）年、大谷光端（おおたにこうずい）（P278参照）が六甲山腹の温室に栽培したのが、日本初の栽培とされる。

栽　培
株分けでふやし、乾燥させないように育てる。熱帯の植物なので、冬は屋内に入れて管理する。

〜 利用法 〜

利用部位　地上部
味と香り　レモンに似た爽やかな香り

🍴 エスニック料理に欠かせないハーブの代表で、世界三大スープといわれるトムヤムクンに利用する。ソースやゼリーや煮込み料理の香りづけ、肉料理や魚料理の臭み消しに幅広く用いる。若葉を揚げると爽やかな芳香が得られ、乾燥葉はカレー料理にくわえる。香りのある茎に肉や魚のミンチをつくね状にはりつけ、蒸したり揚げて香り豊かで素朴な味を楽しむ。

☕ 爽やかなレモンの香りのティーは、気分をリフレッシュする。

💆 精油は化粧品、香水、洗剤、せっけんの香料に使われる。体臭や汗臭さを除くデオドラント作用があるとされる。

🏠 リースやポプリに活用する。パン皿やカゴ、しめ縄などにも利用。虫を忌避する効果があり、虫よけや消臭芳香剤として使われる。染色に利用する。

精油成分	ゲラニアール、ネラール、シトロネラール、ゲラニオール、β-ミルセン、リナロール
作用	鎮静作用、血行促進作用、殺菌作用、抗真菌作用、消毒作用、駆風（くふう）作用、抗菌作用
効能	気分をリフレッシュして疲労回復に役立つ。肩こり、筋肉痛、冷え性などに効果があり、おなかのガスを排出して消化を助け、食欲を促す。感染症に効果的。
注意	・妊娠中は使用を控える。

シトロネラグラス
citronella grass

学　　名：*Cymbopogon nardus* (L.) Rendle
原産地：スリランカ　インドネシア

レモングラスの仲間で、セイロンタイプとジャワタイプがある。セイロンタイプはフローラルの香調があり、食品のフレーバーなどに活用される。ジャワタイプは収油率が低いもののシトロネラールの含有量が高い。品質が優れているので高級香水に利用され、コウスイガヤと呼ばれる。乾燥させた葉はシトロネラオイルの抽出のために利用し、食用には適さない。芳香剤、消臭、虫よけ効果として利用。

パルマローザ
palmarosa grass

学　　名：*Cymbopogon martini* (Roxb.) W.Watson
原産地：インド

パルマローザの精油の主成分はローズの香りのゲラニオールで、ローズやローズゼラニウムの香調の基剤として用いられる。香水、化粧品、せっけん、タバコの香りづけに使われている。不安を取り除きリフレッシュさせてくれるという。収斂（しゅうれん）作用、抗菌作用などがあるとされる。

注意……妊娠中や授乳中、乳幼児は使用しない。

COLUMN

王妃の伝説を生んだ「ハンガリーウォーター」

　ローズマリーにはリウマチや筋肉痛を改善し、記憶をよみがえらせるなど老化防止の効用があり、「若返りのハーブ」ともいわれている。

　中世ヨーロッパに伝わるのは、ローズマリーを使った「ハンガリーウォーター」。「王妃の水」ともいわれ、晩年に体の麻痺や痛風に悩まされたハンガリー王妃が、修道士から献上されたローズマリーの芳香水を用いたところ、健康と若々しい美貌を取り戻してポーランド王に求婚されたという伝説がある。

　このほかにも数々の伝説を生んだローズマリーには多くの効用があるとされ、いまでもローズマリー精油などを使い、当時の「ハンガリーウォーター」を参考にしたレシピが引き継がれている。

　また「ハンガリーウォーター」は、アルコールを利用した香水の始まりともいわれ、何世紀にもわたるハーブの歴史のなかで、重要な役割を担った。

　ローズマリーをはじめとするハーブは、さらにさまざまな症状や治療を目的とした利用法が研究され続けている。

シソ科

レモンバーム
lemon balm

別　名	メリッサ　コウスイハッカ　セイヨウヤマハッカ
学　名	*Melissa officinalis* L.
原産地	南ヨーロッパ
気候型	地中海性気候

属名*Melissa*はミツバチがこの植物を好むことから「ミツバチ」の意味。種小名*officinalis*は「薬用の、薬効がある」という意味。

特徴・形態
ビーバームと呼ばれ、ミツバチを引き寄せるよい香り。高さ30〜80cmの多年草。葉は幅広い卵形で縁に鋸歯(きょし)があり、軟毛が多くて対生する。初夏〜夏に白い花が茎を取り囲んで咲き、レモンの香りの蜜をもっている。

歴史・エピソード
別名のメリッサはギリシア語でミツバチのこと。ギリシア神話では幼いゼウスをハチミツで育てたのが、クレタ王メリッセウスの娘メリッサといわれる。レモンバームは2000年以上も前に、古代ギリシア人によって蜜源植物として栽培されていた。当時はハチミツが唯一の甘味材料で、レモンバームのハチミツはとくにおいしかったという。ディオスコリデス(P191参照)の『薬物誌』に薬用植物として記載されている。また、植物学者の大プリニウス(P191参照)の『博物誌』の植物編では鎮静作用や鎮痙(ちんけい)作用、瘢痕形成作用が注目され、歯痛、喘息、傷の治療薬として記述されている。11世紀にはイブン・シーナー(P191参照)の『医学典範』(いがくてんぱん)にも「心を明るく陽気にさせ、元気を取り戻す」と記されている。さらにスイス出身の医師で錬金術師のパラケルスス(P280参照)は「若返りの妙薬」や「不老不死の霊薬、万能薬」と呼んだという。世界中に修道院のあるカルメル修道会が、17世紀にレモンバームをベースに数種のハーブをくわえたリキュール「カルメルのメリッサ水」をつくり、広く知られるようになった。

栽　培
生育旺盛なので、花後に刈り込むとまた新葉が出る。種まき、挿し木、株分けでふやす。暑さにやや弱い。

〜 利用法 〜

利用部位 地上部
味と香り シトラス調で爽やかな香り

🍴 若葉をサラダ、ソース類、卵料理、ジュース、ゼリー、ワインなどの香りづけにする。生葉はソースやビネガー、オイルに漬け込む。鶏肉や魚と相性がよく、ペッパーとも合う。

☕ 緊張やイライラを改善するとされ、長生きのハーブティーとも呼ばれる。体を冷やす作用が知られるので、風邪のときは温めて飲むと効果的。消化を助けるので食後におすすめ。

👩 外用として抽出液を、ヘルペス、ただれなどの緩和に用いる。虫さされや虫よけにも役立つ。

🏠 ポプリにして安眠枕などに使う。

成分	タンニン、フラボノイド、苦味成分、ロスマリン酸
精油成分	ゲラニアール、ネラール、シトロネラール、ゲラニオール、β-カリオフィレン、リモネン、ゲルマクレンD、リナロール
作用	鎮静作用、強壮作用、発汗作用、利尿効果、抗ウイルス作用
効能	神経を安定させ、うつ症状や不眠症状の改善に役立つ。血圧を下げ、心拍を正常にする効果があるとされる。風邪の熱を下げ、頭痛、筋肉痛、軽度の胃痛や吐き気を和らげたり、消化を助ける。

アオイ科

ローゼル
roselle

別　名	ロゼリソウ　ローゼルソウ　ハイビスカス
学　名	*Hibiscus sabdariffa* L.
原産地	アフリカ北西部
気候型	熱帯気候

属名 *Hibiscus* はゼニアオイにつけられた古代ギリシアおよびラテン古名。エジプトの美の女神に由来するという説も。種小名 *sabdariffa* の語源は不詳。

特徴・形態
赤く熟した総苞片を用いるローゼルティーが熱帯地域で好まれる。高さは150〜200cmの非耐寒性多年草で、日本では一年草として扱う。葉は楕円形か3深裂で互生。茎と葉柄は暗紫色で、ぬめりがある。短日植物なので、秋に赤みがかったクリーム色の花をつける。萼と苞が肥厚した総苞片を収穫する。

歴史・エピソード
古くからエジプトのナイルの河畔では葉と種子が食用に、茎は繊維に利用されていた。16世紀の奴隷貿易がさかんなころ、世界的に広がり、ヨーロッパでは酸味のある萼が注目されるようになった。日本の南米移民者は梅干しの代わりに、ローゼルの萼を噛んでいたと伝えられる。総苞片を利用したピンク色のティーが「ビサップ」などと呼ばれ、アフリカや中東などで好まれ、近年は日本でも出回っている。現代では、茎は繊維（ローゼルヘンプ）に、種子油は工業用として利用され、その油粕は家畜の飼料になり、捨てるところがない多目的植物「マルチハーブ」とも呼ばれる。日本には20世紀初めごろに入ってきたが、寒さに弱い短日植物なので、開花しても萼や種子の採取は難しく、当時は普及しなかった。

栽　培
繁殖は種まきによる。ただし、沖縄以外での総苞片の収穫は難しい。

〜利用法〜

利用部位　総苞片、花、茎
味と香り　酸味がある

🍴 総苞片はジャムにしてパイなどさまざまなお菓子に利用する。ゼリーやシャーベットなどの冷たいお菓子にも最適。ビネガーに漬けてソースなどに用いると、鮮やかな色を楽しめる。ワインやチャツネなどにも用いる。葉はサラダに利用する。

☕ 含まれているクエン酸やハイビスカス酸などの植物酸やミネラル類が、体内のエネルギー代謝や新陳代謝を高めるといわれる。

成分	クエン酸、リンゴ酸、アミノ酸、ハイビスカス酸、β-カロテン、ビタミンC、デルフィニジン、シアニジン、ミネラル類、ポリフェノール、アミノ酸
作用	利尿作用、血行促進作用
効能	肉体疲労を回復させ、肌荒れやむくみをすっきりさせる効果があるとされる。また、眼精疲労や便秘にも役立つ。

バラ科

ローズ

1867年に作出された品種'ラ・フランス'を境に、その後作出されたものをモダンローズ、それ以前のものをオールドローズと大別している。ハーブとして利用するのは原種を含むオールドローズ。その中からここでは、おもに精油をとるダマスクやケンティフォリア、薬用に使われるガリカと日本原産のハマナス、ローズヒップ（果実）を用いるカニナとルビギノーサ、例外として四季咲き性をもち、多くのモダンローズの交配親になったチャイナを紹介する。

オールドローズ

特徴・形態
オールドローズとは原種や原種に近い、四季咲きの性質をもたないバラが多い。樹形や性質はさまざまだが、一季咲きで花つきがよい。ローズの属名*Rosa*の語源はラテン古名rosaに由来し、ケルト語rhodd「赤」からギリシア語rhodon「ローズ」となったもの。

歴史・エピソード
バラはすでに紀元前の壁画に描かれている。1888年にはイギリスの考古学者がエジプトで、紀元前1世紀ごろの墳墓から5弁のバラ、ロサ・サンクタを発見。古代エジプトの人々はバラを万能薬と考え、ヒポクラテスはあらゆる産婦人科の病気に使うことを奨励した。同じくディオスコリデス（P191参照）は目や耳の病気、頭痛などにバラを処方したとされる。クレオパトラはアントニウスと初めて会ったとき、バラの花弁を厚さ20cmも床に敷き詰めたとか。19世紀前半、フランスのナポレオン1世の妃ジョゼフィーヌはバラの品種を集め、園芸家デュポン（P280参照）が人工交配による品種づくりに挑戦。そのころ中国から四季咲き性のチャイナローズがイギリスに入り、バラの一大革命が起こる。1867年に最初のハイブリッドティー'ラ・フランス'が誕生。これを境に、以前のグループをオールドローズ、それ以後のものをモダンローズと、1966年に全米バラ協会が承認した。モダンローズは魅惑的な品種が多く作出されたものの、香りを失う傾向に対し最近では香りのよいオールドローズが再評価され、精油生産のために栽培されている。その代表的なバラがダマスクやケンティフォリア、ガリカなど。日本には以前からノイバラ（野茨）が自生していて、平安時代の『古今和歌集』や『源氏物語』などに、中国から入ったチャイナローズが「そうび」と書かれている。

栽培 ハダニやカイガラムシがつきやすいので風通しをよくする。

～ 利用法 ～

利用部位 果実、花
味と香り 甘く繊細な香りでやや苦味がある

🍴 花でジャムをつくり、菓子や料理にアレンジできる。生でゼリーやサラダなどの飾りにも活用する。

☕ 花のティーは喉の痛み、鼻や気管支の炎症、消化器系の不調や下痢などに効果的。美肌効果があり、便秘の緩和にも役立つ。

👩 軟膏は冬のひびやあかぎれなどに効果的。収斂性があり、肌のタイプを問わず美肌効果があり基礎化粧品の原料として、香料としてもよく使われる。美容効果が高いとされ、生の花びらをアルコールに漬け込んでチンキ剤にしたり、精油は化粧水やクリーム、リップバームなど幅広く活用できる。ハーブバスとしてもリラックス効果を楽しめる。

🏠 リース、ポプリに使われる。

成分………花：タンニン、フラボノイド、ロスマリン酸　果実：ビタミンC、B、E、K、アントシアニン、アントシアン
精油成分…シトロネロール、フェニルエチルアルコール、ゲラニオール、ネロール、リナロール、ファルネソール、α-ダマスコン、ダマセノン
作用………緩下作用、強壮作用、鎮静作用、抗うつ作用
効能………神経の緊張を和らげ、生理を正常化し、生殖器系の不調の治療などに有用とされる。

ダマスクローズ
Damask rose

別　　名：ロサ・ダマスケナ
学　　名：*Rosa* × *damascena* Herrm.
原産地：ヨーロッパ
気候型：西岸海洋性気候

高さ2mくらいになる半落葉性低木。枝に頑丈で曲がったトゲと強い剛毛がある。葉はやや細長くグレーの毛で覆われる。花色は明るいピンクが中心だが、純白もある。半八重から八重咲きの房咲き。ダマスク香と呼ばれる濃厚な甘い香りが特徴で、香料づくりには欠かせないバラ。半つる状に散開し、緩やかなアーチをつくる。荒い枝ぶりで、花つきも一般的に少ない。種小名*damascena*は小アジアのダマスカス（シリアの首都）のことで、ペルシア地方で広く栽培されている。日本では秋に数輪返り咲く。

ケンティフォリアローズ
cabbage rose

別　　名：キャベジローズ　センティフォリアローズ
学　　名：*Rosa centifolia* L.
作出地：オランダとされる

ダマスクローズの系統とアルバローズの交雑とされる。花径6.5cmほどのカップ咲きの花にダマスクの香りがある。種小名*centifolia*が「花弁の多い」というように、キャベツのように丸く重なり合う花弁からキャベジローズとも呼ばれる。ポンポン咲きやロゼット咲きなど、ボリュームのある花から精油が多くとれる。

小さなトゲが密集し、花柄は花の重さで湾曲する。枝の伸びは2.5mほど、樹形はシュラブ形（半つる性）で自立ぎみにまとまる。

ガリカローズ
French rose

別　　名：レッドローズ　フレンチローズ　アポテカリーローズ
学　　名：*Rosa gallica* L.
原産地：フランス

紀元前から栽培されていたといわれ、オールドローズの中で最も古い系統。種小名*gallica*はフランスに土着するケルト民族ガリアに由来する。

中南部ヨーロッパと西アジアの原種による自然交雑で誕生。樹高1m以上になり、藪のように茂るブッシュ形かシュラブ形でトゲが少ない。中輪の花は半八重咲きで香りが弱い。赤色の花から、赤（ルブラ）を意味する「ロサ・ルブラ」の別名もある。葉は濃緑で葉脈がはっきりしている。明るい赤色の実は丸みを帯びて大きい。古代ローマ時代には香料用として栽培され、古くから薬用や美容に使われた。ジャム、シロップ、菓子、リキュールの香りづけにも利用。

バラ科

ローズ

チャイナローズ
China rose

別　名：コウシンバラ（庚申薔薇）ロサ・キネンシス
学　名：*Rosa chinensis* Jacq.
原産地：中国

中国原産のバラで、原種の中で唯一四季咲き性をもっている。18〜19世紀にヨーロッパへ渡って、バラの世界に四季咲き性をもたらした。高さ80〜200cmで半直立。ほっそりしなやかな枝ぶりでコンパクト。果実は1〜2cmで小さい。4月下旬〜11月下旬まで、花径5〜7cmで深紅や白色の花が咲く。花と果実は伝統的な中国の生薬となる。

ハマナス rugosa rose

別　名：ハマナシ（浜梨）ロサ・ルゴサ
学　名：*Rosa rugosa* Thunb.
原産地：日本（北海道に多い）東アジア
気候型：大陸東岸気候

種小名 *rugosa* は「縮んだ、しわのある」という意味。

特徴・形態
高さ100〜150cm。5〜8月に濃いピンクで花芯は黄色の5弁花を咲かせ、白花や八重咲きの栽培品種もある。枝は直立分枝して、細かいトゲが密生する。葉は羽状複葉で葉脈が深く刻まれ光沢がある。8〜9月になる大きな果実は天地のつぶれた球形。

歴史・エピソード
日本北部の海岸に自生する落葉低木で、北海道のほか太平洋側では茨城県以北、日本海側では鳥取県以北に見られる。海外では朝鮮半島の北部、ロシアの沿海州、サハリン、カムチャツカ半島にも分布。ハマナシという別名の由来は、秋に赤く熟す実が甘酸っぱく、食感がナシに似ていることから「浜梨」、転訛して「浜茄子」と呼ばれるようになったといわれる。地方によっては、この果実をお盆に仏前に供えるところもある。アイヌ語ではハマナスを「マウニ」といい、これは北海道の馬追沼近くに群生していたことからついた名前といわれる。

〜 利用法 〜

利用部位　花、果実
味と香り　花は甘い香り、果実には酸味

 花弁はエディブルフラワーとして、ジャムや花酒に使う。果実は果実酒に利用できる。

 花や果実をティーにする。

根はタンニンを多く含み、秋田の黄八丈などの染料に利用されている。

成分………リコピン、カルシウム、鉄分、ビタミンE、β-カロテン
精油成分…α-シトラール、2-フェニルエチルアルコール、β シトロネロール、ゲラニオール、シトロネロールアセテート、ヘキシルアセテート、α-ピネン、β-ミルセン
作用………抗酸化作用、収斂作用
効能………下痢や生理不順には乾燥させた花弁に熱湯を注ぎ飲用する。女性のホルモンバランスを整える作用がある。果実にはビタミンCが多く、疲労回復、暑気あたり、低血圧、不眠症に有効。

注意
・果実の中にある刺激性の毛が生えている種子は取り除く。

ロサ・カニナ
dogrose

別　名	セイヨウノイバラ　ドッグローズ
学　名	*Rosa canina* L.
原産地	ヨーロッパ　西アジア　北アメリカ
気候型	西岸海洋性気候

種小名*canina*は「イヌの」という意味。

特徴・形態
白からピンクの一重の花は径約4cm。ヨーロッパで一般的なバラでとても丈夫、接ぎ木の台木として使われる。やや縦長球形で光沢のある果実を多くつける。

歴史・エピソード
ローズヒップはノバラの果実だが、代表的なものがロサ・カニナとロサ・ルビギノーサ（ロサ・エグランテリア）の果実。真っ赤な実の中に毛で覆われた種子が入っている。ドッグローズという別名の由来は、この実が犬の眼病や狂犬病に効くと信じられたこと、剣を意味するダックから、どこにでもある植物につけられる「イヌ」のことなどと諸説ある。ジェラード（P279参照）は「熟した実はおいしい果肉がついているので、宴会などではこの実でタルトがつくられる」と記している。第2次大戦中の物資のないころのイギリスでは、ローズヒップのシロップが子どもたちの楽しみだった。当時のイギリス保健省はボランティアによるローズヒップの実の採取を行い、シロップにして子どもたちにビタミンCの補給源として配っていた。

～利用法～

利用部位 果実　**味と香り** 酸味がある

 乾燥した果実を酒や酢などに漬け込むと万能に利用できる。ジャムにするなど、軟らかくしてクッキーやケーキ類に混ぜ込み、肉料理などのソースにも使う。

ビタミンCの補給、便秘にも穏やかに作用する。

ローズヒップ油には、リノール酸やリノレイン酸が含まれる。日焼けのあとのシミの改善、肌の衰えの回復。とくに目じりの小じわやシミ、ソバカスなどのスキンケアに役立つ。

成分	リコピン、β-カロテン、エラグ酸、フェルラ酸、カフェ酸、ケルセチン、ビタミンC
精油成分	シトロネロール、ゲラニオール、ネロール、ファルネソール、オイゲノール、リナロール
作用	鎮静作用、収斂作用、消炎作用、抗菌作用、去痰作用、抗うつ作用、通経作用、子宮強壮作用
効能	女性ホルモンのバランスを整え、生理痛・生理不順の症状の改善のほか、神経の緊張とストレスを和らげる。

ロサ・ルビギノーサ
sweet brier

別　名	スイートブライアー　ロサ・エグランテリア
学　名	*Rosa rubiginosa* L.

高さ2〜3mで枝に鋭いトゲが多いが、強健で育てやすい。直径3〜5cm、薄いピンクで一重の平咲きの花をたくさんつけ、暗緑色の葉や花はリンゴのような香りがする。実は卵形。ハーブティー、ジャムに使う。ロサ・エグランテリアの名で、シェークスピアの『真夏の夜の夢』に登場する有名な「オーベロンの堤」にハニーサックルとともに甘い香りの天蓋をつくると書かれている。

シソ科

ローズマリー
rosemary

別　名：マンネンロウ（万年朗）　迷迭香（メイテッコウ）
学　名：*Rosmarinus officinalis* L.
原産地：地中海沿岸
気候型：地中海性気候

属名*Rosmarinus*はラテン語の「海の雫」に由来する。種小名*officinalis*は「薬用の、薬効のある」という意味。

特徴・形態
爽やかな香りはリフレッシュとリラックス効果が高く、料理から美容まで幅広く利用される。高さ60〜120cmの半耐寒性常緑小低木。小さく線形の葉は光沢があり、よく分岐する枝に対生。秋〜春に何度も青や白やピンクの小さな唇形（しんけい）の花を多数咲かせる。立性、匍匐（ほふく）性、半匍匐性の品種があるが、花色や樹形が違っても皆同じ種類。

歴史・エピソード
ローズマリーは医学で使用された最も古い植物のひとつ。古代エジプトでは墳墓の中から発見され、古代ギリシアやローマ時代から優れた薬効があると知られていた。記憶力を高め、頭脳を明晰にし、若さを保って老化を防ぐ植物と信じられ、多くの本草書に記録されている。中世のフランスの病院では、伝染病予防のためジュニパーとともに焚かれていた。14世紀、イギリスで疫病が流行した際には、イングランド王エドワード3世に嫁いだ娘の身を案じてその母がローズマリーの枝を送ったという。ローズマリーの名は聖母マリアの伝説に由来しているといわれている。聖母マリアがヘロデ王の軍隊に追われ、幼いキリストとエジプトに逃れる途中、青いマントを白い花の咲く灌木に掛けて眠ったところ、朝には花がマリアの清らかさを象徴する青色に変わっていた。そこから「ローズ・オブ・マリー（マリアのバラ）」と呼ぶようになったともいう。常緑で香りがいつまでも残ることから、中世では不変の愛と忠誠のシンボルとされ、いまでもヨーロッパでは魔よけのハーブとして、伝統的な祭礼や儀式に使われている。日本では、江戸時代前期〜中期の画家狩野常信（かのう つねのぶ）が、「ろうつまれいな」の名で写生していたことから、江戸中期までには渡来していたと考えられる。

栽培
切り戻しをして風通しをよくし、乾燥気味に育てる。取り木、挿し木でふやす。

マジョルカピンク

学名：*Rosmarinus officinalis* L. 'Majorca Pink'
原産地：地中海沿岸

高さ50～150cm。葉は濃い明るい緑色、枝は弓なりにやや乱れて伸びる立性～半匍匐性。淡いピンクの花を咲かせる。丈夫で育てやすい。

トスカーナブルー

学名：*Rosmarinus officinalis* L. 'Tuscan Blue'
原産地：地中海沿岸

高さ1～2m。立性の代表的な品種。濃い青い花を咲かせる。葉はやや幅広く明るい緑色。香りが強く料理によく使われる。

マコネルズブルー

学名：*Rosmarinus officinalis* L. 'McConnells Blue'
原産地：地中海沿岸

匍匐性で、葉がやや大きめ。涼やかなブルーの花を咲かせる。

～利用法～

利用部位	地上部
味と香り	樟脳（しょうのう）に似た香りでほろ苦く強い風味

臭みの強い肉料理、川魚料理などをはじめ万能に利用できる。カブ、カリフラワー、ジャガイモなどの野菜にもよく合い、ベークドポテトなどが代表的。フォカッチャやピザ、パン、クッキーなどのお菓子に細かく刻んでくわえたり、米に2～3枝くわえて炊き込むと香りのよいハーブライスに。ワインなどに漬け込むハーブ酒やローズマリーシュガーもおすすめ。

たるんだ肌を引き締める働きがあるとされ、化粧水、クリーム、入浴剤などに利用する。ふけや抜け毛を予防するとされ、チンキ剤を利用してシャンプーやリンスにも使われる。

ポプリ、リース、サシェに使う。

成分………タンニン、苦味質、ロスマリン酸、カフェ酸、クロロゲン酸
精油成分…α-ピネン、1,8-シネオール、ボルネオール、α-テルピネオール、カンファー、ベルベノン
作用………収斂作用、鎮痛作用、鎮痙（ちんけい）作用、抗酸化作用、通経作用、鎮静作用
効能………血液の循環をよくし、老化防止、集中力や記憶力の向上に役立つ。筋肉やリウマチなどの痛みを和らげたり、胆汁の排泄を促進するとされる。

注意
・高血圧の人、妊娠中は使用量に注意。

セリ科

ロベイジ
garden lovage

別　名	ラビッジ　ラベージ
学　名	*Levisticum officinale* W.D.J.Koch
原産地	ヨーロッパ南部　地中海沿岸
気候型	地中海性気候

属名*Levisticum*はかつて多く自生していたイタリアのリグリア地方にちなむ。種小名*officinale*は「薬用の」という意味。

子を噛んだ。イギリスや北ヨーロッパへはローマ人がもたらし、中世には薬草として修道院の庭に栽培された。別名ラビッジは「愛（ラブ）」に由来し、ヨーロッパでは愛のお守りであり、惚れ薬としての言い伝えがある。かつてのチェコスロバキアでは、少女がラビッジの葉を詰めた袋を首に下げ、恋人に会いに行ったという。ヨーロッパ南部、とくにイタリアのリグリア地方の特産で、沿岸沿いや山腹に自生する。

栽　培
湿り気のある肥沃な場所に適す。種まき、株分けでふやす。葉を長い間収穫するには、花茎が伸びたら切る。

～利用法～

利用部位　葉、茎、種子
味と香り　葉はセロリに似た風味があり、種子は強い香り

サラダに香味料としてくわえる。長時間熱をくわえても香りがなくならないため、スープやシチューにも利用する。種子はビスケットやパンにくわえて焼いたり、ピクルス、マリネ、ソースの香りづけに、若い茎は砂糖漬けにする。

特徴・形態
ヨーロッパでは茎葉や果実（植物学的には果実だが、種子として扱われる）がさまざまに利用される。高さ1m以上になる多年草。葉はつややかな濃い緑色で多汁質。茎は中空、根出葉は大きな羽状複葉で春の終わりごろ黄緑色の小花を複散形花序に咲かせ、秋に果実をつける。

歴史・エピソード
古くは薬用、料理に使われ、古代ギリシア人はリグスティコンと呼び、消化促進や鼓腸を軽減するために種

成分	タンニン、ガム、クマリン
精油成分	リグスチリド、3-グチリデネフタリド、β-フェルネザン
作用	消化促進作用、整腸作用、利尿作用、去痰作用、通経作用、殺菌作用、鎮静作用
効能	乾燥した葉の浸出液には体を温める効果があるとされ、喉の痛みや風邪のときに用いる。
注意	・妊婦、腎臓病の人は多量の摂取はしない。

バラ科

ワイルドストロベリー
wild strawberry

別　名	エゾヘビイチゴ（蝦夷蛇苺） ヨーロッパクサイチゴ
学　名	*Fragaria vesca* L.
原産地	ヨーロッパ アジア 北米
気候型	寒・冷気候

属名*Fragaria*は、ラテン語fragre「芳香のある」にちなむイチゴのラテン名fragaから、種小名*vesca*は「食べられる」という意味。

特徴・形態
現在、広く流通しているオランダイチゴが登場するまで、おもに食べられていたノイチゴの一種。高さ5〜25cmの常緑多年草。根茎からランナーを伸ばし、2節目から発根する。葉は縁に鋸歯があり、複葉。早春〜夏に花柄を出し、白い5弁花を咲かせて果実をつける。ヘビイチゴとは属が異なる。

歴史・エピソード
キリスト教では正義の象徴とされ、聖母マリアに捧げられた草のひとつ。ヨーロッパでは古くから食用や薬用に使われていた。14世紀フランスでは花を観賞するために栽培されたが、その後、実を採るために栽培するようになった。15世紀にはイギリスでも栽培が始まり、16世紀に入るとワイルドストロベリーのほかにも多くの野生種が栽培されるようになった。いずれも酸味が少なく甘くて香りが強い小粒種。1710年代、チリからフランスに導入されたチリイチゴ（*F. chiloensis*）が現在、店頭に並ぶ大粒種のオランダイチゴの始まり。ドイツのバイエルン

地方では森の妖精が牛の乳の出をよくするという言い伝えがあり、雌牛の角の間にワイルドストロベリーの入ったカゴを結ぶと、妖精が喜んで乳をたくさん出させてくれるという。ラップランド地方ではイチゴ、トナカイのミルクを混ぜ合わせプディングをつくる。日本には北海道に帰化して野生化している。

栽　培
冷涼で日当たりのよい肥沃な場所。種まきまたはランナーを切り取って植えつける。四季咲き性がある。

〜 利用法 〜

利用部位	葉、果実、根
味と香り	葉は番茶の香りに似ている

- ジャム、アイスクリーム、ジュース、サラダ、パイに利用し、リキュールやワインなどのお酒に漬け込んだり、コーディアルの風味づけにする。
- 関節炎やリウマチ、膀胱炎にも役立ち、肥満予防にも用いられる。
- つぶした実を肌にのせると日焼けの炎症を抑え、シミやソバカスを薄くするとされる。乾燥させて浸出液にした葉と根は下痢に用いられ、傷の治療にも使われる。歯石や歯の黄ばみを緩和し、歯や歯茎を強くする働きがあるとされる。葉を煮出した液は脂性肌のアストリンゼントに利用できる。
- グラウンドカバーに利用する。

成分……タンニン、ビタミンB、C、E、糖類、鉄分、カリウム
作用……利尿作用、強壮作用、収斂作用
効能……貧血を改善し、腎臓や肝臓の強化に役立つ。
注意
・生葉には若干の毒性があるが、乾燥する過程で毒素は排出され、完全に乾燥すれば毒素は消える。
・アレルギーを起こすこともあるので注意。

キク科

ワームウッド

ワームウッドはヨモギの仲間で、生命力が強く乾燥した土地でも生育。アブサンやベルモットなどの薬草酒に用いられ、苦味の強いハーブで毒性もある。日本でなじみ深いヨモギはお灸に使われ、ミブヨモギは回虫駆除に貢献した。レモンの香りがするサザンウッドは防虫効果で利用される。同じ仲間でもタラゴンはP129で紹介する。

コモンワームウッド
worm wood

別　　名	ニガヨモギ（苦蓬）アブシント
学　　名	*Artemisia absinthium* L.
原産地	地中海沿岸　中央アジア　ヨーロッパ
気候型	地中海性気候　ステップ気候

属名*Artemisia*はギリシア神話の女神アルテミスに由来する。種小名*absinthium*は「味のない」という意味。

特徴・形態
防虫効果の高いハーブで、毒性がある。高さ40〜100cmの多年草。全体が細毛に覆われ、独特の臭いがある。切れ込みの

あるシルバーグレーの葉は約15cmほどで、羽状複葉で互生。7〜9月に黄色い小さな花を円錐状の総状花序（かじょ）に多数つける。昆虫の少ない砂漠に適応した風媒花で、花粉が風で運ばれやすいように花は下向きに咲き、花弁のないものが多い。

歴史・エピソード
古代ローマ時代から婦人病などに使われた。ハーブの中で最も強い香りと苦味があり、この苦さはエデンの園から追放されたヘビが通ったあとに生えた草だからという伝説がある。聖書の中でも生涯の試練を象徴するものとされていて、あまりよい意味では使われず、キリスト教社会では不吉な草とされていた。中世の疫病が流行した時代にはストローイングハーブ（P279参照）として部屋にまいて疫病を防ぎ、また穀物倉庫につるし、殺虫剤としても使った。香りの強い草には魔力が秘められていると信じられ、イギリスの恋占いにもこの草が用いられた。19世紀末から20世紀初頭にかけてワームウッドの葉を主成分としてつくられたリキュール（アブサン）がフランスで大流行した。ところが、過剰摂取により神経系統全体を侵して幻覚症状を起こし、死に至らしめることさえあったという。1907年にスイスで、1915年にはフランスで製造販売が禁止になった。後の1981年には、WHOが成分のツジョンの許容量を定め、解禁されるようになった。ワームウッドは江戸時代の終わりごろに渡来したとされる。

栽　培
種まきや株分け、挿し木でふやす。高温多湿の時期は刈り込んで風通しをよくする。アレロパシーが強く、周囲の植物の成長を阻害。

〜 利用法 〜

利用部位 全草　**味と香り** 苦味

- 飲料やリキュールなどアブサン風味をつける原料に使われる。
- モスバッグ（防虫用サシェ）などに防虫剤として用いられる。

成分………サントニン、イソクエルシトリン、ケルセチン
精油成分…ツジョン、アナブシン、アブシンチン、アラブシン、アルテメチン
作用………消化促進作用、強壮作用、解熱作用、消毒作用
効能………駆虫や消毒に用いる。
注意…
・多量に使用すると、痙攣（けいれん）、不安感、吐き気など起こす場合があるので、多量の使用はしない。
・妊娠中や授乳中、子どもは使用しない。

ヨモギ
Japanese mugwort

別　名：モチグサ（餅草）　ヤイトグサ（灸草）　カズザキヨモギ
学　名：*Artemisia indica* Willd. var. *maximowiczii* (Nakai) H.Hara
原産地：日本（本州の近畿以北）
気候型：大陸東岸気候

種小名*indica*は「インドの」という意味、変種名*maximowiczii*はロシアの植物学者マキシモヴィッチ（Maximowicz／P281参照）に由来する。

特徴・形態
日本でなじみ深いハーブで、高さ50〜100cmの多年草。全国各地の野原や道端に群生する。葉の表面は緑色で裏面は綿毛を密生して灰白色に見え、羽状に切れ込む。秋には目立たない花を穂状に開花。

歴史・エピソード
日本全国に自生し、平安時代から薬草として使われていた。アイヌ民族は「カムイノヤ（神の揉み草）」と呼び、葉や茎で体をはらって清めたり、ヨモギ人形を飾って疫病を追い払う儀式に用いていた。若芽を餅に入れるので「モチグサ」、お灸に用いるので「ヤイトグサ」ともいい、乾燥した葉を粉砕し、白い綿毛を集めたものが「もぐさ」。邪気をはらい、長寿をかなえる薬草と信じられ、3月3日の節句に蓬餅を食べたり、端午の節句にショウブと一緒に軒下につるす習慣もある。

〜 利用法 〜
利用部位　葉　味と香り　苦味

若芽や新芽をゆでて、水にさらしてあくを抜き、おひたしやゴマあえ、汁の実にする。ゆでて細かく刻んで餅につき込んだ蓬餅や、蓬飯や天ぷらなどに。

韓国では瘀血（おけつ）をなくし、脂肪代謝を促進するお茶として飲まれる。

乾燥させた葉を煎じた液に浸した湿布を、湿疹やあせもに使う。止血には生葉をつぶした汁を患部に塗る。生葉や乾燥葉の薬草風呂は、温浴効果があり肌荒れ、冷え性、腰痛、痔に効果がある。

優しい緑の色合いに染められる。

成分	ビタミンB$_1$、B$_2$、C、D、β-カロテン、クロロフィル、ミネラル類
精油成分	1,8-シネオール、ツジョン、β-カリオフィレン、ボルネオール、カンファー
作用	鎮静作用、鎮痛作用、消化促進作用、抗菌作用、抗酸化作用、強壮作用、止血作用、殺菌作用、免疫強化作用
効能	胃腸の働きを強めて食欲不振や消化不良、不眠症の改善に役立つ。豊富な食物繊維は便秘の解消や有害物質を体外に排出するとされ、皮膚疾患ややけどなどの回復に役立つ。

注意
・子どもの使用は注意。・キク科アレルギーの人は注意。
生薬
艾葉（ガイヨウ）：6〜7月ごろ採取した葉を天日干ししたもの。湿疹、止血、歯痛、健胃、下痢に効果的。

ミブヨモギ

学名：*Artemisia maritima* L.
原産地：ヨーロッパ

高さ50〜100cmの多年草。葉の全体が羽状に切れ込んで表面は緑白色で裏は白色。日本には1929年に輸入され、京都の壬生で栽培されたことからミブヨモギと呼ばれる。第二次世界大戦後に大いに利用された回虫駆除薬の主要成分サントニンを含有して、各地で生産栽培された。

サザンウッド

学名：*Artemisia abrotanum* L.
原産地：西アジア〜ヨーロッパ東南

高さ80〜100cmの多年草。日当たりがよく水はけのよい場所を好む。葉は羽状に切れ込んで灰緑色。夏に小さな黄色い花を咲かせるが、寒いと咲かない。茎と葉に樟脳のような甘く強い香りがあり防虫効果に利用する。虫を寄せつけにくいのでコンパニオンプランツとしても役立つ。

アブラナ科

ワサビ
wasabi

学　名	*Eutrema japonicum* (Miq.) Koidz.
原産地	日本
気候型	大陸東岸気候

属名*Eutrema*はeu「よい」+trema「穴」の合成語。果実の凹凸を示すという。種小名*japonicum*は「日本の」という意味。

特徴・形態

日本を代表するハーブで爽やかな辛さは世界中から注目され、抗菌力に優れている。高さ約40cmの多年草。根出葉は30cmになる長い葉柄をつけ、ハート形で光沢のある深緑色。花茎は直立し、4弁の白い小さな花を咲かせる。円柱状に肥大する根茎が食用に利用される。栽培の方法で渓流や湧水で育てる水ワサビ（谷ワサビ、沢ワサビ）と、畑で育てる畑ワサビ（陸ワサビ）がある。

歴史・エピソード

日本原産の食用植物としての歴史は古く、奈良県明日香村の遺跡から出土された木簡に、ワサビなどの名前が記されていた。奈良時代の賦役令（税金を納める方法を記した法律）にも「山葵（ワサビ）」の名が見られ、土地の農産物を年貢として納めていたと推定される。ワサビの名は、辛みが早くくるので「早響（はさび）」、葉の形から「早生葵（わせあおい）」など諸説ある。平安時代に書かれた『本草和名（ほんぞうわみょう）』（P281参照）では「山葵」「和佐比」として記され、平安末期の漢和辞書『類聚名義抄（るいじゅみょうぎしょう）』では「山薑」の漢字が当てられている。文政年間に江戸の寿司屋「与兵衛」がワサビを挟んだコハダの握り寿司を売り出し、それが江戸っ子の好みに合って握り寿司の流行につながったといわれる。

栽培

生育適温は10～17℃、水温10℃以上で育てる。水ワサビの場合、湧水が最もよい。畑ワサビは日射を避けるため日よけをして広葉樹林や針葉樹林の湿り気の多い場所で育てる。株分けでふやす。

～利用法～

利用部位	葉、花、根茎
味と香り	ツンとした香りと辛味

花、葉はおひたし、あえ物、漬物、料理の彩りなどに、根茎は香辛料として使う。市販されている粉ワサビ、練ワサビの原料はワサビダイコンのホースラディッシュがおもに使われている。ワサビやホースラディッシュの辛味成分はカラシ油配糖体のシニグリンで、すりおろすと水分と酵素の作用により加水分解され、強い刺激性のアリルイソチオシアネートを生じ、辛さと香りを発揮する。

品質保持剤、エアコンや冷蔵庫の抗菌、抗かび剤に使われる。

- 成分………シニグリン、スフィニル、カリウム
- 精油成分…3-ブテノニトリル、2-ヘキセン-1-オール、7-メチルチオヘプタノニトリル
- 作用………抗菌作用、抗酸化作用、食欲増進作用、消化促進作用、抗血栓作用、殺菌作用、解毒作用
- 効能………高血圧を予防し、血行をよくする。腸菌ビブリオやO-157、サルモネラ菌に対して有効とされ、ピロリ菌に対する抗菌性が確認されている。
- 生薬………
山葵根（サンキコン）：秋から春に収穫した根茎。食欲増進、下痢止め、健胃、鎮痛に効果的。

そのほかのハーブ

アイブライト

ゴマノハグサ（ハマウツボ）科

学名：*Euphrasia officinalis* L.
原産地：ヨーロッパ

高さ30cmの一年草。山地の草原などで宿主植物の根に取りつき、栄養分を吸収して生育する。さまざまな自然環境に耐えるが、栽培は難しい。夏から秋にかけて咲かせる小ぶりの花は、中心が黄色で白い花びらに紫色の筋が入っている。アイ（eye：目）＋ブライト（bright：輝く）という名のとおり、目の疲れやトラブルによいといわれる。地上部は苦味やクセがあるものの、ティー、チンキ剤、温湿布に使われる。別名セイヨウコゴメグサ。おもな成分にアウクビン、ケルセチン、アピゲニン、タンニンなど。

イランイランノキ

バンレイシ科

別名：イランイラン
学名：*Cananga odorata* (Lam.) Hook.f. & Thomson
原産地：フィリピン マダガスカル コモロ諸島

名前はタガログ語に由来し「花の中の花」という意味。花から生成された精油は高級な香水の原料になる。平均的な樹高は約12mだが、25mにも成長する常緑高木。葉は10～20cmの長卵形で光沢がある。葉腋から垂れ下がる花は、黄緑色あるいは淡紅色の花弁が縮れている。熱帯性の樹木なので栽培適温は20℃以上、冬越しには8～10℃が必要なので温室で栽培する。成分にゲルマクレンDやリナロール、ゲラニオールなどが含まれ、イライラ、不眠、神経過敏、極度の不安があるときにアロマセラピーのオイルとして心と体に作用する。

アルカネット

ムラサキ科

別名：アルカンナ／学名：*Alkanna tinctoria* (L.) Tausch
原産地：ヨーロッパ南西部

赤系の染料として古くから利用され、乾燥させるとジャコウの香りがする葉は、ポプリに利用される。高さ30～80cmになる多年草。古代エジプトでは根から抽出した色素を口紅や頬紅などの化粧品に、また織物の染料としても利用されていた。根からとれる桃褐色や赤色色素は水に溶けない性質である。日当たりや明るい日陰で乾燥気味のアルカリ性の土壌を好む。春と秋に種まきする。おもな成分はアルカニン。
注意……肝臓に有害な物質を含んでいるので、近年は食用禁止。

カラミント

シソ科

学名：*Clinopodium menthifolium* subsp. *ascendens* (Jord.) Govaerts
原産地：ヨーロッパ

初夏から秋に、白に近い薄紫の小さな花を次々と咲かせる多年草。爽やかなミントに似た香りがある。古くは強心剤として利用されたが、いまではティーで利用したり、少量を肉や魚の香りづけに使う。

ワイルドバジル
（クッションカラミント）

学名：*Clinopodium vulgare* L.

初夏から秋にピンクの小さい花を次々と咲かせる多年草。

そのほかのハーブ

セリ科
ゴツコーラ

学名：*Centella asiatica* (L.) Urb.
原産地：インド　東南アジア

和名はツボクサ。日本を含むアジアからアフリカ、アメリカなどに広く分布。アーユルヴェーダでは「最も重要な若返りのハーブ」といわれるほか、神秘的植物として瞑想用の薫香に利用されてきた。16世紀、中国の薬学書『本草綱目』（P281参照）に雪積草の名前で鎮痛作用や精神安定作用のある野草として紹介されている。

イネ科
ベチバー

学名：*Chrysopogon zizanioides* (L.) Roberty
原産地：インド　スリランカ　インドネシア

インド原産の多年草。根が深く広く張るので斜面の土留めとして植えられた。乾燥させた根茎を水蒸気蒸留して得られる精油は、土のようなスモーキーな落ち着いた香りで、香水やせっけんなどの香りづけとして使われる。心を安定させ、不眠など体の不調を改善、筋肉痛や関節炎に効果的。根はポプリに混ぜて保留剤としても使用し、ゴキブリよけにも。おもな成分はベチロール、ベチボン、フルフラール、β-カリオフィレンなど。

ツツジ科
ヒース

学名：*Erica vulgaris*／原産地：ヨーロッパ　アフリカ

ヒースといえば一般にエリカ属の総称。ヨーロッパ原産の耐寒性常緑低木が18種、南アフリカに半耐寒性の600種が分布する。酸性の土壌を好み、イギリスの小説『嵐が丘』で知られるように荒野を埋めつくして春に咲く。アルブチンを豊富に含む花は美肌や美白効果があるとされ、パックやローションに利用される。また、利尿作用や殺菌作用があるので、泌尿器系の感染症や尿路結石の予防にティーを用いる。

ムラサキ科
ヘリオトロープ

学名：*Heliotropium arborescens* L.／原産地：ペルー

高さ50～150cmの常緑低木。キダチルリソウ（木立瑠璃草）やコウスイソウ（香水草）とも呼ばれる。初夏に咲く花にはバニラに似た芳香があり、精油は香水の原料になる。また、原産地ペルーではインカの時代からフレッシュな全草を解熱剤として利用してきた。18世紀半ばにヨーロッパへ紹介され、日本には明治時代中ごろに観賞用として渡来。日本に初めて入った香水といわれ、夏目漱石の小説『三四郎』にも登場する。

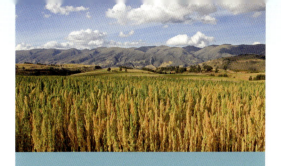

スーパーフード

近年、アメリカを中心に注目されているスーパーフードとは、栄養価に優れながらカロリーが低く、抗酸化作用がありアンチエイジングや生活習慣病の予防によいとされる食品群。単に栄養面が優れているだけでなく、特定の成分の含有量が極めて多いなど、少し摂取するだけで健康に効果があるという意味から、スーパーフードと呼ばれている。これまで世界的に知られていなかった南米原産の植物が多く、食べ物とサプリメントの中間的なものとして料理に使え、また健康食品としてとることもできる。カカオやクコなど、従来からハーブとして利用されてきたものも、改めて注目されている。

アサイー
assai palm

学名：*Euterpe oleracea* Mart.
原産地：ブラジル北部　アマゾン川流域

ヤシ科。高さ20〜30m。アマゾン先住民が食していた青紫色で丸い果実は、栄養価がとても高い。赤道直下の過酷な環境で育つため、生命力が強く抗酸化作用が強い。ポリフェノールが豊富でビタミンB、C、E、カルシウム、鉄分、食物繊維、アミノ酸などを含み、老化防止、疲労回復、便秘、貧血、眼精疲労、骨粗しょう症予防、美肌などに効果があるとされる。酸化が早いので収穫後すぐに加工される。

アセロラ *acerola*

学名：*Malpighia emarginata* DC.
原産地：ブラジル北西部　南アフリカ北部　ジャマイカ　インド北西部

キントラノオ科。高さ2〜4mの常緑低木。花は小さく淡紅色、実は径1〜2cm。亜熱帯や熱帯気候で生育するため、日本では沖縄で栽培。5〜8月に収穫される。大量のビタミンCを生成して美白やスキンケアのほか、造血作用により貧血にも役立つ。アントシアニンも多く含まれ、抗酸化作用、動脈硬化や眼精疲労にも効果があるとされる。生の実をジャムなどのデザートに用いる。

アマランサス
amaranthus

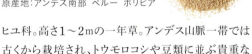

学名：*Amaranthus* spp.
原産地：アンデス南部　ペルー　ボリビア

ヒユ科。高さ1〜2mの一年草。アンデス山脈一帯では古くから栽培され、トウモロコシや豆類に並ぶ貴重な食糧。キヌアとともにスーパーグレイン（驚異の穀物）と呼ばれて栄養が豊富。独特の香りをもち、カルシウム、鉄分、食物繊維を含み、貧血や骨粗しょう症の予防に効果があるとされる。アメリカのNASAが宇宙食として取り入れている。

スーパーフード

カカオ cacao

学名：*Theobroma cacao* L.／原産地：中南米

アオギリ（アオイ）科。高さ5〜10m、幹や枝に直接花が咲いて果実がなる乾生果。気温27℃以上の高温多湿、日陰を好む。カカオポッドと呼ばれる果実（サヤ）の中に30〜40粒入っている種子を発酵、乾燥させてチョコレートをつくる。ポリフェノール、カルシウム、食物繊維、鉄分、ミネラルなどが豊富で、リラックス作用があるとされ、生活習慣病や便秘などに効果的。

カムカム camu camu

学名：*Myrciaria dubia* (Kunth) McVaugh
原産地：ペルーのアマゾン川流域

フトモモ科。高さ約3mの常緑低木。多くは水辺に生育し、4〜6年でつける実が赤紫色に完熟すると落果。古くから先住民は水に落ちた野生種を食べてきた。含有ビタミンCが世界一といわれレモンの50〜60倍。美肌効果が高く、感染症予防にも役立ち、精神的な疲れやイライラを軽減するといわれる。酸味が強いのでパウダーをドリンク、酢の物や漬物に混ぜる。

キヌア quinoa

学名：*Chenopodium quinoa* willd.
原産地：ペルー　ボリビア
　　　　アンデス山脈一帯

アカザ（ヒユ）科。高さ1〜2m。「母なる穀物」と呼ばれ、南米の標高2000m以上の高地で栽培されてきた。独特の香りがある。食物繊維、カルシウム、カリウム、鉄分、植物ホルモンが含まれ、更年期症状や骨粗しょう症の改善に役立ち、貧血、冷え性、ダイエットにも効果的。グルテンフリーで高タンパク質、低カロリーのため注目のスーパーフード。

チア chia

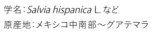

学名：*Salvia hispanica* L. など
原産地：メキシコ中南部〜グアテマラ

シソ科。セージの仲間で、高さ1〜2mの一年草。青色で房状の花が咲く。径1mmほどのチアシードは、トウモロコシと並びマヤやアステカの大切な栄養源だった。食物繊維が多いので便秘や美容にも役立ち、認知症予防などに注目されている。そのままサラダやスープ、納豆やスムージーなどにかける。溶かしてゼリーやドレッシング、クッキーやパンに練り込む。

ヘンプ henp

学名：*Cannabis sativa* L.
原産地：中央アジア　ヒマラヤ

クワ（アサ）科。雌雄異株(しゆういしゆ)の一年草で、雌株にできるアサの果実（種子）がヘンプシード。縄文時代の遺跡から繊維やヘンプシードが発見されている。七味唐辛子に入れたり、ヘンプオイルなどの形でも利用される。タンパク質、ミネラル、不溶性食物繊維を含み、疲労回復、免疫力強化、デトックス作用があって美容にも効果的。熱に弱いので常温で用いる。サラダやお菓子などに混ぜ、ヘンプオイルはそのまま利用。

マカ *maca*

学名：*Lepidium meyenii* Walp.
原産地：ペルー

アブラナ科。標高4000mほどの高地に生育する多年草。生命力がとても強く「アンデスの人参」と称えられ、インカ時代から重要な栄養源だった。カルシウムや鉄分、ビタミンB1やリジン、アルギニンなどの必須アミノ酸が豊富で老化防止、疲労回復、免疫力強化、動脈硬化予防などに作用。男性の生殖機能改善で有名だが、女性の冷え性や更年期障害にも役立つ。パウダーをお茶やスムージーに混ぜる。

マキベリー *maqui*

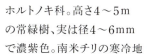

学名：*Aristotelia chilensis*
　　　(Molina) Stuntz
原産地：チリ（パタゴニア）

ホルトノキ科。高さ4〜5mの常緑樹、実は径4〜6mmで濃紫色。南米チリの寒冷地パタゴニアだけに自生する野生種。先住民マプチェ族は「聖なる樹」としてあがめ、果実を発酵させたものを飲んでいた。抗酸化作用が強く、豊富に含まれるアントシアニンは老化防止や炎症を抑える働きに優れ、血糖値上昇の抑制にも役立つ。野生のため高価なスーパーフルーツ。ジュースやジャムやスムージーで。

マテ *mate*

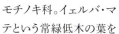

学名：*Ilex paraguariensis*
原産地：アルゼンチン
　　　　パラグアイ　ブラジル

モチノキ科。イェルバ・マテという常緑低木の葉を焙煎した茶色のローストマテ茶と、乾燥させた緑色のグリーンマテ茶の2種類がある。ビタミンB1、B2、ナイアシン、カリウム、鉄分、カルシウム、葉緑素をとくに多く含むことから「飲むサラダ」とも呼ばれ、ダイエット、疲労回復、便秘、ビタミン補給などに効果的で、コーヒーや茶（紅茶、緑茶）と並び世界三大飲料ともいわれる。

モリンガ *moringa*

学名：*Moringa oleifera*
原産地：北インド

ワサビノキ科。高さ5〜10mの常緑ないし落葉高木。花や果実など全木を利用し、インドの伝統医学アーユルヴェーダで重視されている。温室効果ガス（二酸化炭素）をスギの50倍削減するとされ、水の殺菌や殺虫作用でも注目されている。食物繊維、ビタミン類、ミネラル類、ポリフェノール、ギャバを含み、老化防止やストレスなどに役立つ。アフリカの子どもたちの栄養補助食品に認定されている。パウダーをお茶や菓子に混ぜ込む、炒めものなどにも。

ヤーコン *yacón*

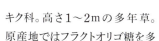

学名：*Smallanthus sonchifolius*
　　　(Poepp. & Endl.) H. Rob
原産地：アンデス山脈一帯

キク科。高さ1〜2mの多年草。原産地ではフラクトオリゴ糖を多く含む塊根を果物のように食し、葉はお茶として飲む。動脈硬化、血管の老化防止、コレステロールや中性脂肪の抑制、血糖値や血圧の低下にも役立つ。生の塊根をサラダや漬物やキンピラ、乾物は揚げ物や煮物に。

ルイボス *rooibos*

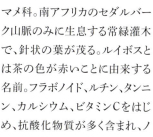

学名：*Aspalathus linearis* (Burm.f.)
　　　R.Dahlgren
原産地：南アフリカ共和国

マメ科。南アフリカのセダルバーク山脈のみに生息する常緑灌木で、針状の葉が茂る。ルイボスとは茶の色が赤いことに由来する名前。フラボノイド、ルチン、タンニン、カルシウム、ビタミンCをはじめ、抗酸化物質が多く含まれ、ノンカフェインで「不老長寿のお茶」と呼ばれる。老化防止、アレルギー症状の改善に役立つとされる。

スーパーフード

ベリー類

ベリーと呼ばれるものでも分類上の科や属はさまざまで、ひとつの仲間ではない。赤色から黒紫色まで美しく色づく果実は、アントシアニンを多く含み抗酸化作用が強く、美容や健康に役立つとして注目されている。傷みやすく保存が困難なので、日本では冷凍が多く出回っているが、多くのベリー類は育てやすいので、自宅で栽培して楽しむことができる。苗木などを入手しやすいベリー類を紹介する。

バラ科キイチゴ属

ラズベリー
raspberry

学名：*Rubus idaeus* L.
原産地：ヨーロッパ　北米

狭義にはヨーロッパキイチゴ、広義には*Idaeobatus*属の総称。フランボワーズの名でも親しまれ、甘酸っぱい味で洋菓子に欠かせない果実。香り成分に脂肪燃焼作用があり、老化防止効果の高いエラグ酸や、アントシアニン、ビタミンCやEなどの抗酸化作用に優れた成分が含まれる。そのためダイエット、美白、眼精疲労の予防、育毛などに効果があるとされる。

ブラックベリー
blackberry

学名：*Rubus* (subgenus) spp.／原産地：ヨーロッパ　北米

ブラックベリーは広義にはキイチゴ属の総称で、匍匐(ほふく)性のデューベリーを含み、狭義にはデューベリーを含まない。ラズベリーと違い、果実が花托(へた)ごと収穫できるのが特徴。更年期障害など女性特有の症状の改善や、葉や根に含まれるタンニンの働きで下痢を予防する作用もあるとされる。とても傷みやすい果実のため、保存や輸送が難しく、冷凍品が多く出回る。

ツツジ科スノキ属

ブルーベリー blueberry

学名：*Vaccinium* spp.
原産地：北米

果実が青紫色をしていることから「ブルーベリー」と呼ばれ、100種以上の品種がある。日本では寒冷地でハイブッシュ系が、暖地ではラビットアイ系が栽培されている。アントシアニンが多く含まれ、視覚機能改善、目の疲労回復、花粉症予防に効果的。また食物繊維が豊富で、便秘の予防、生活習慣病の改善に役立つ。

ビルベリー bilberry

学名：*Vaccinium myrtillus* L.
原産地：北半球の熱帯〜寒帯

ブルーベリーと近縁でセイヨウスノキといい、花は赤く単生で、果実は果肉も赤紫色で、ブルーベリーより小粒。栽培が難しくほとんどが野生種で、北欧の白夜の光から身を守るために蓄えたアントシアニンは、ブルーベリーの3倍ともいわれる。ブルーベリーの仲間では最も視覚機能回復効果が高いというが、酸味が強く生食には向かないため、ジャムやサプリメントなどの加工品に利用される。

クランベリー cranberry

学名：*Vaccinium macrocarpon* Aiton（北米）
　　　Vaccinium oxycoccos L.（ヨーロッパ）

ヨーロッパのツルコケモモと北米のオオミツルコケモモがある。むくみをとり、尿路感染症などの改善、歯周病予防、美肌にも効果的。果実は径1cmほどで、ブルーベリーとともに北米原産三大フルーツのひとつ。酸味が強く生食には向かないため、ジャムやクランベリーソースなどに加工される。

ユキノシタ科スグリ属

グズベリー gooseberry

学名：*Ribes uva-crispa* L.
原産地：ヨーロッパ　西アジア

果実は径1cmほどで透明感のある緑色。和名を酸塊(スグリ)といわれるように酸味が強い。赤紫色に熟すと甘酸っぱく生食もできるが、多くはジャムやジュースに加工される。造血のビタミンとも呼ばれる葉酸が多く、カリウムやビタミンCなども含み、貧血改善、美肌、老化防止、免疫力強化に効果があるとされる。国内ではおもに北海道で栽培。

フサスグリ（レッドカラント）
redcurrant

学名：*Ribes rubrum* L.
原産地：ヨーロッパ

高さ1〜1.5mになる落葉低木。つやのある赤い果実は酸味が強く生食には向かないため、ジャムやジュース、果実酒などに加工する。クエン酸の働きで疲労回復、血液を浄化する効果があるとされる。ビタミンCが豊富でコラーゲンの生成を助け、美肌づくりや、風邪予防にも役立つ。

クロスグリ（カシス） blackcurrant

学名：*Ribes nigrum* L.
原産地：ヨーロッパ

高さ2mの落葉低木で茎葉に強烈な臭いがある。濃紫色で径1cmほどの果実が房状に結実する。やや苦味のある果実はジャムやリキュールなどに利用。カシスアントシアニンは、ほかのベリー類よりも活性酸素除去作用が強く、目の老化や視力低下の改善、β-カロテン、ビタミンC、Eも含まれ末梢血管の血流改善に効果的。

有毒植物

植物の中には、食用となるものや薬用になるものがある一方で、有毒成分をもつものがある。食用や薬用として利用されている植物でも、部位によって毒性があったり、生育時期によって毒性を発揮することもある。あるいは、有毒植物でも用い方によっては重要な薬の原料になるので、薬用植物と有毒植物は単純に区別しにくい。しかし、実際に有毒植物による被害は後を絶たないので、身近に生えているものを知っておきたい。

【取り扱いの注意点】
- 有毒植物は条件によって症状が重篤になり、死亡する恐れがあるので、十分に注意すること。
- 有毒植物はここで取り上げた以外にもあるので、食べられるかどうかわからない植物は食べない。
- ハーブを収穫するときは、ほかの植物が混入しないように注意する。
- 有毒植物は食用植物と区画を分けて植える。
- 有毒植物は子どもやペットが触ることのできない場所で保管する。

アジサイ
学名：*Hydrangea* spp.

【有毒部位】葉
【有毒成分】フェブリフジン
【症状】吐き気、めまい

アセビ
学名：*Pieris japonica* (Thunb.) D.Don ex G.Don

【有毒部位】葉、樹皮、花
【有毒成分】アセボトキシン、グラヤノトキシン
【症状】腹痛、嘔吐、下痢、神経麻痺、呼吸困難

イヌサフラン
学名：*Colchicum autumnale* L.

【有毒部位】全草
【有毒成分】コルヒチン
【症状】嘔吐、下痢、皮膚の知覚減退、呼吸困難
【間違いやすい植物】オオバギボウシ、ギョウジャニンニク、タマネギ

カロライナジャスミン
学名：*Gelsemium sempervirens* (L.) W.T.Aiton

【有毒部位】全草（花の蜜にも注意）
【有毒成分】ゲルセミシン
【症状】腹痛、めまい、痙攣、呼吸麻痺
【間違いやすい植物】マツリカ（ジャスミン）

キョウチクトウ
学名：*Nerium oleander* L.

【有毒部位】葉、花、果実、根、周辺の土壌、燃やした煙
【有毒成分】オレアンドリン、アデネリン
【症状】嘔吐、下痢、心不全

クリスマスローズ
学名：*Helleborus* spp.

【有毒部位】全草（根は猛毒）
【有毒成分】プロトアネモニン、ヘレブリン
【症状】嘔吐、激しい痙攣、呼吸麻痺、心肺停止の可能性。液汁が目や口内の粘膜に触れるとただれや腫れ、炎症を起こす

ジギタリス　学名：*Digitalis purpurea* L.

【有毒部位】全草（とくに葉）
【有毒成分】ジギトキシン、ジゴキシン
【症状】嘔吐、胃腸障害、下痢、不整脈、死亡の危険性あり
【間違いやすい植物】コンフリー

シキミ　学名：*Illicium anisatum* L.

【有毒部位】全草（とくに果実）
【有毒成分】アニサチン、イリシン、シキミ酸
【症状】嘔吐、下痢、めまい、痙攣、呼吸困難、血圧上昇
【間違いやすい植物】スターアニス（ハッカク）

シャクナゲ

学名：*Rhododendron* spp.

【有毒部位】葉
【有毒成分】グラヤノトキシン
【症状】嘔吐、下痢、痙攣、血圧低下

スイセン

学名：*Narcissus* spp.

【有毒部位】全草
【有毒成分】リコリン、タゼチン、シュウ酸カルシウム
【症状】嘔吐、胃腸障害、下痢、頭痛
【間違いやすい植物】ニンニク、ニラ、ノビル

スズラン

学名：*Convallaria majalis* L.

【有毒部位】全草（とくに花・根）
【有毒成分】コンバラトキシン、コンバラマリン
【症状】頭痛、めまい、嘔吐、血圧低下、昏睡
【間違いやすい植物】ギョウジャニンニク

チョウセンアサガオ（ダツラ）

学名：*Datura metel* L.

【有毒部位】全草
【有毒成分】アトロピン、スコポラミン、ヒヨスチアミン
【症状】口の渇き、嘔吐、瞳孔拡大、頻脈、意識混濁
【間違いやすい植物】蕾はオクラ、根はゴボウ、種子はゴマ

ドクウツギ

学名：*Coriaria japonica* A.Gray

【有毒部位】全草
【有毒成分】コリアミルチン、ツチン
【症状】大脳中枢麻痺、嘔吐、全身硬直、痙攣、死亡の危険性あり

ドクゼリ　学名：*Cicuta virosa* L.

【有毒部位】全草
【有毒成分】シクトキシン
（皮膚からも吸収される）
【症状】嘔吐、頻脈、呼吸困難
【間違いやすい植物】
セリ、ワサビ、山菜のシャク

ドクニンジン

学名：*Conium maculatum* L.

【有毒部位】全草
【有毒成分】コニイン
【症状】嘔吐、痙攣、下痢、腹痛、呼吸困難
【間違いやすい植物】パセリ、ニンジンの葉、フェンネル

トリカブト

学名：*Aconitum* spp.

【有毒部位】全草
【有毒成分】アコニチン、アコニン
【症状】口のしびれ、手足の麻痺、嘔吐、下痢、不整脈
【間違いやすい植物】ニリンソウ、モミジガサ、ゲンノショウコ

ハシリドコロ

学名：*Scopolia japonica* Maxim.

【有毒部位】全草
【有毒成分】ヒヨスチアミン、アトロピン、スコポラミン
【症状】嘔吐、痙攣、幻覚、昏睡
【間違いやすい植物】フキノトウ

ヒガンバナ

学名：*Lycoris radiata* (L'Hér.) Herb.

【有毒部位】全草（とくに鱗茎）
【有毒成分】リコリン、コルヒチン
【症状】嘔吐、下痢、中枢神経の麻痺
【間違いやすい植物】ニンニク、ニラ

フクジュソウ　学名：*Adonis ramosa* Franch.

【有毒部位】全草
【有毒成分】シマリン、アドニトキシン
【症状】嘔吐、腹痛、呼吸困難、心臓麻痺
【間違いやすい植物】フキノトウ

ヨウシュヤマゴボウ

学名：*Phytolacca americana* L.

【有毒部位】果実、根、葉
【有毒成分】フィトラッカトキシン、硝酸カリウム
【症状】嘔吐、下痢、腹痛、痙攣
【間違いやすい植物】ヤマゴボウ、モリアザミの根、ブルーベリー

和の香り図鑑

6世紀ごろより香木などが大陸から伝わり、日本独自の香りの文化が育まれてきた。長い歴史をもつ香りの植物を紹介する。

安息香（あんそくこう）

学名: *Styrax benzoin* Dryanderなど
原産地:インドシナ半島　スマトラ島など

エゴノキ科のアンソクコウノキやシャムアンソクコウなどの樹脂。濃厚な甘い香りが薫香の材料として有用。薬用としても鎮咳、鎮痛作用がある。歯磨き剤、防腐剤などにも使われる。

沈香（じんこう）／伽羅（きゃら）

学名: *Aquilaria agallocha*
原産地:台湾　インド　インドネシアなど

ジンチョウゲ科。正しくは沈水香木。木質部が傷つくことで分泌される樹脂が長年蓄積乾燥したもの。ベトナム産のとくに品質のよいものは伽羅と呼ばれる。鎮静作用に優れる。

甘松香（かんしょうこう）

学名: *Nardostachys chinensis* Batal.
原産地:中国　ヒマラヤ　インドなど

オミナエシ科ナルドスタキスの根茎を乾燥させたもの。聖書ではマリアがキリストの足にこの香油を塗って髪で拭ったとされる。調香では香りに厚みが出て、鎮静作用がある。茎は芳香健胃薬として使われる。

白檀（びゃくだん）
学名: *Santalum album* L.
原産地:インド　東南アジア

ビャクダン科の常緑樹で高さ約10m。英名サンダルウッド。芯材は薫物や仏像、仏具、工芸品などに広く使われ、鎮静や殺菌、駆風や去痰などの作用がある。インドのマイソール地方産が最良とされ、老山白檀と呼ばれる。

乳香（にゅうこう）
学名: *Boswellia sacra* Fluech.など
原産地:オマーン　アラビア半島　北東アフリカ

カンラン科の植物の樹脂。フランキンセンスとも呼ぶ。東方の三賢者(P44参照)がキリストに献上したとされる。焚くと神秘的な香りで薫香材料のほか、香水原料や魔よけ、虫よけ、アロマセラピーなどに用いる。

丁子（ちょうじ）

学名: *Syzygium aromaticum*
原産地:インドネシア　モルッカ諸島など

フトモモ科の常緑樹。英名クローブ(P74参照)。開花前の花蕾を乾燥させたものは甘い香りで、香材やタバコなどの香りづけに用いる。殺菌や鎮痛作用のほか、生薬として芳香健胃薬などに使われる。

没薬（もつやく）
学名: *Commiphora myffha* (Nees) Engl.
原産地:アラビア半島　北東アフリカ

カンラン科の植物の樹脂で別名ミルラ。古代エジプトではミイラの防腐剤のひとつで、東方三賢者は乳香とともにキリストに献上したという。スパイシーでエキゾチックな香りは線香などの薫香材料やアロマセラピーに利用。

竜脳（りゅうのう）
学名: *Dryobalanops aromatica*など
原産地:ボルネオ島　マレー半島　スマトラ島など

フタバガキ科リュウノウジュや近縁種の樹脂が結晶したもの、または材を細かくして水蒸気蒸留し、冷却して結晶させる。結晶は無色で清涼感のある香り。薫香原料や墨などの香りづけに用いるほか、防虫剤などに使われる。

藿香（かっこう）

学名: *Pogostemon cablin* Benth、*Agastache rugosa* (Fisch. & Mey.) O. Ktze.／原産地:インド　インドネシア　マレーシア

シソ科のパチュリおよびカワミドリの全草を乾燥して用いる。パチュリは広藿香、カワミドリは野藿香などとも。オリエンタルな香りの代表。芳香健胃薬や精油は香水やアロマセラピーに使われ、葉は虫よけに効果があるという。

桂皮（けいひ）

学名: *Cinnamomum verum*など
原産地:中国　東南アジア　スリランカなど

クスノキ科のカシア（シナニッケイ）、シナモン（セイロンニッケイ）、ニッキ（ニッケイ）などの樹皮を乾燥させたもの。薫香には香りの強いカシアを用いる。線香などのほか、八つ橋などの菓子や芳香健胃薬などに使われる。

訶子（かし）

学名: *Terminalia chebula* Retz.
原産地:インド　ミャンマー　タイ　中国

シクンシ科ミロバランの成熟果実を乾燥させたもの。訶梨勒、唐辛子とも。茶席での香り袋で「訶梨勒」と呼ばれる掛け香に、数種の香材とともに詰められる。風邪や便通などの漢方薬にも利用される。タンニン原料でもある。

暮らしを彩る
ハーブの楽しみ方

Lesson❶ 料理
Lesson❷ ティー
Lesson❸ 美容と健康
Lesson❹ クラフト
Lesson❺ 染色
Lesson❻ 栽培

LESSON 1 料理

ハーブ&スパイスでメニューを広げる

ハーブは特別な料理に使うのではなく、普段の料理にこそ使いたいものです。
日常の食卓に複雑で深みのある香りや味わい、彩りまで添えるハーブの使いこなし術を紹介します。

ハーブの働き

　キッチンハーブの働きはおもに4つあります。
賦香作用（ふこう）……ハーブの芳香が料理をおいしくします。リンゴにシナモン、ケーキのクリームにはバニラなどと、スパイスの香りが料理の風味を高める大切な要素になります。(例：アニス、オールスパイス、シナモン、バジル、ディル、ナツメグ、クミンなど)
矯臭作用（きょうしゅう）……ハーブの香りが肉や魚の臭いを和らげて、臭みをとります。(例：ニンニク、クローブ、ローズマリー、ベイリーフ、タイムなど)
呈味作用（ていみ）……ピリッとした刺激性の辛味、ほろ苦さ、ちょっとした渋味、甘味を感じるハーブは、料理に味とアクセントをつけます。(例：コショウ、トウガラシ、マスタード、ワサビ、ショウガ、サンショウ、ステビアなど)
着色作用……料理に色をつけたり彩りを添え、見た目の美しさで食欲をそそります。(例：サフラン、ターメリックなど)
　中にはいくつもの働きをするハーブがあり、防腐や酸化防止や薬としての働きも昔から重視されてきました。クレソンやチコリなど野菜として使うハーブや、ナスタチウムやスイートバイオレットのようにエディブルフラワーとして花を食用にするものもあります。

スイーツスパイス

アニス（砕く）、シナモン（粉末）、ジンジャー（粉末）、クローブ（粉末）、オールスパイス（粉末）を各3g、ナツメグ（粉末）2g、ブラックペッパー（粉末）少々をブレンドしてケーキやクッキーなどスイーツに使う。

▲ハーブとチーズのクッキー

▼スイーツスパイスのケーキ

スイーツスパイスのクッキー▶

エディブルフラワー
ローズ、ビオラ2種、ボリジ、セルバチコなど。市販の花苗は農薬を使用している場合があるので、1カ月ほど栽培してから食用に。

サラダ
材料：ベビーリーフ、アルファルファ、マスタードリーフ、ルッコラ、チャービル、ディル、イタリアンパセリ適量、ハーブの花（ボリジ、チェリーセージ、ローズマリー、オレガノ、ミント）を好みで。ハーブの花は食べる直前に摘みとって飾る。

スイーツスパイスのケーキ
材料：バター60g、砂糖70g、全卵80g、薄力粉70g、ベーキングパウダー小さじ½、**スイーツスパイス**3g、クルミ25g
（長さ23×幅5×高さ6cmのパウンド型）
つくり方：❶薄力粉とベーキングパウダーをふるう。❷120℃のオーブンで、クルミを30分ほど空焼き。❸軟らかくしたバターを泡立て器で混ぜ、砂糖を2回に分けて入れ、よく混ぜる。❹❸に全卵を混ぜる。❺❶とスイーツスパイスをふるい入れて混ぜる。❻刻んだクルミをくわえ混ぜる。❼型に入れ、180℃のオーブンで40分ほど焼く。

スイーツスパイスのクッキー
材料：バター50g、砂糖25g、卵黄15g、薄力粉95g、**スイーツスパイス**2g
つくり方：❶軟らかくしたバターを泡立て器でよく混ぜる。❷砂糖を2回に分けて入れ、混ぜる。❸卵黄を入れ混ぜる。❹薄力粉をふるい入れ混ぜる。❺ぽろぽろの状態になったらまとめてラップに包み、冷蔵庫で1時間ほど休ませる。❻❺の生地をめん棒で薄くのばして好きな型で抜く。❼180℃のオーブンで10分ほど焼く。

ハーブとチーズのクッキー
材料：バター60g、卵黄30g、薄力粉100g、粉チーズ85g、イタリアンパセリ、セージなどハーブの葉適量、つや出し用の全卵適量
つくり方：❶軟らかくしたバターに卵黄と粉チーズ、薄力粉をふるい入れまとめる。❷冷蔵庫で少し休ませ、めん棒で薄くのばし型で抜き、溶き卵を塗りハーブを貼る。❸180℃のオーブンで10分ほど焼く。

ハーブの使い方
　爽やかさが特徴のフレッシュハーブは、3～4種をブレンドしてサラダなどに利用。青臭さが抜けて芳香の強いドライハーブはより多くの種類をブレンドして、長時間煮込む料理やオーブン料理に使います。ハーブはブレンドすると複雑で豊かな風味になり、単品より食べやすくなります。生は生同士でブレンドし、似た香りのハーブを合わせると特定の香りが際立たずに使いやすくなりますが、量は控えめがポイント。料理の手順でも、魚の下ごしらえに使うフェンネル、ペッパー、最後に飾るミントなどと使い分けます。また、加熱温度が高いオーブン料理や長時間の煮込み料理にはホールを、短時間の料理や焼き菓子の生地にはおもにパウダーを利用します。

アイスキューブ
好みのハーブの花や葉（ボリジ、ナノハナ、ローズなど）を凍らせ、ジュースや炭酸水に入れて楽しむ。

クリスタライズドハーブ
材料：好みのハーブの花や葉（ローズの花弁やミントの葉など）適量、卵白とグラニュー糖適量
つくり方：❶好みのハーブはよく洗って水分をとる。❷ほぐした卵白を花びらの表裏に塗る。❸グラニュー糖を少なめにつける。❹オーブンペーパーの上に並べてよく乾かす。❺クッキーやケーキなどに飾る。
＊薄い花弁や細い葉には向かない。

調理法で変わるハーブの香り

　ハーブの香りは調理方法によって変化します。生で風味の強いハーブも揚げたり煮込んだり漬け込むと食べやすく効果を発揮します。長く煮るときはなるべくホールを用います。肉や魚やチーズなどは薫煙することにより、香りがくわわって独特のおいしさに。ニンニクやタマネギなどは炒めることで刺激臭や辛味が甘味に変わり、料理に深みが出ます。フレッシュハーブはゆでたりミキサーにかけると、彩りと香りのよいスープやソースに。加熱時間は短く、仕上げのタイミングで使います。辛味のあるハーブでも、加熱に弱いワサビやカラシ、加熱に強いトウガラシやコショウなどは、調理の目的によって使い分けます。

ハーブ&スパイスのブレンド

ハーブはブレンドすることでより豊かな風味をもたらし、素材の旨味を引き出す。代表的なブレンドを紹介する。

ブーケガルニ

煮込み料理やスープなどに用いる。ドライハーブのブーケガルニ（10個分／上の写真左）：タイム小さじ6、ローズマリー小さじ3、ベイリーフ5〜6枚、セロリシード大さじ3、ブラックペッパー40粒、クローブ20粒を混ぜ、8×8cmのガーゼを二重（お茶パックでも可）にしてハーブを包む。10〜20分煮たら取り出す。

フィーヌゼルブ

フレッシュハーブをみじん切りにしてミックスしたもので、サラダやオムレツなどに。同量のチャービルとチャイブ、その半分量のイタリアンパセリとタラゴンでつくる。

牛肉のロースト

付け合わせの野菜はパプリカ、ミニトマト、マッシュルーム、小タマネギ、ロマネスコ（カリフラワー）、ゆでたジャガイモなど。肉にエルブ・ド・プロバンスをふりかけ、オリーブオイルでマリネしてしばらく置く。肉と付け合わせの野菜はローズマリーの枝にさし、塩コショウをふって焼く。

エルブ・ド・プロバンス

プロバンス地方で愛用される加熱に強いドライハーブのミックス。ベイリーフ、タイム、ローズマリー、ウインターセボリー、オレガノ、バジルなどを刻んで混ぜる。オーブン料理や煮込み料理に。

豚肉の下ごしらえ

ポトフ（写真左）に入れる豚肉（800g）は塩小さじ1をまんべんなくすり込み、タコ糸を全体に巻きつけセージとローズマリーの枝を絡ませる。竹串で穴をあけて、クローブを均等にさす。肉は1時間以上冷蔵庫で寝かせる。

フレッシュブーケガルニ

フレッシュハーブのブーケガルニ（写真下）：リーキ（またはセロリの茎）10〜15cm、パセリの軸1〜2本、ベイリーフ1〜2枚、タイム10cm×2〜5枝。ほかに肉料理ならセージやローズマリー、魚ならフェンネルやディルなども使える。

ポトフ

材料：豚肩ロース800g、ジャガイモ3〜4個、タマネギ2個、キャベツ1/4個、ニンジン1本、マッシュルーム6個（**豚肉の下ごしらえ**：セージ2〜3枝、ローズマリー2〜3枝、クローブ5〜6粒、塩小さじ1）、**フレッシュブーケガルニ**：リーキ、パセリの軸、ベイリーフ、タイムなど、塩小さじ1〜2、しょうゆ小さじ1〜2、酒1/2カップ、水8カップ

つくり方：❶下ごしらえした豚肉（右上参照）、野菜、フレッシュブーケガルニを鍋に入れ、水と酒をくわえて煮込む。沸騰したらアクを取り、弱火で2〜3時間煮込みフレッシュブーケガルニを取り出す。❷しょうゆと塩で味を調える。❸肉は食べやすい大きさに切り分け、野菜と皿に盛りつける。好みでマスタードやバジルペーストなどをつけて食べる。

保存を兼ねた利用法

　フレッシュハーブは冷蔵で4〜5日、冷凍で1〜2カ月保存できます。ハーブを乾燥させれば保存期間はもっと延びますが、フレッシュのみずみずしさを生かし、調味料として利用する方法もあります。

　フレッシュハーブの花や茎葉を酢やオイルに浸して風味を移すハーブビネガーとハーブオイルは、手軽に楽しめる調味料です。まろやかな香りに仕上がり、初めて使うハーブでも安心。酢はワインビネガーやアップルビネガー、米酢などを使い、ドレッシングやマリネ液、酢の物や煮込み料理の隠し味にも向きます。オイルはエクストラバージンオリーブオイルやベニバナ油などを使い、魚や肉のソテー、ドレッシングやパスタなど幅広く利用できます。

　バターやマヨネーズ、マスタードなどとも相性がよいので、市販の調味料に練り込んで風味豊かに仕立てます。塩や砂糖に混ぜてもよいし、ハーブとオリーブオイルをミキサーにかけてペースト状にしたり、ジャムにもできます。

　ホールのまま長期保存できるドライハーブやスパイスは、使う直前にミルで挽くと鮮烈な香りが楽しめます。ひき肉料理などに使うフランスのキャトルエピスや、カレーでおなじみのガラムマサラなどにブレンドして利用します。

ビネガーとオイル

（写真上）左からローズビネガー、バジルオイル、タラゴンビネガー、ローズマリーとタイムのオイル、ダークオパールバジルビネガー、ディルビネガー、トウガラシとニンニクのオイル。＊ブルーの瓶は飾り用のボリジ。
つくり方：酢やオイル200mℓに好みのハーブ1〜3種類を10〜20g入れる。密閉して直射日光の当たらないところに1〜2週間ほど置き、ときどき瓶を揺らして香りを移す。ハーブを取り出し、キッチンペーパーなどで濾して利用する。煮沸消毒した瓶で保存する。

ハーブバター＆ハーブチーズ

ハーブバターはパンにつけるほか、パスタをあえたりすると、いつもの料理ががらりと変わる。ハーブチーズはレーズンをくわえ、冷やし固めてオードブルなどにも。
●**ハーブバター**：パセリ、ディル、フェンネルなど1〜3種とおろしニンニク1片をくわえて混ぜる。
●**ハーブチーズ**：みじん切りのバジルとチャイブ各大さじ1、セージ小さじ1にレモン汁小さじ1を入れ、クリームチーズ200gと混ぜ合わせる。

スパイスブレンド　世界のスパイスブレンド（写真上）。左上よりインド料理に使う**「ガラムマサラ」**：①ペッパー、②カルダモン、③コリアンダー、④シナモン、⑤クローブ、⑥クミン、⑦ナツメグ。中国料理に使う**「五香粉（ウーシャンフェン）」**：⑧クローブ、⑨スターアニス、⑩チンピ、⑪ホアジャオ（ハナザンショウ）、⑫シナモン。右下から、フランス料理に使う**「キャトルエピス」**：⑬ショウガ、⑭クローブ、⑮ペッパー、⑯ナツメグ（ホールとパウダー）。

バジルペースト
ジェノベーゼとも呼ばれるバジルのペースト。使うときに好みでパルメザンチーズをくわえて、魚や肉料理のソースやパスタソースなどに。
●オリーブオイル1カップ、ニンニク1片、マツノミ大さじ1をミキサーにかけ、バジル100gを3回くらいに分けて入れる。自然塩小さじ1で味を調え、密閉容器に移し上部にオリーブオイルをくわえて乾燥を防ぎ保存する。

ルバーブジャム
鮮やかな赤色の葉柄だけを用いたルバーブのジャム。グラニュー糖を使うと透明感のある甘酸っぱさになる。
●1〜2cmに切ったルバーブ500gとグラニュー糖200gとレモン汁大さじ1を厚手の鍋に入れ、アクをすくいながら10〜15分煮る。ルバーブの形がくずれて水分が減ったら火を止める。シナモン、ワイン、ショウガなどを足してもよい。

ハーブシュガー＆ハーブソルト
ラベンダーシュガーやシナモンシュガーは紅茶に、カルダモンシュガーはコーヒーに合う。ハーブソルトはどんな料理も味わい豊かに仕上げる。
●ハーブソルトのレシピ：天塩200gを弱火で5〜7分煎り、粉砕したブラックペッパー、オールスパイス、セロリシードなどのスパイス15〜20gを塩が熱いうちに混ぜ、オレガノ、タイム、ローズマリーなど2〜3種のドライ葉の細切りもくわえる。

↑ハーブソルト

ラベンダーシュガー→

LESSON 2

ティー

香りや成分を ゆったり味わう

好みのハーブを湯に浸すだけで、
かぐわしい香りが立ち上がり有効成分も抽出できます。
毎日のハーブティータイムが心にゆとりを、
体の自然治癒力や免疫力をサポートしてくれます。

ハーブティーとは

　ハーブティーは、ハーブの葉や花などを湯に浸すこと（インフュージョン）で有効成分を利用する最も手軽な方法です。古くから親しまれてきた薬草茶でもあり、医学の祖といわれる古代ギリシアのヒポクラテスが、「ハーブを煮出した汁を飲む」と記したのが始まりとされます。

　ハーブそれぞれの有効成分には抗酸化作用と免疫力を高める作用が共通。またタンニンやフラボノイド、ビタミンやミネラル、水溶性食物繊維などもとり入れられ、ノンカフェインであることも特徴です。

　ハーブティーは香りの効果と飲用の効果が同時に楽しめ、有効成分が心と体の両面に穏やかに働きかけます。1日2～3回ゆっくり香りを楽しみながら飲むことを習慣にして飲み続けるとよいでしょう。

基本のいれ方

ドライハーブは種子など堅いものは、つぶしておき、ティーポットとカップは温めておく。
❶ティーポットにハーブをティースプーン山盛りでカップ数分入れる。
❷熱湯を注ぎ、揮発性の有効成分を逃がさないように必ずふたをする。
❸花や葉は約3分間、種子や果実や根は約5分間かけて浸出させる。
❹有効成分の抽出は一度だけなので、最後の1滴まで注ぎきる。

＊フレッシュハーブは使う直前に摘んで洗って水気を切る。手でちぎってティーポットに入れると香りが増す。ドライの3倍量が目安。

ホットティー

ハーブティーの多くは淡いイエローを帯びるが、中には鮮やかな色味を見せるものがある。写真左上から①がマロウ、②がラベンダー、③がローズヒップ、④がレモンバーベナ、⑤がローゼル。数種ブレンドするほうがよりおいしくなる。

アイスティー

ホットティーの倍の濃さに熱湯で浸出、氷で一気に冷やす。または水出しすると、タンニンなどの渋味を出さずに、口当たりのよい、澄んだティーになる。水に浸して7時間ほど浸出させてから、冷蔵庫で冷やしてアイスティーにしてもよい。写真は左からミント2種、ローゼルとローズヒップなどのミックス、カルピスとマロウ（＋レモン汁）のミックス、エディブルフラワーをアイスキューブにしてくわえた炭酸水。

ハーブティーの楽しみ方

ハーブティーは病気を治す薬ではありませんが、習慣的に飲み続けることで有効成分は穏やかに作用し、自然治癒力や免疫力をアップすることが認められています。ただし、体質や体調によって刺激を受けたり、アレルギー反応を起こした場合は、ただちに飲用を中止します。

ドライハーブの保存

ドライハーブは酸素に触れると酸化したり、湿気を帯びるとカビやすいもの。光が当たると色が褪せたり成分が変化することもあるので、なるべくホールの状態で遮光できる密閉容器に入れ冷暗所に保存します。保存期間は2～3カ月、ホールなら半年～1年なので、少しずつ購入するのがおすすめ。

おもなドライハーブと効能

エキナセア
花粉症、風邪、インフルエンザ、免疫力低下に。

エルダーフラワー
花粉症、風邪、インフルエンザ、痛風、リウマチに。

カレンデュラ
収斂、殺菌、消炎、生理不順、アトピー性皮膚炎に。

ジャーマンカモミール
ストレス、不眠、情緒不安定、花粉症、風邪、胃の不調、便秘などに。

ジュニパーベリー
胃の不調、関節炎、痛風、リウマチ、むくみに。

ジンジャー
消化機能活性、鎮痛、吐き気、冷え性に。

セージ
歯肉炎、口内炎、強壮、更年期障害、頭痛に。

ダンデライオン
消化不良、便秘、強壮、胆汁分泌促進に。

ネトル
花粉症、アレルギー、便秘、肝臓、腎臓、肥満、浄血に。

バジル
頭痛、消化不良、更年期障害、うつ症状に。

ハトムギ(焙煎)
高血圧、神経疲労、不眠、美肌効果、老廃物排出に。

ヒソップ
去痰、風邪、気管支炎、低血圧、強壮に。

～心と体を整えるおすすめブレンド・レシピ～

モーニングティー
朝の気分をすっきりさせる
ペパーミント＋レモンバーム＋ローズマリー

ストレスを和らげリラックス
精神的な緊張や不安を解く
ローズレッド＋ラベンダー＋ローゼル＋ローズマリー

アフタヌーンティー
気分転換して気持ちを前向きに
セージ＋バジル＋ローズマリー＋スペアミント

リフレッシュ
疲労感を解消して気分を爽快に
レモングラス＋レモンバーベナ＋レモンバーム

食後に
口中をさっぱりさせて消化を促進
レモンバーム＋ペパーミント＋レモングラス

お休み前に
気分を落ち着かせて安眠に誘う
ジャーマンカモミール＋リンデン＋ペパーミント

便秘のときに
食物繊維で体の中からきれいに
ダンデライオン＋フェンネル＋ジュニパーベリー（つぶして用いる）＋ミント

風邪のひきはじめに
免疫力をアップして体を温める
エキナセア＋エルダーフラワー＋ヒソップ＋ショウガ＋スペアミント

花粉症に
粘膜の炎症を改善し鼻水を抑える
ネトル＋ローズヒップ＋エキナセア＋レモンバーム

喉の痛みや口内炎に
粘膜の炎症を和らげ痛みを抑える
マロウブルー＋ラベンダー＋レモンバーム＋ヒソップ

女性特有の症状に
生理前の不調や不安感を和らげる
レモンバーベナ＋ラベンダー＋ジャーマンカモミール（入手できればレディスマントル）

美容に
新陳代謝を促進して肌を保湿する
ハトムギ＋カレンデュラ＋ローゼル＋ローズレッド＋レモングラス

ペパーミント
健胃、整腸、神経不安、発汗過多、乗り物酔いに。

フェンネル
母乳の出をよくし、肥満、便秘、食欲不振、むくみ、駆風に。

マロウ
喘息、気管支炎、胃の不調、便秘、粘膜保護に。

ラベンダー
不眠症、ストレス、自律神経失調症や鎮静、鎮痛に。

リンデン
高血圧、神経疲労、不眠、コレステロール減少に。

レモングラス
リフレッシュ、食欲不振、消化不良に。

レモンバーベナ
消化促進、血行促進、片頭痛、鎮静に。

レモンバーム
不眠、うつ症状、鎮静、鎮痛に。

ローズヒップ（ファイン）
風邪予防、ビタミン補給、便秘、疲労回復に。

ローズマリー
低血圧、更年期障害、頭痛、肩こり、集中力、脳活性化、血行促進に。

ガリカローズ
精神安定、ストレスやうつ症状、ホルモンバランス調整に。

ローゼル
強肝、健胃、利尿、疲労回復、目の疲れに。

LESSON 3 美容と健康

有効成分で心身を整える

古来、人はさまざまな植物を日常の健康管理や美容に生かしてきました。
精油を用いるアロマセラピーをはじめ、ハーブを煮出した浸出液などで行う手軽なケアもあります。

アロマセラピーとは

　古代エジプトではすでに原型があったとされるアロマセラピーですが、その言葉は20世紀、フランスの化学者、調香師であるガットフォセ（P278参照）の著書『ガットフォセのアロマテラピー』で初めて登場しました。

　アロマセラピーとは香りの成分である精油を用いて、心と体を全体的にとらえて行う自然療法です。アロマトリートメントや空気中に香りを拡散する芳香浴、精油成分の吸入やアロマバス、精油と自然素材でつくるクリームやせっけんなどのアロマクラフトの利用など、さまざまな方法があります。

　これらを用いて心身のリラクゼーションやリフレッシュを行い、美と健康を増進。心身の不調和を整え、健康を取り戻すことがアロマセラピーの目的です。ストレスや過剰な化学物質にさらされる現代人にとって、自然の力とともに行う療法は、潤いと安らぎをもたらす癒やしとして関心を集めています。

　香りはどのように人の体に伝わるのでしょう。鼻から吸入した香り物質が嗅神経から大脳辺縁系に伝わる経路。空気とともに取り込まれ、肺に至る粘膜や肺胞の毛細血管を通じて体内に伝わる経路。さらにトリートメントで皮膚を通して穏やかに体内に作用する経路があります。そして、どの経路も最終的には尿や汗や呼気などにより排泄されます。

アロマセラピーのメカニズム
〜精油は嗅覚器官や呼吸器、
肌を通して人の体に作用する〜

嗅覚器官から脳へ

空気中に拡散した芳香物質を鼻から吸い込むと嗅上皮に付着。この粘液層に溶け込んだ成分を嗅毛がキャッチすると嗅細胞が興奮し、刺激が電気信号に変換されて嗅神経に伝わります。信号は嗅球、嗅索へと伝わり、大脳辺縁系（海馬や偏桃体）に到達。視床下部と脳下垂体に伝わります。

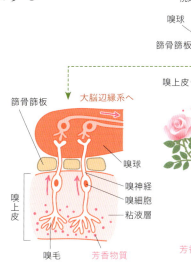

呼吸器から血液循環により全身へ

空気とともに吸い込まれた芳香物質は、鼻や気管の粘膜から血管に吸収されます。一部は肺に入り、ガス交換時に肺胞表面の毛細血管に入り、血流にのって全身に運ばれます。

皮膚から血液循環により全身へ

トリートメントオイルを皮膚に塗ると、分子量の小さい精油は皮膚の内部に浸透。そして緩やかに血管やリンパ管に吸収され、血流によって全身に運ばれます。

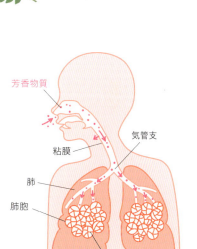

皮膚の働きと構造

皮膚は外部からの刺激や異物の侵入を防いで体を保護する。皮脂膜からの水分の蒸発を防ぎ、内部環境を保って体を守る重要な器官。また、免疫や内分泌系にも影響し、外部の情報を脳に伝えるセンサーでもある。皮膚に影響を及ぼすトリートメントオイルや化粧品などは、皮膚や健康に害のないものを慎重に選ぶ必要がある。

表皮：外部からの刺激に強く、異物や微生物の侵入を防ぐ。
角質層：手のひら、足のうら、指のはらは厚さ1mm以上、ほかは0.1〜0.2mm。
顆粒層：表皮に柔軟性を与える油脂様物質を生成する。
有棘層：リンパ液が流れ、栄養を補給している。
基底層：絶えず細胞分裂を繰り返し、新細胞は表皮に向かう。
真皮：伸縮性に富み、皮膚を裂けにくくしている。
皮下組織：栄養（脂肪）貯蔵と保湿、クッションの役割。

精油を安全に使うために

精油とは

精油は、植物の葉・茎・花・果皮・樹皮・木部・種子・根から抽出される芳香物質で、何百種類もの有効成分が複雑に濃縮されています。水に溶けにくく、油やアルコールに溶けやすく、揮発性があり、分子量が小さいという特徴があります。また、植物ごとに特有の香りと機能をもっています。植物の腺毛、油管、油室などの油胞に包まれて極めて微量に蓄積され、植物によって油胞のある場所は異なります。

精油を使うときの注意点

精油の原液は濃縮されたオイルです。天然由来といっても安全とは限りません。作用は個人差や体調によって異なるので安全にじゅうぶん注意し、肌に合わない場合はすぐ使用をやめましょう。

①必ず植物油（キャリアオイル）、アルコール、水などで1％以下に薄めて使用します（精油1滴は0.05mℓ。10mℓの1％は2滴）。
②子どもは大人の半分以下の量で使用し、妊婦は慎重に使用。
③病気（薬服用、高血圧、てんかんなど）の人は、専門家や医師に相談してから使用してください。
④過度の使用は避け、飲用や点眼（粘膜への使用）は絶対に避けます。
⑤開封後はなるべく早く使い切ります（1年以内、カンキツ系は半年が目安）。
⑥紫外線や酸素（酸化）や温度によっても香りなどが変化するため、冷暗所に保管します。
⑦揮発性があるので、プラスチック容器でなく、遮光瓶に入れてしっかりふたをします。
⑧子どもやペットの手が届かない所に置いてください。

精油の希釈

精油はとても濃縮されたものです。アロマセラピーを安全に心地よく効果的に楽しむには、精油を必ず希釈して用います。希釈するための材料を「基材」といい、植物油（キャリアオイル）のほか、ミツロウや無水エタノール、芳香蒸留水や精製水などが利用できます。「キャリア」とは運ぶという意味で、精油成分を体内に運ぶ役割です。それぞれに特徴があり、多くの効能や特性があります。

精油の抽出方法

水蒸気蒸留法

最も多く使われている抽出方法。原料植物を蒸留釜に入れ、水蒸気を注入する。熱により植物に含まれる精油が気化。冷却管を通る間に冷えて液体に戻る。比重が軽い精油は上に、芳香蒸留水が下に分離するので、精油と芳香蒸留水を別々に取り出す。

＊高温を利用するため熱に弱い成分は変質する。芳香蒸留水（フローラルウォーター）も利用できる。

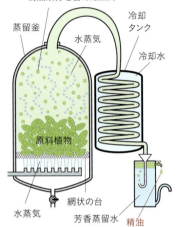

圧搾法

カンキツ類の果実の果皮をローラーで圧搾し、遠心分離機にかけて精油を分離して抽出する。

有機溶剤抽出法

熱や圧力で精油成分が壊れやすいローズ、ジャスミンなどの精油抽出法。溶剤で抽出した芳香成分とロウ物質を含んだコンクリートから精油が得られる。これをアブソリュートと呼ぶ。

希釈濃度の例（1滴を0.05mℓとして）

希釈濃度 基材の量	0.5%	1%
10mℓ	1滴	2滴
30mℓ	3滴	6滴
50mℓ	5滴	10滴

滴数の計算例：30mℓの基材に対して精油濃度を1％にする場合
30mℓ×0.01＝0.3mℓ
0.3mℓ÷0.05mℓ＝6滴

キャリアオイルとは

　キャリアオイルとは植物油で、ベースオイルとも呼ばれます。アロマトリートメントでは手を滑らかに動かすための潤滑油であり、肌への浸透性、皮膚に栄養を与える大切な役割を担います。キャリアオイルに対して精油濃度は1％以下を基準とし、個々の体質を考えて濃度を調節します。
＊食用油を流用することはできません。

精油をブレンドして使う

　精油は2種類以上をブレンドすると相乗効果が期待できます。使用目的や香りの好みなどを考慮して、ブレンドを楽しみましょう。

　精油をムエット(試香紙)か和紙に1滴ずつ垂らし、鼻先にはつけないように揺らして、香りを嗅いで、好みの組み合わせをみつけます。

　調和のとれた香りをブレンドするためには、香りを音楽や声の調子に例えた"ノート"が指標になります。香りの強さや持続時間、揮発速度などにより、トップノート、ミドルノート、ベースノートという区分があり、香りの系統を表すグリーンノート、フローラルノートなども使います。代表的な精油のノートについてはP258の精油リストをご覧ください。

> **おすすめのブレンド例**
> 以下の精油から2〜3種を選ぶ。個々の香りの特徴や、主に用いる香りの個性をより引き立たせるように相性をみる。揮発性も大事なポイント。
> ■朝の目覚めの香り……ローズマリー、ペパーミント、レモン
> ■集中力を高める香り……バジル、ローズマリー、ベルガモット、ゼラニウム、レモン
> ■安眠を誘う香り……ラベンダー、ネロリ、スイートマジョラム、カモミール、スイートオレンジ
> ■空気をきれいにする……エアフレッシュナー(消臭作用のあるもの):
> 　　　　　　　　　　　　ラベンダー、ベルガモット、ペパーミント、ユーカリ・グロブルス
> ＊自分に合わないと感じたらすぐに使用を中止すること。

代表的なキャリアオイル

酸化したオイルが肌に触れると炎症を起こすことがあるので、保存などに注意が必要です。古くから使われている一般的なキャリアオイルを紹介します。

スイートアーモンド油 バラ科
低温圧搾法　抽出部位：種子(仁)
柔らかい感触で刺激が少なく、敏感肌にもなじむ。保湿性がよくビタミンA、B、Eを含む。

オリーブ油 モクセイ科
低温圧搾法　抽出部位：果実
粘性が強く保湿効果が高い。肌への浸透性が早く、オレイン酸を多く含み酸化しにくい。

ツバキ油 ツバキ科
低温圧搾法　抽出部位：種子
古くから髪油、医薬品、食用、灯用として用いられてきた。保湿性が高く、肌になじみやすい。

ホホバ油 ツゲ科
低温圧搾法　抽出部位：種子
乾燥地帯に自生する常緑樹。多くの植物油とは異なり、液状のワックス(ロウ)で脂肪酸組織をもたない。酸化安定性に優れ、皮膚刺激が少ない。低温になると固化し、10℃以上で液状に戻る。

＊植物油にハーブを浸して成分を浸出させた浸出油(P257参照)もトリートメントオイルとして使用できる。

アロマセラピーの楽しみ方

アロマトリートメント

アロマトリートメントは精油（エッセンシャルオイル）を植物油（キャリアオイル）で希釈して用い、心と体の緊張を和らげ、血行を促進。滞っている体液を流し、老廃物を体外に排泄する働きを助け、健康と美容に役立てる方法のひとつです。

アロママッサージともいい、注意事項を守りながら、セルフケアとして自分や家族などの手足や首や肩などをオイルマッサージします。トリートメントオイルを手で温め、ごく軽い圧で皮膚をなでさすります。温かな手で触れるタッチング（手当て）自体も、心地よい刺激が緊張を和らげ、心に潤いをもたらすとされます。

トリートメントオイルは、目的に合わせて精油とキャリアオイルを選びます（P252・253参照）。初めて用いるオイルは使用前に必ずパッチテストを行いましょう。

パッチテストの方法：希釈したトリートメントオイルを前腕部の内側に塗り、24時間放置して炎症やかゆみなどが出たら、オイルの使用をやめる。

トリートメントオイル（ボディ用）のつくり方＆使い方の例

用意するもの：遮光瓶（30㎖）1本、ホホバ油30㎖、好みの精油6滴まで

❶ホホバ油に好みの精油をくわえ、よく混ぜて遮光瓶に保存。冷暗所で保管して3カ月以内に使い切ること。❷オイルを手のひらに適量落とし、両手で温めて気になる部位に広げる。❸手をできるだけ肌に密着させてトリートメントする。

注意事項

- 希釈率は大人のボディが1％以下、顔は0.5％以下。
- 3歳未満の子どもへのトリートメントは、精油を使わずにキャリアオイルのみで。精油は芳香浴のみに利用する。
- 高齢者、敏感肌の方、3歳以上の子どもは通常の1/10から半分以下の濃度にする。
- 使用前には必ずパッチテストを行う。
- 体調が悪いとき、皮膚に炎症や傷がある場合は使用しない。
- 精油の禁忌、注意点（P252参照）に留意し、自己責任のうえで行う。

芳香浴

芳香浴は精油を空気中に拡散させる、最も手軽なアロマセラピーの方法のひとつです。精油を2～3滴垂らしたティッシュペーパーを部屋に置いたり、熱い湯を入れたカップに精油を1～2滴垂らします。精油成分が室内に広がり、呼吸とともに体内へ取り込まれます。精油を入れた水をキャンドルで温めるオイルウォーマーや、アロマディフューザーなど、インテリアとしても楽しめる芳香器があります。

また、精油を使ってつくるオリジナルのルームスプレーは、香りの持続時間は長くないものの、気分転換などに簡単かつ気軽にどこでも使用できます。来客時に玄関ドアを開ける前にシュッとひと吹きすれば、香りのお出迎えに。

入浴 浴槽に張った湯に精油を1～5滴落とし、よく混ぜて入浴するとアロマ効果がプラスされます。温まって血行がよくなり、緩やかに呼吸に取り込まれ、リラクゼーションに効果があります。同時に、精油を使ったバスソルトやパックなどを使ってもよいでしょう。

蒸気吸入 精油成分を鼻から吸入して、体内に取り込む方法です。喉や鼻のケア、ニキビや肌荒れケアなどのフェイシャル蒸気吸入（右欄）、気分転換や風邪の予防に効果的です。また、マグカップなどに熱めの湯を入れ精油を1～2滴垂らして蒸気を嗅ぐ吸入のほか、精油を1～2滴垂らしたティッシュペーパーの香りを嗅ぐ方法などもあります。

湿布

精油の湿布： 温湿布は肩こりや腰痛、生理痛など慢性の症状に、冷湿布は打ち身やケガの直後、日焼けの炎症など急性の症状に適します。洗面器に入れた湯か氷水に精油1～3滴を落とし、浸したタオルを絞って患部に当てます。タオルが冷めたり、ぬるくなったら、繰り返します。

クレイの湿布とパック： クレイは地中から採掘された粘土を乾燥させたもので、3000年前から炎症、潰瘍、骨折などの治療に使われてきたもの。腰痛や肩こりの湿布としても有効です。また、皮膚の脂汚れを分離して粒子内に取り込むクレンジング効果を発揮します。皮膚細胞の再生も行うのでスキンケアパックに利用します。クレイにはそれぞれの特徴の異なるカオリン、モンモリオナイト、ガスールなどがあります。

 〈クレイ〉

 カオリン   モンモリオナイト   ガスール

ルームスプレーのつくり方＆使い方

用意するもの： アトマイザー付き遮光瓶（30mℓ）1本、精製水20mℓ、無水エタノール10mℓ、好みの精油6滴まで

❶無水エタノールを先に遮光瓶に入れ、精油をくわえて混ぜ、さらに精製水をくわえてよく混ぜる。❷使う前にはよく振り、1カ月くらいで使い切ること。

・殺菌や消臭効果のある精油を用いて、ゴミ箱や靴箱の消臭、マウススプレーに応用できる。

注意： 精油は引火性なので火気のそばに保存瓶を置いたり、火気に向かってスプレーしないこと。

手浴・足浴のやり方

用意するもの： タライなどの容器（直径30～40cm、深さ20～30cm）、湯、精油1～3種、タオル

●容器に40℃前後の湯を、手浴なら手首が隠れる深さまで、足浴ならくるぶしより少し上の深さまで入れる。
●手浴なら精油2～4滴をくわえて5～10分、足浴なら3～5滴をくわえて5～20分温まるまで続ける。
●さし湯をして湯温を保つのがポイント。

蒸気吸入（フェイシャル）のやり方

用意するもの： ボウルや洗面器、精油1～2滴、バスタオル

❶容器に熱めの湯を入れて精油を垂らし、目を閉じて蒸気を吸い込む。❷バスタオルで容器と頭部を覆うとより効果的。
●刺激が強い場合もあるので、咳が出たりむせたら中止する。

クレイ湿布のつくり方＆使い方

用意するもの： クレイ30g、ホホバ油小さじ1、精油（全体の1％以下）

❶クレイの中にホホバ油と精油を入れて、よくかき混ぜる。❷これをガーゼなどに厚めにのせて患部に貼り、30分～数時間で乾いたらふき取る。

クレイパック

用意するもの： クレイ20g、ホホバ油小さじ2、ローズ水（芳香蒸留水や精製水）約20mℓ、ヨーグルト小さじ1、ハチミツ小さじ½

❶クレイの中にホホバ油とヨーグルト、ハチミツを入れ、かき回しながらローズ水を少量ずつ入れて滑らかなペースト状（マヨネーズの硬さ）にする。❷洗顔後に目と唇まわりを避けて、クレイパックを厚めに塗って10～15分おく。❸乾燥する前にぬるま湯でそっと洗い流し、化粧水をたっぷりパッティングする。

アロマクラフトをつくってみよう

ハーブせっけん

せっけん素地を使って、ハーブの抽出液でつくるハーブせっけんを試してみませんか。用いるハーブはペパーミントやタイム、ローズマリー、ラベンダーなどが向きます。

化粧水

肌によいとされるハーブには皮膚細胞活性化作用や皮膚弾力回復作用などがあり、しわやシミの予防など肌のケアに役立ちます。こうしたハーブの抽出液を用いた化粧水に精油をくわえ、成分を肌に届けます。

クリーム

ミツバチが巣をつくるときに分泌するワックス、ミツロウには肌の修復作用があります。これに精油をくわえると、手荒れの予防やひじやかかとの手入れ用などのクリームがつくれます。

ハーブせっけんのつくり方

用意するもの：せっけん素地100g、精製水200㎖、ハチミツ小さじ1、好みの精油2種ほど6～10滴、ドライハーブ（ジャーマンカモミール）4g

❶鍋にドライハーブと精製水を入れて加熱し、沸騰したら弱火で5分煮詰め、粗熱がとれたら濾して抽出液をつくる。❷せっけん素地をビニール袋に入れ、抽出液を少しずつくわえ、耳たぶよりやや硬めになるまで練る。❸ハチミツに精油を混ぜてから②のビニール袋に入れ、さらに練ってから成形。❹風通しのよい場所で2～3週間ほど中まで乾燥させる。

ハーブ化粧水のつくり方

用意するもの：100㎖の遮光瓶、ドライハーブ（カレンデュラ2g、ジャーマンカモミール2g、ローズマリー1g）、ローズ水（芳香蒸留水）10㎖、グリセリン2㎖、無水エタノール2㎖（全体の5％が目安）、ラベンダーの精油1～2滴、耐熱ガラス容器

❶ハーブを耐熱ガラス容器に入れ130㎖の熱湯を注ぎ、10～15分おいて粗熱がとれたら厚手のキッチンペーパーで濾す。❷遮光瓶に移してローズ水、グリセリン、無水エタノール、ラベンダーの精油をくわえよく振る❸ラベルに日付を記入して冷蔵庫に保管し、1週間以内に使い切る（長期保存する場合は冷凍する）。

手づくりクリームのつくり方

用意するもの：30㎖の保存容器、ホホバ油20㎖（キャリアオイルは個人に合ったものを選択）、ミツロウ4g、シアバター2g、ローズ水（芳香蒸留水）5㎖、耐熱ガラス容器、精油3滴（ラベンダー2滴、ゼラニウム1滴）

❶浅い鍋に湯を沸かし、ホホバ油、ミツロウ、シアバターを耐熱ガラス容器に入れて湯煎しながら、割りばしなどでかき混ぜる。❷ミツロウが溶けたら鍋からとり出し、少し温めたローズ水をくわえて乳化するまでよく混ぜる。❸粗熱がとれたら保存容器に移し、精油を入れて手早くかき混ぜる。混ぜ方が足りないと、あとで分離するため15～20分よく混ぜる。❹ふたをして保存。ラベルにレシピ、日付を記入して容器に貼り、できるだけ早く使い切る。

注意：皮膚に異常が出たらすぐ使用をやめる。

ハーブの有効成分の抽出法

ハーブの有効成分は精油だけでなく、
ハーブティーなどさまざまな方法で取り出せます。

浸剤（インフュージョン）

　フレッシュやドライのハーブを湯や水に浸して有効成分を抽出したもの。浸出液とも呼ばれ、水溶性の有効成分を取り出せます。湿布やローションなどで外用に。熱湯で浸出させたものを温浸剤、水で浸出させたものを冷浸剤と呼びます。冷浸剤はタンニンやカフェインの浸出が少ないのが特徴です。

煎剤（デコクション）

　ドライハーブを水から入れて煮立ったら、フタをして弱火で5～10分加熱して成分を抽出します。煎じ液とも呼ばれ、硬くて成分の出にくい部位に向きます。ハーブティーとして飲むほか、湿布や入浴剤などに利用します。

浸出油（インフューズドオイル）

　肌に使える専用の植物油（キャリアオイル）に、ハーブを浸して成分を浸出させトリートメントオイルなどに利用します。水に溶けにくい脂溶性成分を抽出できます。常温の植物油に2～3週間漬け込み、有効成分を取り出す冷浸法があります。

チンキ剤（ティンクチャー）

　ハーブをアルコールに漬けて有効成分を抽出したもの。浸剤で取り出す水溶性成分と、浸出油で取り出す脂溶性成分の両方取り出せるのが特徴です。ただし、浸剤や煎剤に比べて高濃度なので、必ず希釈して使います。ローションやクリームなどにくわえるほか、希釈して湿布剤や入浴剤、うがいや飲用にも利用します。

浸剤のつくり方

用意するもの：花や葉、茎など。熱湯または水1カップにドライは小さじ2～3杯を目安に、フレッシュはその3～4倍量
● 温めたポットに1～2種類のハーブを入れ、熱湯か水を注いでふたをする。温浸剤は熱湯を入れて2～5分、冷浸剤は水を入れて7～8時間。その後厚手のキッチンペーパーなどでハーブを漉して利用。冷蔵庫で保存したり冷凍してもよい。

煎剤のつくり方

用意するもの：樹皮や種子、果実や根茎など。乳鉢などで砕いたドライを、水1カップに小さじ1～2杯目安で使う
● ステンレスかホウロウの鍋に水とハーブを入れ、ふたをして沸騰させたらさらに弱火で5～10分煮出す。熱いうちにキッチンペーパーなどで濾して用いる。冷浸剤と同様に保存できる。

浸出油のつくり方

❶ 広口ビンにフレッシュハーブを8分目まで入れ、ハーブが隠れるまで植物油（キャリアオイル）を注ぐ。冷暗所におき、2～3週間、毎日振り混ぜる。❷ 厚手のキッチンペーパーなどでていねいに濾し、遮光瓶に移して使う。保存は6カ月以内。
＊代表的な浸出油は、カレンデュラ油やヒマワリ油、大豆油を用いたもの。

チンキ剤のつくり方

❶ フレッシュハーブなら広口ビンの8分目まで、ドライなら容器の1/3～1/2まで入れ、アルコール（ウォッカ、ホワイトリカーなど）を瓶の肩まで（ハーブがアルコールの上に出ないように）注ぐ。❷ 冷暗所に2～4週間置き、毎日振り混ぜる。❸ 厚手のキッチンペーパーなどで、ハーブをていねいに濾し、遮光瓶に移して使う。保存はアルコール度数によるが2～3年以内。

※保存容器は必ず煮沸消毒などしたものを使用しましょう。

ハーブとアロマセラピーを安全に楽しむための関連法規

■**医薬品、医療機器等の品質、有効性及び安全性の確保等に関する法律（旧薬事法）**……日本では精油は薬ではなく雑貨です。ハーブやスパイス、ハーブティーや精油はいずれも医薬品や医薬部外品、化粧品のように効能をうたったり、それと誤解される表示や広告は禁止されています。
■**医師法**……医師以外の者の医療行為は禁じられています。アロマセラピーでは病気の診断や治療、投薬はできません。
■**獣医師法**……獣医師以外の者による動物の診断や治療は禁じられています。
■**あん摩マッサージ指圧師、はり師、きゅう師等に関する法律**……あん摩、マッサージ、はり、きゅうは医類似行為にあたり、資格が必要です。
■**製造物責任法（PL法）**……消費者の保護と救済のための法律。精油や植物油、ハーブやスパイス、ハーブティーやクラフト類などを販売する場合に関わります。製造物に欠陥があったり商品表示に不備があることで、消費者に不利益が生じた場合、製造業者には損害賠償責任が生じます。
■**消防法**……精油は引火性物質なので、指定数量を超えて保管する場合は消防法による規制があります。

基本の精油20選

アロマトリートメント、芳香浴、アロマバスなどに使いやすいおもな精油を紹介します。

精油の名前 科名	抽出部位 抽出方法	採油率 ノート	特徴・作用・注意
イランイラン バンレイシ科	花 水蒸気	0.4〜2.5% M〜B	エキゾチックで甘く重厚な香り。不安や緊張を和らげ、うつ状態を緩和する。生理痛や生理不順などに効果的で、ホルモンバランスを整える。皮脂分泌を整える働きがある。鎮痛、鎮痙、抗菌、抗炎症、催乳、血圧降下作用など。 香りが強いので低濃度で使用する。
スイートオレンジ ミカン科	果実 圧搾	0.6% M〜B	爽やかな甘い香り。心身をリフレッシュして元気を取り戻す。風邪や気管支炎、発熱症状を改善する。膝の痛みや肩こりなど、筋肉の硬直を緩め、冷え性や不眠症、便秘の改善に有効。鎮静、鎮痛、鎮痙。
ジャーマンカモミール キク科	花 水蒸気	0.05% M	フルーティーで干し草のような香り。緊張や不安を和らげ、不眠にも有効。かゆみなどのアレルギー諸症状を緩和。ホルモン様作用で生理不順や生理痛を和らげる。カマズレンは植物中に存在しない成分で、乾燥した花を蒸留することによって変化し、濃いブルーの精油になる。 キク科アレルギーや妊娠中の人は使用を避ける。
ローマンカモミール キク科	花 水蒸気	0.15〜0.2% M	青リンゴに似たフルーティーな香りで「大地のリンゴ」と呼ばれる。緊張、不安や怒りを和らげて落ち着かせる。穏やかな作用なので就寝前の芳香浴に使われ、子どもや高齢者にも安心して使える。消炎、鎮痛、抗炎症、解熱、鎮痙、抗痙攣、抗掻痒作用がある。 キク科アレルギーや妊娠中の人は使用を避ける。香りが強いので少量で使用。
クラリセージ シソ科	花・葉 水蒸気	0.05〜1% M	スパイシーで渋みのある香り。精神が不安定で感情の起伏が激しいときに、リラックスさせ、心を鎮めてくれる。無月経や生理痛、更年期障害などの緩和に有効。皮脂の分泌を抑え、フケなどのヘアケアに用いる。鎮痛、抗真菌、強壮作用など。妊娠中や、多量高濃度の使用は避ける。精油を使用して酒を飲用すると悪酔いすることがあるので注意。
グレープフルーツ ミカン科	果皮 圧搾	0.06〜0.1% T〜M	爽やかですっきりしたフルーツの香り。中枢神経のバランスをとり、心を解放して元気にする。神経を鋭敏に積極的にする。リンパ系の循環を促進し、体内の水分の滞留を解消してむくみやセルライト予防などに効果がある。抗炎症、血流増加作用など。皮膚刺激があるので高濃度の使用は注意。光毒性があるので使用直後は紫外線を浴びない。
サイプレス ヒノキ科	葉・果実 水蒸気	0.5〜1.2% T〜B	ヒノキのようなすっきりした香り。怒りを和らげ、イライラする気持ちを落ち着かせる。鬱滞除去の効果があり浮腫や静脈瘤改善に有効。ホルモンバランスや月経前緊張症、生理不順を整える。痔の痛みには座浴が有効。抗炎症、収斂、殺菌消毒、血流増加作用など。
サンダルウッド ビャクダン科	根・芯材 （木の中心部） 水蒸気	4.5〜6% B	ウッディー調のエキゾチックな香りで、宗教儀式や瞑想に利用。呼吸器などの感染症、冷え性の緩和に有効。乾燥性湿疹などに効果的。防虫効果で家具や寺院の装飾に利用。収斂、強壮、催淫作用。 重度のうつ症状や妊娠初期の人は使用を避ける。匂いが強く香りが長く残るので注意。
ジャスミン モクセイ科	花 有機溶剤	0.24〜0.3% M〜B	温性の妖艶な香りで「花精油の王さま」と呼ばれる。神経を鎮静してイライラした気分を和らげ、自信を取り戻して高揚感を生む作用をもつ。男性生殖器にも作用して精液漏などに有効。咳や喉の痛みなど呼吸器系にも働く。収斂、ダニ忌避効果作用。 芳香が強いので少量使用。濃度によって作用が変化するので注意。妊娠中は使用しない。
ジュニパーベリー ヒノキ科	果実 水蒸気	0.24〜0.3% M	スパイスや松脂のような独特の香り。精神的な疲労を回復して不安症を改善。関節痛やリウマチや捻挫、尿路感染症や膀胱炎などに効果がある。体内の老廃物を体外に排出し、むくみなどに役立つ。空気の浄化に役立つ。収斂、抗潰瘍、血圧降下作用など。腎臓に負担をかける可能性があるので、長期間の使用は避ける。妊婦や子どもは使用しない。

抽出方法(P252参照)：水蒸気蒸留法(水蒸気)、圧搾法(圧搾)、有機溶剤抽出法(有機溶剤)
ノート(P253参照)：トップノート＝T、ミドルノート＝M、ベースノート＝B
採油率とは：植物から抽出できる精油量の割合。

精油の名前 科名	抽出部位 抽出方法	採油率 ノート	特徴・作用・注意
スイート マジョラム シソ科	葉・花 水蒸気	0.3〜0.4% T〜M	温かみのある薬草のような香り。自律神経のバランスを改善し、精神的不安を取り除いて気力を高める。心の過剰反応を鎮め、過剰行動を落ち着かせる。血流をよくし、筋肉痛や腰痛、生理痛や冷え性などの症状を和らげる。ヒステリー症状に用いる。抗菌、殺菌、抗炎症、免疫力向上作用も。妊婦は使用しない。性欲減退を起こすことがある。
ゼラニウム フウロソウ科	葉 水蒸気	0.15〜0.3% T〜B	バラを思わせる甘く華やかな香り。不安とうつ症状を鎮めて精神を高揚させ、心と体をリフレッシュさせる。ホルモンバランスを調整し、女性特有の症状に役立つ。老廃物や毒素を体外に排出し、むくみを改善。皮脂のバランスをとって乾性肌から脂性肌まで適応。抗炎症、収斂作用など。妊婦は使用しない。
ティートリー フトモモ科	葉 水蒸気	1.5% T〜M	フレッシュでシャープな香り。精神的に落ち込んだり無気力になったとき、リフレッシュさせ元気にする。強力な殺菌力や抗真菌や消毒作用がある。水虫に効果的。免疫力を高める働きは感染症の予防や症状の緩和をする。膀胱炎、膣炎の症状を改善する。皮膚の弱い人は低濃度で使う。
ネロリ ミカン科	花 水蒸気	0.09% T〜M	シトラス系とフローラルの香り。心を鎮めてリラックスさせ、精神的ショックを和らげる。長期のうつ症状による不眠や腸疾患などに役立つ。月経前緊張症や更年期障害などに有効。皮膚細胞の更新を助け、敏感肌や乾燥肌や老化肌のスキンケアに効果。
フランキン センス(乳香) カンラン科	樹脂 水蒸気	4〜6% B	神秘的でお香のような柔らかい香り。古代から神への捧げ物や瞑想、心身の浄化に使われた。肺を浄化して呼吸をゆっくり深く整える。息切れや喘息、咳などに役立つ。不安や恐怖、緊張を取り除く。老化による肌のたるみ予防に有効。抗菌、利尿、強壮作用。
ペパーミント シソ科	葉 水蒸気	1.5% T	冷性で爽快な香り。冷却と加温の両効果をもち、頭をスッキリさせ心を平静にし、精神的疲労を回復する。消化器系の不調に有効で消化不良や吐き気、胃もたれ、食中毒や口臭予防に利用される。乗り物酔いや鼻づまりにも効果的。鎮痛、抗菌、抗炎症、解熱、肝臓機能促進作用。妊婦、授乳中、乳幼児、てんかんの患者は使用しない。
ユーカリ・ グロブルス フトモモ科	葉 水蒸気	0.7〜1.2% T	鮮やかですっきりした、かすかに樟脳のような香り。心を平静にして精神の集中力を高め、頭脳を明晰にする働きがある。呼吸器系の炎症や咳、鼻づまりや感染症などに有効。リウマチ痛や筋肉痛、打撲などの痛みを和らげる。解熱、血糖値低下作用。妊婦、授乳中、乳幼児、高血圧症やてんかん患者には使用しない。長期間の使用は避ける。
ラベンダー シソ科	葉・花 水蒸気	0.8〜0.85% T〜B	穏やかで少し甘いフローラルの香り。怒りを和らげ、中枢神経のバランスをとって心身の歪みを調和する。喉の痛みや喘息、気管支炎やリウマチの痛みを緩和。血圧を安定させて心拍を整え、不眠の解消に役立つ。細胞の成長を促し、やけどや日焼けなどに有効。鎮痙、通経作用。妊娠初期の使用は避ける。
ローズ オットー バラ科	花 水蒸気	0.01〜 0.04% M〜B	優美で心地よい香り。情緒を安定させ、高揚感や至福感をもたらし緊張を和らげる。ホルモンのバランスを整え、月経前緊張症、生理不順、更年期障害に有効。皮膚への効果が高く、肌の修復、あらゆる肌質のスキンケアに向いている。鎮痛、強壮、抗うつ作用など。妊娠初期の使用は避ける。
ローズマリー シソ科	葉 水蒸気	0.3〜0.5% M	清涼感とやや刺激のある香り。頭の働きを明晰にして記憶力や集中力を高める。精神的な疲労、うつ状態の心を元気にする。リウマチ痛や筋肉痛、生理痛や頭痛などの痛みを和らげる。肌のたるみ、鬱滞やむくみを改善する。フケを抑制し、ヘアケアにも使われる。妊婦、授乳中、乳幼児、高血圧症やてんかんの患者は使用しない。

LESSON 4 クラフト

ハーブクラフトで暮らしを豊かに彩る

昔の人はハーブのもつ香りが病いや災いから身を守ると考えました。
実際、ハーブがもつ防虫や殺菌などの効果を香りとともに生かすクラフトは、暮らしを豊かに彩ります。

ポプリから始まるバリエーション

　ハーブクラフトといえば、サシェやバンドルズ、そしてポプリなどがあります。ポプリとはフランス語の「ポットプーリー」が語源で、ごった煮や混ぜるなど、料理に使われる言葉でした。花、果皮、葉、木の実、木片、樹脂、根、コケ、スパイス、精油などを混ぜて熟成させ、室内を香らせるものです。ふたつきの容器に入れ、香りを楽しみたいときだけふたを外すのが基本です。香りの好みや目的によってレシピがいくつも考え出され、ポプリを布袋に入れるサシェや虫よけのモスバッグ、枕元に置くスリープピローなど、さまざまなハーブクラフトが誕生しました。

　ポプリの歴史をたどると、古代エジプト、古代ギリシアやローマ時代から、薫香とともに室内に置く香りの壺がありました。11世紀には十字軍が地中海沿岸からヨーロッパに多くの芳香材料をもたらし、16世紀にはイギリス女王エリザベス一世の香料好きから手づくり香料が大流行。18世紀にはポプリを入れるポプリポットがヨーロッパ各地で焼かれますが、フランス革命後にポプリは影を潜めます。その後、イギリスでは19世紀に再び流行し、主婦が家伝のレシピからつくったポプリはアメリカにも伝えられ、手づくりの温もりが1980年代に日本でも静かなブームを呼びました。香りを楽しみつつ防虫や殺菌の効果も生かすなど、ハーブクラフトは日々の暮らしを豊かにするアイテムです。

ポプリのつくり方
❶香りの中心になるものを選ぶ。
優しい花の香り：ローズ、ラベンダー
フレッシュな香り：カンキツ類
爽やかな香り：ミント系
❷香りを補うものを選ぶ。
オレンジピール、レモンピール、香りのある葉、木の枝、コケ類
❸香りに深みを出すスパイスやハーブ類を少量くわえる。
シナモン、クローブ、オールスパイス、ハーブ類
❹香りを定着させる精油や保留剤（オリスルートなど）をくわえると、香りが長く持続する。くわえないとナチュラルな香りに仕上がる。
❺よく混ぜ合わせ、密閉容器で2〜6週間混ぜながら冷暗所で熟成させる。

シトラスポプリ

カレンデュラの花が明るい彩り、シトラス系の香りで元気が出るドライポプリ。
● レモングラス1カップ、オレンジピール大さじ2、カレンデュラ大さじ2、ベイリーフ1枚、オリスルート小さじ1、オレンジ精油2〜3滴

モイストポプリ

塩とドライハーブを交互に重ねて熟成させる。ドライポプリより香りがよく長く楽しめる。
● 粗塩2〜3カップ、ローズ（ピンクの花びら）大さじ3、マロウ大さじ3、カレンデュラ大さじ3、スペアミント大さじ3、ローズ精油2〜3滴

サシェ〔A〕

ドライポプリを布袋に入れたもので、身につけたりクローゼットやバッグなどに入れて香りを楽しむ。ポプリは細かく砕いて香りを立たせ、精油や保留剤をくわえ、布袋などに入れる。

ラベンダーバンドルズ〔B,E〕

香り高いラベンダーを花茎ごと用い、クローゼットやバッグの中に入れたり、室内に飾る。ストレスの緩和や鎮痛、防虫や殺菌効果を利用するアイテム。ラベンダースティックとも呼ばれ、開花直前に茎ごと刈り取った花穂で、2〜3日内につくる。11〜15の奇数本の茎を1組にして花首をリボンなどで縛る。花首から180度折り曲げ、花穂と重ねた茎にリボンを交互に通して飾りつける。リボンの種類を工夫したり、綿を詰めたり、花穂を見せるなどのアレンジも楽しい。

エッグポマンダー〔C〕

卵の殻にドライポプリを詰めたもの。テーブルや棚上を飾ったりプレゼントに利用する。洗った卵の殻をじゅうぶんに乾燥させ、小さく切った和紙や布を全体に貼りつけ、穴の縁を補強する。好みのポプリを入れて穴をオーガンジーやレースで塞ぎ、プリント布を貼って仕上げる。

布リース〔D〕

細長い筒状の袋2つに好みのポプリを入れ、編み込んで輪にする。クリスマス用ならニオイヒバ3種、オレンジピール、シナモン、ベイリーフ、フランキンセンス（乳香）がおすすめ。

シューズキーパー〔F〕

消臭抗菌効果のあるハーブとポリエステル綿を布袋に詰め、靴内の臭いを消したり和らげる。ラベンダー、ミント、クローブなどのドライを各10g／1足分。

〔ハーブリース〕

五感を楽しませるハーブリース。香り・色・質感などの特徴を生かし、飾る場所や目的によってテーマを決める。ハーブは、空間を埋めるもの（ミントなど）、美しい葉（緑の濃淡、斑入りなど）、小花（カモミールなど）、アクセントになる（ローズ、カレンデュラ）、ラインになる（ヒソップなど）。空間を埋めるものから配置し、アクセントをつけてラインで動きを出すようにする。

フラワーリース〔A〕
ローズとハーブの緑が引き立て合う。オアシスのリース台を利用。
素材：ロサ・キネンシス'ニンフ'など3種、ラベンダー2種、ローズゼラニウム、レモンマリーゴールド（花）、ムラサキルーシャン（花）、ラベンダー（花）、ステビア、ミント2種、セージ、マザーワートなど

グリーンリース〔B〕
オアシスに水を補給すると、フレッシュハーブを1〜2週間ほど利用できる。
素材：斑入りマートル、ラベンダー、ローズマリー、パイナップルミント、ナツメグゼラニウム、スイートマジョラム（花）、ユーフォルビア（銅葉品種）、シナモンバジル（花）など。そのままドライリースに。

〔A〕

〔B〕

〔C〕

〔D〕

ドライキッチンロープ〔C〕
ドライのレモングラスをリース台に、ニンニク、ローズマリー、タイム、ベイリーフ、シナモン、トウガラシ、スターアニスなどにドライのブーケガルニを添えて。飾ったり料理に使いたい。

スパイシースプーン〔D〕
既製の木製スプーンやフォークにドライスパイスを貼りつけるだけで、台所仕事が楽しくなる。クローブ、スターアニス、トウガラシ、オールスパイスなど。

(タッジーマッジー)

タッジーマッジーとは「芳香をもつ小さな花束」という意味。中世のヨーロッパで悪魔や疫病から身を守るため、殺菌力や霊力のあるハーブを外出時に身につけたのが始まり。いまも復活祭直前の聖木曜日には、ミサに出席するイギリスのエリザベス女王に贈られる。

タッジーマッジー〔E〕
大きめの花を中心に、空間を埋める花やベースになる葉などで丸くまとめ、持ちやすいように茎をリボンなどで結ぶ。

フルーツポマンダー〔F〕
オレンジやレモン、スダチやヒメリンゴなどにクローブをさした香り玉。かつて伝染病患者などと接する枢機卿や医師が防疫のために身につけた。フルーツに竹串で穴をあけてクローブをさす。シナモンなどのポマンダーミックス粉末をまぶし、紙袋に入れて転がしながら1カ月ほど乾燥させ、リボンを飾る。

押し花〔G〕
ハーブの押し花はカードやハーブキャンドルや栞などさまざまなクラフトに利用できる。下の写真は専用の押し花器。ティッシュペーパーと段ボールを利用しても手軽につくれる。輪ゴムやクリップなどでおさえて1週間～10日で完成。

アロマワックスサシェ〔H〕
キャンドルのように火を灯さなくても香りが楽しめる。壁に掛けたりクローゼットの引き出しなどに。ミツロウとパラフィンワックスを湯せんで溶かし、好みの精油をくわえて好みの型に流し込む。ドライフラワーなどを飾り、固まったら型から外す。

LESSON 5 染色
自然の色で染め上げる

草木の恵みに感謝しながら糸や布を染めるハーブ染め。
同じハーブでも栽培場所や採取時期、植物の状態や媒染剤によって全く異なる色に出合えます。
ハーブを煮出すときの香りや染め上げた色は心を癒やしてくれます。

ハーブ染めの歴史

草木染めの歴史は4000〜5000年前に遡るとされ、最も古い出土品としてエジプトのミイラを包んだ藍色の布が挙げられます。アイ自体は紀元前2000年ごろにインドで発見されていますが、古代ギリシアやローマでもすでに広く染料として用いられていました。

日本で最も古い出土品は、弥生時代（紀元前8世紀〜後3世紀）の吉野ヶ里遺跡から出土した、アカネと貝紫（貝の内臓を使った紫色の染め）で縦横の糸を染め分けた絹織物。飛鳥時代には中国や朝鮮半島から、さまざまな染料植物や染色技術がもたらされました。その中で、小野妹子らの遣隋使により伝えられた紫根染めは、ムラサキの栽培が難しいために貴重で、高貴な色とされました。聖徳太子の冠位十二階でも、「紫、青、赤、黄、白、黒」と、最上位の冠の色は紫になっています。同じころ中国から伝わったベニバナも、国内で広く栽培されるようになりました。

平安時代には『延喜式』（P278参照）に染色の基準が挙げられ、中国から伝来した染色文化は日本独自のものへと変わっていきました。またターメリックで染めた紙や布には防虫効果が認められるように、染色と同時に薬効も期待できます。

ハーブ染めとは

ハーブ染めとは草木染めの一種で、ハーブの花、葉、根、木、樹皮、果皮、種子などを煎じ、抽出した染液で染めるもの。ラテン語で書かれた学名にティンクトリア（tinctoria）とある植物は、古くから染色に使っていました。木綿や紙、絹や毛や麻など、多くの素材を染められます。クチナシやウコンなどは染液に繊維を直接浸すだけで染まります。ただ、色を発色・定着させ

るため、染料と繊維の仲立ちをしてくれる媒染剤を用いるのが一般的です。媒染によって色素は安定して発色し、より美しい色に仕上がり定着します。同じ植物でも媒染剤によって全く違った色に染まるのも魅力です。

昔から使われている媒染剤としてはワラ灰やツバキなどの木灰、泥などの天然物がありますが、いまでは市販されている鉄、アルミ、スズ、銅、チタンやクロムなどの水溶性の金属塩類も利用します。中でも、ミョウバン（アルミ媒染）と木酢酸鉄（鉄媒染）は安全で手に入りやすいものです。黄色系の明るい色に染めたいときはミョウバンを使い、グレーやカーキやこげ茶などには木酢酸鉄を使います。ここでは伝統的な染め方ではなく、家庭で行いやすい手軽な方法を紹介します。

下準備〈精練〉

天然の繊維には不純物が含まれているので染色前に取り除きます。羊毛は中性洗剤に浸して洗い、水でゆすぎます。綿は染まりにくいので、洗ったあとに豆乳か牛乳または豆汁（ごじる）に30分ほど浸して乾燥させてから用います。最も染まりやすい素材は絹で、ぬるま湯で洗います。

レモングラスで絹を染める
市販のドライハーブか、栽培しているものを最盛期に採取して利用する。立ち込める香りの中でナチュラルな色合いが生まれる。

染色

①染める布などの重さと同じか2倍のハーブを用意。ステンレスの鍋かボウルに、染める布などの重さの50〜100倍の水を入れ、強火で煮立ててからハーブを入れる。弱火にして15〜20分染液を煮出す（1番液）。ザルなどで染液を濾し、煮出したハーブでもう一度同じ作業（湯の量、煮出す時間は上記と同様）を繰り返して、染液を煮出す（2番液）。

②鍋に2回分の染液（1番液+2番液）と布などを入れ、火にかけ60〜80℃を15〜20分間保って染色。布を動かしながら染めムラを防ぐ。

③ミョウバンか木酢酸鉄を使い濃度3〜10％にした媒染液に軽く絞った②の布を入れ、15〜20分間浸して媒染する。

④③の布を水で洗って絞り、もう一度②の染色を同様に繰り返す。

⑤染色した布を水で洗い、乾いたタオルで水分をよく取り除き、日陰干しにする（生葉のアイなど、天日干しにするものもある）。

染色に用いるハーブと媒染剤による色の違い

ハーブ	木酢酸鉄（鉄媒染）	ミョウバン（アルミ媒染）
レモングラス		
ペパーミント		
タマネギ		
ジャーマンカモミール		
ダイヤーズカモミール		
クチナシ		
ヨモギ		
シナモン		
ビワ		
アイ乾燥葉		無媒染

アイの生葉染め

アイ生葉

日本でアイといえばタデアイをさしますが、本来はインドアイやリュウキュウアイなど、インディゴという藍色の色素をもつ植物の総称。葉に含まれるインディカンという化合物の細胞を壊し、酸素と反応させてインディゴに変化させます。インディカンは熱で不活性になるため、火を使わずに空気酸化で発色。ハーブ染めで唯一生葉で染められ、染液を発酵させたり媒染剤を変えると多彩な色に染められます。

多彩な色が生まれるアイの生葉染めの不思議

[染め方]

① 染める布などの重さと同じか2倍の生葉（葉のみ）を用意。その10〜20倍の水をくわえて約1分ミキサーにかける。葉が多量なら分けて作業を繰り返す。これを布や洗濯ネットなどで漉して染液とする。
② 染液に布を15分間浸し、その間2〜3回は布を軽く絞って広げ、空中で振って酸化させる（染色時間が長すぎると澄んだ青色にならないので注意）。
③ 布をさらに絞って過酸化水素液（オキシドール5％水溶液）に10分間浸して発色させる。
④ 布を水洗いしてタオルで水気をとり、天日干し。

〔上級者向けの染色〕

紫根染め

ムラサキの根からとった染料で染め重ねると、落ち着いた深みのある紫色に染まる。紫根は日光に弱く、気温が高いと色が変化しやすいので寒中染めに適す。熱湯と食酢に紫根を入れてもみほぐして色素を取り出す。

紅花染め

素材として花弁を使用するのが珍しい。花弁は黄色と赤色の色素をもち、染め方により染め分けられる。紅く染めるには、水溶性の黄色素を洗い出して赤色素だけを残し、これを炭酸カリウムなどのアルカリ性の水で抽出し、食酢などの酸で中和・発色させる。

桜染め

優しいサクラの花色を思わせる染色には、サクラの小枝や葉、樹皮や幹材を用いる。煮出し染液は一晩以上寝かすと赤みが増す。

LESSON 6 栽培
ハーブを元気に育てる

ハーブは一年草から樹木までさまざまな種類がありますが、多くは丈夫で育てやすい植物です。
原産地にできるだけ近い環境を整え、土づくりからふやし方まで基本のポイントを押さえて育てましょう。

土づくり

土と根が大事

　ハーブを元気に育てるために一番大切なポイントは土づくりです。土中の空気が不足すると植物の根は酸欠状態になり、水分や養分を吸収する力が弱まります。根の働きを活発にするには、適度に空気を含むフカフカの土が必要です。

　フカフカの土は有機質をほどよく含み、ミミズや微生物が豊富で、その排出物や水分で土壌粒子が結合した団粒構造になっています。軽すぎず重すぎず、適度な水分があり、握ると固まりますが、突くとほぐれるイメージです。硬く湿りすぎる土はよく耕して土中に空気を取り込み、完熟堆肥や腐葉土などの有機物を施します。

　根を元気に育てれば植物はよく育ちます。それには土の通気性、保水性とともに余分な水をためない排水性、保肥性が大切です。とくにコンテナ栽培では限られた用土で根を育てるため、上記の条件を備える培養土を使用。鉢底には水はけをよくするために軽石や赤玉土大粒などを敷きます。ハーブを健全に育てるためには、市販の野菜用培養土70％＋赤玉土小粒20％＋完熟腐葉土5％＋発酵牛糞5％をブレンドします。

　また、根が養分を吸収するのに土の酸度の影響も受けます。ほどよいpH5.5〜6.5に調整するため、有機栽培では石灰ではなく草木灰を用います。

↑古い根ばかりがみっしり張ったパセリの苗。このままでは新しい根が伸びないので、根に切り込みを入れたり、根株をくずして定植する。

→左側の用土は有機質が少なく乾き気味。右側は有機質を含み、握ると固まりかけるフカフカの土。

日々の手入れ

水やり

畑や庭などで育てるハーブの多くは地下30〜40cmに根を伸ばします。長期間雨が降らなくても土中の水分を利用できるので、よほど乾燥しない限り水やりの必要はありません。一方、コンテナ栽培では土の容量が少ないので、成長に合わせて植えかえをし、水の管理をまめにします。

基本は「土の表面がよく乾いたら、鉢底から流れ出るまで株元にたっぷりやる」こと。その際、花や葉には水をかけないようにします。ハーブは地中海沿岸などの乾燥地帯に自生するものが多いので、土が常に湿った状態では根腐れするので注意。水やりの間隔をあけ、乾き気味に育てます。

摘芯や切り戻し・中耕

摘芯、枝透かし、わき芽摘みをして込みあった茎枝を減らし、風通しをよくします。とくに梅雨前や生育のさかんな時期、冬前には切り戻しを行いましょう。摘芯するとわき芽が育ち、枝や葉数がふえてたくさん利用できます。花が咲いたり種子をつくると葉が堅くなったり株が消耗するので、摘芯や花がら摘みをします。また、土の表面が硬くなり、水や養分の吸収が悪くなるので土の表面を中耕します。

季節のポイント

雨ではね上がった土が茎葉に付着すると病気になりやすいので、梅雨前などは株元にワラやバーク(おもにマツ類の樹皮)を敷きます。

冬越しの準備はイチョウが色づくころを目安に、熱帯産のハーブや非耐寒性のハーブを鉢上げし、屋内に取り込みます。掘り上げられないものは霜よけとして寒冷紗や不織布で株を覆ったり、凍害防止にビニールトンネルをかけます。

肥料について

肥料の三要素とは

植物が健全に育つにはチッ素・リン酸・カリという三要素と、カルシウムやマグネシウム、イオウなどの微量要素が必要です。チッ素は葉肥とも呼ばれ、おもに茎葉を育て養分の吸収を促進。リン酸は実肥と呼ばれ、開花や結実を促進。カリは根肥と呼ばれ、根を育て病害虫などへの抵抗力を養います。

ハーブは肥料分が多いと成長はよいものの、香りが弱くなるので、堆肥や完熟腐葉土だけでもじゅうぶんです。ただし、花や実を利用するもの、食用とするハーブには骨粉や多めの有機質肥料が必要です。肥料には動植物を原料とする有機質肥料と、化学合成でつくられる無機質肥料があり、自然志向の強いハーブの栽培には有機質肥料や堆肥を使います。

ハーブ苗を植えるときは肥料効果が長く続く緩効性で有機

質の固形肥料を元肥として与え、花や実を利用するものには、リン酸分の多い骨粉などをくわえます。成長過程で栄養分を補う追肥には、チッ素分の多い肥料にします。コンテナ栽培では1～2カ月ごとに固形肥料（油かすなど）を追肥として与えます。

病害虫の対策

ハーブは香り成分（防虫性など）をもつものが多いので、もともと病害虫に強いのが特徴です。けれども、環境が悪いとうどんこ病や立枯病になり、アブラムシやヨトウムシなどの害を受けます。毎日よく観察をして、害虫は見つけたらすぐ駆除し、防虫ネットなどの対策をしましょう。ハーブの成分を利用した病害虫忌避剤や、植物や食品由来の市販の消毒薬を上手に使いましょう。

ハーブでつくる病害虫忌避剤

●使えるハーブ
抗菌・殺菌効果……シソ、スイートバジル、ペパーミント、コモンセージ、コモンタイム、ジャーマンカモミール、ニンニク
防虫効果……クローブ、シナモン、タンジー、フィーバーフュー、サントリナ、ワームウッド、ヨモギ
有毒なアルカロイドを含む……ヒガンバナの球根、アセビ、ジョチュウギク
抗菌作用のある生薬……ドクダミ、オオバコ、スギナ
材料：上記のハーブから入手できるものを混ぜて1～2握り、ニンニクやヒガンバナ球根各2～3個、トウガラシ5～10個、木酢液20mℓ

●つくり方
❶ホウロウかステンレスの鍋に水1000～2000mℓと粗く刻んだ植物を入れ、火にかける。❷沸騰後、ふたをして弱火で煮詰め½～⅔にまで煎じる。❸そのまま冷ましてハーブを濾し、木酢液をくわえて日陰で保存。

●使い方
30～50倍に薄め、ぬるま湯で溶かした粉せっけんを展着剤としてくわえて植物に散布する。

ふやし方

種まき

春まき：バジルやナスタチウムなど春から育てるのに向くハーブは、夏に旺盛に繁殖し、冬には枯れるか生育を停止するものが多い。

秋まき：ジャーマンカモミール、コリアンダー、ルッコラなど。秋から育てるハーブはキク科やセリ科やアブラナ科に属するものが多く、料理に使うものが多い。基本的には二年草で寒さに強く、多くは冬に茎を伸長しないで地際から葉を広げてロゼット状になります。冬の低温・短日条件下で花芽を分化し、暖かくなると開花、結実して枯れます。

種まきの方法：直まきと、セルトレーにまいて発芽した苗をポリポットに移植して育苗、定植する方法があります。育苗は直まきに比べて手間と資材がかかり、場所も必要ですが、失敗しにくい方法です。
❶清潔な種まき用土をセルトレーの9分目ほどまで入れ、上に種を置き軽く土をかぶせる。❷新聞紙で覆い、底から水を吸わせて発芽まで乾燥させないように、植物ごとの発芽適温を保つ。❸発芽したら新聞紙を外して光を当て、本葉が3～5枚になったら培養土を入れた3号ポットに移植。❹風通しのよい明るい日陰で1～2週間育てて、日当たりのよい場所に定植。

挿し木

ラベンダーやローズマリーなどの低木やシソ科やキク科などが挿し木に向きます。用土は市販の挿し木用や無肥料で空気の層が多い芝の目土、赤玉土の小粒などを使います。

❶10cmほどの挿し穂の先端を切る(頂芽をとめる)、茎を斜めに切って下葉を取り除く。❷1時間ほど吸水させた挿し穂の2節が埋まるように用土に挿し、土をそっと寄せる。❸日陰で1～2カ月ほど管理して、側芽が出てきたら植え替える。

株分け

ミント類などは大株になったら、根を切り分けて株の若返りを図ると同時に、株をふやします。真夏と真冬以外の時期が向きます。

根伏せ・取り木・枝伏せ

タンポポやスイートバイオレットなどは花が終わって地上部が枯れたら掘り上げ、長く伸びた根を2つ～3つに切り分けて横に寝かせて軽く覆土します。取り木、枝伏せは、這っている枝に土をかぶせて発根させ、ふやす方法。ワイルドストロベリーなどは伸びたランナーを切って、先端の子株でふやします。

球根や鱗茎（りんけい）

花後に花を切りお礼肥をして、球根を太らせて分球を図ります。地上部が枯れたら球根を掘り上げ、風通しのよい所で乾かし、保存し翌年に植えます。

収穫

晴天が2日ほど続いた朝、露の乾いた9時過ぎが収穫適時。花弁は当日咲いたものを収穫。葉は成分が一番濃い発蕾から開花初期に。根は地上部が枯れたら掘り上げます。一・二年草は成葉が6～8枚以上になったら、多年草は成葉3～4枚を茎に残して上部位を採取。樹木類は次の枝が残るように数枚の葉を残します。

乾燥

手元の葉を落とし小束に分けて麻ヒモなどで留め、風通しのよい日陰に間隔をあけてつるします。茎が太いものは葉を外し乾燥。コモンマローなどの花弁はきれいな色を残すために、電子レンジや乾燥器で素早く乾燥させます。種子は紙袋に入れて風通しのよい所に逆さにつるします。チコリやタンポポの根は水洗いしてスライスし、ザルに広げて乾燥します。

保存

カラカラに乾いたら植物名、日付を書いて保存します。花色を残したいときは保存袋などに入れて冷蔵保存。葉は光が当たらない所に乾燥剤を入れた保存瓶で。葉が乾燥すると色がきれいに残らないパセリ、青ジソ、バジル、フェンネルなどは刻んで流水をかけ、しっかり水切りをしてアクを取り、ラップに広げ冷凍保存します。ショウガやワサビは丸のまま冷凍し、使うときにすりおろすとよいでしょう。

イラストでわかる「植物のつくり」

ハーブの花や葉の形、つき方などは種類によってさまざまです。その中でおもな形や呼び方を知ることで名前が覚えやすくなります。本書の図鑑ページにある各ハーブの形態を読む手がかりにも利用できる図解です。

花のつくり

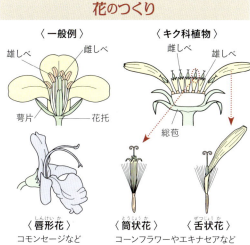

葉のつくり

花のつき方

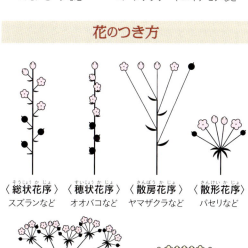

葉のつき方

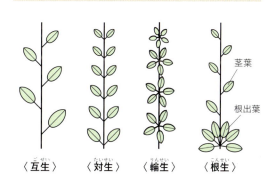

根と地下茎

果実の形

ハーブの歴史

祈りや医薬品として古代文明で重用

　人類とハーブの関わりは、いつごろ始まったのでしょう。文献がない時代に関しては、遺跡の出土品などから推測するしかありません。

　チグリス・ユーフラテス川流域では、紀元前3300年ごろにシュメール人によりメソポタミア文明が起こり、実権を握ります。シュメール人は貿易にも長けており、古代エジプトとの交流も行われていました。メソポタミアで育つ芳香植物や、インドやペルシャ湾岸からもたらされるスパイス、アラビアからの芳香樹脂などは、重要な交易品として扱われました。

　使われていた文字は楔形文字で、粘土板に彫られたものが数多く出土しています。そのなかに薬草として使われていた植物名が約250種あることが判明

ディオスコリデスの『薬物誌』より。
©PPS通信社

し、処方箋も解読されています。当時、カモミールやセンナは胃腸薬に、ケシやヒヨスは鎮痛薬として使われていたようです。

　古代エジプトでは紀元前3000年ごろ、第一王朝が成立。人々は太陽神「ラー」を信仰し、神殿ではラーのために香が焚かれました。その際、朝は乳香、昼は没薬、夕方にはレモングラス、ジュニパー、ショ

16世紀初めのドイツのライヒェナウ修道院の庭（薬草園の女たち）。©PPS通信社

ウブ、シナモン、ミントなどさまざまな香りを混ぜた「キフィ」(P105参照)という香料が使われていました。

ミイラづくりが最もさかんだったのは、第四王朝(紀元前2600〜2500年)のころです。内臓を取り出し、ナトロン(乾燥剤)などを用いて死体を乾燥させた後、おがくずなどとともに、シナモン、没薬、ジュニパーなど防腐作用のあるハーブ類を詰め、油や樹脂を塗りながら亜麻布で巻いてミイラをつくりました。

植物を病気の治療に使う方法も、かなり知られていたようです。紀元前1550年ごろに書かれたとされる『エーベルス・パピルス』には、病気の治療法や植物性、動物性、鉱物性の薬などが記載されています。

王侯貴族の間では、室内で薫香を焚いたり体に香油を塗るなど、植物の香りの活用もさかんでした。プトレマイオス王朝(紀元前1世紀ごろ)の女王クレオパトラが毎日バラの香水風呂に入り、ダマスクローズ(ロサ・ダマスケナ)の花びらからとった香料を肌に塗っていたというのは有名な話です。古代エジプトで始まった香油などの製法は、後にギリシアやローマにも広まっていきました。

旧約聖書からは、紀元前1800年ごろの古代イスラエル人の生活や歴史が垣間見えます。アロエ、セージ、クミン、シナモン、ショウブ、マスタードなどハーブの名も多く登場することから、当時の人々と植物の関わりが察せられます。

一方、インドでは紀元前2300〜1800年ごろ、インダス川流域にインダス文明が起こり、モヘンジョダロやハラッパーなどの遺跡が残されました。当時の人々は神々への供物として、寺院で香を焚きました。紀元前1500年ごろには、アーリア人がインドを支配するようになり、神々への讃歌や儀礼が『リグ・ヴェーダ』としてまとめられます。そのなかのひとつ『アタルヴァ・ヴェーダ』には、薬草や病気の治療法についても多く書かれています。この『アタルヴァ・ヴェーダ』を整理して生まれたのが、ヒンドゥー教を基盤としたアーユル・ヴェーダ医学です。アーユル・ヴェーダ医学は中国医学やチベット医学、古代ギリシア医学などに大きな影響を与えたといわれています。

医学や博物学が花開いた古代ギリシアやローマ時代

古代ギリシアでは紀元前700年ごろから、医神アスクレピオスの名を冠した療養施設のある神殿が各地に建てられました。当時の医師のなかでもひときわ優れていたのが、「医学の父」ともいわれるヒポクラテス(紀元前460年ごろ〜377年ごろ)です。ヒポクラテスは迷信に頼らず、科学的な根拠に基づいた医学を確立しました。治療には多くの薬草が使われましたが、健康維持のために香料を入れた風呂に入り、香油を用いてマッサージすることも勧めました。

ヒポクラテスの知的後継者と目されるのが、アリストテレスの弟子であるテオフラストス(紀元前372年ごろ〜287年ごろ)です。テオフラストスは「植物学の父」ともいわれており、『植物誌(Historia Plantarum)』には約500種の植物の記載があります。

ギリシアとローマは数回の戦争を経た後、ローマが勝利。ローマ帝国がギリシアを支配するようになります。古代ギリシアの学問文化はローマ時代に引き継がれ、さらに発展し、大きく開花しました。薬学や植物学もその一分野で、ローマ軍付きのギリシア人軍医であったディオスコリデスによって記された『薬物誌(De Materia Medica)』には、600種類以上の植物が効用別に分類されています。全5巻からなるこの書物は、17世紀に入るまで、ヨーロッパとアラブの薬学や植物学の基礎とされました。

同時代の博物学の大家、大プリニウス(23年ごろ

〜79年ごろ)は、全37巻からなる『博物誌(Historia Naturalis)』を記しました。そのなかで医薬用、料理用、ワイン用など、ハーブの利用法や効能について6巻を費やしています。例えばフェンネルの茎や花を塩や酢に漬けて冬用に保存したといった記載もあり、当時ハーブがどのように利用されたか知ることができます。ちなみに大プリニウスは、79年のヴェスビオ火山の噴火で命を落としました。

料理の分野では、4世紀に編纂された『アピキウスの料理帖(De Re Coquinaria)』に、マジョラムやマートル、クミン、フェンネルなどハーブを使ったレシピが数多く登場します。古代ローマの豊かな食文化のなかでハーブがどのように使われたか、いまに伝える大事な資料といえます。

アラブ世界の発展と
ハーブが定着した中世ヨーロッパ

476年に西ローマ帝国が滅亡してからは、文化、科学の中心はアラブ世界へと引き継がれました。医学や薬学の分野でもさまざまな理論書や研究書が記されましたが、イスラム医学の集大成ともいえるのが、イブン・シーナーの『医学典範』です。この本はラテン語に訳され、ヨーロッパでは近代医学が起こるまで、医学教科書として使用されました。

ヨーロッパで「中世」と呼ばれるのは、一般的に5世紀ごろから15世紀末までです。戦乱や疫病も多く、修道院には薬草園が併設され、修道士や修道尼が薬草や薬酒を使って人々の治療に当たりました。そのなかでハーブに関する知識も集積され、書物も書かれました。

フランク王国カール大帝(768〜814年在位)は「御料地令」を出し、ヨーロッパ全土で栽培すべき植物を提示しました。そのなかにはアニス、ディル、ローズマリー、セージ、チャイブ、ミントなどのハーブも多く含まれています。

中世の城や荘園、農場の庭園には、ハーブ園も設けられました。幾何学的な形にデザインされたハーブ園や花壇の周りは、刈り込まれたヒソップやラベンダー、マートルなどで縁どられました。当時の庭園は観賞的にも価値があると同時に、薬園や菜園としての役目も果たしていたのです。

民間ではハーブは料理や医薬品としてだけではなく、種類によっては魔よけの力があるとも信じられていました。ペストなどの疫病が流行すると、人々は防疫のためにハーブやスパイスを身につけ、また、悪霊などをはらう魔よけとして部屋にハーブを置いたり、焚いたりしました。ポマンダーやタッジーマッジーが広まったのも中世ヨーロッパです。

大航海時代を経て
拡大するハーブの世界

1445年ごろに活版印刷が発明されると、次々に本が出版され、薬学や医学の分野も大きく発展しました。とくにイギリスでは、植物と人々との関わりを書いた本が何冊も出版されます。なかでもジョン・ジェラード(1545〜1612年ごろ)の『ザ・ハーバル(ジェラードの本草書)(The Herbal or General History of Plants)』やニコラス・カルペパー(1616〜1654年)の『カルペパー ハーブ事典(Culpeper's Complete Herbal)』は、いまも読み継がれています。

それまでスパイスの貿易はおもにアラブ商人に独占され、ひじょうに高価でした。そこでスパイスを独自のルートで手に入れようと、「大航海時代」と呼ばれる時代が始まります。中国で発明された羅針盤の登場もあり、活発な海外進出が諸国に起こります。その結果、アメリカ大陸を発見したコロンブス(1451年ごろ〜1506年)がバニラやレッドペッパー、オールスパイス、カカオなどを持ち帰り、それまでヨーロッパにはなかった植物が紹介されました。

1600年、イギリスは東インド会社を設立。1602年にはオランダの東インド会社が設立されます。オランダはモルッカ諸島を占領し、クローブやナツメグなどを独占しました。この後、スパイスをめぐって、ヨーロッパ各国間で覇権争いが繰り広げられます。

15〜16世紀には上流社会を中心に、香水が流行します。1533年、イタリア・フィレンツェのカトリーヌ・

ド・メディシスが後のフランス王アンリ2世と結婚する際、イタリアからお気に入りの調香師を2人連れていきました。彼女はイタリアで流行していた香水を染み込ませた手袋も、フランスにもたらします。その生産地となったのが、もともと皮革産業がさかんで、地中海が近く気候風土が香料の原料となる植物を育てるのに向いていた南仏のグラースです。いまでもグラースは香水の町として知られ、香水会社が軒を並べ、郊外ではラベンダー、カモミール、バイオレット、ローズ、オレンジ、ジャスミン、ゼラニウムなど香水の原料となる植物の畑が広がっています。

近代医学の発展とハーブ

植物を「本草学」の世界から科学へと導いたのが、カール・フォン・リンネ（1707〜1778年）です。リンネは植物の分類体系を確立し、植物学の発展に貢献しました。

17世紀になると、ヨーロッパからアメリカへの移民が始まります。その際、医薬品や料理の材料としてハーブが持ち込まれ、新大陸に根づきました。一方でモナルダなど、新大陸の植物もヨーロッパにもたらされました。こうしてハーブの世界は、少しずつ枠を広げていくことになります。

19世紀になると日本では、長井長義（1845〜1929年）が麻黄からエフェドリンを抽出することに成功。その後各国では、医療のために植物全体を使うのではなく、植物から化学物質を取り出して利用する方法が進んでいきました。やがて化学物質を合成する研究も進み、医薬品といえば製薬会社がつくるのが一般的になりました。

一方でホリスティックな考えに基づいた植物のもつ力も見直されるようになります。フランスの化学者のルネ＝モーリス・ガットフォセは、アロマ（芳香）とセラピー（治療）を合成した「アロマセラピー」という言葉をつくり、1937年に『AROMA THERAPIE』を出版。その後フランスの医師ジャン・バルネが『植物＝芳香療法』を著し、精油を医療現場に導入しました。20世紀後半になると、アメリカではベトナム戦争に異議を唱える若い人々が1960年代から自然回帰の運動を起こし、その流れのなかでハーブが改めて注目されるようになりました。また、イギリスのロバート・ティスランドは1969年にアロマセラピーの実践を開始。1985年には『アロマテラピー＝芳香療法の理論と実際』が邦訳され、アロマセラピーは世界的に広がっていきました。

生薬の知識が集積された中国の伝統医療が日本へ

中国では紀元前2000年ごろ、石や骨で患部を刺激する鍼の療法が発達。いわゆる中国医学の歴史が始まります。前漢（紀元前202〜8年）の時代には、中国最古の医書『黄帝内経』が編纂されます。後漢末から三国時代には、さらに医学・薬学が発展、中国最古の本草（薬物）書『神農本草経』が編纂され、350種を超える植物、動物、鉱物が収録されています。

中国の本草書のなかでも最高峰といわれているのが、明の時代の李時珍（1518〜1593年）による『本草綱目』で、その出版以来伝統的な医療に大きな影響を与え、その後、中医学の名で統一理論が確立され、いまもさらに発展しています。

中国伝統医療は、5〜6世紀にはすでに、朝鮮半島経由で日本に伝わりました。室町時代には、現在「漢方医学」と呼ばれるものの礎が築かれました。後に、江戸時代の本草学者で儒学者の貝原益軒が著した『大和本草』は、江戸最高峰の本草書として評価されています。

日本にも縄文時代からさまざまなハーブと深く関わってきた歴史があります（P154「日本で愛されてきたハーブ」）。このように洋の東西を問わず、はるか昔から人類とともにあったハーブ。ときには医薬品として、また料理の友、心と体を癒やしてくれる自然の恵みとして、これからも私たちの傍らに寄りそってくれることでしょう。

用語解説

あ

アルミ媒染（ばいせん） →媒染

アレロパシー 植物が他の植物の成長を抑える物質を出したり、微生物などに影響を及ぼすこと。他感作用ともいう。

一年草（いちねんそう） 種子が発芽して1年以内に開花、結実し、種子を残して枯死する草本。種をまいてから四季を経て、翌年度に開花するものを二年草という。

羽状複葉（うじょうふくよう） 葉が羽状に切れ込み、葉軸の左右に小葉をつけた配列の葉。→イラストP271

栄養繁殖（えいようはんしょく） 胚や種子ではなく、根や葉など、植物体の一部（栄養器官）から新しい個体を生じる無性生殖。挿し木や接ぎ木、株分けや組織培養をさす。

液果（えきか） 成熟後に果皮が乾燥する乾果に対して、果皮が肉質で水分を含む果実の総称。内果皮が硬化して核となるウメなどの石果（核果）を含む。→イラストP271

エディブルフラワー 食用にできて料理の彩りに用いる花。

瘀血（おけつ） 東洋医学の考え方で、鬱血や血行障害などによる血の滞り。血液が流れにくい状態とは異なる。

か

塊茎（かいけい） 短縮した地下茎が肥大して塊状になったもの。ジャガイモやクワイなど。

塊根（かいこん） 根が養分の貯蔵機関として塊のように肥大したもの。シャクヤク、キキョウ、サツマイモなど。

疥癬（かいせん） ヒゼンダニの寄生で感染する皮膚疾患。

花芽分化（かがぶんか） 生殖のために花や花序を展開する花芽をつくること。花芽は葉芽に比べて大きく丸みがあり、気温や日長の影響を受けて分化する。

花冠（かかん） 複数の花弁（花びら）の集まった花の器官。雄しべと雌しべを保護し、ハチなどの花粉媒介者を誘う。

核（かく） 果実（石果）の果肉の中で、内部にある種子を保護するため内果皮が硬い石細胞となっているもの。ウメなどで一般にタネと呼んでいる部分。その中に種子がある。

萼（かく） 一般には花弁の外側にあるもの。植物によっては花弁と同様になり（ユリ）、ないことも（ドクダミ）。

殻斗（かくと） ブナ科植物で、子房を包んでいる苞葉の集まり。ドングリの椀やクリのイガなど。

花序（かじょ） 枝につく花の配列の状態。→イラストP271

花床・花托（かしょう／かたく） →花柄

花芯（かしん） 花の中心、しべの総称。

果穂（かすい） 小さな果実がたくさん穂状に集まったもの。

花柱（かちゅう） 雌しべの先端（柱頭）と子房の中間。

花嚢（かのう） 花をつける袋状のもの。開花しないまま実が育つ無花果などで、果実に見えるものが花を内包した花嚢。イチジク状花序ともいう。

花柄（かへい） 花を支える枝。花柄の末端の部分を花床または花托という。花後に果実を支えるときは果柄という。

冠毛（かんもう） キク科などの植物で果実の上に束になって生える毛状の突起。ダンデライオンの綿毛など。

帰化植物（きかしょくぶつ） 外国から侵入して野生化に成功した植物。シロツメクサやイブニングプリムローズなど。

偽果（ぎか） 子房でない部分が果実状になったもの。花托が成長したのがナシやビワの実。芯の部分が本来の果実。

球果（きゅうか） スギやマツなどの裸子植物で、木化した鱗片状の葉が球状に集まってできている果実。マツカサなど。

距（きょ） 萼や花冠の基部あたりから突き出た部分。ナスタチウムやスイートバイオレットなどに見られ、内部に蜜腺がある。

鋸歯（きょし） 葉や苞葉の縁に見られる細かい切れ込み。

グレナデンシロップ ザクロと砂糖でつくるノンアルコールのシロップ。近年はラズベリーやカシスなどが原料に。

コーディアル ハーブやフルーツを漬け込んだ伝統的な濃縮飲料。ヴィクトリア朝時代には薬として利用されていた。

好光性種子（こうこうせいしゅし） 発芽に光が必要なもので、種まきの覆土は薄くする。ニンジンやバジルなど。

香調（こうちょう） 香りの系統を表したり、成分をさす言葉。ノートとも呼ぶ。

互生（ごせい） 茎の節に葉が1枚ずつ互い違いにつく。

根茎（こんけい） 茎が地下や地表面を這うように伸びて根のように見えるもの。ハスやショウブなど。→イラストP271

根生葉・根出葉（こんせいよう／こんしゅつよう） 地下茎の基部につく葉。茎が極端に短くて地際に出る。→イラストP271

さ

蒴果（さくか） 乾果の中で乾燥した果皮が基部から上に向けて裂け、種子を放出する果実。アヤメ科の植物など。

自家結実性（じかけつじつせい） 自分の花粉で受粉して実をつけるもの。自家不結実性では1本だけ植えても結実しない。

雌蕊（しずい） 被子植物の花にある雌性生殖器。雌しべ。

刺毛（しもう） 内部に刺激のある液を蓄えている毛。

シャルトリューズ酒 カトリック教会の修道会に伝わる薬草系リキュールの銘酒。フランスを代表するリキュール。

雌雄異株（しゆういしゅ） 雄花と雌花が別々の株に生じる。イチョウなどの樹木に多い。雄株には実がならない。⇔雌雄同株

宿根草（しゅっこんそう） 生育に適さない冬や乾燥期などに地上部は枯れても、地下部が生きて条件が整うと再び発芽して開花する多年草。キキョウやシャクヤク、フキなど。

仁（じん） 果実の堅い核に入っている柔らかい胚と胚乳の総称、種子の核。ナツメグやイチョウは仁を食用にする。

唇形花（しんけいか） 花弁が一体化して筒状になり、筒先が上下に割れて唇のように見える花。→イラストP271

浸剤・浸出液（しんざい／しんしゅつえき） ハーブや生薬を水または湯に浸して成分を抽出したもの。水で抽出したものは冷浸剤、湯で抽出したティーを温浸剤と呼ぶ。

石細胞（せきさいぼう） 植物の細胞壁が厚くなって木化した状態。マルメロやナシなどに起こりやすい。

舌状花（ぜつじょうか） キク科のダンデライオンなどで、花弁に見える舌状のひとつずつ。→イラストP271

煎剤・煎液（せんざい／せんえき） ハーブや生薬を水から煮て成分を抽出した液剤。煎じ薬。

センチュウ 生物に寄生したり、土中に生息する線形動物。植物では根に寄生してコブをつくるなど、被害を与える。

腺点（せんてん） 葉裏などにあって蜜や油、粘液などの分泌液

を出す器官。油点(腺)ともいう。
腺毛(せんもう) 粘液などを分泌する毛のような突起物。花の蜜腺の毛などで、昆虫を呼び寄せたりする。
痩果(そうか) 乾果の中で、ひとつの種子をもつ硬く乾いた果実。ダンデライオン、オミナエシなど。
総苞(そうほう) →苞、苞葉

た・な

袋果(たいか) 乾果の中で袋状の果実のこと。熟すと複合線から縦に裂ける。アケビやスターアニス、シャクヤクなど。
耐寒性(たいかんせい) 植物では氷点下の温度に耐える能力をいう。凍結を回避したり耐えられる能力がある。
対生(たいせい) 茎の節を挟むように2枚の葉がつくもの。
托葉(たくよう) 葉柄の基部に生じる葉状片。鞘状に葉柄を巻いたり、トゲ状になるものもある。→イラストP271
建て染め(たてぞめ) 水に溶けない色素を微生物による発酵や薬品を利用して可溶性に変え、繊維に染み込ませてから空気酸化させて発色させる染色法。還元染法ともいう。
多年草(たねんそう) 多年にわたり開花、結実を繰り返す草本。宿根草を含む。
単為結果(たんいけっか) 受精しないで子房壁や花床が肥大し、核のない果実になるもの。バナナやウンシュウミカンなど。
単葉(たんよう) 葉身に深い切れ込みがないか、あっても主脈まで達しない葉。ヤツデなど。→イラストP271
長日植物(ちょうじつしょくぶつ) 昼間の時間が一定より長くなる(夜が一定以下に短くなる)ことで花芽が形成される植物。アブラナやダイコンなど。キクやシソは短日植物。
摘芯(てきしん) 枝先に伸びる伸長力旺盛な芽を摘んで生育を抑え、ほかの部分に栄養を回して植物の姿を整える。
頭花・頭状花序(とうか/とうじょうかじょ) おもにキク科の花で、多数の花が集まってひとつの花に見える。花序軸の先は平坦な花床、花序の下に総苞。→イラストP271
トウが立つ(とうがたつ) 薹が立つ。フキやアブラナ科の植物などで、花茎が伸びて茎葉が硬くなる状態。食べごろが過ぎてしまうこと。
軟化・軟白(なんか/なんぱく) 暗い場所で栽培したり覆いをかけたり、茎葉に土を盛り上げて日光を遮り、植物を軟らかく仕上げること。ウドやミツバなどで行う。
ノットガーデン ノットとは綱の結び目のことで、ツゲなどの常緑低木でその模様を描いたガーデン。低木で縁取った区画にハーブなどを植えた。16世紀ごろのチューダー様式。

は

ハーバリスト ハーブの専門家や愛好家、採集家。有用で安全なハーブの使い方を指導できる人。→P191
胚軸(はいじく) 発芽した植物の子葉と幼根の間にある茎のような部分。カイワレダイコンなどの双葉と根の間の部分をいう。
媒染(ばいせん) 繊維に染料を定着させる工程。古くは灰や土を媒染剤として使い、現在はミョウバンを利用するアルミ媒染などが行われる。媒染剤にはほかに鉄やクロムなどの金属塩やタンニン酸などが用いられる。
バルサム 樹木が分泌する粘度の高い液体で、強く香る。樹脂が揮発性の油脂に溶けたもの。マツヤニなど。
被子植物(ひししょくぶつ) 将来、種子になる胚珠を子房が覆って見えないタイプの植物。↔裸子植物

複散形花序(ふくさんけいかじょ) 散形花序は花序軸の先に、ほぼ同じ長さの花柄をもつ多数の花が傘状につくものをいう。その花軸の上にさらに散形に花をつけるものが複合花序。セリ科植物に多くみられる。→イラストP271
複葉(ふくよう) 葉身の切れ込みが主軸まで達し、2個以上の小葉が集まって共通の葉柄につくもの。ナンテンは羽状複葉、アケビは掌状複葉。→イラストP271
不定芽(ふていが) 通常の芽が茎頂や葉腋近くから出るのに対して、それ以外の節間や葉などから不規則に出る芽。
不稔性(ふねんせい) 胚をもつ種子を生じないこと。植物の花が咲いても種子のできない現象。
閉鎖花(へいさか) 花が開かないまま自家受精して果実を結ぶ花。スイートバイオレットやホトケノザなどに見られる。
苞、苞葉(ほう/ほうよう) 花や花序の基部にあり、複数の花蕾を包んで保護するもの。花弁や萼などに見える植物もある。花序全体の基部を包むものは総苞。
保留剤(ほりゅうざい) 香料を調合するとき、各成分の香りが飛びすぎないように揮発性を落とし、香調のバランスを整えるために添加する助剤。補香剤ともいい、オリスルートなどが用いられる。

ま〜わ

実生(みしょう) 種子が発芽して成長すること。接ぎ木や挿し木などによらず、種子をまいて苗を育てる繁殖法。
ムカゴ 葉や茎が変形してできる栄養繁殖器官で、本体から離れると新しい個体になる。オニユリやヤマノイモなどに発生し、ヤマノイモでは食用になる。
没薬(もつやく) ミルラ。古来香料、医薬などに用いられた。→P238
雄蕊(ゆうずい) 被子植物の花にある雄性生殖器。雄しべ。
油腺・油点(ゆせん/ゆてん) →腺点
葉鞘(ようしょう) タデ科やイネ科などの植物で葉の基部が鞘のような筒状に変化したもの。養分を蓄えたり茎を保護する。
葉柄(ようへい) 葉を支えて茎につなげる葉の一部。
裸子植物(らししょくぶつ) 雌花の胚珠がむき出しになっている植物。マツなど。
藍澱(らんてん) アイの葉を発酵させ、水に溶けた成分を石灰と混ぜて沈殿させた泥藍から、水分を抜いて固めた染料。粉状のものを青色の顔料にした。
稜(りょう) 稜角ともいい、茎などにある角張り。
鱗茎・鱗片(りんけい/りんぺん) 球根の一種で、養分を蓄えて太った鱗片葉が茎の周りについた塊。タマネギ、ヒガンバナ、ニンニク、ユリなど。→イラストP271
連作(れんさく) 同じ場所で同じ植物を続けて栽培すること。それによって土中の養分が偏り、病原菌などがふえて植物が育ちにくくなることを連作障害という。
ロゼット 多数の葉が放射状に広がって地表についている状態。またはその植物体。ダンデライオンなど。
矮性(わいせい) 一般的サイズより小型のまま成熟する性質。遺伝的な品種に限らず改良品種や矮化剤の使用によるものもある。
わき芽摘み(わきめつみ) 葉腋から伸び出すわき芽を摘み取ること。枝数をふやさずにコンパクトに仕立て、残った枝に養分が行き渡るようにする作業。

脚注

あ

アダム・ロニチェル（Adam Lonitzer）
1528～1586年。薬草の観点から本草本の編集に取り組んだドイツの医師、本草学者。1557年出版の『本草書』では、16世紀にヨーロッパで出版された本草書の内容を集約し、産地や特徴を記載した。

アルピーニ（Prospero Alpini）
プロスペロ・アルピーニ／1553～1617年。ヴェネツィア出身の医師、植物学者。3年間のエジプト滞在で研究した植物を『エジプト植物誌』として出版し、コーヒーノキと飲み物のコーヒーについて解説した。

アレキサンダー・ガーデン（Alexander Garden）
1730～1791年。イギリス出身のアメリカの博物学者。アメリカの植物をイギリスの植物学者ジョン・エリスやスウェーデンのリンネらに紹介した。

アレキサンダー大王（Alexander Ⅲ）
紀元前356～紀元前323年在位のマケドニア王国の王。アレクサンドロス3世とも呼ばれる。東方遠征を行い、中央アジア、インド北西部に至る広大な世界帝国を実現。東西に活発な文物交流の場をつくり上げた。

アングロサクソンの9種類のお守り
10世紀ごろのアングロサクソンの写本にある「九つの薬草の呪文」に由来。ゲルマン神話の神ウォーデンから与えられたとされるカモミールやフェンネルなど、9種類の薬草の効用や用法が散文形式で書かれている。

伊藤 圭介（いとうけいすけ）
1803～1901（享和3～明治34）年。幕末から明治にかけて活躍した植物学者、東京大学教授。名古屋出身の医師で、京都で蘭学を学び長崎でシーボルトに本草学を学ぶ。シーボルトらによりスズランなど、多数の学名に献名されている。

イリュリア王国の王ゲンティウス（Gentius）
イリュリアは古代ギリシアやローマ時代、現在のバルカン半島西部に存在した王国。紀元前165年、ゲンティウス王の治世に共和制ローマに滅ぼされた。

ウァレリアヌス（Publius Licinius Valerianus）
プブリウス・リキニウス・ウァレリアヌス／253～260年在位のローマ皇帝。名門貴族出身の元老院議員かつ軍人。サザン朝ペルシアの軍との戦いに敗れて捕らえられ、消息を絶った。

植村佐平次（うえむらさへいじ）
1695～1777（元禄8～安永6）年。8代将軍吉宗の御庭番（隠密）として、諸国の植物探査を30年以上行った採薬使、本草学者。本名は政勝。1720（享保5）年に幕府開設の駒場御薬園園監となり、以後全国の薬草を調査した。

エーベルス・パピルス（Ebers Papyrus）
紀元前1550年ごろ書かれた古代エジプトの医学・医療に関する古文書。おもに内科に関する約800種類の薬の処方と、約700種類の動植物性、鉱物性の薬が記載されている。後にギリシアやローマにも伝えられ、後世の医療に影響を与えた。

エール酒
現在はビールの一種をさすが、もとはホップを入れない醸造酒のこと。中世ヨーロッパでは、ホップの代わりにハーブとスパイスを調合した香味剤「グルート」を加えて苦味をつけていた。

エマヌエル・スウェールツ（Emanuel Sweert）
1552～1612年。オランダの園芸家、植物学者、画家。1612年、560種の園芸植物を掲載したカタログ『花譜』を刊行。平賀源内は1761（宝暦11）年に入手し『紅毛花譜』と呼んだ。

エルダーフラワー・コーディアル
エルダーの白い小花を浸出または煮出してレモン汁や砂糖などとあわせたシロップ。イギリスなどで古くから民間薬として利用されてきた。

延喜式（えんぎしき）
927年完成、平安時代の法令集。祭りや宮中で使う物品の原材料、地方から納入される貢納品など、さまざまな内容が含まれており、当時の社会や文化を知ることができる貴重な史資料。

大谷光瑞（おおたにこうずい）
1876～1948（明治9～昭和23）年。浄土真宗本願寺派の第22世宗主。3回の中央アジアの探検・調査隊を自ら率い、派遣して貴重な遺物や古文書を収集。また世界各地から植物見本を採取しその育ち方も研究。東南アジアで、ゴム園やコーヒー園、香料農園を経営した。

オデュッセウス
古代ギリシアの詩人ホメロスの叙事詩『オデュッセイア』の主人公として名高い、トロイ戦争で活躍したギリシア神話の英雄。策略巧みな知将とされる。

か

華佗（かだ）
中国・後漢末から三国時代の名医。外科に優れ、麻沸散という麻酔薬の一種を飲ませて外科手術を行ったという。

花壇地錦抄（かだんじきんしょう）
1695（元禄8）年出版。江戸の植木屋、三代目伊藤伊兵衛による古典園芸書の大著。元禄時代に流行した草花や植木120種を詳細な図で紹介している。

ガットフォセ（René-Maurice Gattefossé）
ルネ＝モーリス・ガットフォセ／1881～1950年。フランスの化学者、調香師。自らのやけどを治したラベンダーなどの優れた治癒力に着目し、1937年に『ガットフォセのアロマテラピー』を出版（邦訳版は2006年）。アロマセラピーという言葉の命名者とされる。

カルペパー（Nicholas Culpeper）
ニコラス・カルペパー／1616～1654年。薬剤師で占星術師。17世紀イギリスで『カルペパー ハーブ事典』を著し、ハーブ療法を広めてアロマセラピーの源流とした。

魏志倭人伝（ぎしわじんでん）
中国の歴史書『三国志』の一部。3世紀前半ごろの日本の地理や風俗、邪馬台国と女王・卑弥呼について記載されている。

救荒植物（きゅうこうしょくぶつ）
飢饉や戦争などの食糧不足をしのぐため食料にできる植物。生育期間の短いアワ・キビ・ヒエ・ソバなどのほか、通常は食用にしない野生植物をいう。

救荒本草（きゅうこうほんぞう）
1406年に刊行された中国・明代の本草書。飢饉の際に救荒食

物として利用できる植物を解説。収載品目は400余種で、その形態を文章と図で示し、簡単な料理法を記している。

グレーン（Peter von Glehn）
ペーター・フォン・グレーン／1835～1876年ごろ。ロシアの植物学者、採集家で樺太（サハリン）の植物を研究した。

削り花（けずりばな）
樹皮を糸状に削ったりしてつくる造花。地域によって形や使う樹種が異なり、小正月や仏名会に飾り、彼岸などに墓に供える。

ケッペン（Wladimir Peter Köppen）
ウラジミール・ペーター・ケッペン／1846～1940年。ドイツの気象学者。植物分布と気候との関係を研究し、19世紀末～20世紀初めに世界の気候帯区分を提唱した。

更新世（こうしんせい）
地質時代の区分で洪積世ともいう。新生代第4紀の前半、百数十万年前から1万年前までの期間。大氷河時代で、考古学でいう旧石器時代に相当する。

古今著聞集（ここんちょもんじゅう）
1254（建長6）年、橘成季が編集したとされる鎌倉時代中期の説話集。約700話の説話を神祇、公事、文学、和歌、飲食、草木など30編に分類している。

さ

撮壌集（さつじょうしゅう）
1454（享徳3）年成立とされる室町時代の国語辞書。約6000語を天象・地儀・人倫など42部に分類し、読み仮名や注が加えられている。著者は建仁寺の僧・飯尾永祥（本名為種）ではないかといわれる。

サラザン（Michel Sarrazin）
ミシェル・サラザン／1659～1734年。カナダに移住したフランス人医師。植物学に興味をもち、フランス科学アカデミーに北米の動植物の標本を多数送り紹介した。サラセニアの属名はサラザンの名にちなんでいる。

シーボルト（Philipp Franz von Siebold）
フィリップ・フランツ・フォン・シーボルト／1796～1866年。ドイツ出身の医師で博物学者。出島に滞在して日本の植物を収集し、ヨーロッパに紹介した。学名の命名者としてSieb.などと表記。

シェーカー教徒（きょうと）
18世紀中ごろにフランスで始まり、19世紀にかけてイギリスからアメリカへ渡ったクエーカー教の一宗派。キリストの再臨を信奉し、一般社会から隔絶した場所に自給自足のコミュニティをつくり、規律を大切にし、労働を尊いものとした。その結果、木製の家具や手工芸品において美術史上に影響を与えた。

ジェラード（John Gerard）
ジョン・ジェラード／1545～1612年ごろ。ロンドンで理髪外科医を経た後、エリザベス1世の重臣・バーリー男爵の庭園を管理した。個人で1000種以上の珍しい草花を集めた庭園も所有していた。著書『ザ・ハーバル（The Herbal）』（『ジェラードの本草書』ともいう）は民間伝承が多かったものの、当時の植物を知るうえで貴重な資料である。

詩経（しきょう）
中国最古の詩集。儒教の五つの基本的な経典のひとつ。紀元前9世紀から紀元前7世紀にかけての、朝廷の祭祀、饗宴の楽歌、各地の民間歌謡などを、孔子が300編に編纂したという。

四旬節（しじゅんせつ）
復活祭（イースター）前の準備期間とされ、イエスが荒野で断食・修行した40日間（四旬）にちなんだもの。復活祭の46日前の水曜日（灰の水曜日）から始まる。信者はこの期間を通して摂生と回心に努め、自分の生活を振り返る。

傷寒論（しょうかんろん）
中国・後漢の200年ごろに完成したとされる中国最古の医学書。おもに傷寒（急性熱病）の療法を張仲景が記したとされる。中国薬物療法の古典とされ、漢方医学の原典ともいわれる。

正倉院文書（しょうそういんもんじょ）
東大寺正倉院に保管されてきた文書群で、おもに東大寺写経所が作成した帳簿類。奈良時代の戸籍や税など当時の社会を知る貴重な史料が含まれることで知られている。

修二会（しゅにえ）
旧暦2月に各地の寺で行われる豊作や天下泰安を祈る法会。とくに3月1日から14日間、奈良東大寺二月堂で行われる「修二会十一面悔過（しゅにえじゅういちめんけか）」は「お水取り」の名で親しまれている。

新修本草（しんしゅうほんぞう）
中国・唐代に高宗の命により蘇敬らが書いた本草書。『神農本草経集注』の増訂版で、115種類の植物がくわえられた。日本には遣唐使が持ち帰り、平安時代の医学生が学んだ。

神農本草経（しんのうほんぞうきょう）
後漢末～三国時代に成立。中国最古の本草（薬物）書。漢方の三大古典のひとつとされる。365種の薬物を作用の穏やかな順に上品・中品・下品の三品に分類し、薬効について述べている。500年ごろ、梁の陶弘景が復元編集したものが伝わっている。

過越祭、過越の祝い（すぎこしさい、いわい）
イスラエル人が隷属から解放され、エジプトを脱出したことを祝うユダヤ教の三大祭りのひとつ。祭りの食事では、苦味のあるハーブを食べる習わしがある。

ストローイングハーブ（strewing herb）
ヨーロッパでペストなどが蔓延した16～17世紀、殺菌作用のあるハーブを床に敷いた。踏むことで香りを出し、消臭、抗菌、防虫などに利用された。ストローとはまき散らすこと。

青酸配糖体（せいさんはいとうたい）
アンズやウメ、モモ、ビターアーモンド（野生種）などのバラ科スモモ属植物の未熟果実の種子にある仁に多く含まれる、糖と青酸が結合した有毒な物質。アミグダリン（amygdalin）がよく知られる。過剰に摂取すると健康被害を招く危険性がある。

聖ヒルデガルト（Hildegard von Bingen）
ヒルデガルト・フォン・ビンゲン／1098～1179年。中世ドイツのベネディクト会系女子修道院長。神秘家で作曲家でもあり、科学的視野のある博物学や医学についての著作を残した。中でも約230種類の植物や樹木、魚、鳥、石の薬効と毒性および利用法を記した『聖ヒルデガルトの医学と自然（Physica）』は、アロマセラピー、メディカルハーブ関係の古典ともいわれる。

斉民要術（せいみんようじゅつ）
530～550年ごろ成立の中国で現存する世界最古の農業技術書。北魏の地方長官・賈思勰が、耕作栽培や樹木、畜産、醸造、料理など広範に解説している。

聖ヨハネ祭（St. John's Day）
バプテスマ（洗礼者）のヨハネの誕生日でキリスト教の祝日。イエス・キリストの半年前に生まれたとされ、6月24日に定められた。ちょうどヨーロッパの夏至祭（Midsummer Day）にあたり、キリスト教以前の伝統的な風習がみられる。

草木図説（そうもくずせつ）
江戸後期の本草学者、蘭方医の飯沼慾斎による、日本最初のリンネ分類法による植物図鑑。1200余種の草木を24綱目に分けて、日本名とラテン名で図解した。草部20巻は1856～1862（安政3～文久2）年刊。木部10巻は未刊だったが、植物分類学者の北村四郎編注で1977（昭和52）年に出版された。

曽田政治（そだまさじ）
1890～1977（明治23～昭和52）年。日本を代表する香料会社・曽田香料の創業者。ラベンダー、ゼラニウムなどの栽培に関する研究と普及に力を注ぎ、日本における天然香料植物導入の草分けとなった。北海道・中富良野のラベンダー産業は、曽田香料の試験栽培が起源。

ソロモン王（Solomon）
古代イスラエル王国第3代の王。紀元前967年ごろ～紀元前928年ごろ在位。周辺諸国との交易で巨富を得、"ソロモンの栄華"といわれた。その半面、国民は重税に苦しみ、王の死後、国土は分裂した。

た

大カト（Marcus Porcius Cato Censorius）
マルクス・ポルキウス・カト・ケンソリウス／紀元前234～紀元前149年。共和政ローマ期の政治家。曾孫のマルクス・ポルキウス・カト・ウティケンシス（小カト）と区別するため「大カト」と呼ばれる。『農業論』には、農作業の解説、農村生活のコツから料理のレシピなどが記されている。

多識編（たしきへん）
1612（慶長17）年刊。江戸時代初期の儒学者・林羅山が、中国・明代の李時珍による『本草綱目』に収録された植物の漢名を和名にあてた対照辞典。

タッブーレ（Tabbouleh）
中東料理の定番で、イタリアンパセリを使ったサラダ。本場では小麦を蒸して乾燥させ、ひき割りにしたブルグルも加えられる。

張騫（ちょうけん）
生年不詳～紀元前114年。中国・前漢時代の政治家、外交官。武帝の命を受け遊牧民族の匈奴に対する同盟を求めて西域に赴き、当時の情報を中国にもたらした。

ツンベルグ（Carl Peter Thunberg）
1743～1828年。スウェーデンの植物学者、医師。リンネの弟子。1775年オランダ商館医として来日し1年間滞在。日本の植物を対象に本格的な植物分類学研究を行った。帰国後、『日本植物誌（Flora Japonica）』（1784年刊）を発表した。

テオフラストス（Theophrastos）
紀元前372年ごろ～紀元前287年ごろの古代ギリシアの哲学者。博物学や植物学の学者としても知られる。アリストテレスに学び、観察に基づく植物の分類を行った。「植物学の祖」とされる。

デュポン（Andre Dupont）
アンドレ・デュポン／フランスのナポレオン1世の皇后ジョゼフィーヌが暮らしたマルメゾン宮の庭園を任された園芸家。彼によって人工授粉によるバラの育種技術が確立された。

デルフォイの地（Delphoi）
ギリシア中部のパルナソス山麓にあった古代都市。アポロンの神殿があり、その神託はオリンピアと並ぶ影響力をもった。古代ギリシア最大の聖地。

トゥルヌフォール（Joseph Pitton de Tournefort）
ジョゼフ・ピトン・ド・トゥルヌフォール／1656～1708年。フランスの植物学者。700あまりの植物を花や実といった部位の形を基準にして分類し、種や属の概念を確立。18世紀の博物学者リンネによる近代植物学への基礎をつくった「フランス植物学の父」。

ドルイド教（Druide）
古代ケルト人の宗教。その祭司をドルイドといい、占いを行い、生活の指導者だった。霊魂の不滅を信じ、動植物や天空の自然神をあがめた。

な

日本三代実録（にほんさんだいじつろく）
901（延喜1）年完成。平安時代に編纂された歴史書で、『日本書紀』に始まる六国史の6番目。清和、陽成、光孝3天皇の約30年間の歴史が記され、祥瑞（喜ばしい前兆）、災異（地震・火災）なども詳しく掲載されている。

日本釈名（にほんしゃくみょう）
貝原益軒著。1700（元禄13）年刊の語源辞書。中国の後漢末につくられた辞書『釈名』にならい、和語（やまとことば）を23項目に分類して五十音順に配列し、語源を解説した。

日本薬局方（にほんやっきょくほう）
日本国内の医薬品に関して、品質や強度、純度などについて定めた規格基準書。薬事法に基づき厚生労働大臣が制定する。"方"の字を用いたのは、江戸中期、蘭方医・中川淳庵がオランダの薬局方「アポテーキ」を「和蘭局方」と訳したのが、最初の使用といわれている。

農業全書（のうぎょうぜんしょ）
1697（元禄10）年刊。農学者・宮崎安貞著の日本最古の刊本農書。近畿や中国地方を歴遊した知識、自らの経験と中国農書・本草書などをもとに集大成した、穀物・野菜・樹木・山野草などについて絵図を使って記述し、当時の農業技術発展に貢献した。

は

パーキンソン（John Parkinson）
ジョン・パーキンソン／1567～1650年。イギリスの薬剤師、植物学者、博物学者、造園家で、チャールズ1世などに仕えた。1640年、当時の英語の本草書としては、最も完全で美しいといわれる『植物の劇場（植物学の世界）』を出版。自分の栽培記録とさまざまな資料をもとに、約3800種以上の植物について記載している。

バイエルン公ヴィルヘルム4世（Wilhelm Ⅳ）
在位1508～1550年。ドイツ南東部からオーストリアにかけてのバイエルン公国を支配した。1516年、「ビールは『大麦』と『ホップ』と『水』の3つの原料以外を使用してはならない」という、「ビール純粋令」を発布。この法は現在もドイツで順守されている。

バビロニア王国のバラダン2世（Marduk-apla-iddina Ⅱ）
メロダク＝バラダン2世（マルドゥック・アプラ・イディナ2世）／生年不詳～紀元前694年ごろ。メソポタミア南部（現在のイラク）にあったバビロニアのバビロン第10王朝の王。当時、支配していたアッシリア王の死に乗じて反乱を起こし、紀元前721年にバビロニア王となった。その後もアッシリアと攻防を続けたが敗北し、バビロンを追われた。

パラケルスス（Paracelsus／Theophrastus von Hohenheim）
テオフラストス・フォン・ホーエンハイム／1493～1541年。スイス出身の医学者・化学者。錬金術、医学を学び、生涯を通して欧州各国を遍歴。医薬に水銀などの金属化合物を用い、「医化学の祖」と呼ばれる。

常陸国風土記（ひたちのくにふどき）
常陸国（茨城県）に関する奈良時代の地誌。713（和銅6）年の詔によりつくられた風土記のひとつ。養老年間（717～724年）に成立。

フートイン（Martin Houttuyn）
マーティン・フートイン／1720～1798年。オランダの医師で博物学者。オランダで出版した『Hatuurlijke Historie』（1761～1785年刊）は、飯沼慾斎が『草木図説』を執筆する際、参考にした洋書の1冊。

フォーチュン（Robert Fortune）
ロバート・フォーチュン／1812～1880年。イギリスのプラントハンターで、幕末の日本で採集した植物を欧州に紹介した。

ブラックフット族（Blackfoot）
カナダのアルバータ州やアメリカ合衆国のモンタナ州などに居住する、先住民3部族の総称。

フランク王国のカロリング朝
フランク王国は5世紀後半～9世紀に西ヨーロッパを支配したゲルマン系部族の王国。751年創始の第2王朝カロリング朝は、ヨーロッパでキリスト教文化普及に大きな役割を果たした。

本草綱目（ほんぞうこうもく）
1596年ごろ刊行された薬学書。中国の明代に医師の家系に生まれた李時珍が著した中国本草学の集大成。約1900種の薬用植物、動物、鉱物などを16部60類に分けて、その産地、性質、製薬法、効能などを解説。和刻本も続出し、江戸時代の日本においても最も影響を与えた本草書。

本草綱目啓蒙（ほんぞうこうもくけいもう）
1803～1806（享和3～文化3）年刊。江戸後期の本草学者、小野蘭山による『本草綱目』の講義筆記を整理したもの。原典に照らし、日本産動植鉱物の和漢名、品種の異同、方言、形状の解説だけでなく、百科事典の内容も加えた。

本草図譜（ほんぞうずふ）
1828（文政11）年に成立。約2000種の植物図に解説を添えた、日本初の本格的な植物図鑑。小野蘭山に本草学を学んだ岩崎灌園著。約2000種の植物を写生、彩色し、山草や湿草、毒草などに分類した。全96巻。

本草弁疑（ほんぞうべんぎ）
1681（天和1）年刊。著者は京都の製薬業者で、本草家の阿部将翁に師事した遠藤元理。当時の医者が用いた処方薬168種、センブリ、オトギリソウなどの和薬15種、異国産薬種17種をあげ、原料の植物、調整などが詳しく書かれている。

本草和名（ほんぞうわみょう）
日本最初の漢和薬名辞書。延喜年間（901～923年）、醍醐天皇に侍医として仕えた深根輔仁の撰。おもに唐の本草書『新修本草』に記載されている薬物の漢名に和名を当て、日本での有無や産地を注記した。

本朝食鑑（ほんちょうしょっかん）
1697（元禄10）年刊。江戸時代の本草書。著者は医師で草本学者の人見必大。『本草綱目』に基づき、各地に取材した見聞を検証しつつ、食用・薬用になる植物・動物など日本の食物全般についてまとめている。12巻10冊。

ま

マキシモヴィッチ（Carl Johan Maximowicz）
カール・ヨハン・マキシモヴィッチ／1827～1891年。ロシアの植物学者で、開国直後の日本や沿海州など、極東アジアの植物を調査した。シーボルトらの研究を日本人につないだ。

マニョル（Pierre Magnol）
ピエール・マニョル／1638～1715年。フランスのモンペリエ王立植物園の園長も務めた植物学者。植物の分類において、初めて現在の"科"に相当する"families"の概念を考案した。

ミトリダテス6世（Mithridatés VI Eupator）
紀元前132ごろ～紀元前63年。小アジア（現在のトルコ東北部）にあった古代王国ポントスの国王。エウパトールともいう。王国強大化を図ったが、共和制ローマと3次にわたる戦争に敗れ自害した。毒に関する研究を行い、世界初の解毒剤「ミトリダティウム」製造に関わったとされる。

ミュラー（Ferdinand Jacob Heinrich von Mueller）
フェルデナンド・フォン・ミュラー／1825～1896年。ドイツ生まれの医師、植物学者。20代でオーストラリアに移住し、この地の植物を調査しヨーロッパに数多く紹介した。ユーカリの優れた特性を世界に広め、爵位を授けられている。

モナルデス（Nicholas de Monardez）
ニコラス・デ・モナルデス／1493～1588年。16世紀のスペインの医師で植物学者。自らが新大陸に赴くことはなかったが、情報を丹念に収集し、1571年『西インド諸島からもたらされた有用医薬に関する書』を出版。新大陸の植物をヨーロッパに紹介。

や

大和本草（やまとほんぞう）
1709（宝永6）年に刊行。貝原益軒が編纂した日本初の本草書で、中国の『本草綱目』を参考にしつつ、独自の分類で和漢洋の動植鉱物1360余種の来歴、形態、効用などを解説。

ら

礼記（らいき）
中国の周末期から秦・漢時代の儒教の経書で五経のひとつ。中国において、社会的な秩序や個人的行為の伝統的ルールである"礼"に関して解説した古い説を多く集めている。

療治経験筆記（りょうじけいけんひっき）
上総馬籠（千葉県木更津市）に暮らした医師、津田玄仙（1737～1809年）の写本として残されている。自らの臨床経験による記録。

ルイ14世（Louis XIV）
在位1643～1715年。絶対王政最盛期のフランス国王で、太陽王と呼ばれた。領土を拡張する一方で、芸術を保護し、数々の庭園を造園家ル・ノートルにつくらせた。その代表がヴェルサイユ宮殿の庭園。左右対称の幾何学的配置と多数の噴水などのスタイルが「フランス式庭園」といわれる。

わ

和漢三才図会（わかんさんさいずえ）
江戸時代の図説百科事典。中国の『三才図会』にならって、天候や暦、宗教や生活様式、中国や日本の地理や植物などを漢文で解説した全105巻の大著。大坂城の御城内医師を務めた寺島良安が約30年をかけて1712（正徳2）年に完成させた。

倭名類聚抄（わみょうるいじゅしょう）
『和名類聚鈔』とも書き、また『和名抄』とも略される。平安時代中期の漢和辞書で、歌人で文人の源順による編纂。承平年間（931～938年）に成立。10巻本と20巻本があり、漢語を分類して和名の読みを記し、さまざまな漢籍を引用し説明を加えた。

作用解説

鬱滞除去作用
体内の体液(血液、リンパ液、胆汁など)の循環を促し、老廃物などが滞った状態を改善する。

エストロゲン様作用
女性ホルモンの一種であるエストロゲンの働きに類似した役割をする。

緩下作用
腸からの排便を穏やかに促進する。

肝臓強壮作用
胆汁の分泌を促し、排液を促して肝臓機能を活性化する。

肝臓解毒作用
人体にとって有害な物質を無害化して体外へ排泄する。

強肝作用
肝臓や胆嚢を活性化し、機能を向上させる。

強心作用
心臓の筋肉(心筋)の収縮力などを強化する。

強壮作用
体のいろいろな機能に刺激を与え、能力を活性化する。

去痰作用
気管支から過剰な粘液(痰など)の排泄を促す作用。

駆虫作用
腸内などの寄生虫を駆除する働き。

駆風作用
腸内にたまったガスの排出を促し、腹痛などを和らげる。

血液浄化作用
血液中の病因物質や毒素を排出してきれいにする。

コーチゾン様作用
抗アレルギー作用をもつ副腎皮質ホルモンであるコーチゾン(コルチゾン)の分泌時と同じ状態にする作用。過剰なアレルギー反応を抑える。

抗ウイルス作用
インフルエンザやエイズウイルスなど、人の細胞を利用して自己を複製するウイルスの増殖を抑制する。

抗炎症作用
炎症を鎮める。

抗真菌作用
真菌(糸状菌、カビ)による水虫やカンジダなどの感染を抑制する。

抗糖化作用
体内の過剰な糖とタンパク質が結びついて老化物質を生成する作用を緩やかにして改善する。

抗ヒスタミン作用
花粉症やアトピー性皮膚炎などのアレルギー症状を緩和する。

抗不安作用
不安や緊張、焦燥感を和らげる。

抗リウマチ作用
リウマチの痛みや炎症を抑える。

鼓腸作用
腸の働きが鈍く、ガスがたまったおなかの圧迫感を解消する。

催淫作用
性的反応を高める。

催乳作用
母乳の分泌を亢進する。

細胞更新作用
細胞の再生を促進する。

殺菌作用
細菌を殺して感染を抑制する。

止血作用
血液の凝固を促し、出血を止める働き。

止瀉作用
下痢を抑制する働き。

収斂作用
粘膜を含む組織を収縮させ、各種の排出や出血、脂漏などを止める。

自律神経調整作用
交感神経と副交感神経のバランスを整える。

制淫作用
性的反応を低下させる。

胆汁分泌促進作用
肝臓での胆汁の生成を増大する。

鎮咳作用
咳中枢を抑制したり、気道の粘膜に働きかけて咳を鎮める。

鎮痙作用
筋肉の痙攣を抑え、気管支、筋肉、内臓などに起こる痛みを取り除く。

鎮静作用
神経を鎮めて興奮を和らげる。

通経作用
生理を促し、規則正しい周期にする。

粘液溶解作用
痰や鼻水などの粘液を溶解して、排出しやすい状態にする。

発汗作用
汗を出させる作用。発汗を促進する。

瘢痕形成作用
傷口にかさぶたをつくり、傷を治す。

麻痺作用
感覚をなくす、あるいは麻痺させることで痛みを和らげる。

溶血作用
溶血とは赤血球の細胞が壊れる現象で、コレステロール値を下げる働きもある。

利胆作用
胆嚢の収縮を刺激して胆汁の流れを促進する。

利尿作用
尿の分泌を増大させ、排泄を促す。

図鑑索引

ア アーティチョーク 12
アーモンド 199
アイ 14
アイタデ→アイ 14
アイブライト 229
アオジソ 99
アカジソ 98
アガスターシェ→アニスヒソップ 20
アカネ 184
アカマル 195
アキウコン→ターメリック 124
アキノワスレグサ 173
アキレア→ヤロー 201
アグリモニー 16
アケビ 17
アサイー 231
アサクラザンショウ 95
アサツキ 22
アジサイ 236
アシタバ 18
アスナロ 85
アセビ 236
アセロラ 231
アップルゼラニウム 119
アップルミント 194
アニス 19
アニスヒソップ 20
アフリカンブルーバジル 152
アマ→フラックス 169
アマチャ 21
アマランサス 231
アメリカボウフウ
　　　　　→パースニップ 148
アリウム（ネギ） 22
　　アサツキ／チャイブ／ニンニク／
　　ギョウジャニンニク／タマネギ
アルカネット 229
アルケミラ→レディスマントル 212
アロエ 26
アロエ・ベラ 27
アングスティフォリア 204
アンジェリカ 28
アンズ 37
アンディーブ→チコリ 133

イ イタリアンパセリ 156
イチジク 30
イチョウ 31
イトスギ→サイプレス 85
イヌサフラン 236

イヌハッカ→キャットニップ 64
イブキジャコウソウ 128
イブニングプリムローズ 32
イランイランノキ 229
イリス 33
イングリッシュラベンダー
　　　　　→アングスティフォリア 204
インテルメディア 205

ウ ウーリータイム 128
ウイキョウ→スイートフェンネル 164
ウインターセボリー 115
ウォータークレス→クレソン 73
ウォード 34
ウコン→ターメリック 124
ウスベニアオイ→コモンマロウ 186
ウスベニタチアオイ
　　　　　→マーシュマロウ 187
ウツボグサ 35
ウド 36
ウメ 37
ウラルカンゾウ 207
ウルイ→オオバギボウシ 42
ウンシュウミカン 60

エ エキナセア・アングスティフォリア 38
エキナセア・パリダ 38
エキナセア・プルプレア 38
エストラゴン→タラゴン 129
エゾヘビイチゴ
　　　　　→ワイルドストロベリー 225
エルサレムセージ 114
エルダー 39

オ オールスパイス 40
オウレン 41
オオシマザクラ 89
オオシロソケイ 103
オオバ→アオジソ 99
オオバギボウシ 42
オオバコ 43
オカトトキ→キキョウ 62
オケラ 44
オニオン→タマネギ 25
オミナエシ 45
オランダワレモコウ
　　　　　→サラダバーネット 93
オリーブ 46
オリエンタルマスタード
　　　　　→カラシナ 183
オリス→イリス 33
オレガノ／マジョラム 47
　　グリークオレガノ／ポットマジョラム／
　　プルケルム／ケント・ビューティー

カ ガーリック→ニンニク 24
カールドパセリ→パセリ 156
カカオ 232
カキ 50
カキドオシ 51

カキノキ→カキ 50
カコソウ→ウツボグサ 35
カシア 101
カシス→クロスグリ 235
ガジュツ 125
カタクリ 52
カブ 52
カミツレ→ジャーマンカモミール 54
カムカム 232
カモミール類 54
　　ジャーマン／ローマン／ダイヤーズ
カラシナ 183
カラミント 229
ガリカローズ 219
カリン 56
カルダモン 57
カルドン 13
カレープラント 53
カレンデュラ 58
カロライナジャスミン 236
カワラケツメイ 53
カンキツ類 59
　　ユズ／ウンシュウミカン／キンカン／
　　レモン／スイートオレンジ／シークヮー
　　サー／ダイダイ／ベルガモット
カンザン 89

キ キキョウ 62
キク→ショクヨウギク 107
キスゲ→ニッコウキスゲ 172
キダチアロエ 26
キダチハッカ→サマーセボリー 115
キヌア 232
ギボウシ→オオバギボウシ 42
キミキフガ→サラシナショウマ 97
キャットニップ 64
キャットミント 64
キャラウェイ 65
キョウオウ→ハルウコン 125
ギョウジャニンニク 25
キョウチクトウ 236
キンカン 60
キンコウボク 181
キンセンカ→カレンデュラ 58
ギンバイカ→マートル 179
キンモクセイ 66
キンレンカ→ナスタチウム 141

ク クコ 67
クズ 68
クスノキ 66
グズベリー 235
クチナシ 69
クマザサ 70
クマツヅラ→バーベイン 149
クミン 71
クラリセージ 113
クランベリー 235

283

クリ 72
グリークオレガノ 49
クリーピングタイム 128
クリスマスローズ 236
クレソン 73
クローブ 74
クローブピンク 70
クロガラシ 182
クロスグリ 235
クロタネソウ 146
クロモジ 75
クワ 76

ケ ケイカ→キンモクセイ 66
ケイパー→ケッパー 78
ゲッケイジュ→ベイ 170
ゲットウ 77
ケッパー 78
ゲンチアナ 79
ケンティフォリアローズ 219
ゲンノショウコ 80

コ ゴーヤー→ニガウリ 142
ゴールデンセージ 113
ゴールデンレモンタイム 127
コーンサラダ→マーシュ 188
コーンフラワー 81
コウシンバラ→チャイナローズ 220
コウスイボク→レモンバーベナ 213
ゴギョウ→ハハコグサ 159
ゴジベリー→クコ 67
コショウ→ペッパー 171
ゴツコーラ 230
コットンラベンダー→サントリナ 96
コニファー類 83
　　ヒノキ／ジュニパー／サイプレス／
　　スギ／アスナロ
コハコベ→ハコベ 148
コブシ 180
ゴボウ 82
ゴマ 86
コモンジャスミン→ジャスミン 103
コモンセージ 112
コモンタイム 126
コモンマロウ 186
コモンラベンダー
　　→アングスティフォリア 204
コモンワームウッド 226
コリアンダー 87
コルシカミント 194
コロハ→フェヌグリーク 166

サ サイプレス 85
サクラ 88
　　ヤマザクラ／オオシマザクラ／
　　カンザン
ザクロ 90
サザンウッド 227
サフラワー 91

サフラン 92
サマーセボリー 115
サラシナショウマ 97
サラダバーネット 93
サンザシ 175
サンシシ→クチナシ 69
サンショウ 94
　　アサクラザンショウ／ヒレザンショウ
サントリナ 96
サントリナ・グリーン 96
サンニン→ゲットウ 77

シ シークヮーサー 61
ジギタリス 236
シキミ 236
シソ 98
シトロネラグラス 215
シナニッケイ→カシア 101
シナモン 100
　　ニッキ／カシア
シナモンバジル 152
ジネンジョ→ヤマノイモ 200
シブレット→チャイブ 23
ジャーマンカモミール 54
シャクナゲ 237
シャクヤク 102
ジャコウナデシコ
　　→クローブピンク 70
ジャスミン 103
　　マツリカ／オオシロソケイ
シャゼンソウ→オオバコ 43
シャボンソウ→ソープワート 121
シャンツァイ→コリアンダー 87
シュウビ 195
ジュニパー 84
ショウガ 106
ショウブ 104
ショクヨウギク 107
ショクヨウダイオウ→ルバーブ 211
ジョチュウギク 97
シルバータイム 127
シロガラシ 183
ジンジャー→ショウガ 106
真正ラベンダー
　　→アングスティフォリア 204

ス スーパーフード 231
スイートオレンジ 61
スイートバイオレット 108
スイートバジル 150
スイートフェンネル 164
スイートブライアー
　　→ロサ・ルビギノーサ 221
スイートマジョラム→マジョラム 48
スイセン 237
スイバ→ソレル 121
スカンポ→ソレル 121
スギ 85

スギナ 109
スズシロ→ダイコン 123
スズナ→カブ 52
スズラン 237
スターアニス 110
ステビア 111
ストエカス〈ラベンダー〉 206
スパイクラベンダー
　　→ラティフォリア 205
スペアミント 193
スペインカンゾウ→リコリス 207

セ セージ 112
　　コモン／クラリ／ゴールデン／パー
　　プル／トリカラー／パイナップル／エ
　　ルサレム／ホワイト／メキシカンブッ
　　シュ／チェリー
セイヨウアカネ→マダー 184
セイヨウアツキ→チャイブ 23
セイヨウイラクサ→ネトル 147
セイヨウウイキョウ→アニス 19
セイヨウウツボグサ
　　→セルフヒール 35
セイヨウオトギリソウ
　　→セントジョーンズワート 117
セイヨウカノコソウ→バレリアン 160
セイヨウキンミズヒキ
　　→アグリモニー 16
セイヨウサンザシ→ホーソン 175
セイヨウタンポポ
　　→ダンデライオン 131
セイヨウトウキ→アンジェリカ 28
セイヨウニワトコ→エルダー 39
セイヨウニンジンボク
　　→チェストツリー 132
セイヨウネズ→ジュニパー 84
セイヨウノイバラ
　　→ロサ・カニナ 221
セイヨウノコギリソウ→ヤロー 201
セイヨウハッカ→ペパーミント 192
セイヨウハルリンドウ
　　→ゲンチアナ 79
セイヨウボダイジュ→リンデン 208
セイヨウワサビ
　　→ホースラディッシュ 174
セイロンニッケイ→シナモン 100
セキショウ 105
セサミ→ゴマ 86
セボリー 115
ゼラニウム'シナモン' 119
ゼラニウム'ナツメグ' 119
ゼラニウム'ブルボン' 119
セリ 116
セルバチコ 210
セルピルム
　　→クリーピングタイム 128
セルフィーユ→チャービル 134

セルフヒール　35
ゼンテイカ→ニッコウキスゲ　172
センテッドゼラニウム　118
　トゥルーローズ／ブルボン／ナツメグ
　／シナモン／アップル
セントジョーンズワート　117
センブリ　120

ソ ソープワート　121
ソケイ→ジャスミン　103
ソバ　122
ソレル　121

タ ダークオパールバジル　151
ターメリック　124
　ハルウコン／ガジュツ
ダイウイキョウ→スターアニス　110
ダイコン　123
タイサンボク　181
ダイダイ　61
タイバジル　152
タイマツバナ→モナルダ　198
タイム　126
　コモン／レモン／シルバー／ゴール
　デンレモン／イブキジャコウ／クリー
　ピング／ウーリー
ダイヤーズカモミール　55
タデアイ→アイ　14
ダマスクローズ　219
タマネギ　25
タラゴン　129
タラノキ　123
タンジー　130
ダンデライオン　131

チ チア　232
チェストツリー　132
チェスナッツ→クリ　72
チェリーセージ　114
チコリ　133
チャービル　134
チャイナローズ　220
チャイブ　23
チャノキ　135
チョウジ→クローブ　74
チョウセンアサガオ　237
チョウセンアザミ
　→アーティチョーク　12
チョウセンゴミシ　136
チリペッパー→トウガラシ　139

ツ ツバキ　137
　ヤブツバキ／ユキツバキ
ツリガネニンジン　136
ツルレイシ→ニガウリ　142

テ ティートリー　196
ティユール→リンデン　208
ディル　138
デンタータ〈ラベンダー〉　206

ト トウガキ→イチジク　30

トウガラシ　139
トウキ　29
トウシキミ→スターアニス　110
トゥルーローズゼラニウム　118
ドクウツギ　237
ドクゼリ　237
ドクダミ　140
ドクニンジン　237
トスカーナブルー〈ローズマリー〉　223
ドッグローズ→ロサ・カニナ　221
トトキ→ツリガネニンジン　136
トリカブト　237
トリカラーセージ　113

ナ ナスタチウム　141
ナズナ　142
ナツウコン→ガジュツ　125
ナツシロギク
　→フィーバーフュー　163
ナツメ　143
ナツメグ／メース　144
ナンテン　145

ニ ニアウリ　197
ニオイアヤメ→イリス　33
ニオイクロタネソウ→ニゲラ　146
ニオイコブシ　181
ニオイスイカズラ
　→ハニーサックル　157
ニオイスミレ
　→スイートバイオレット　108
ニガウリ　142
ニガヨモギ
　→コモンワームウッド　226
ニクズク→ナツメグ／メース　144
ニゲラ　146
ニッキ　101
ニッケイ→ニッキ　101
ニッコウキスゲ　172
ニホンニッケイ→ニッキ　101
ニホンハッカ　195
ニワトコ　39
ニンジン　147
ニンニク　24

ネ ネトル　147

ノ ノカンゾウ　173

ハ パースニップ　148
バードック→ゴボウ　82
バーバスカム→マレイン　185
パープルコーンフラワー
　→エキナセア・プルプレア　38
パープルセージ　113
バーベイン　149
パイナップルセージ　114
パイナップルミント　194
パクチー→コリアンダー　87
ハコベ　148
ハジカミ→サンショウ　94

バジリコ→スイートバジル　150
ハシリドコロ　237
バジル　150
　スイート／ホーリー／ダークオパール
　／シナモン／ブッシュ／タイ／
　アフリカンブルー／レモン
ハス　153
パセリ　156
パチュリ　157
ハッカク→スターアニス　110
ハトムギ　158
ハナハッカ→オレガノ　47
ハニーサックル　157
バニラ　159
ハハコグサ　159
ハマナス　220
ハマボウフウ　177
ハルウコン　125
パルマローザ　215
バレリアン　160

ヒ ヒース　230
ヒガンバナ　237
ヒソップ　161
ビターオレンジ→ダイダイ　61
ヒノキ　83
ヒバ→アスナロ　85
ヒハツモドキ　171
ヒメウイキョウ→キャラウェイ　65
ヒメエゾネギ→アサツキ　22
ピメント→オールスパイス　40
ビルベリー　235
ヒレザンショウ　95
ビワ　162

フ フィーバーフュー　163
フェヌグリーク　166
フェンネル　164
　スイート／フローレンス／ブロンズ
フキ　167
フクジュソウ　237
フサスグリ　235
フジバカマ　168
ブッシュバジル　152
ブラウンマスタード→カラシナ　183
フラックス　169
ブラックベリー　234
ブラックマスタード→クロガラシ　182
ブルーベリー　235
フレンチタラゴン→タラゴン　129
フレンチマリーゴールド　58
フローレンスフェンネル　165
ブロンズフェンネル　165

ヘ ベイ　170
ベチバー　230
ペッパー　171
ペニーロイヤルミント　194
ベニバナ→サフラワー　91

285

ペパーミント 192
ヘメロカリス 172
 ニッコウキスゲ／ノカンゾウ／アキノワスレグサ／ヤブカンゾウ
ヘラオオバコ 43
ベリー類 234
ヘリオトロープ 230
ベルガモット 61
ベルベーヌ→レモンバーベナ 213
ヘンプ 232
ペンペングサ→ナズナ 142
ヘンルーダ→ルー 209

ホ ホーステール→スギナ 109
ホースラディッシュ 174
ホーソン 175
ホーリーバジル 151
ホアハウンド 174
ホオノキ 181
ホクト 195
ホソバタイセイ→ウォード 34
ポットマジョラム 49
ポットマリーゴールド
 →カレンデュラ 58
ホップ 176
ホホバ 177
ボリジ 178
ホワイトセージ 114
ホンタデ→ヤナギタデ 15

マ マーシュ 188
マーシュマロウ 187
マートル 179
マカ 233
マキベリー 233
マグノリア 180
 コブシ／モクレン／ニオイコブシ／タイサンボク／ホオノキ／キンコウボク
マコネルズブルー〈ローズマリー〉223
マザーワート 188
マジョラム 48
マジョルカピンク〈ローズマリー〉223
マスタード類 182
 クロガラシ／カラシナ／シロガラシ
マダー 184
マツリカ 103
マテ 233
マトリカリア→フィーバーフュー 163
マヌカ 197
マルベリー→クワ 76
マルメロ 56
マレイン 185
マロウ 186
 コモンマロウ／マーシュマロウ／ムスクマロウ
マンネンロウ→ローズマリー 222

ミ ミシマサイコ 189
ミツバ 189

ミブヨモギ 227
ミョウガ 190
ミント 192
 ペパーミント／スペアミント／アップル／コルシカ／パイナップル／ペニーロイヤル／ニホンハッカ

ム ムスクマロウ 187
ムラサキウコン→ガジュツ 125
ムルティフィダ〈ラベンダー〉206

メ メース 144
メキシカンブッシュセージ 114
メボウキ→スイートバジル 150
メマツヨイグサ
 →イブニングプリムローズ 32
メラレウカ類 196
 ティートリー／ニアウリ／レモンティートリー／マヌカ
メリッサ→レモンバーム 216

モ モウズイカ→マレイン 185
モクレン 181
モチグサ→ヨモギ 227
モナルダ 198
モモ 199
モリンガ 233

ヤ ヤーコン 233
ヤグルマギク→コーンフラワー 81
ヤナギタデ 15
ヤナギハッカ→ヒソップ 161
ヤブカンゾウ 173
ヤブツバキ 137
ヤマザクラ 88
ヤマノイモ〈ジネンジョ〉200
ヤロー 201

ユ ユーカリ 202
ユーカリ・グロブルス 202
ユーカリ・ラジアータ 203
有毒植物 236
ユキツバキ 137
ユズ 59
ユリ 203

ヨ ヨウシュヤマゴボウ 237
ヨモギ 227
ヨモギギク→タンジー 130

ラ ラズベリー 234
ラティフォリア 205
ラバンディン→インテルメディア 205
ラビッジ→ロベイジ 224
ラベンダー 204
 イングリッシュ系：アングスティフォリア／ラティフォリア／インテルメディア／フレンチ系：ストエカス／デンタータ／プテロストエカス系：ムルティフィダ
ラムズイヤー 209

リ リコリス 207
リンデン 208

ル ルー 209

ルイボス 233
ルッコラ 210
ルバーブ 211

レ レースラベンダー
 →ムルティフィダ 206
レイシ→ニガウリ 142
レッドカラント→フサスグリ 235
レディスマントル 212
レフォール→ホースラディッシュ 174
レモン 61
レモングラス 214
レモンタイム 127
レモンティートリー 197
レモンバーベナ 213
レモンバーム 216
レモンバジル 152
レモンマートル 179
レモンユーカリ 203

ロ ローズ〈オールドローズ〉218
 ダマスク／ケンティフォリア／ガリカ／チャイナ／ハマナス／カニナ／ルビギノーサ
ローズマリー 222
 マジョルカピンク／トスカーナブルー／マコネルズブルー
ローゼル 217
ロータス→ハス 153
ローマンカモミール 55
ローリエ→ベイ 170
ローレル→ベイ 170
ロケット→ルッコラ 210
ロサ・エグランテリア
 →ロサ・ルビギノーサ 221
ロサ・カニナ 221
ロサ・キネンシス
 →チャイナローズ 220
ロサ・ダマスケナ
 →ダマスクローズ 219
ロサ・ルゴサ→ハマナス 220
ロサ・ルビギノーサ 221
ロシアンタラゴン 129
ロベイジ 224

ワ ワームウッド 226
 コモンワームウッド／ヨモギ／ミブヨモギ／サザンウッド
ワイルドストロベリー 225
ワイルドバジル 229
ワイルドマジョラム→オレガノ 47
ワサビ 228

おもな参考文献

『アロマセラピーサイエンス 科学的アプローチによる医療従事者のためのアロマセラピー』M・L・バルチン フレグランスジャーナル社
『アロマテラピー事典』P・デービス フレグランスジャーナル社／『アロマテラピー精油事典』バーグ文子 成美堂出版
『アロマテラピーのための84の精油』W・セラー フレグランスジャーナル社
『エッセンシャルオイル総覧2007』三上杏平 フレグランスジャーナル社
『エッセンシャルオイル総覧改訂版』三上杏平 フレグランスジャーナル社
『スパイス百科事典』武政三男 文園社／『ナチュラリストのための食べる植物栄養学』F・クーブラン フレグランスジャーナル社
『ハーブ＆スパイス』S・ガーランド 誠文堂新光社／『ハーブ＆スパイス館』小学館
『ハーブ学名語源事典』大槻真一郎、尾崎由紀子 東京堂出版／『ハーブ スパイス事典』A・ボクサー他 オータパブリケーションズ
『ハーブ大全』R・メイビー 難波恒雄監修 小学館
『ハーブとスパイス ウッドヴィル「メディカル・ボタニー」』福屋正修、山中雅也解説 八坂書房
『ハーブの教科書』NPOジャパンハーブソサエティー 草土出版／『ハーブのたのしみ』A・W・ハットフィールド 八坂書房
『ハーブの年表』ハーブスコップ編／『バラ作り』野村和子監修 永岡書店／『ビジュアル園芸・植物用語辞典』土橋豊 家の光協会
『ファラオの秘薬 古代エジプト植物誌』L・マニカ 八坂書房／『プロのためのハーブ料理テクニック』石井義昭 柴田書房
『プロフェッショナルのためのアロマテラピー』S・プライス、L・プライス フレグランスジャーナル社
『ボタニカルイラストで見るハーブの歴史百科』C・ホームズ 原書房／『メッセゲ氏の薬草療法』M・メッセゲ 自然の友社
『英国王立園芸協会 ハーブ大百科』D・バウン 高橋良孝監修 誠文堂新光社／『園芸植物大事典（コンパクト版）』小学館
『香りの感性心理学』S・V・トラー、G・H・ドッド編 フレグランスジャーナル社／『香りの世界をさぐる』中村祥二 朝日新聞社
『花き園芸ハンドブック』鶴島久男 養賢堂／『漢方実用大事典』学研／『基本ハーブの事典』北野佐久子 東京堂出版
『原色百科世界の薬用植物』M・スチュアート、難波恒雄 エンタプライズ／『原色牧野植物大圖鑑』牧野富太郎 北隆館
『原色牧野和漢薬草大圖鑑』牧野富太郎 北隆館／『香道入門』淡交社／『コツと科学の調理事典』河野友美 医歯薬出版
『最新フレグランスガイド』ハーマン＆ライマー社編 フレグランスジャーナル社／『自分で採れる 薬になる植物図鑑』増田和夫 柏書房
『生薬単』原島広至著 伊藤美千穂、北山隆監修 NTS／『食材健康大事典』五明紀春監修 時事通信出版局
『植物の名前のつけかた』L・H・ベイリー 八坂書房／『植物療法』R・F・ヴァイ 八坂書房／『植物和名語源新考』深津正 八坂書房
『世界有用植物事典』堀田満 他編 平凡社／『精油（エッセンシャルオイルの化学）』D・G・ウイリアムズ フレグランスジャーナル社
『西洋中世ハーブ事典』M・B・フリーマン 八坂書房／『総合栄養学事典（第四版新装版）』吉川春寿、芦田淳 同文書院
『草木染 染料植物図鑑』山崎青樹 美術出版社
『食べて治す・防ぐ医学事典 おいしく・健康・大安心』日野原重明、中村丁次監修 講談社
『たべもの語源辞典』清水桂一 東京堂出版／『調理科学事典』河野友美、沢野勉、杉田浩一 医歯薬出版
『南米薬用植物ガイドブック』南米薬用ハーブ普及会／『日本と世界のバラのカタログ』鈴木省三監修 成美堂出版
『日本のハーブ事典 身近なハーブ活用術』村上志緒 東京堂出版／『日本のメディカルハーブ事典』村上志緒 東京堂出版
『日本ハーブ図鑑』山岸喬 家の光協会／『花の王国2 薬用植物』荒俣宏 平凡社／『花の王国3 有用植物』荒俣宏 平凡社
『花の図譜』平凡社／『花の日本史』木村陽二郎監修 新人物往来社
『別冊NHK趣味の園芸 ガーデニング上手になる 土・肥料・鉢』日本放送出版協会
『民族植物学 原理と応用』C・M・コットン 八坂書房／『薬草カラー図鑑』伊沢一男 主婦の友社／『大和本草』貝原益軒
『Culpeper's Colour Herbal』Nicholas Culpeper W Foulsham & Co Ltd; Revised版
『THE COMPLETE BOOK OF HERBS』Lesley Bremness Studio

参考ウェブサイト

国立国会図書館デジタルコレクション http://dl.ndl.go.jp/
正倉院文書データベース（大阪市立大学大学院文学研究科 栄原研究室内 正倉院文書データベース作成委員会）
http://somoda.media.osaka-cu.ac.jp/
北海道大学大学院地球環境科学研究院 露崎史朗 日本語トップページ
http://hosho.ees.hokudai.ac.jp/~tsuyu/index-j.html
GKZ 植物事典 http://gkzplant2.ec-net.jp/
The Plant List http://www.theplantlist.org/

特定非営利活動法人
ジャパン ハーブ ソサエティー
Japan Herb Society

特定非営利活動法人（NPO）ジャパンハーブソサエティー（JHS）

1984年に設立した日本初のハーブの普及を行う団体。ハーブに魅せられた愛好家や研究家、関連企業や自治体などの連携によって、ハーブの普及と情報提供、社会・地域貢献を行っております。
現在、会員1600名で全国27支部が活動、会報誌『The Herbs』を年4回発行しております。
詳しくは以下のホームページでもご覧いただけます。

http://www.npo-jhs.jp/
ジャパンハーブソサエティー事務局
〒102-0074 東京都千代田区九段南3-3-13横山ビル2F
TEL：03-5212-4300 FAX：03-5212-4301 Eメール：info@npo-jhs.jp

著　者　ジャパンハーブソサエティー（JHS）

執　筆　JHS学術委員：飯島 忍　北原ミチ子　輿石睦子　鈴木悦子　武村泰代　塚本有子（五十音順）

JHS学術委員…『ハーブの教科書』（草土出版）などのJHSテキスト編集、ハーブの学術的および
利用に関する研究・普及活動を行うメンバー。

栽培監修　小黒 晃　園芸研究家

千葉大学園芸学部園芸学科卒業。ミヨシペレニアルガーデン顧問。NHK『趣味の園芸』講師などを務める。
『ナチュラルガーデンをつくる宿根草』（NHK出版）などの著書や、
『初めてのハーブ作り定番50種』（世界文化社）などの監修書籍は多数。

成分監修　高良健作　琉球大学農学部亜熱帯生物資源科学科教授

琉球大学大学院農学研究科農芸化学専攻、修了。鹿児島大学にて博士（農学）取得。
植物の食品機能性成分を中心とした研究に取り組んでいる。

特別協力　坂出智之
執筆協力　坂出富美子　武谷光佐子　田中則恵　成川貞子
写真提供　神蔵嘉高（写真家）　北原ミチ子　木村正典　輿石睦子　坂出富美子　鈴木悦子　武谷光佐子　武村泰代
種岡眞理子　塚本有子　成川貞子（五十音順）
国立国会図書館　シミック八ヶ岳薬用植物園　牧野植物学全集　amanaimages　PPS通信　PIXTA　photolibrary
iStock（tma1, cicloco, Sproetniek, fotogal, jlmclougklin, jopelka, hayakato, dextorTh, moacirbmn, bonchan, picturePartners, Hgalina, IPumbaImages, shejaca, Leekhoailang, Vaivirga, shma, rbiermann hedegang）

協　　力　石原富子　翁長周子　脇野淳子
取材協力　シミック八ヶ岳薬用植物園　山梨県御勅使南公園　KINGSWELL HALL GARDEN RESTAURANT

編　　集　マートル舎　光武俊子　秋元けい子
編集協力　篠藤ゆり　木村みゆき　三浦伸子
校　　正　大塚美紀　洲永敬子
撮　　影　竹田正道
イラスト　梶村ともみ
デザイン　高橋美保
編集担当　柳沢裕子（ナツメ出版企画）

ハーブのすべてがわかる事典（じてん）

2018年 4月 5日　初版発行
2025年 6月 1日　第8刷発行

著　者　ジャパンハーブソサエティー　©Japan Herb Society, 2018
発行者　田村正隆

発行所　株式会社ナツメ社
東京都千代田区神田神保町1-52 ナツメ社ビル1F（〒101-0051）
電話 03（3291）1257（代表）　FAX 03（3291）5761
振替 00130-1-58661
制　作　ナツメ出版企画株式会社
東京都千代田区神田神保町1-52 ナツメ社ビル3F（〒101-0051）
電話 03（3295）3921（代表）
印刷所　TOPPANクロレ株式会社

ISBN978-4-8163-6425-9　Printed in Japan

本書の一部または全部を、著作権法で定められている範囲を超え、ナツメ出版企画株式会社に無断で複写、複製、転載、データファイル化することを禁じます。
〈定価はカバーに表示してあります〉〈乱丁・落丁本はお取り替えいたします〉

本書に関するお問い合わせは、書名・発行日・該当ページを明記の上、下記のいずれかの方法にてお送りください。電話でのお問い合わせはお受けしておりません。
・ナツメ社webサイトの問い合わせフォーム
https://www.natsume.co.jp/contact
・FAX（03-3291-1305）
・郵送（左記、ナツメ出版企画株式会社宛て）
なお、回答までに日にちをいただく場合があります。正誤のお問い合わせ以外の書籍内容に関する解説・個別の相談は行っておりません。あらかじめご了承ください。

ナツメ社Webサイト
https://www.natsume.co.jp
書籍の最新情報（正誤情報を含む）はナツメ社Webサイトをご覧ください。